"十四五"机电类专业新形态教材

# SOLIDWORKS 2018 应用案例教程

主编 ◎ 孙小捞　常云玥　张春伟

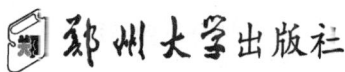
郑州大学出版社

## 内 容 简 介

本书根据"三维造型设计"课程标准要求编写,分为 15 章,系统介绍了计算机三维辅助设计的基本原理及实现方法。本书的主要内容包括三维设计简介、SOLIDWORS 2018 设计基础、参数化草图的绘制与编辑、参考几何体的创建、三维实体特征的创建、实体编辑、3D 草图与曲线的创建、曲面特征的创建、装配体的创建、工程图的创建、零件创建实例、曲面创建实例、装配体创建实例、工程图创建实例等。

本书内容丰富、案例典型、形式新颖,可作为高等教育院校机电类专业师生的教学参考书,也可供从事产品开发设计工作的工程技术人员参考阅读。

**图书在版编目(CIP)数据**

SOLIDWORKS 2018 应用案例教程 / 孙小捞,常云朋,张春伟主编. — 郑州:郑州大学出版社,2023.8(2024.8 重印)

"十四五"机电类专业新形态教材

ISBN 978-7-5645-9647-7

Ⅰ.①S… Ⅱ.①孙…②常…③张… Ⅲ.①计算机辅助设计－应用软件－高等学校－教材 Ⅳ.①TP391.72

中国国家版本馆 CIP 数据核字(2023)第 056039 号

SOLIDWORKS 2018 应用案例教程

SOLIDWORKS 2018 YINGYONG ANLI JIAOCHENG

| 策划编辑 | 张　恒 | 封面设计 | 苏永生 |
|---|---|---|---|
| 责任编辑 | 张　恒 | 版式设计 | 苏永生 |
| 责任校对 | 许久峰 | 责任监制 | 李瑞卿 |

| 出版发行 | 郑州大学出版社 | 地　　址 | 郑州市大学路 40 号(450052) |
|---|---|---|---|
| 出 版 人 | 卢纪富 | 网　　址 | http://www.zzup.cn |
| 经　　销 | 全国新华书店 | 发行电话 | 0371-66966070 |
| 印　　刷 | 广东虎彩云印刷有限公司 | | |
| 开　　本 | 787 mm×1 092 mm　1 / 16 | | |
| 印　　张 | 21.5 | 字　　数 | 526 千字 |
| 版　　次 | 2023 年 8 月第 1 版 | 印　　次 | 2024 年 8 月第 2 次印刷 |
| 书　　号 | ISBN 978-7-5645-9647-7 | 定　　价 | 45.00 元 |

本书如有印装质量问题,请与本社联系调换。

# 前　言

　　SOLIDWORKS 软件是世界上第一个基于 Windows 的三维 CAD 系统，是微机版参数化特征造型软件中的新秀。它可以方便地实现复杂零件的三维实体造型、装配和工程图生成，常用于以规则几何形体为主的机械产品设计中，是目前国内外应用比较广泛的一个 CAD/CAM 软件。

　　三维造型设计是高等教育院校机械类、近机械类等专业一门必修的专业技术基础课，它研究三维图形的绘制、装配方法，为培养学生的空间思维能力和计算机绘图能力打下必要的基础。同时，它又是学习后续专业课程和完成相关课程设计及毕业设计不可缺少的技术基础课程。该课程实践性较强，需要通过大量的上机操作来熟悉设计软件的基本操作，进而提高绘图效率，掌握三维设计技巧。

　　本书是作者团队多年来在企业工作和从事 CAD/CAM 教学工作的心得与体会。本书内容安排系统全面、原理归纳精炼通用、实践案例典型实用，遵循"因用而学"的原则，注重理论和应用案例相结合，重点介绍了 SOILIDWORS 2018 零件、装配体和工程图的创建方法和操作技巧，辅以微课视频、实践案例分析及资源包等数字化学习资源，帮助读者全面掌握利用 SOLIDWORKS 进行设计的基本原理和操作技能。

　　本书由洛阳理工学院教授、高级工程师孙小捞、常云朋副教授和洛阳职业技术学院机电工程学院张春伟博士担任主编，由洛阳理工学院杨哲博士、张志航博士、杨德芹副教授和洛阳科技职业学院张藩等参与编写。本书具体编写分工为：第 1、2 章由孙小捞编写，第 3、4 章由杨哲编写，第 5、6 章由张志航编写，第 7、12、13 章由张春伟编写，第 8、9 章由杨德芹编写，第 10、11 章由常云朋编写，第 14、15 章由张藩编写。全书由孙小捞、常云朋统稿。

　　在本书的编写过程中，得到了院校领导的大力支持和教研团队的热忱帮助。在此表示诚挚的感谢！

　　为了方便教师授课，本书配套有精美的教学课件和详细的教学演示视频，均以二维码形式呈现。另外，本书配套有资源包文件，如有需要，请发邮件到 LYSXL2@163.com 邮箱获取。

　　由于作者水平有限，书中难免有不足之处，恳请读者批评指正。

　　**本书配套资源包文件说明：** 为了方便读者练习，将本书中的范例文件和课后练习题文件放在资源包中，供读者练习，以提高设计水平。资源包中的文件按章存放，每章文件夹下存放的是范例源文件和完成文件，每章的练习题文件夹存放的是课后练习题源文件和完成文件。注意：本书实验指导书的部分练习题文件也在资源包中，请联系、获取、使用。

编　者<br>2023 年 1 月

# 目  录

**第1章  三维设计简介 /（1）**
    1.1  CAD/CAM 技术简介 ………………………………………………（1）
    1.2  三维设计软件的选用 …………………………………………………（5）

**第2章  SOLIDWORKS 2018 设计基础 /（6）**
    2.1  SOLIDWORKS 2018 简介 ……………………………………………（6）
    2.2  SOLIDWORKS 2018 安装 ……………………………………………（6）
    2.3  SOLIDWORKS 2018 设计入门 ………………………………………（10）
    2.4  SOLIDWORKS 2018 用户界面 ………………………………………（14）
    2.5  SOLIDWORKS 2018 视图操作 ………………………………………（22）
    2.6  SOLIDWORKS 2018 选项设置 ………………………………………（27）
    2.7  SOLIDWORKS 2018 自定义设置 ……………………………………（32）
    2.8  SOLIDWORKS 2018 术语及本书约定 ………………………………（38）
    2.9  简单实体设计实例 ……………………………………………………（39）

**第3章  参数化草图绘制与编辑 /（42）**
    3.1  参数化草图绘制基础 …………………………………………………（42）
    3.2  绘制基础草图 …………………………………………………………（44）
    3.3  参照草图绘制 …………………………………………………………（57）
    3.4  编辑草图 ………………………………………………………………（61）
    3.5  标注尺寸 ………………………………………………………………（69）
    3.6  几何约束关系 …………………………………………………………（72）
    3.7  约束编辑 ………………………………………………………………（80）
    3.8  草图绘制技巧 …………………………………………………………（81）
    3.9  草图绘制综合实例 1 …………………………………………………（82）
    3.10  草图绘制综合实例 2 ………………………………………………（84）

**第4章  参考几何体创建 /（86）**
    4.1  基准面 …………………………………………………………………（86）
    4.2  基准轴 …………………………………………………………………（91）
    4.3  基准点 …………………………………………………………………（93）
    4.4  坐标系 …………………………………………………………………（95）
    4.5  参考几何体创建综合实例 ……………………………………………（96）

## 第 5 章 实体特征创建 /（97）
5.1 基础特征创建 …………………………………………………………………（97）
5.2 工程特征创建 …………………………………………………………………（110）

## 第 6 章 实体编辑 /（131）
6.1 变形编辑 ………………………………………………………………………（131）
6.2 组合编辑 ………………………………………………………………………（146）
6.3 阵列编辑 ………………………………………………………………………（150）
6.4 实体设计综合训练实例 ………………………………………………………（159）

## 第 7 章 3D 草图与曲线创建 /（162）
7.1 3D 草图 …………………………………………………………………………（162）
7.2 曲线 ……………………………………………………………………………（164）

## 第 8 章 曲面特征创建 /（171）
8.1 拉伸曲面特征创建 ……………………………………………………………（171）
8.2 旋转曲面特征创建 ……………………………………………………………（172）
8.3 扫描曲面特征创建 ……………………………………………………………（173）
8.4 放样曲面特征创建 ……………………………………………………………（174）
8.5 边界曲面特征创建 ……………………………………………………………（174）
8.6 直纹曲面特征创建 ……………………………………………………………（175）
8.7 加厚曲面特征创建 ……………………………………………………………（176）
8.8 曲面分析 ………………………………………………………………………（176）

## 第 9 章 曲面编辑 /（179）
9.1 曲面的延伸 ……………………………………………………………………（179）
9.2 曲面的剪裁 ……………………………………………………………………（180）
9.3 解除剪裁曲面 …………………………………………………………………（181）
9.4 等距曲面 ………………………………………………………………………（182）
9.5 平面区域 ………………………………………………………………………（183）
9.6 填充曲面 ………………………………………………………………………（183）
9.7 删除面与替换面 ………………………………………………………………（184）
9.8 自由面特征创建 ………………………………………………………………（187）
9.9 中面与分型面 …………………………………………………………………（188）
9.10 延展曲面 ………………………………………………………………………（190）
9.11 移动/复制实体 …………………………………………………………………（190）
9.12 曲面的缝合 ……………………………………………………………………（192）
9.13 曲面综合实例 …………………………………………………………………（194）

## 第 10 章 装配体创建 /（198）
10.1 装配体简介 ……………………………………………………………………（198）
10.2 向装配体中添加零部件 ………………………………………………………（201）
10.3 配合零部件 ……………………………………………………………………（206）
10.4 编辑零部件 ……………………………………………………………………（211）

10.5　装配检查 …………………………………………………………………（221）
　　10.6　爆炸视图 …………………………………………………………………（225）
　　10.7　夹具装配实例 ……………………………………………………………（229）
第 11 章　工程图创建 /（238）
　　11.1　工程图简介 ………………………………………………………………（238）
　　11.2　创建标准视图 ……………………………………………………………（243）
　　11.3　派生工程视图 ……………………………………………………………（247）
　　11.4　编辑工程视图 ……………………………………………………………（254）
　　11.5　视图显示控制 ……………………………………………………………（257）
　　11.6　工程图标注 ………………………………………………………………（259）
第 12 章　零件创建实例 /（274）
　　12.1　减速器上箱盖造型实例 …………………………………………………（274）
　　12.2　减速箱下箱体造型实例 …………………………………………………（284）
第 13 章　曲面创建实例 /（293）
　　13.1　三通管曲面创建实例 ……………………………………………………（293）
　　13.2　花瓶曲面创建实例 ………………………………………………………（296）
第 14 章　装配体创建实例 /（299）
　　14.1　转子泵装配体创建 ………………………………………………………（299）
　　14.2　减速器装配体创建 ………………………………………………………（306）
第 15 章　工程图创建实例 /（313）
　　15.1　零件工程图简介 …………………………………………………………（313）
　　15.2　零件工程图创建实例 ……………………………………………………（314）

附录　SOLIDWORKS 2018 常用快捷键 /（332）
参考文献 /（334）

# 第1章 三维设计简介

第1章课件

**学习任务**:了解三维(3D)设计的意义和作用。要求对国内外常用三维设计软件有基本了解,可以根据需求,选择合适的三维设计软件。

**知 识 点**:CAD技术概念、CAD构成、常用三维设计软件。

## 1.1 CAD/CAM 技术简介

CAD/CAM技术是设计人员和组织产品制造的工艺技术人员在计算机系统的辅助之下,根据产品的设计和制造程序进行设计和制造的一项新技术,是传统技术与计算机技术相结合的产物。设计人员通过人机交互操作方式进行产品设计构思和论证,产品总体设计、技术设计、零部件设计,完成有关零件的强度、刚度、热、电、磁的分析计算和零件加工信息的输出,以及技术文档和有关技术报告的编制。而工艺设计人员则可以利用CAD过程提供的信息和CAM系统的功能,进行零部件加工工艺路线的控制和加工状况的预显,并生成控制零件加工过程的信息。CAD/CAM技术为工程设计及机械制造业提供了极大的便利。其突出特点是可以提高产品设计效率、加快产品生产周期、降低产品成本、提高产品质量。

目前,CAD/CAM的工作内容主要有产品设计数据库、加工工艺库、基础图形库、应用程序库、产品计算机辅助设计、产品计算机辅助制造、产品数据管理等。

### 1.1.1 三维设计基础

三维设计是利用参数化进行绘制,它绘制的零件、装配体和工程图等可以用一个统一的数据库,设计出的产品可以直接进行必要的结构强度、刚度以及应力/应变分析,以及运动仿真模拟,以保证新设计的产品符合实际需要,缩短设计周期,提高设计效率和产品质量。

1. 三维设计软件的意义和作用

三维CAD系统中,用参数化约束设计零部件的尺寸约束关系,使设计的产品修改更容易,管理也更方便。在三维设计中,可以使用尺寸驱动、约束和关系来设计零件,而且在装配环境下也可以进行新零件的设计。由于使用了统一的数据库,可以借助完整的三维实体模型,以及设计过程中的尺寸约束和几何约束、充分的参数驱动数据,完成零件的设计和修改编辑,零部件的装配、力学分析、运动仿真、数控加工等CAD零件设计过程。

三维CAD系统中,工程图可以直接由三维设计模型直接投影生成,从而保证各个视图的正确性。可以根据三维模型的尺寸,自动生成二维(2D)尺寸,只需要对视图在的一些线条进行调整,并标注工程符号,即可满足工程图要求。由于三维 CAD 系统中三维和二维的全相关性,在不同的设计环境中模型都是相互关联的,所以可以直接修改模型的结构和尺寸,相关模型设计环境中的模型可以自动更新,从而使得设计的修改保持一致。

在三维 CAD 系统中,可以调节渲染设计产品的一些基本属性,如光源、模型属性(颜色等),还可以设置模型的纹理、反射、景深、阴影等效果。

只有在三维 CAD 中才可能建立进行有限元分析的原始基本数据,实现产品的优化设计。用三维模型在装配环境下进行零件设计,可以避免实际的干涉现象,提高设计效率。

**2. CAD/CAM 系统的工作过程**

一个 CAD/CAM 系统是由计算机、外围设备及附加生产设备等硬件和控制这些硬件运行的指令、程序及文档(软件)组成的,通常包含若干功能模块,见图 1-1。CAD/CAM 系统是设计、制造过程中的信息处理系统,它克服了传统手工设计的缺陷,充分利用计算机高速、准确、高效的计算功能,图形处理、文字处理功能以及对大量的、各类数据的存储、传递、加工功能;在运行过程中,结合人的经验、知识及创造性,形成一个人机交互、各尽所长、紧密配合的系统,以提高设计的质量和效率。从初始的设计要求、产品设计的中间结果,到最终的加工指令,都是信息不断产生、修改、交换、存取的过程,系统应能保证用户随时观察、修改阶段数据,实时编辑处理,直到获得最佳结果。因此,CAD/CAM 系统应当具备支持工作过程的基本功能。

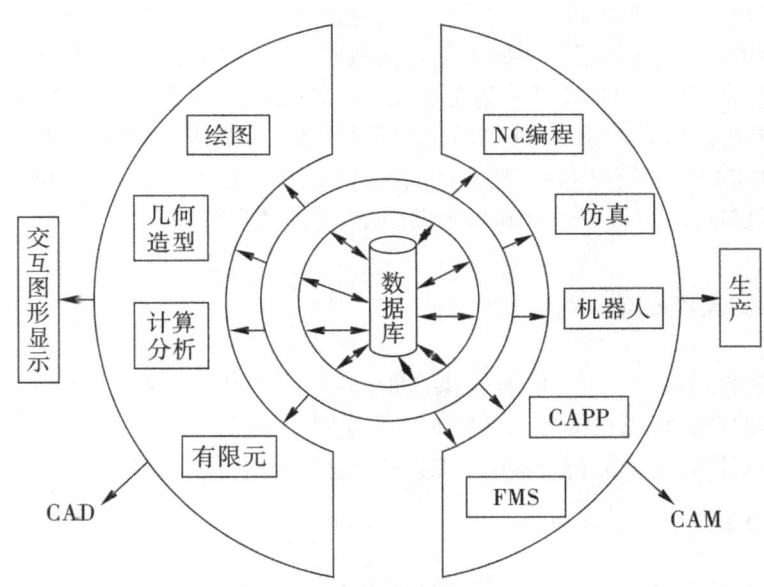

图 1-1 CAD/CAM 系统的组成

**3. CAD 建模方式与方法**

表 1-1 所示是 CAD 系统常用的建模方式和方法。

表1-1 CAD系统常用的建模方式和方法

| 方式 | 应用范围 | 局限性 | 方法 | 特点 |
| --- | --- | --- | --- | --- |
| 线框建模 | 绘制2D、3D线框图 | 不能表示实体,图形会有二义性 | 体素法 | 实体模型通过连接基本体素(长方体、球体等)来构造 |
| 表面建模 | 艺术图形、形体表面的显示、数控加工 | 不能表示实体 | | |
| 实体建模 | 物性计算、有限元分析、有集合运算构造实体 | 只能产生正则实体 | 扫描法 | 先生成一个2D轮廓(草图),然后沿某一导向线进行3D扩展成实体。方法有拉伸、旋转、扫描等 |
| 特征建模 | 在实体建模基础上加入实体的精度信息、材料信息和计算信息等 | 目前没有实用系统问世,主要集中在概念的提出和特征的定义描述上 | | |

## 1.1.2 国内外常用三维设计软件简介

1. 国外优秀CAD软件介绍

(1)高档CAD软件。高档CAD软件的代表主要有Pro/ENGINEER、UG、I-DEAS和CATIA等。

1)Pro/ENGINEER(Pro/E、Creo)。Pro/ENGINEER是业界领先的三维计算机辅助设计和制造的产品开发解决方案。它提供了强大的数字设计能力,具有创建高级、优质产品模型和设计方案并造就一流产品的能力。

• Pro/E是个全方位的3D产品开发软件,集零件设计,曲面设计、工程图制作、产品装配,模具开发、NC加工、管路设计、电路设计、钣金设计、铸造件设计、造型设计、逆向工程、同步工程、自动测量、机构仿真、应力分析、有限元素分析和产品数据管理等功能于一体。

• Creo是整合了Pro/Engineer软件的参数化技术、CoCreate软件的直接建模技术和ProductView软件的三维可视化技术的新型CAD设计软件包,针对不同的任务应用将采用更为简单化子应用的方式,所有子应用采用统一的文件格式。Creo用于解决CAD系统难用及多CAD系统数据共用等问题。

2)Unigraphics(UG、UG-NX)。UG是一个产品工程解决方案,为用户的产品设计及加工过程提供了数字化造型和验证手段。此软件的特点是将优越的参数化设计、变量化设计及特征造型技术与传统的实体、线框和曲面造型功能结合在一起。UG最早应用于美国麦道飞机公司,经过多年的发展,现在已经成为完善的企业级CAD/CAE/CAM/PDM集成系统。

3)I-DEAS。I-DEAS是高度集成化CAD/CAE/CAM软件系统,帮助设计者以极高的效率完成从产品设计、仿真分析、测试以及数控加工等产品研发全过程。它在CAD/CAE一体化技术方面一直位居世界前列,软件分析功能尤其领先,主要有结构分析、热力分析、优化设计以及耐久性分析等高级分析功能。

4)CATIA。CATIA是一个高档CAD/CAM/CAE系统,广泛用于航空、汽车等领域。它采用特征造型和参数化造型技术,允许自动指定或由用户指定参数化设计、几何或功能化约束的变量式设计。根据其提供的3D线架,用户可以精确地建立、修改与分析3D几何模型。

其曲面造型功能包含了高级曲面设计和自由外形设计,用于处理复杂的曲线和曲面定义,并有许多自动化功能,包括分析工具,加速了曲面设计过程。CATIA 提供的装配设计模块可以建立并管理基于 3D 的零件和约束的机械装配件,自动地对零件间的连接进行定义,便于对运动机构进行早期分析,大大加速了装配件的设计,后续应用则可利用此模型做进一步的设计、分析和制造。CATIA 具有一个 NC 工艺数据库,存有刀具、刀具组件、材料和切削状态等信息,可自动计算加工时间,并对刀具路径进行重放和验证,用户可通过图形化显示来检查和修改刀具轨迹。该软件的后处理程序支持铣床、车床和多轴加工。

(2)中档 CAD 软件。主要有 CIMATRON、SOLIDEDGE 和 SOLIDWORKS。

1)CIMATRON。CIMATRON 提供了比较灵活的用户界面,优良的 3D 造型、工程制图和全面的数控加工功能,有各种通用、专用数据接口以及集成化的产品数据管理功能。

2)SOLIDEDGE。SOLIDEDGE 是新一代基于参数和特征造型的实体造型系统,也是真正的 Windows 软件,可以充分利用 Windows 系统下的字处理、电子报表和数据库等操作。

3)SOLIDWORKS。SOLIDWORKS 是微机版参数化特征造型软件中的新秀,可以方便地实现复杂零件的 3D 实体造型、曲面造型、装配图和工程图创建,常用于规则几何形体为主的机械产品设计中。

2. 国内优秀 CAD 软件介绍

(1)开目 CAD。开目 CAD 是由华中科技大学机械学院开发的具有自主版权的基于微机平台的 CAD 和图纸管理系统。它面向工程实际、模拟人的设计绘图思路,操作简便,绘图效率比 AutoCAD 更高。开目 CAD 支持多种几何约束种类及多视图同时驱动,具有局部参数化功能,能够处理设计中的过约束和欠约束问题。开目 CAD 实现了 CAD/CAPP/CAM 的集成,适合我国设计人员的习惯,是我国 CAD 应用工程主流产品之一。

(2)CAXA 电子图板和 CAXA-ME 制造工程师。此软件由北京北航海尔软件有限公司开发。CAXA 电子图板是一套高效、方便和智能化的通用设计绘图软件,可以帮助设计人员进行零件设计、装配图、工艺图表和平面包装的设计。CAXA-ME 制造工程师是面向机械制造业自主开发的全中文界面的三维 CAD/CAM 软件。

### 1.1.3　使用三维 CAD 软件的目的

1. 表达设计思维——绘图、建模不是设计的终极目标

从 CAD 技术来说,设计总要绘图,由于一个工程师无法记住自己设计中的全部细节,图形表达就是唯一的方法。可见,绘图、建模是设计构思的工具,而不是设计的结束。绘图、建模是设计的起点和过程中的动作,是辅助手段。绘制工程图实际上是设计思维的表达手段。

2. 提高修改速度——零件是用于装配的,设计必须实现关联

任何零件被设计的唯一目的就是"被使用",从来没有任何零件可以被"单独"使用,必须与相关零件配合设计。无论使用什么样的 CAD 系统,使用中都必须始终把握"基于装配的关联设计"。

3. 实现制造仿真——设计就是模拟加工和装配

一个不懂相关的工艺、测量、装配、调试技术的工程师,无法进行真正的设计,至少不能完成优秀的设计。

## 1.2 三维设计软件的选用

三维设计软件选型时考虑的主要因素如下：

（1）系统功能和能力配置。当前市场上三维设计软件众多，大多数按功能模块进行安装和使用，因此，要根据系统的功能来确定系统所需的软件模块和规模。一般说来，模块越多，功能越多，使用起来越复杂。

（2）软件性价比。与硬件系统一样，不同软件产品的价格也不同，因此要根据企业实际需求进行调研和比较，选择满足要求、运行可靠、容错性好、人机界面友好、具有良好性价比的产品。同时，注意软件的版本号。

（3）与硬件的匹配性。不同软件需要不同的硬件环境来支持，如果软硬件都需要配置，则需要先选软件、后选硬件。如果与现有的硬件配套，则需要考虑硬件能力，配备相应档次的软件。在过去，很多软件都是运行在工作站上的，现在基本上都可以运行在工作站和微机系统上。

（4）二次开发能力。为了更好地发挥软件的作用，可以结合企业实际情况进行二次开发，因此，需要了解所选软件是否具有二次开发的能力、软件的开放度，以及软件提供的二次开发工具、所需的环境和编程语言等。

（5）开放性。所购置软件应该具有与 CAD/CAM 系统中的设备、其他软件和通用数据库具有良好的接口、数据格式转换和集成能力。此外，还应有与绘图仪、打印机等设备的接口，具备升级能力，便于系统的应用和扩展。

（6）可靠性。所购置软件的可靠性要高，在遇到一些紧急情况时能进行相应处理，而不产生系统死机和崩溃的现象。

总结与回顾 1

思考与练习 1

# 第 2 章　SOLIDWORKS 2018 设计基础

第 2 章课件

**学习任务**：了解 SOLIDWORKS 2018 软件；能进行 SOLIDWORKS 2018 软件的基本操作；熟悉 SOLIDWORKS 2018 软件的界面；创建两个简单零件进行基本操作练习。

**知　识　点**：软件界面构成、特征概念、功能配置、鼠标使用、文件保存等。

## 2.1　SOLIDWORKS 2018 简介

SOLIDWORKS 是基于 Windows 的 CAD/CAM/CAE 软件，是基于特征、参数化的 3D 设计软件。其界面操作完全使用 Windows 风格，具有良好的操作界面，具备使用简单、操作方便的特点。它功能强大、简单易学，利用它可以方便地实现复杂零件的 3D 实体造型、装配和生成工程图，常用于规则几何形体为主的机械产品设计中。它还具有丰富的曲面造型功能、二次开发环境和开放的数据结构。其插件还提供运动学分析工具、动力学分析工具及有限元分析工具，可以方便地对所设计的零件进行运动后续分析，以完成整体设计任务。

SOLIDWORKS 主要功能模块有零件模块、装配体模块和工程图模块等。

## 2.2　SOLIDWORKS 2018 安装

### 2.2.1　SOLIDWORKS 2018 系统安装要求

（1）软件要求。SOLIDWORKS 2018 是比较新的版本，相应的操作系统要求是 Windows 7、Windows 8 和 Windows 10。SOLIDWORKS 2018 只提供 64 位版本，必须在 64 位操作系统上安装。

（2）硬件要求（推荐）。具有高处理器速度的 Intel Core i7 或 Xeon，主频 2.0GHz 以上，内存 8GB 以上，独立显卡（显存 2GB），硬盘容量 300GB 以上，显示器 22in（非法定计量单位，1in=2.54cm，本书沿用）以上最好。

### 2.2.2　SOLIDWORKS 2018 系统安装步骤

安装前先确认系统是否支持 SOLIDWORKS 2018，再查看系统是 32 位还是 64 位的，必须是 64 位操作系统。因为软件比较大，安装包大约 13.7GB，所以要检查硬盘空间是否足够。

**1. 将安装包拷贝到计算机硬盘文件夹下并解压缩**

下面以在 Windows 10 操作系统下安装 SOLIDWORKS 2018 为例进行介绍。一般情况下安装包是一个压缩文件。先将安装包拷贝到计算机硬盘文件夹下,然后解压到一个安装文件夹,打开安装文件夹,见图 2-1,在安装文件夹中打开 setup.exe 文件。

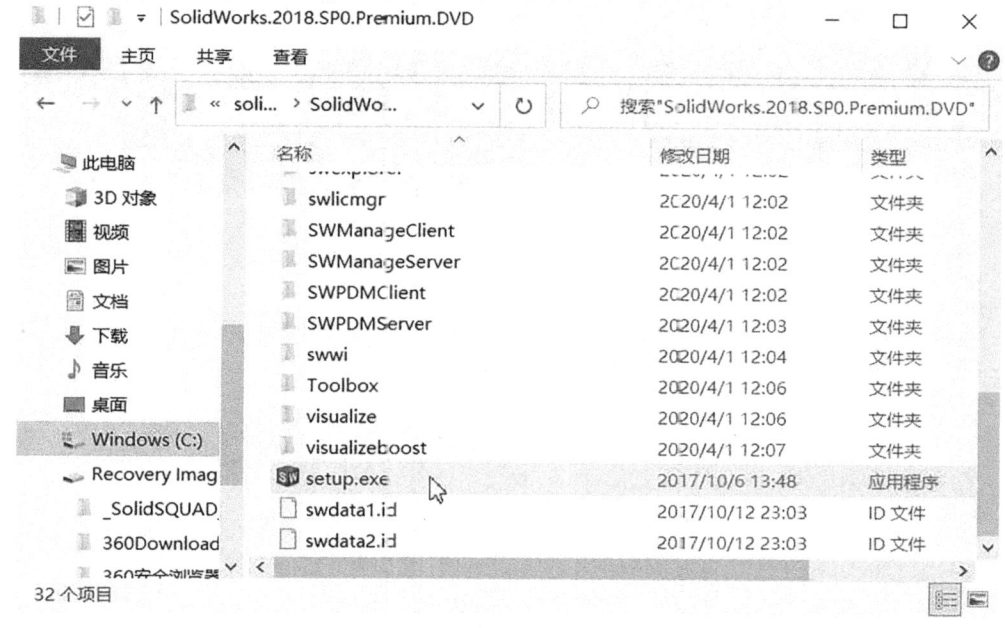

图 2-1  setup.exe 文件

2. 开始安装程序

打开 setup.exe 文件后,出现图 2-2 所示安装管理程序界面,选择"单机安装(此计算机上)"单选按钮,单击"下一步"按钮,出现图 2-3 所示序列号界面。

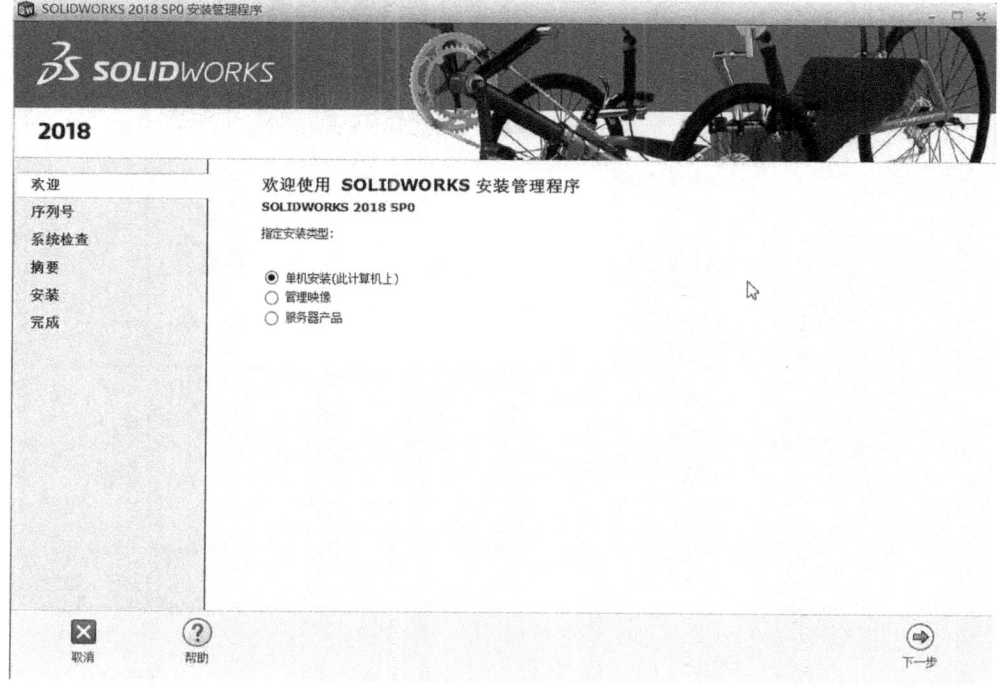

图 2-2  单机安装

3. 输入模块序列号

按图 2-3 要求输入"序列号"信息,勾选需要安装的软件功能模块。输入完毕,单击"下一步"按钮,出现图 2-4 所示界面。

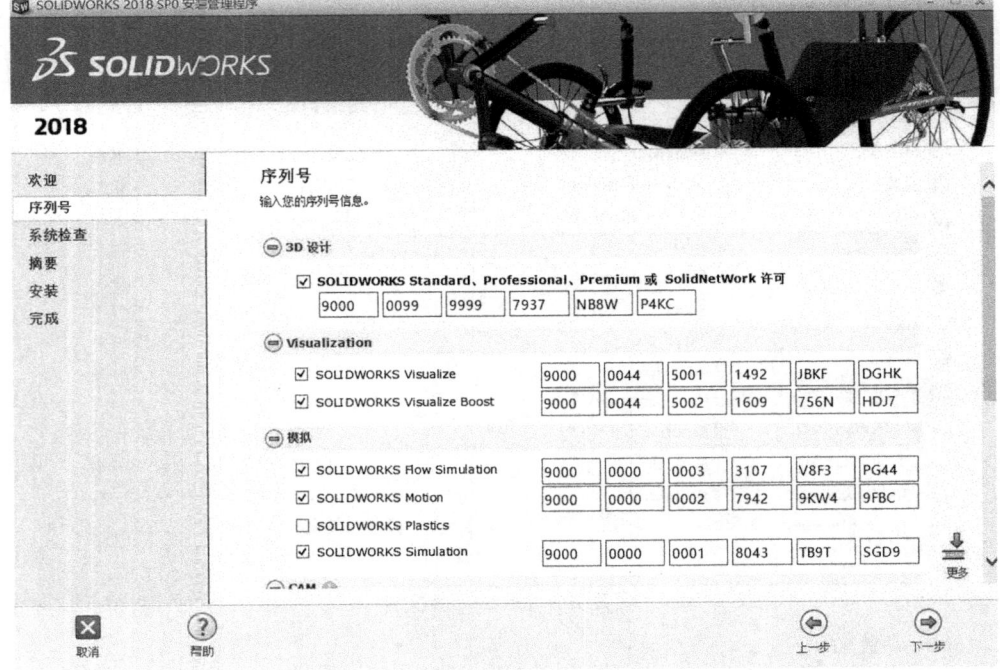

图 2-3　输入、勾选序列号

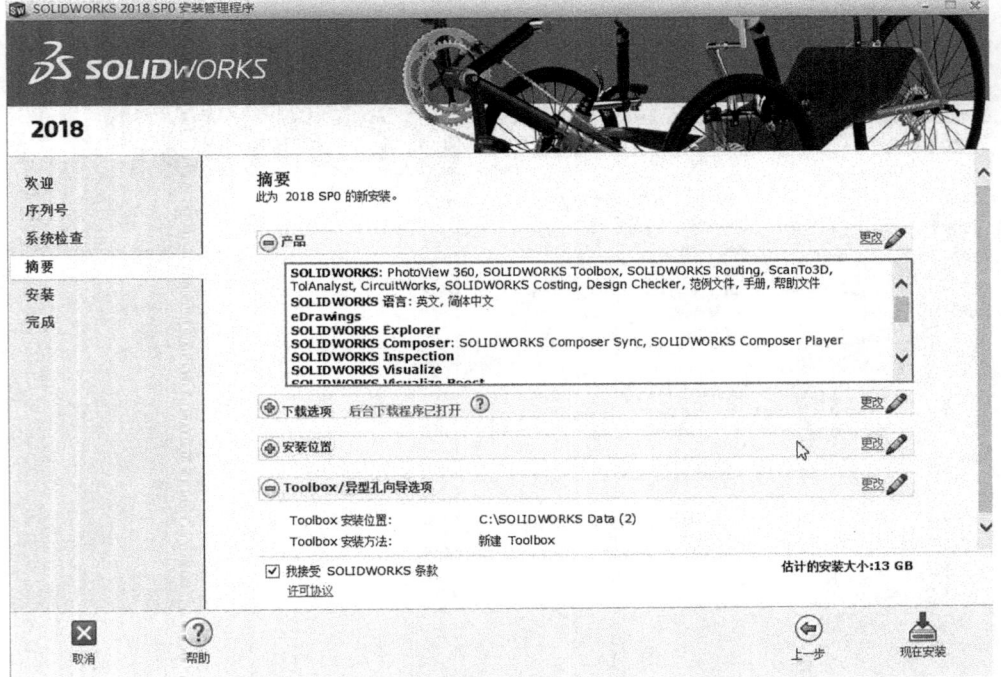

图 2-4　安装信息摘要

在图 2-4 中，可以更改软件安装位置。如果使用系统默认安装位置，单击图 2-4 中"现在安装"按钮，开始安装，出现图 2-5 所示界面，系统较大，安装时间较长，请耐心等待，直到出现图 2-6 所示界面，单击"完成"按钮。

图 2-5  安装选定产品

图 2-6  安装完成

## 2.3 SOLIDWORKS 2018 设计入门

### 2.3.1 运行软件

SOLIDWORKS 2018 安装完毕后会在桌面上创建图标,双击该图标即可运行软件,进入后界面见图 2-7。

图 2-7 起始界面

### 2.3.2 退出软件

要退出软件,可以单击软件工作界面右上角的"关闭"按钮,也可以在图 2-8 所示"文件"菜单中选择"退出"命令,关闭软件。

### 2.3.3 新建文件

在图 2-7 所示界面中,单击"标准"工具栏上的 (新建)按钮,或在图 2-8 所示界面的"文件"菜单中选择"新建"命令,出现图 2-9 所示的"新建 SOLIDWORKS 文件"对话框。该对话框中提供了

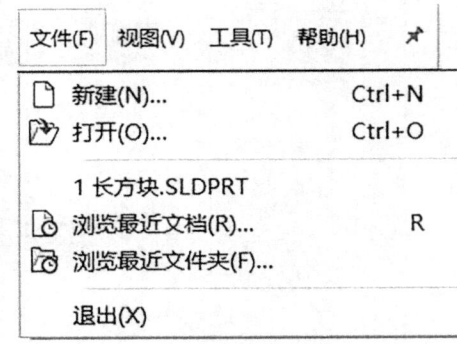

图 2-8 退出软件

"零件""装配体"和"工程图"三个按钮,双击其中一个按钮即可创建一个对应类型的新文件。该对话框适合初学者,文件使用的模板为软件提供的最基本模板。

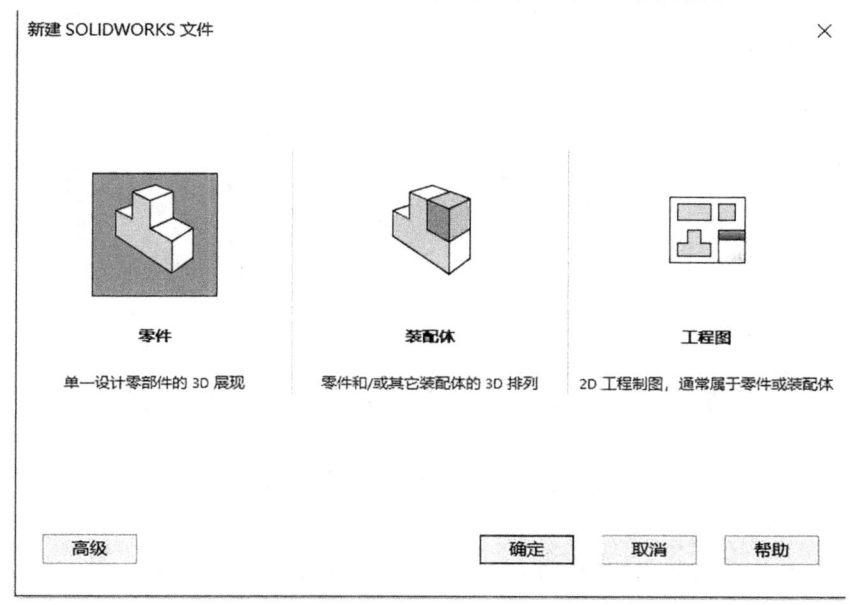

图 2-9 "新建 SOLIDWORKS 文件"对话框

在图 2-9 中单击"高级"按钮,则可以打开图 2-10 所示的对话框。该对话框有三个标签,其中"模板"标签的功能和图 2-9 所示的一样,双击其中的按钮即可创建一个对应类型的新文件。"MBD"标签允许没有工程图便能创建模型,为用户提供集成的 SOLIDWORKS 软件制造解决方案。第三个标签"Tutorial"中的模板(图 2-11)用来访问系统提供的指导教程模板。单击图 2-10 中的"新手"按钮,则可以切换到图 2-9 所示界面。

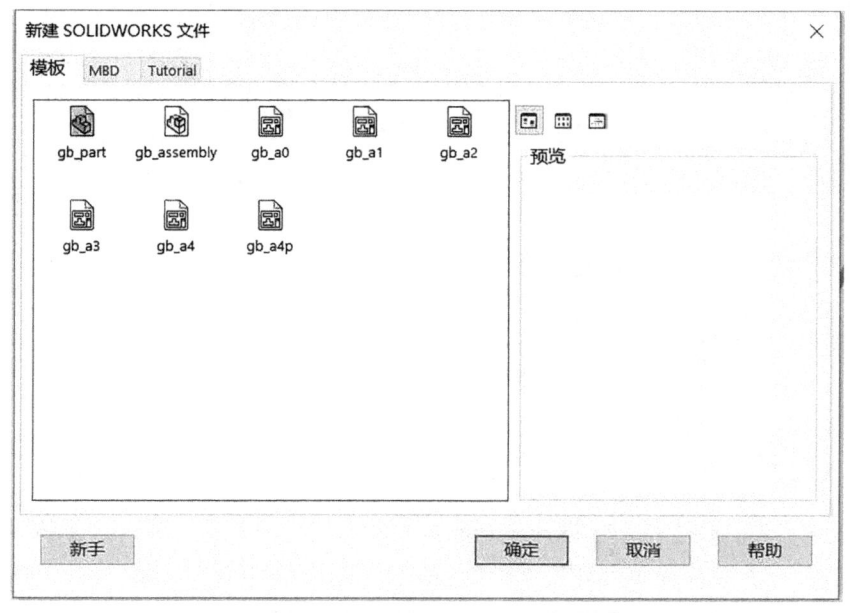

图 2-10 "模板"标签中的模板

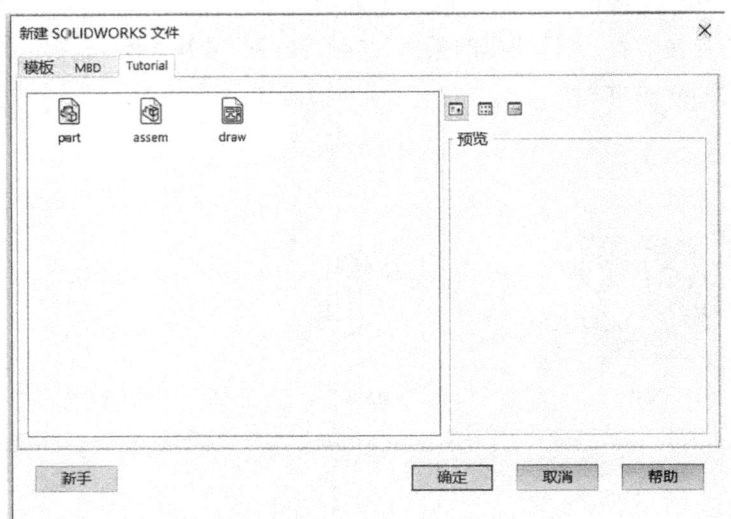

图 2-11 "Tutorial"标签中的模板

在图 2-9 中双击"零件"按钮,即可进入新零件创建界面(图 2-12)。

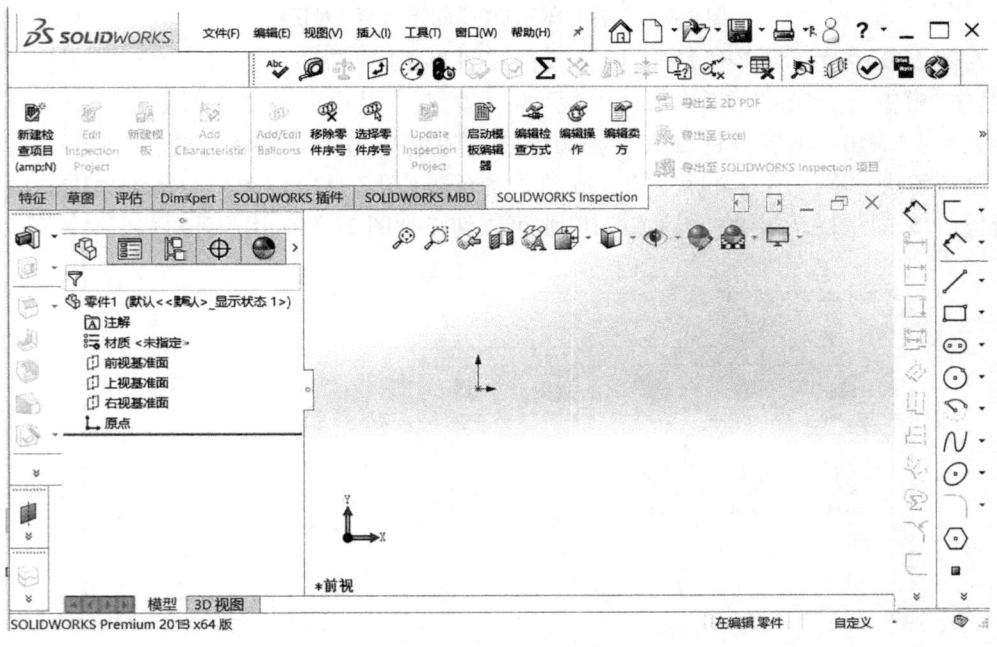

图 2-12 新建零件界面

### 2.3.4 打开文件

单击"标准"工具栏上的 ☞(打开)按钮,即可打开图 2-13 所示对话框,浏览找到要打开的文件,双击打开。或选择要打开的文件后,单击对话框中的"打开"按钮。注意,打开文件时,单击 ▢(预览)按钮可以预览打开的文件,帮助设计者快速找到要打开的文件。见图 2-

13. 单击"预览"按钮，上述对话框右侧中间位置显示"长方块"零件图形。

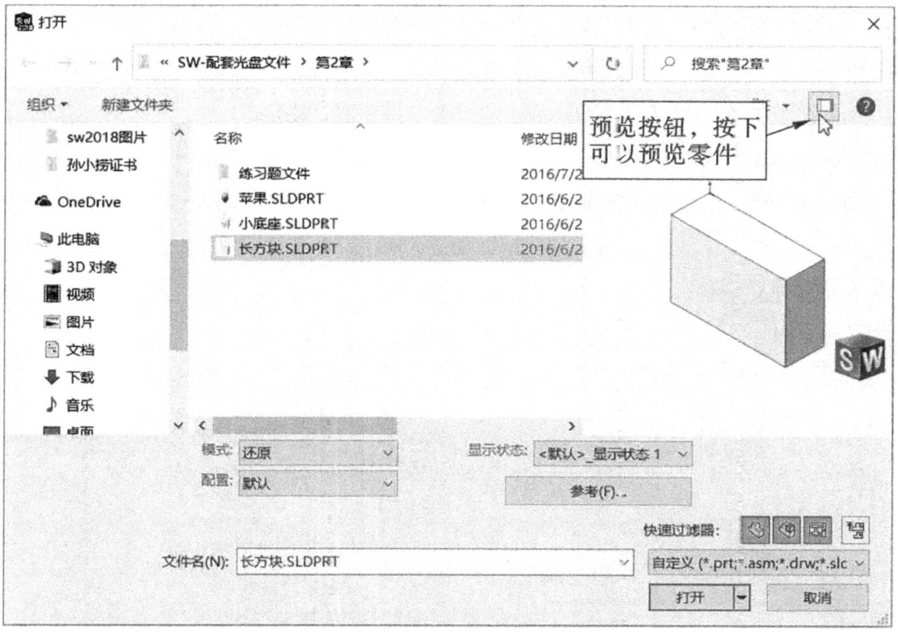

图 2-13 "打开"对话框

## 2.3.5 保存文件

如果是第一次保存文件，单击"标准"工具栏上的 按钮，则打开"另存为"对话框（图 2-14），从中选择合适的文件夹，单击"保存"按钮。也可以在图 2-15 所示的菜单中选择"保存"命令，同样打开"另存为"对话框。

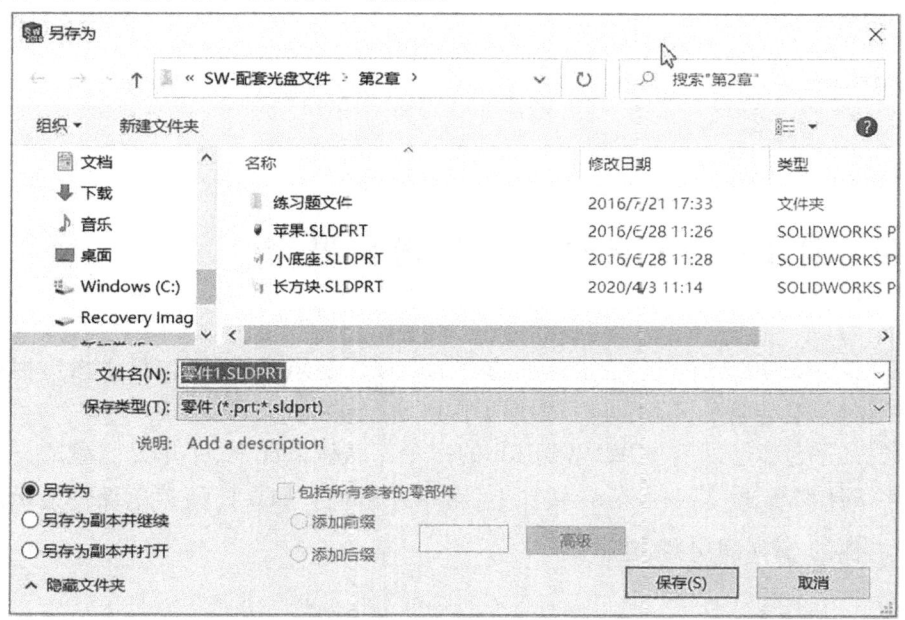

图 2-14 "另存为"对话框

注意，如果已经保存过一次，进行第二次或多次保存，单击 按钮后，系统就直接按原来保存的路径和名字进行保存，不再打开"另存为"对话框。这时如果要重新命名文件，就需要在图2-15所示的"标准"工具栏中单击"保存"按钮右侧的 ▼（浏览）按钮，然后选择"另存为"命令。也可以在图2-16所示的菜单中选择"另存为"命令来进行操作。

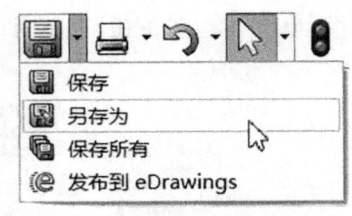

图2-15 "保存"下拉菜单

### 2.3.6 关闭文件

要关闭文件，可以单击软件界面右上角的"关闭"按钮，弹出图2-17所示的对话框，可以选择保存文件或放弃保存文件。

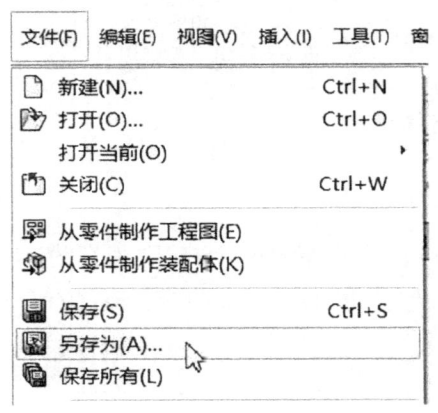

图2-16 "文件"下拉菜单

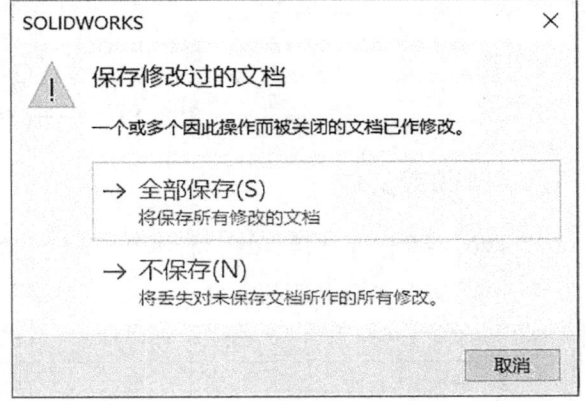

图2-17 关闭文件对话框

## 2.4 SOLIDWORKS 2018 用户界面

SOLIDWORKS 2018 用户界面由标准的 Windows 资源组成，主要包括主窗口框架、下拉菜单、任务窗格、设计管理区、工具栏、图形工作区、状态栏等，见图2-18。

菜单栏几乎包含了所有 SOLIDWORKS 的命令。默认情况下，菜单是隐藏的，要显示菜单，需要将指针移动到 SOLIDWORKS 按钮上，菜单才出现。如果要使菜单保持显示可见，单击菜单栏右侧的 （固定）按钮。

第 2 章　SOLIDWORKS 2018 设计基础

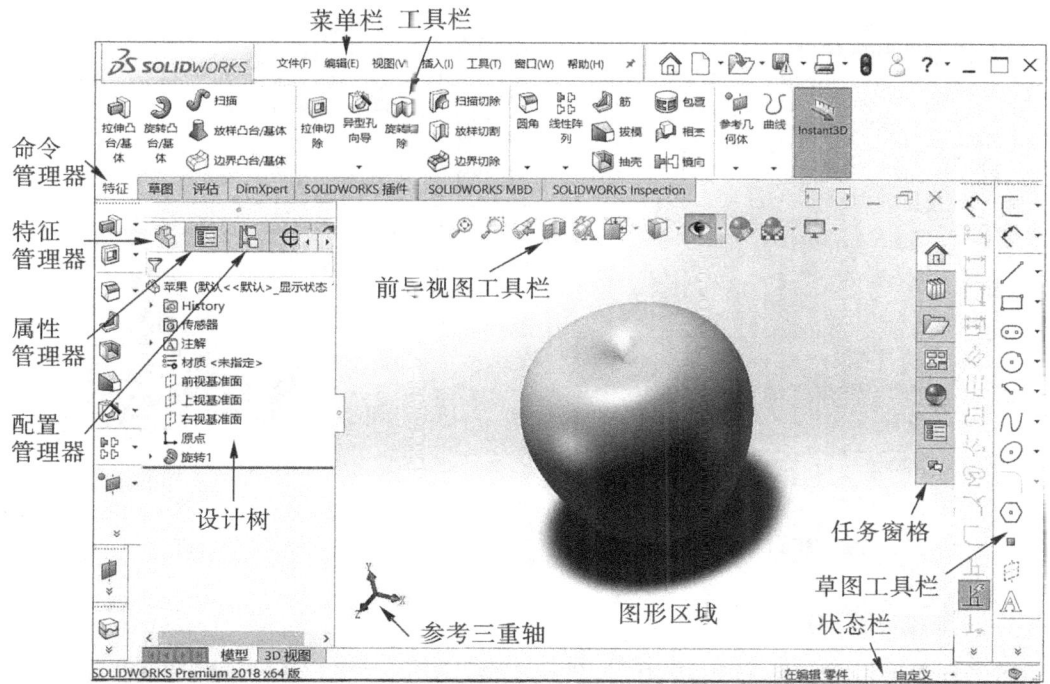

图 2-18　用户界面

## 2.4.1　任务窗格

任务窗格是一种浮动窗格，提供罗用的功能，见图 2-18。

1. SOLIDWORKS 资源

单击任务窗格上方的 按钮，可以打开"SOLIDWORKS 资源"面板，该面板包括 7 个示签，见图 2-19。

2. 设计库

单击任务窗格中的 按钮，打开"设计库"面板。利用该面板，可以更加方便地管理和使用设计资源。如使用特征库、常用零件库、常用注释符号和 Toolbox 零件等，极大地提高了设计效率。可以将常用的设计资源保存到设计库中，并且在需要时拖放到需要的地方，见图 2-20。

图 2-19　SOLIDWORKS 资源　　　　图 2-20　设计库

**3. 文件探索器**

单击任务窗格中的 按钮，打开"文件探索器"面板。利用该面板可以方便地查找和定位 SOLIDWORKS 文件，也可以通过更加直接的方式查看 SOLIDWORKS 文件是否已经打开，见图 2-21，其操作方法和 Windows 资源管理器完全一样。

任务窗格还可以进行显示和隐藏、展开和折叠、固定和取消固定、对接和浮动操作等。

## 2.4.2　设计管理区

在 SOLIDWORKS 图形工作区的左侧有一个窗口，称为设计管理区，见图 2-22。设计、编辑、管理等操作都需要在该区域进行。默认情况下，设计管理区由 4 个面板组成，分别是特征管理器、属性管理器、配置管理器、标注专家管理器，见图 2-18。

**1. 特征管理器（特征管理器设计树、设计树）**

零件设计采用的是基于特征的造型方法，为了能够记录设计过程中的每一特征，并能够查询、显示特征的相互关系或装配体、工程图设计之间的关系，SOLIDWORKS 提供了"特征管理器设计树"（以下简称特征管理器或设计树）面板。

特征管理器是利用 SOLIDWORKS 进行产品设计的最有力工具，使用它可以非常方便地设计和管理产品，特征管理器记录了产品设计的整个过程，它按照特征的设计顺序和相互关系显示组成零件、装配体的各个特征的配合关系，或查看工程图中的不同图纸和视图。通过对设计过程的回顾，可以查看或修改设计过程中的每一步。在不违反逻辑关系的条件下，还可以改变设计顺序，更加准确地表达设计者的设计意图。默认情况下，特征管理器总是显示在窗口中，如果没有显示，可以单击设计管理区上的 （特征管理器）按钮，切换到特征管理器。

图 2-21 文件探索器

图 2-22 设计管理区

在零件设计环境下,特征管理器见图 2-22,它包含一系列项目,所有项目像 Windows 的资源管理器一样形成树状结构,每个项目都由一个图标和名称构成。项目可以被展开或折叠,分别通过单击设计树中的" ▶ "" ▼ "按钮来实现。利用特征管理器(设计树)可以进行以下常用操作:

(1)特征的选取。特征管理器中的一些项目是与图形管理区的设计因素动态关联的。从特征管理器中选择项目,对应的特征在图形工作区同时被选中,并动态显示,反之亦然。单击特征管理器的图标或名称,就可以选择该项目所代表的零件模型或装配体模型中的特征、草图、参考平面等。注意,按下 Ctrl 键可以选取多个不相连的项目;按下 Shift 键可以选取多个相连的项目。

(2)改变特征的设计顺序。拖动项目到需要的位置后释放左键,即可生成新的特征顺序。

(3)压缩或解压缩特征。在设计过程中有时为设计方便(如零件较多、显示速度较慢等),希望某些特征不显示但又不能删除,就可以利用压缩功能。右击准备压缩特征项目图标,在弹出的图 2-23 所示菜单中选择"压缩"命令后,发现该项目图标变成灰色,而且在图形工作区对应的项目不见了,表示特征被压缩了。解压缩则执行相反的操作。

(4)显示尺寸。在特征管理器中双击生成特征(包括实体特征、草图等)的图标,在图形工作区就会显示相关尺寸。

(5)显示注解。右击"注解"菜单,出现图 2-24 所示的快捷菜单,通过选择其中的命令可以显示整个模型的注释、特征尺寸、参考尺寸等。

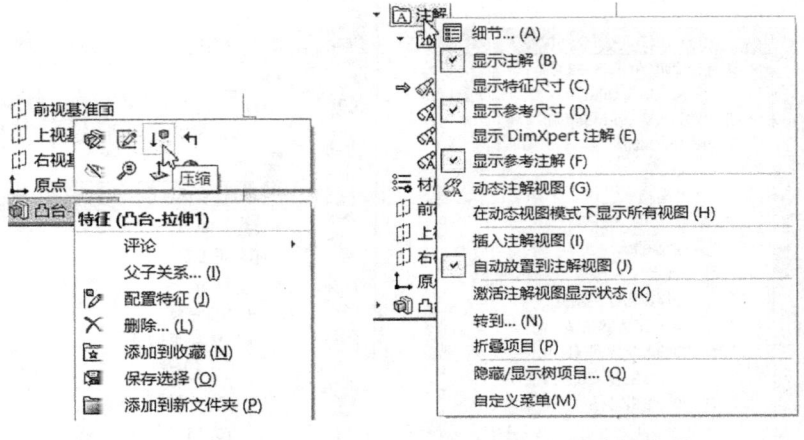

图 2-23 压缩特征　　　　图 2-24 注解选项

当零件比较复杂时,特征较多,选择起来比较麻烦。为了解决这个问题,系统提供了分割特征管理器功能,可以将特征管理器变成二个或恢复成一个。具体操作是:将指针指向特征管理器的顶部边框,指针变成 ⇌ 形状,见图 2-25a,向下拖动即可[图 2-25b];再向上拖动,可恢复为一个特征管理器。

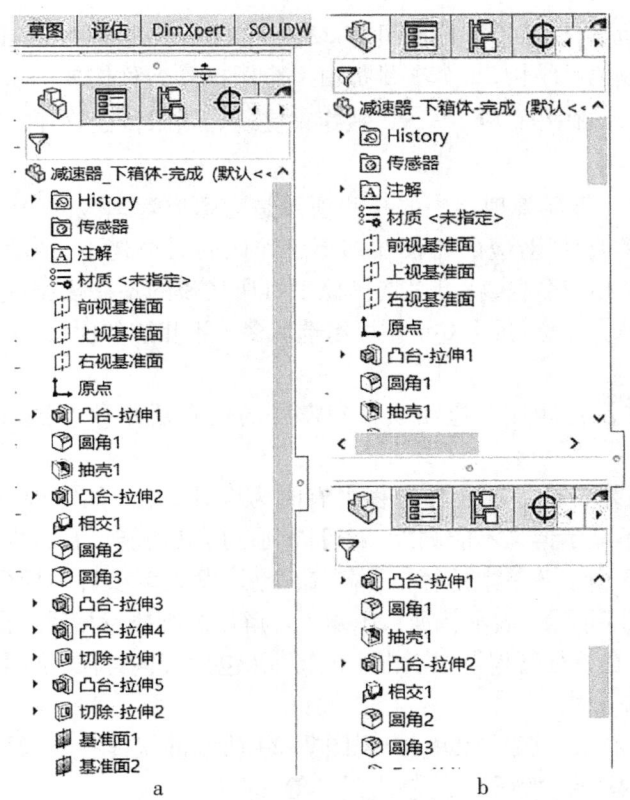

图 2-25 窗口分割

在特征管理器顶部有一个显示窗格,单击›按钮,可以展开显示窗格,见图2-26。显示窗格用于查看零件、装配体和工程图文件的各种配置。根据需要可以展开或折叠该窗格。单击图2-26中右侧中间的 按钮,可以隐藏或显示设计树。

2. 属性管理器

单击设计管理区的 按钮,可以切换到属性管理器,键图2-27。注意,在多数情况下,系统会根据需要自动打开属性管理器,而且对于不同的操作,属性管理器提供的内容也不相同。一般情况下,属性管理器提供下列项目:

(1)标题栏。用标题和文字标记当前正在完成的功能。

(2)按钮。通常包括 (确定)按钮、 (取消)按钮和 (细节预览)按钮。

(3)组框。包括文本框、下拉框、列表框、复选按钮、多选按钮等。利用这些组框,可以选择设计零件、输入设计时需要的各项参数,进行人机对话。为了设计界面清晰,对于不使用的组框,可以单击 ∧ 或 ∨ 按钮分别进行折叠、展开操作。

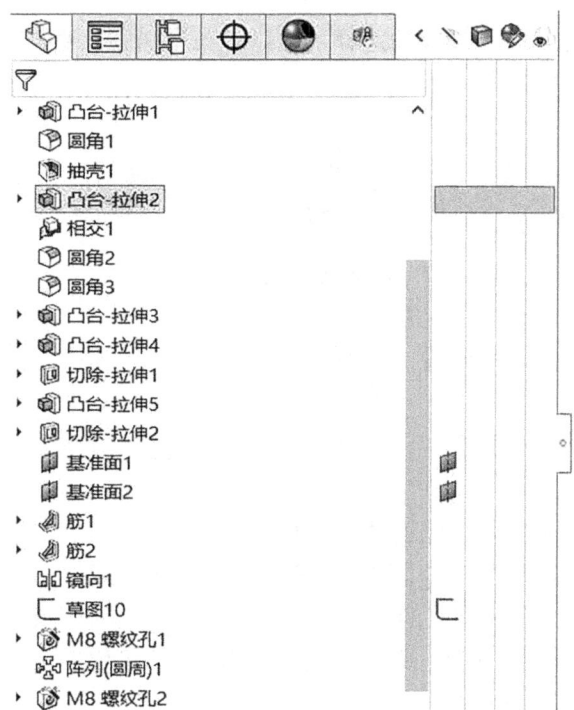
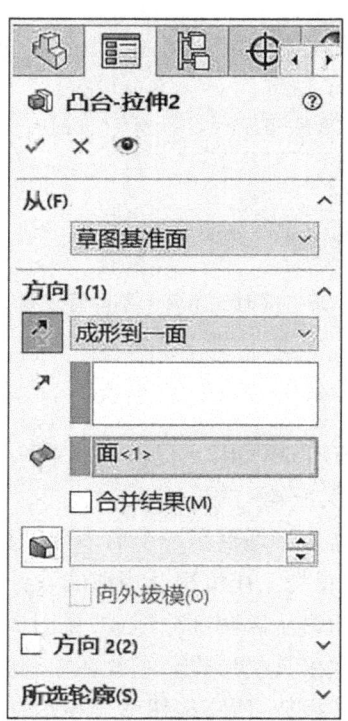

图2-26 展开显示窗格　　　　图2-27 属性管理器

许多情况下,在使用属性管理器或其他管理器的同时往往需要操作特征管理器,为此,SOLIDWORKS允许在面板上同时显示两个不同的管理器。这里以属性管理器为例,先切换到属性管理器,然后将指针指向顶部边框,指针变成 形状时,向下拖动,上方是特征管理器,下方是属性管理器,见图2-28。

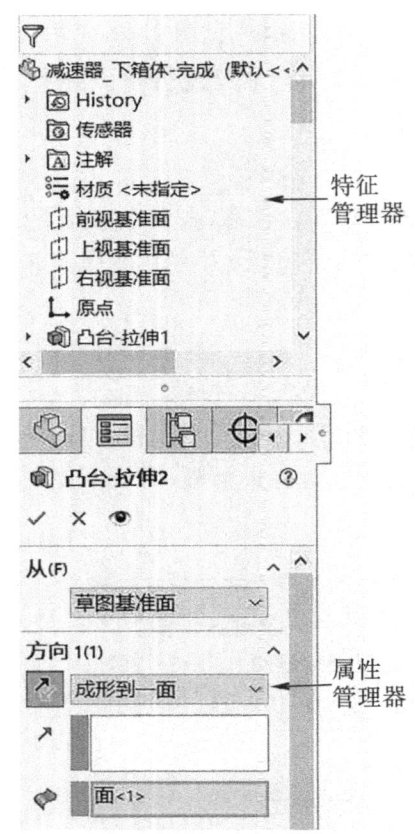

### 2.4.3 图形工作区

在 SOLIDWORKS 中,图形工作区是用来显示、设计、编辑模型或工程视图的窗口,大部分工作都要在此完成。

1. 等轴测

等轴测只在零件设计环境和装配体设计环境显示,见图 2-29,其作用是帮助查看模型的空间视图位置。三个箭头分别代表坐标系的 $X$、$Y$、$Z$ 轴正向,随着模型视图的旋转而旋转。注意,图 2-29 中的三重轴只是用于指示模型空间视图的位置,其所在位置并不代表系统的坐标原点,也不能选择它们。另外,在绘图区单击坐标系的 $X$、$Y$、$Z$ 轴正向,模型会自动切换到"右视图""上视图"和"前视图"的位置,以便设计者观察图形。

2. 显示图形

显示正在编辑的图形,可以对图形进行一些操作,如旋转、缩放等。

图 2-29 等轴测

图 2-28 同时显示丙个不同管理器

### 2.4.4 命令管理器

SOLIDWORKS 提供了一种称为"命令管理器"的工具栏组。正常情况下命令管理器位于图形工作区的顶部。

命令管理器是一个由多个工具栏组成的上下相关的工具栏组,它可以根据当前文档类型、设置的工作流程及当前的设计状态,动态更新其中的工具栏按钮。命令管理器由控制区和按钮显示区两部分组成,见图 2-30。为了节省空间,当前环境下需要的工具栏收起来,以弹出式工具栏形式分组放在控制区;当希望使用某一组按钮时,在控制区单击代表工具栏的弹出式按钮,所有按钮就会显示在按钮显示区。

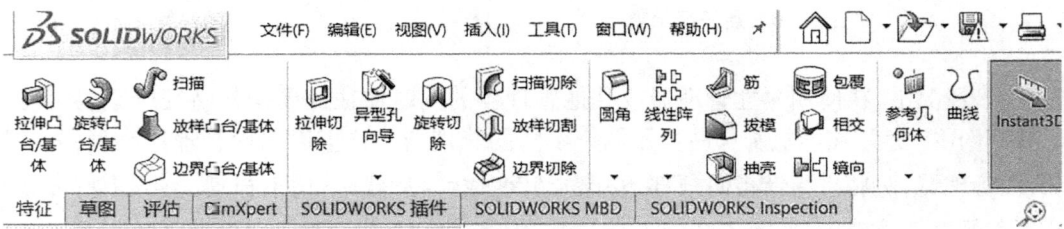

图 2-30 控制区和按钮显示区

执行菜单命令"工具"→"自定义",打开图 2-31 所示对话框,在左侧列表框中的复选框上打"√"号就可以定制工具栏。

图 2-31 "自定义"对话框的"工具栏"选项卡

## 2.4.5 前导视图工具栏

为了操作方便,SOLIDWORKS 在图形工作区的顶部提供了前导视图工具栏,每个视口中的透明工具栏提供操纵视图所需的所有普通工具,见图 2-32。

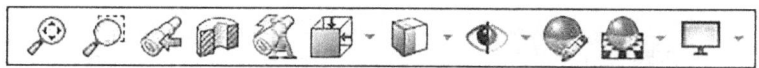

图 2-32 前导视图工具栏

右击前导视图工具栏中的任何按钮,弹出图 2-33 所示快捷菜单,去掉"视图(前导)"复选框中的"√"号,可隐藏该工具栏;在图 2-31 中勾选"视图(前导)"复选框,即可显示该工具栏。也可以通过执行菜单命令"视图"→"工具栏",来进行该工具栏的隐藏、显示操作。

### 2.4.6 状态栏

SOLIDWORKS 窗口底部的状态栏提供与正执行的功能有关的信息,见图 2-34。显示或隐藏状态栏的方法是:执行菜单命令"视图"→"用户界面"→"状态栏",见图 2-35,勾选"状态栏"复选框即可隐藏状态栏,取消勾选即可显示状态栏。状态栏中提供的典型信息是:①在将指针移到某一工具上时或单击某一菜单项目时的简要说明;②当操作草图时显示草图状态及指针坐标;③显示正在装配体中编辑零件的信息。

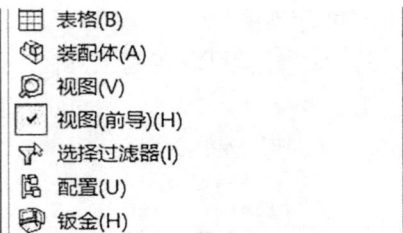

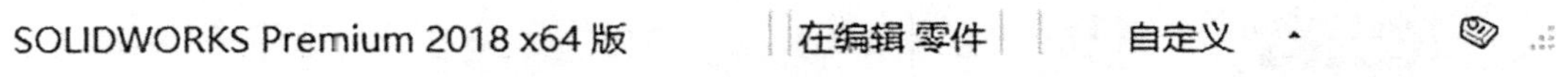

图 2-33 显示或隐藏前导视图工具栏

图 2-34 状态栏

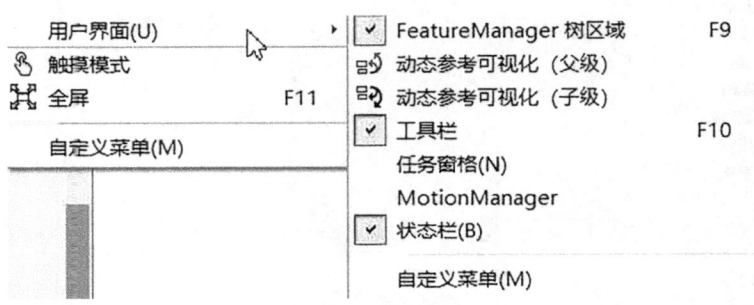

图 2-35 显示或隐藏状态栏

## 2.5 SOLIDWORKS 2018 视图操作

### 2.5.1 模型显示方式

1. 显示模型

视图操作通常通过图 2-36 所示的"视图"工具栏和"标准视图"工具栏上的按钮来实现。由于"视图"工具栏上提供了"标准视图"工具栏的弹出式按扭,因此"标准视图"工具栏一般隐藏不用。

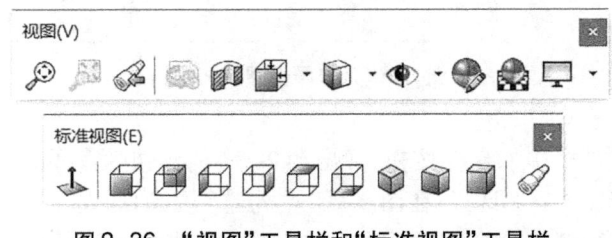

图 2-36 "视图"工具栏和"标准视图"工具栏

SOLIDWORKS 提供了 9 种主要的模型显示方式及对应的工具栏按钮，具体操作是执行菜单命令"视图"→"显示"，弹出图 2-37 所示菜单。

（1）线架图。实体模型以线架图模型方式显示，无论是隐藏线还是可见线都以同样的实线显示，可视性差，但是显示速度快。

（2）隐藏线可见。实体模型以线架图模式显示，隐藏线以灰色线段或虚线显示。

（3）消除隐藏线。实体模型以线架图模式显示，隐藏线不显示。

（4）带边线上色。在上色模式下显示实体模型的轮廓边线。

（5）上色。实体模型以渲染模式显示，形象逼真，但显示速度慢。

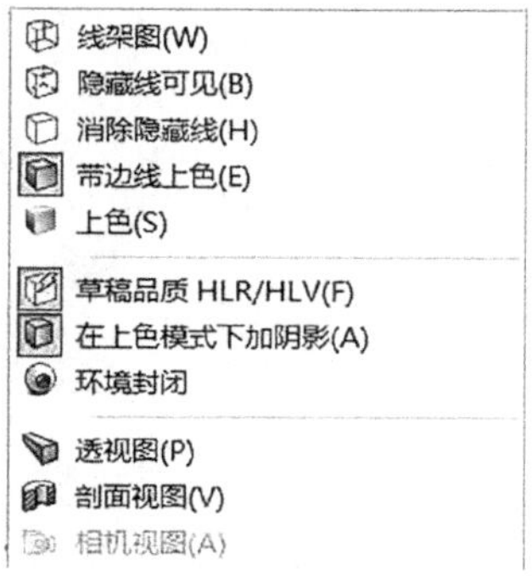

图 2-37 模型显示方式

（6）草稿品质 HLR/HLV。将消除隐藏线和隐藏线变暗显示模式更改为更快速的显示模式。

（7）上色模式下加阴影。在上色模式下显示实体模型的阴影。

（8）透视图。将实体模型以透视图模式显示，更加符合人的视觉感受。

（9）剖面视图。对实体模型用一个参考平面进行剖切，并将剖切部分显示。

图 2-38 和图 2-39 所示是其中的 8 种视图模型。系统默认的模型显示方式是上色，可以在"选项"对话框中修改模型显示方式。

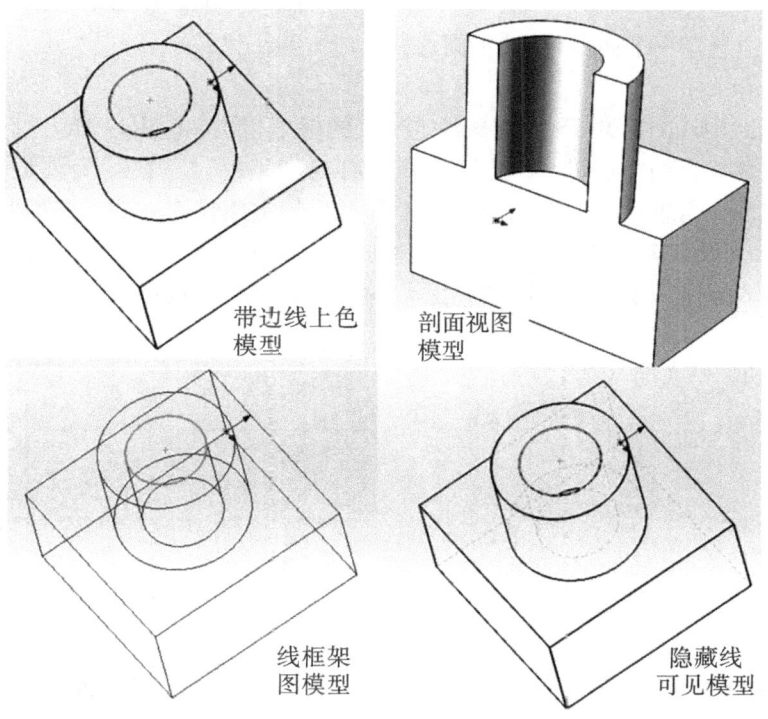

图 2-38 其中四种视图模型

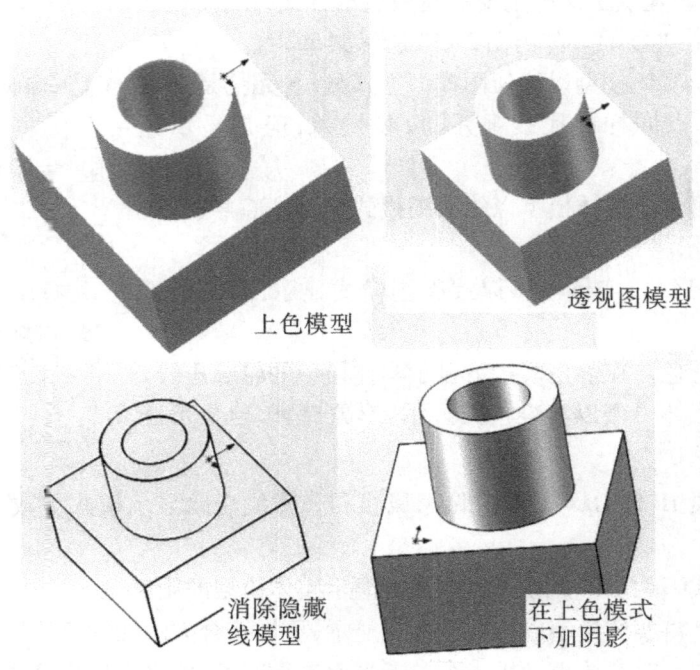

图 2-39 另外四种视图模型

另外,在图形工作区上方有一个 ▢·(显示样式)按钮,单击该按钮,弹出一个快捷菜单(图 2-40),从中选择一个命令,其结果同选择对应按钮一样。

2. 视角选择

默认情况下,SOLIDWORKS 提供 9 种定义好的标准视图,见图 2-41。"标准视图"工具栏或"视图"工具栏上的"前视""后视""左视""右视""上视""下视""等轴测""上下二等角轴测"和"左右二等角轴测"等按钮,对应着工程图上的常用投影方式。使用时,单击这些按钮即可。此外,当设计者选定了模型上任意平面后,为观察和设计方便,均可使其正视(与显示屏平行),具体操作是单击"标准视图"工具栏中的"正视于"按钮。

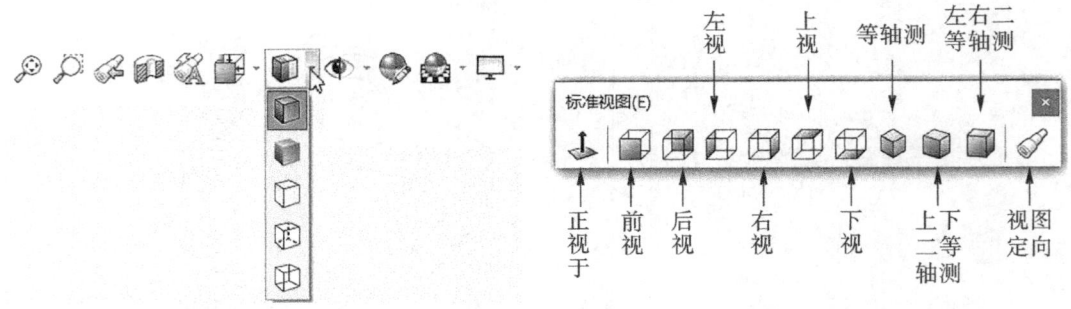

图 2-40 "显示样式"菜单　　　　图 2-41 "标准视图"工具栏

除了利用工具栏上的按钮选择视角外,还可以单击"标准视图"工具栏上的 (视图定向)按钮或按空格键,系统会打开图 2-42 所示的"方向"工具栏。该工具栏中列出所有定义好的视角,单击其中的按钮即可进行相应操作。

有时候,经常需要对模型某一视角上的面进行操作,而该视角并不是系统定义好的标准视角,为便于操作,系统允许将该视角定义为标准视角。具体操作是:先通过旋转、移动等功能使模型处于合适视角,然后单击"方向"工具栏上方的 (新视图)按钮,在弹出的"命名视图"对话框(图 2-43)中输入一个名称,如"MyShitu",确定后系统将当前视图定义为新的标准视角。以后再以该视角观察模型时,只需在"方向"工具栏中选择就可以了。要删除自定义的视图,可以在"方向"工具栏中选中它,然后按 Delete 键即可。

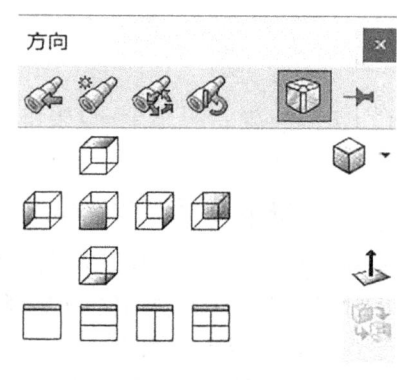

图 2-42 "方向"工具栏

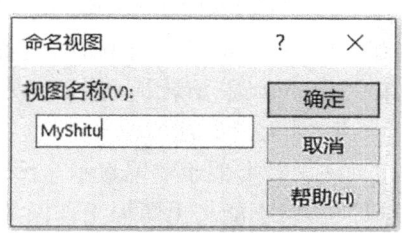

图 2-43 "命名视图"对话框

在"方向"工具栏中还有两个按钮: (更新标准视图)按钮和 (重设标准视图)按钮。 按钮的功能是改变当前文件中标准视图的方向; 按钮的作用是将所有标准视图方向恢复为系统默认状态。

## 2.5.2 视图缩放

SOLIDWORKS 提供了以下几种视图缩放功能,可以通过执行菜单命令"视图"→"修改",在弹出的菜单(图 2-44)中选择缩放命令;也可以直接利用"视图"工具栏进行缩放操作。

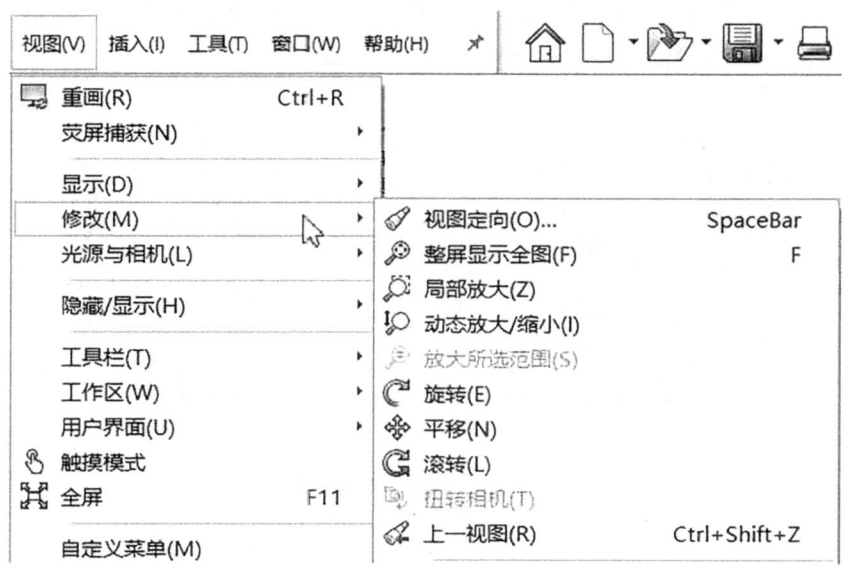

图 2-44 视图操作菜单

## 1. 整屏显示视图

该功能是在当前图形工作区尽可能大地显示整个视图。具体操作是：单击"视图"工具栏上的 🔎（整屏显示全图）按钮即可。其快捷键为 F 键。

## 2. 局部放大

该功能是对所选区域中的视图进行放大。具体操作是：单击"视图"工具栏上的 🔎（局部放大）按钮，在图形工作区希望放大的区域拖动左键，指针变成 🔎 形状，用动态引导线构成的矩形围住希望放大的部位，然后释放左键即可，如果想放弃放大功能，只需按 Esc 键即可。

## 3. 动态放大或缩小

该功能是通过指针的上下移动，可以动态地缩放视图。具体操作是：单击"视图"工具栏上的 🔎（放大或缩小）按钮，此时只需按住左键，然后向上或向下移动鼠标，即可将视图放大或缩小。按 Esc 键即可取消动态缩放。注意，也可以滚动中键来完成动态放大或缩小操作，或利用 Shift 键、滚轮拖动指针进行放大或缩小。

## 4. 放大所选范围

该功能类似于整屏显示全图功能，其作用是在当前图形工作区尽可能大地显示模型所选部位，但不能超出图形工作区的范围。使用时，先用指针框选希望放大的部位，再单击"视图"工具栏上的 🔎（放大所选范围）按钮即可进行操作。

### 2.5.3 视图旋转

旋转功能可以使视图在图形工作区中任意旋转，这样设计者就能够以任意角度观察到模型的任意部分。SOLIDWORKS 提供了几种方法实现旋转功能，操作非常方便。其中的一种方法是使用"视图"工具栏上的 ↻（旋转）按钮（需要定制，默认"视图"工具栏上没有这个按钮）进行模型旋转。这种旋转功能是以选中模型的定点、边线或面为旋转中心，随着指针的移动而旋转。具体操作是：选择"旋转"按钮，按住左键移动光标时视图会随着光标移动绕坐标原点旋转，见图 2-45。另外，选择"旋转"按钮后，单击模型某个顶点、边线或面，光标变成 ↻ 形状，此时视图会根据选中的对象旋转，见图 2-46。

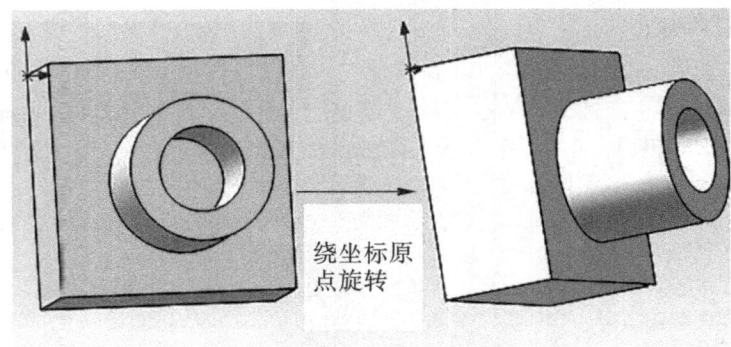

图 2-45　绕坐标原点旋转

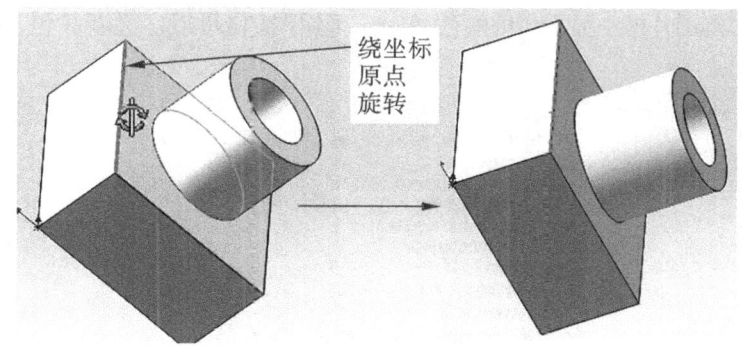

图 2-46　根据选中的对象旋转

注意,可以按下滚轮拖动来旋转模型。

### 2.5.4 视图平移

平移视图功能是将视图平移到屏幕上的任何位置,注意是整个坐标系和图形都移动,而不是视图相对于坐标系移动,即图形相对于坐标系的坐标位置是不变的。具体操作是:单击"修改"工具栏上的 ✥(平移)按钮,单击选择要移动的对象,然后就可以移动鼠标将模型移动到任意位置。如果希望停止移动,只需按 Esc 键即可退出,此时视图就停在了该位置。另外,利用"Ctrl+↑""Ctrl+↓""Ctrl+←""Ctrl+→"等组合键也可以上、下、左、右移动视图;或利用 Shift 键、滚轮拖动来平移视图。

## 2.6　SOLIDWORKS 2018 选项设置

### 2.6.1 "系统选项"选项卡

选项设置

为了更好地满足设计者不同的风格需求,系统提供了选项设置。执行菜单命令"工具"→"选项"命令,或单击"标准"工具栏上的 ⚙(选项)按钮,可以打开"系统选项"对话框,见图 2-47。在有文档打开的情况下,"系统选项"对话框中有"系统选项""文档属性"两个选项卡;如果没有任何文档打开,则只有"系统选项"选项卡。

在"系统选项"选项卡中设置的参数或选项,其结果保存在注册表中,这些参数或选项对当前和将来的所有文档有效。如果希望以后永久使用其中的一些参数或选项,就必须在该选项卡中设置。"系统选项"对话框里的参数很多,可以根据使用者的需要进行设置。下面介绍一些经常使用的选项和参数。

1. "普通"选项

在左侧列表框中选择"普通"选项,切换到"普通"选项界面,在该界面中可以设置一些通用参数。建议勾选"每选择一个命令仅一次有效"复选框,其余选项采用默认设置。

2. "颜色"选项

选择列表框中的"颜色"选项,切换到"颜色"选项界面,该界面用于设置 SOLIDWORKS 工作环境的配色方案。在当前界面中,"颜色方案设置"列表框中列出了所有可以定义颜色的选项,选择对应选项,在右侧匣片框中显示当前颜色,单击"编辑"按钮可以定义新颜色,见图2-48。

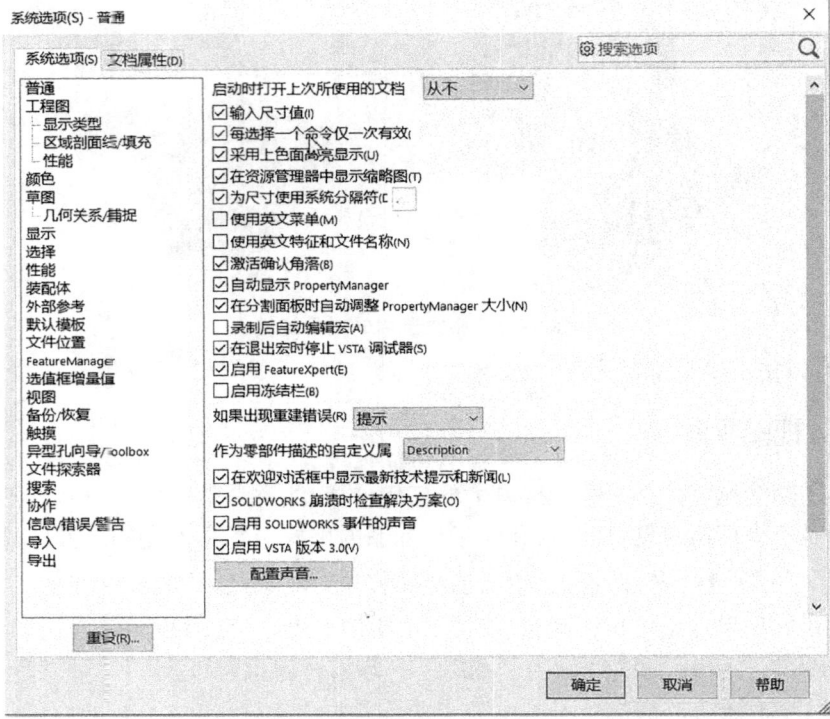

图2-47 "系统选项"选项卡

图2-48 "颜色"选项

## 3. "草图"选项

这个选项比较关键,用于设置绘制草图时的有关参数,如草图中是否显示圆弧中心点、实体点等。建议取消选中"使用完全定义草图"选项和"在零件/装配体草图中显示实体点"选项,按照图 2-49 进行设置。对其子选项"几何关系/捕捉"采用默认设置,见图 2-50。

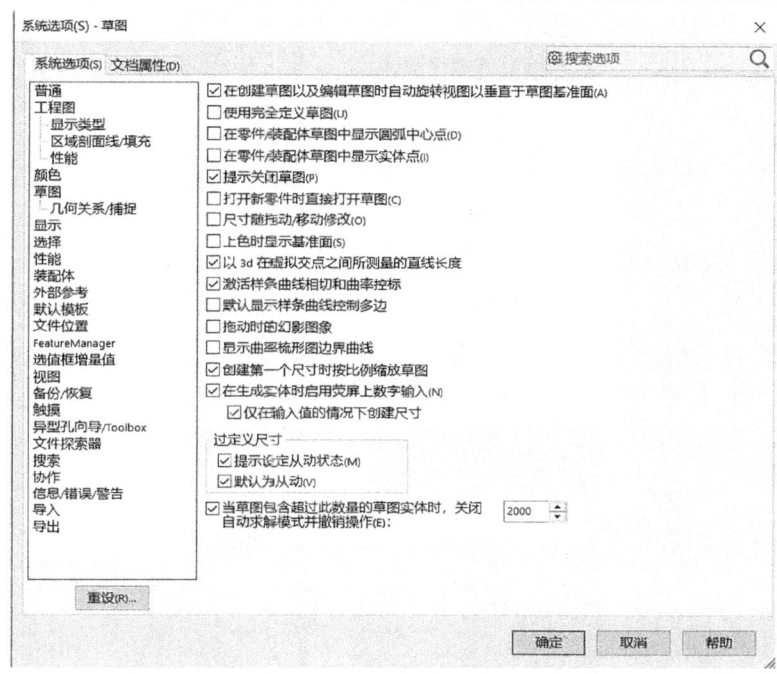

图 2-49 "草图"选项

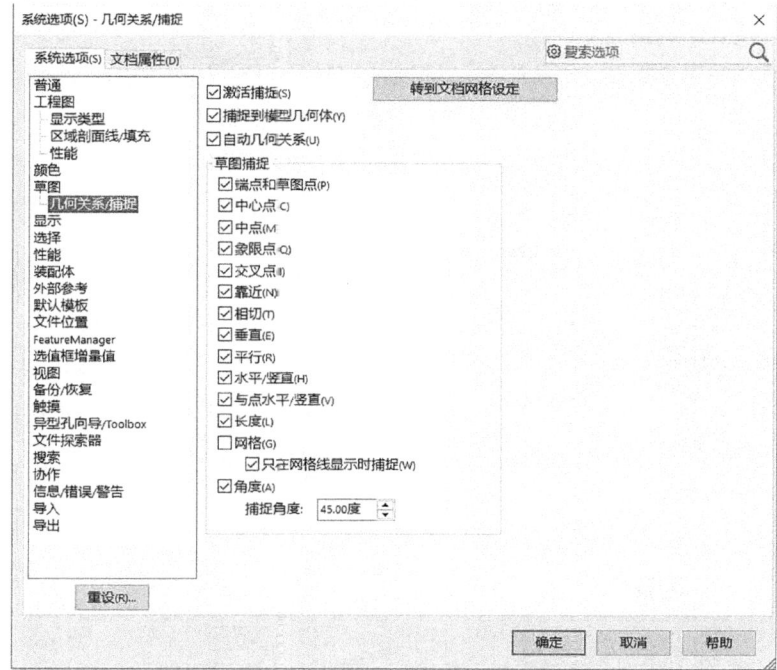

图 2-50 "几何关系/捕捉"子选项

4. "显示"选项

"显示"选项用于设置模型显示时的有关参数选项。对"显示"选项建议按图 2-51 进行设置。

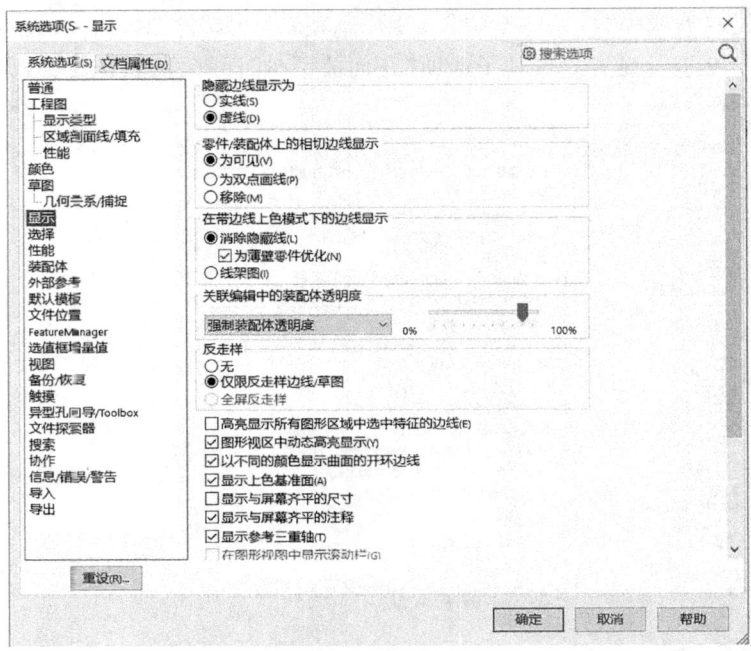

图 2-51 "显示"选项

5. "选值框增量值"选项

"选值框增量值"选项用于设置输入尺寸时的递增倍数。将其中的公制单位设置为 1.00mm，见图 2-52，如果使用默认参数，在输入尺寸时将以 10 的倍数增加，这样很不方便。

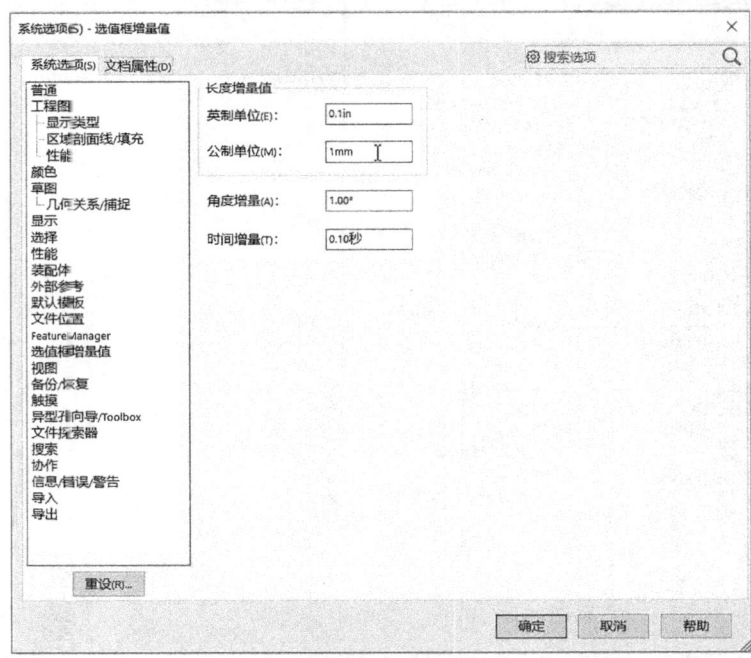

图 2-52 "选值框增量值"选项

## 2.6.2 "文档属性"选项卡

"文档属性"选项卡也提供了一系列的参数,但这些参数仅对当前的文档有效,一旦文档关闭,选项设置也就失效了。下面介绍几种常用的"文档属性"选项卡设置。

**1. "绘图标准"选项**

"绘图标准"选项用于设置与工程图有关的一些参数,包括采用的国家标准、尺寸标注、注释、字体尺寸等。可以参照有关制图标准进行设置,见图2-53。

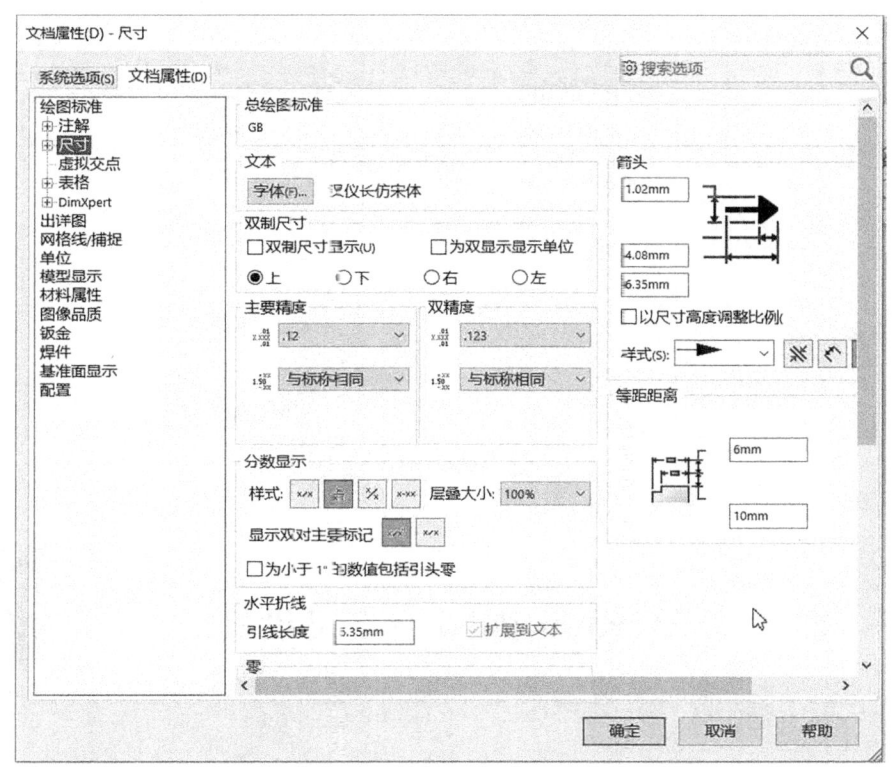

图 2-53 "尺寸"子选项

**2. "模型显示"选项**

为了更好地观察模型,还可以在"模型显示"选项中为模型和各种特征设置不同的颜色,见图2-54所示。需要说明的是,"文档属性"选项卡中的模型显示设置与"系统选项"选项卡中的颜色设置是不同的,前者是用来指定不同特征的颜色,后者是为系统界面、草图实体、动态引导线、标志符号等设定颜色。

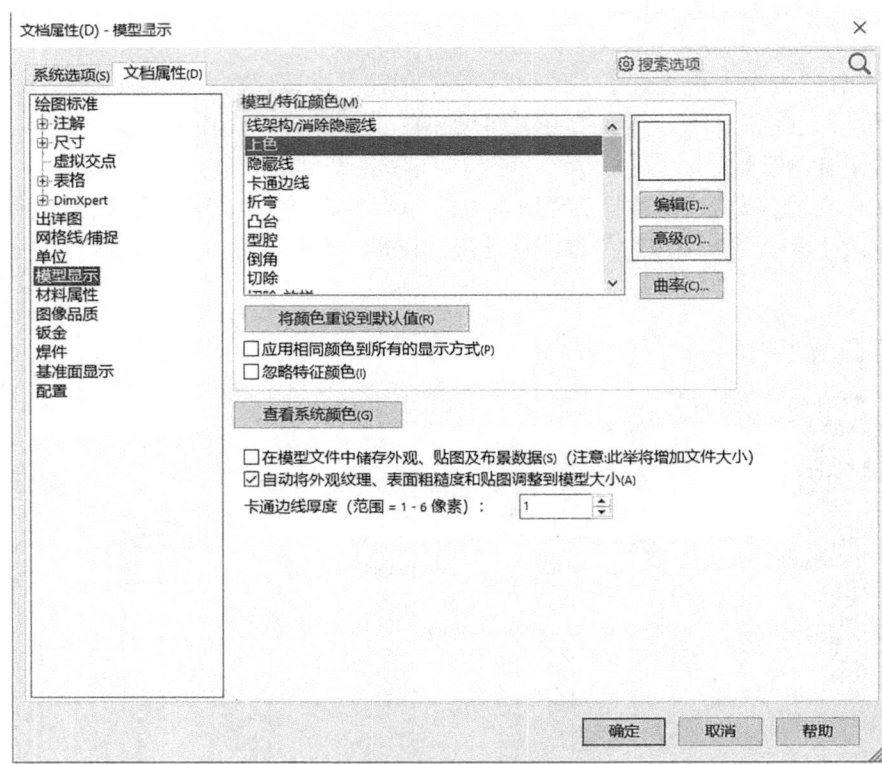

图 2-54 "模型显示"选项

## 2.7 SOLIDWORKS 2018 自定义设置

自定义设置

"自定义"对话框必须在有文档打开的情况下才有效。执行菜单命令"工具"→"自定义",也可以单击"标准"工具栏上"选项"按钮右侧的"浏览"按钮(图 2-55)进行操作,都可打开图 2-56 所示的"自定义"对话框。该对话框由 7 个选项卡组成,分别用来设置工具栏、快捷键方式、命令、菜单、键盘、鼠标笔势及自定义等的环境选项。

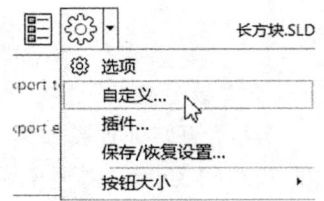

图 2-55 自定义

图 2-56 "自定义"对话框

## 2.7.1 "工具栏"选项卡

在"工具栏"选项卡中列出了 SOLIDWORKS 中所有工具栏的名称,工具栏名称前面对应的复选框被选中,即打上"√"号,则对应工具栏显示在界面中,否则隐藏。另外,该选项卡还可以设定工具栏上图标的大小,以及当指针指向图标时是否显示工具提示。

## 2.7.2 "快捷方式栏"选项卡

见图 2-57,该选项卡用于定制快捷方式工具栏,可以将需要的按钮拖入任何工具栏。具体操作是:在"按钮"按钮列表框中选择想要的按钮,拖到"启动快捷工具栏"中即可。

图 2-57 "快捷方式栏"选项卡

### 2.7.3 "命令"选项卡

见图 2-58,在"命令"选项卡中可以根据需要自定义工具栏上的按钮。例如,选择类别列表框中的"草图"选项,然后从右边"按钮"列表框中选择要添加的按钮,并将其拖放到界面上"草图"工具栏的合适位置,即可添加按钮。如果希望从工具栏上删除按钮,只需在选中的目标工具栏上选择要删除的按钮,然后将其拖到工具栏外即可。

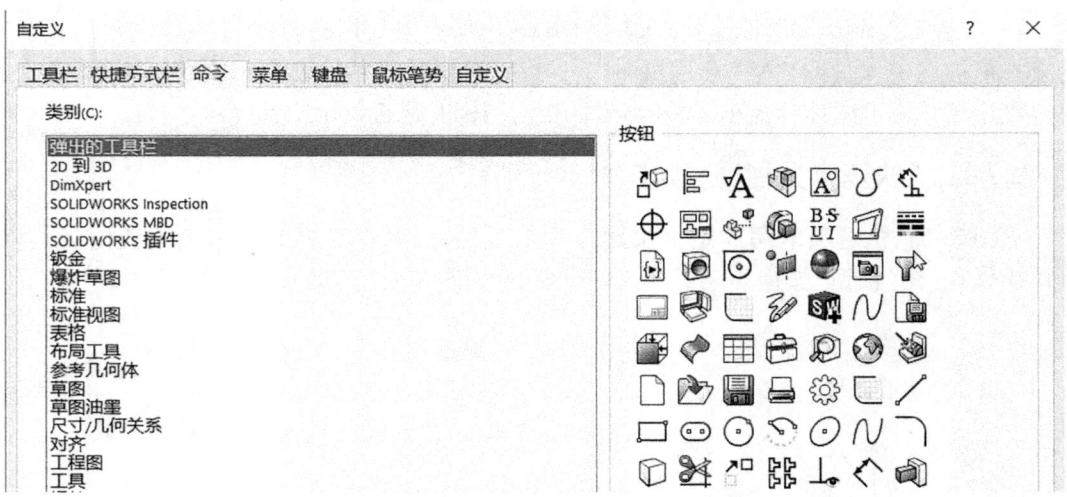

图 2-58 "命令"选项卡

工具栏的摆放有很多种方式,通常情况下,显示出来的工具栏都放置在 SOLIDWORKS 窗口四周。可以拖动工具栏,将其从一边放置到另一边;也可以将其拖动到图形工作区,使其以浮动形式显示,且能够改变工具栏的大小。工具栏放置在某个位置,这些位置能够被自动记忆,下次再打开软件时,工具栏还会处于上次关闭软件前的位置。

### 2.7.4 "菜单"选项卡

见图 2-59,在"菜单"选项卡中可以对所有菜单进行编辑、删除、修改名称、改变位置等操作。

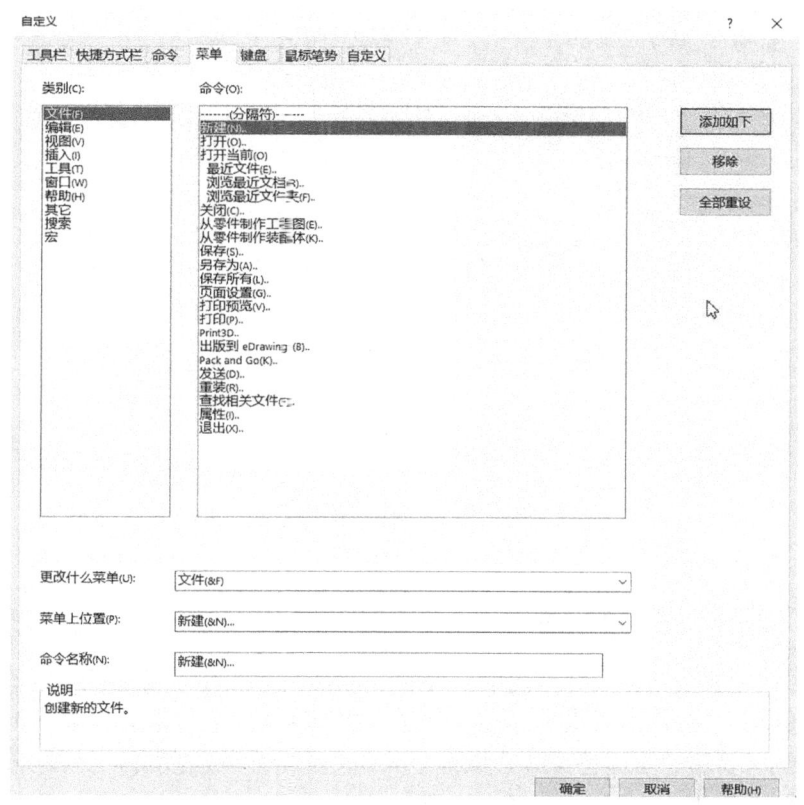

图 2-59 "菜单"选项卡

### 2.7.5 "键盘"选项卡

在"键盘"选项卡中可以为已有菜单命令定义快捷键,也可以删除已有快捷键,还可以为同一命令指定多个快捷键。具体操作是:在图 2-60 所示界面中,分别从"类别"和"命令"列中选择要编辑的命令项,将光标移到"快捷键"文本框,然后按键盘上希望加入的快捷键(可以是字母、数字或和 Ctrl 等键的组合),单击"确定"按钮。如果所选快捷键已经被定义给别的命令,系统将会给出提示。对于已有快捷键的命令,如果希望删除快捷键,只需单击"移除快捷键"按钮即可。

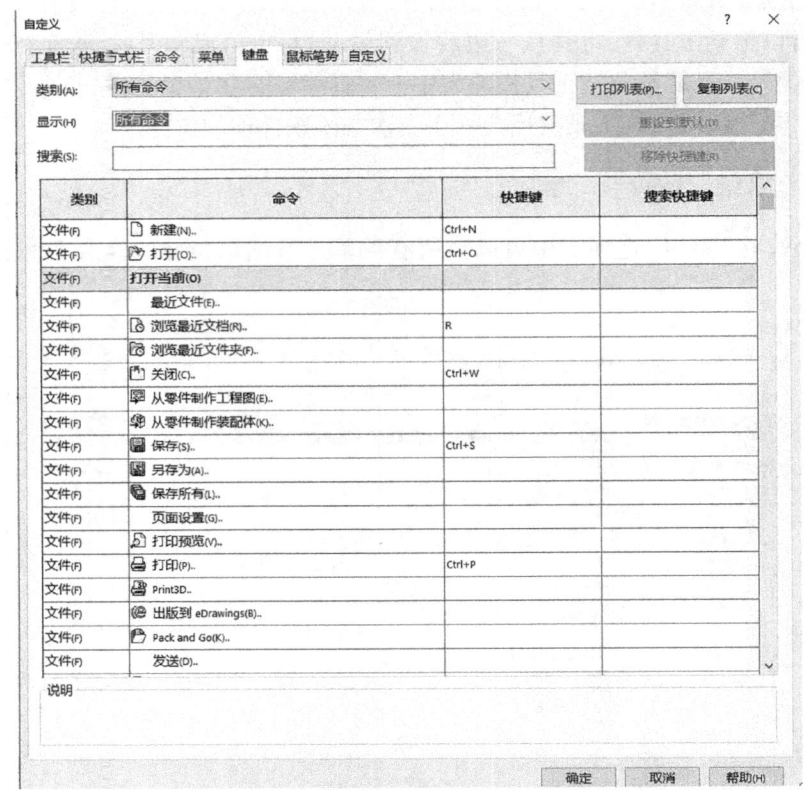

图 2-60 "键盘"选项卡

## 2.7.6 "鼠标笔势"选项卡

在图形区域中使用鼠标笔势通过右键拖动,以便从工程图、零件、装配体或草图调用预先指派的工具或宏。可以启用或禁用鼠标笔势,并设定鼠标笔势指导中显示的鼠标笔势数量。默认情况下,已启用鼠标笔势并在鼠标笔势指导中显示 4 种笔势。注意,如果不喜欢使用鼠标笔势,可以禁止。

如果要启用或禁用鼠标笔势,在打开文档后,可以通过在"鼠标笔势"选项卡中勾选或取消勾选"启用鼠标笔势"复选框来实现。

设定鼠标笔势数量的具体操作是:打开文档后,在"鼠标笔势"选项卡的下拉列表框中选择"4 笔势"或"8 笔势"选项,见图 2-61。使用鼠标笔势的操作是:

(1)在图形区域中,按照工具或宏所对应的笔势方向以右键拖动,鼠标笔势指导随即出现,笔势方向所对应工具或宏的图标将高亮显示。例如,打开工程图,见图 2-62b,右击并向右上角拖动,将其拖向高亮显示的注释工具。

(2)对装配体使用鼠标笔势时,在图形区域中以四个方向之一用右键拖动,但操作时需在远离零部件的位置进行,以免旋转零部件,或按 Alt 键+右键拖动。继续按住右键并拖过工具图标,直至完全穿过鼠标笔势指导的工具区域后松开右键,工具或宏被调用。

(3)要取消鼠标笔势,在鼠标笔势指导范围内放开右键即可。

图 2-61 "鼠标笔势"选项卡

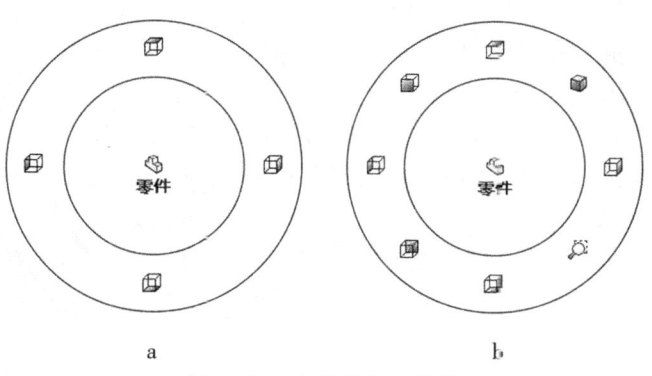

图 2-62 4 笔势和 8 笔势

## 2.7.7 自定义选项

见图 2-63,在"自定义"选项卡中,可以通过选择"显示所有"按钮显示所有隐藏的快捷键或菜单,也可以通过选择"重设到默认"按钮使快捷键或菜单恢复到系统默认的初始状态。除了利用"自定义"对话框显示或隐藏工具栏外,在任意显示的工具栏上右击,都会弹出图

2-64所示的快捷菜单,快捷菜单中同样列出了所有的工具栏,选择工具栏名称,该工具栏就可以在显示、隐藏之间切换。另外,在该快捷菜单中还提供了打开"自定义"对话框的"自定义"命令。

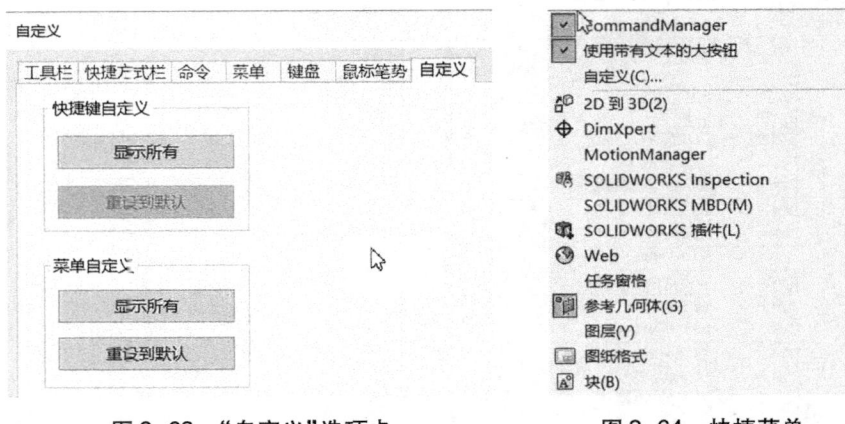

图 2-63 "自定义"选项卡　　　图 2-64 快捷菜单

## 2.8 SOLIDWORKS 2018 术语及本书约定

### 2.8.1 SOLIDWORKS 2018 术语

（1）实体建模。实体建模就是在计算机中用一些基本元素来构造机械零件完整几何模型的方法。实体模型除了包含完整描述模型的边和表面所必需的几何信息外,还包括了把这些几何体关联到一起的拓扑信息。

（2）基于特征。有些特征由草图生成,如凸台;有些特征为修改特征而成的几何体,如抽壳和圆角特征。基于特征造型就是依次生成各种特征并按照一定结构将其组合成所需零件的方法。特征可以是加材料的,也可以是减材料的。这些特征与它们在特征管理器设计树列表存在一一对应关系。

（3）尺寸驱动。编辑尺寸数值来驱动几何形状的改变。尺寸标注不再是"注释",而是驱动用的"参数",不仅可使模型充分体现设计人员的设计意图,还能快速而容易地修改模型。

（4）全约束。全约束是指将形状和尺寸联合起来考虑,通过尺寸约束和几何关系约束来实现对几何形状的完全控制。SOLIDWORKS 支持平行、垂直、水平、竖直、同轴心和重合等几何约束关系。通过使用约束关系,设计者可以在设计过程中实现和维持诸如"通孔"或"等半径"之类的设计意图。

（5）全相关。SOLIDWORKS 零件模型与其相关的工程图及装配体是全相关的,即对模型的修改会自动反映到与其相关的工程图和装配体中;同样,对工程图和装配体的修改也会自动反映在模型中。

## 2.8.2 本书约定

(1) 单位。本教材中在无明确说明或标记的情况下,插图、表格、文字叙述中所出现的尺寸数据通常默认以 mm 为单位,不再逐个进行标注。

(2) 单击。将指针(光标)移到某位置,然后按一下左键后很快松开。

(3) 双击。将指针(光标)移到某位置,然后快速连续地按左键两次,注意两次按动间隔的时间要足够短,否则,系统会认为是两次单击。

(4) 右击。将指针(光标)移到某位置,然后按一下右键后很快松开。

(5) 中键。即鼠标滚轮。

(6) 单击中键。将指针(光标)移到某位置,然后按一下中键后很快松开。

(7) 滚动中键。前后滚动滚轮,而不是按滚轮,同时鼠标不移动。

(8) 拖动。将指针(光标)移到其对象上,按下左键不放(保持左键一直被按下),然后移动鼠标,将该对象移动到指定的位置后再松开左键。

(9) 选择(选取)。将指针(光标)移到某对象上,单击以选中该对象。

## 2.9 简单实体设计实例

长方体和苹果

下面以两个简单实例介绍一下 SOLIDWORKS 的设计过程,然后对设计好的零件进行文件管理操作、视图操作等练习。

### 2.9.1 长方块零件设计实例

**1. 零件设计分析**

零件尺寸见图 2-65,拉伸深度为 50 mm。

(1) 原点确定。确定设计原点(坐标系)位置,见图 2-65。

(2) 尺寸基准以原点为基准。

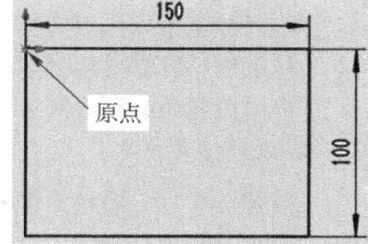

图 2-65 矩形草图

**2. 设计操作步骤**

(1) 新建零件。执行菜单命令"文件"→"新建"或单击工具栏上的 ▯ (新建)按钮,在弹出的"新建 SOLIDWORKS 文件"对话框中单击 ▯ (零件)按钮,单击"确定"按钮,关闭对话框。

(2) 建立草图。单击特征管理器的"草图"选项卡,见图 2-66,然后选择图 2-66 中的"前视基准面"命令确定草图平面,在弹出的快捷菜单中选择 ▯ (草图绘制)命令,单击图 2-67 所示的 ▯ "矩形"按钮绘制一个矩形,尺寸任意,单击图 2-67 中的 ✓ 按钮退出矩形绘制。单击工具栏中的 ▯ (智能尺寸)按钮修改尺寸,修改完成后按 Enter 键或单击 ✓ 按钮,见图 2-68,最后绘制如图 2-65 所示的草图。此时可以单击 ✓ 按钮退出草图环境,也可以不进行此项操作,直接进入下一步。

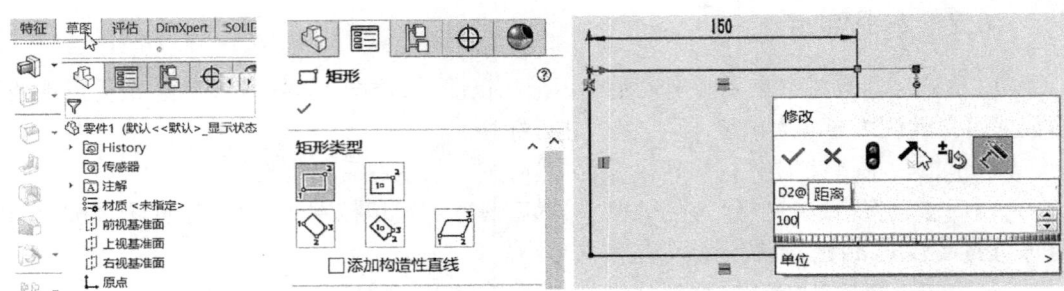

图2-66 "草图"选项卡　　图2-67 绘制矩形　　图2-68 修改矩形尺寸

(3)拉伸实体。先单击特征管理器的"特征"选项卡,然后单击"特征"工具栏上的 (拉伸凸台/基体)按钮,弹出"凸台-拉伸"属性管理器,设置给定深度为"50mm",按Enter键确认,单击 ✓ 按钮完成实体拉伸,最后结果见图2-69。

(4)单击工具栏 按钮,保存为"长方块.SLDPRT"文件。

### 2.9.2 苹果零件设计实例

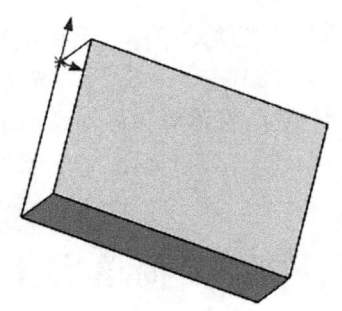

图2-69 拉伸完成后效果

1. 零件设计分析
(1)原点确定。确定设计原点(坐标系)位置。
(2)尺寸基准以原点为基准(本例不修改尺寸)。
(3)旋转特征需要绘制中心线作为旋转轴(或选择旋转轴)。
(4)草图轮廓必须绘制在轴线一侧,而且必须封闭。

2. 设计操作步骤

(1)新建零件。执行菜单命令"文件"→"新建"或单击工具栏上的 按钮,在弹出的"新建SOLIDWORKS文件"对话框中选择 按钮,单击"确定"按钮,关闭该对话框。

(2)建立草图。选择"草图"选项卡(图2-66)中的"前视基准面"命令确定草图平面,在弹出的快捷菜单中选择 命令,选择图2-70所示的 命令绘制一条中心线,尺寸任意,单击 ✓ 按钮退出中心线绘制。在图2-70中单击 (样条线)按钮,绘制一条样条线,按Esc键退出绘制样条线。选择图2-70中的 

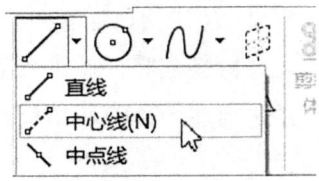

图2-70 绘制中心线

命令,绘制连接样条线两个端点的直线,最后完成草图的绘制。此时可以退出草图环境,也可以不进行此项操作,直接进入下一步。

(3)旋转实体。先单击特征管理器的"特征"选项卡,然后单击"特征"工具栏上的 (旋转凸台/基体)按钮,弹出图2-71所示的属性管理器,设置给定深度,默认为"360.00度",不用修改,如果修改了,需要按Enter键确认,单击 ✓ 按钮完成实体旋转,最后结果见图2-72。

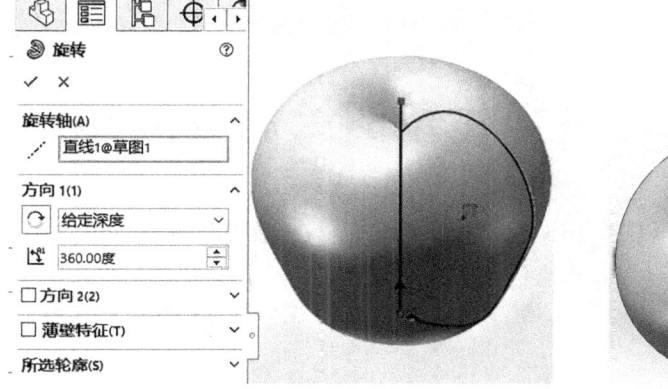

图 2-71 "旋转"属性管理器　　图 2-72 最后结果图

（4）单击工具栏上的 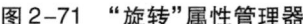 按钮，保存为"苹果.SLDPRT"文件。

随堂练习 2　　总结与回顾 2　　思考与练习 2

# 第3章 参数化草图绘制与编辑

第3章课件

**学习任务**：熟练掌握 SOLIDWORKS 2018 的草图绘制，掌握各种草图绘制工具的使用、尺寸标注使用以及几何关系添加；能绘制比较复杂的草图。

**知 识 点**：参数化草图概念、草图绘制原则、参数化草图绘制、草图绘制工具、尺寸标注、几何关系。

## 3.1 参数化草图绘制基础

零件的绘制都是从草图开始的，在草图的基础上通过一些特征来生成零件，因此草图的绘制是十分重要的。

### 3.1.1 草图基本术语

1. 草图

3D 实体模型在某个截面上的 2D 轮廓称为草图，草图中包含图线形状、几何关系和尺寸标注 3 个方面的信息。

2. 草图平面

草图平面是指绘制 2D 几何图形（草图）的平面。在创建草图前，用户必须选择一个草图平面。草图平面可以是系统默认的基准面，也可以是已有特征上的某一个平面，还可以是用户创建的基准面。SOLIDWORKS 系统默认提供 3 个基准面，分别是上视基准面、前视基准面和右视基准面。

3. 约束

每个草图都必须有一定的约束，没有约束则无从体现设计意图。约束是指草图中的直线、圆弧等图线自身的大小及图线之间位置关系。约束有以下两种：

（1）几何约束。用几何关系进行约束，主要用于图线之间的位置约束。对于任何几何图形，几何约束总是第一约束条件。

（2）尺寸约束。用尺寸进行约束，包括进行位置约束的定位尺寸和进行形状约束的定形尺寸。定位尺寸和定形尺寸均为参数化驱动尺寸，这些驱动尺寸定义那些无法用几何约束表达的或设计过程中可能需要改变的参数。当它改变时，草图可以随之更改。

### 3.1.2 草图界面简介

1. 进入草图环境

（1）新建零件。执行菜单命令"文件"→"新建"或单击工具栏上的 按钮，在弹出的"新建 SOLIDWORKS 文件"对话框中选择 按钮，单击"确定"按钮，关闭对话框。

(2)建立草图。单击特征管理器的"草图"选项卡(图2-66),然后选择"前视基准面"确定草图平面,在弹出的快捷菜单中选择 命令,进入草图环境,见图3-1。也可以先新建零件,然后执行菜单命令"插入"→"草图绘制",进入草图环境。

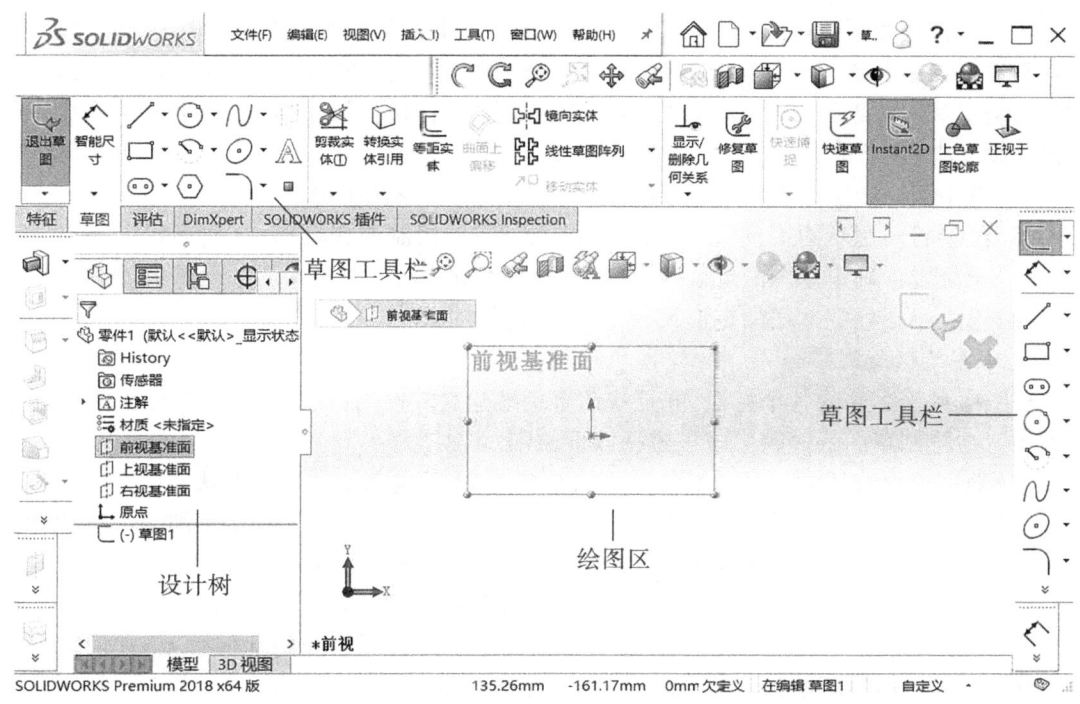

图3-1 草图界面

2. 退出草图环境

要退出草图环境,可以执行菜单命令"插入"→"退出草图"命令,也可以单击左上角的 (退出草图)按钮,或单击右上角的"关闭"按钮。

### 3.1.3 草图的状态

草图状态是指由尺寸约束和几何关系约束决定的草图约束状态,包括欠定义、完全定义和过定义3种。要实现尺寸驱动,即通过修改尺寸改变草图形状和大小,草图必须完全定义。

(1)欠定义。即草图的不充分约束状态。欠定义的绘制元素是蓝色的(默认设置)。在零件早期设计阶段,一般没有足够的信息来对草图进行完全定义,随着设计深入,会逐步得到更多有用信息,可以随时为草图添加其他约束。

(2)完全定义。即草图的完整约束状态。完全定义的草图元素是黑色的(默认设置)。一般来说,零件最终完成设计时,每个草图都应该是完全定义的。

(3)过定义。即草图中有重复的尺寸或互相冲突的约束关系,直到修改后才能使用。过定义的几何体是红色的(默认设置)。处于过定义状态时应该删除多余的尺寸和约束。

另外,系统默认将所选中的草图显示为桔黄色。

### 3.1.4 草图的绘制步骤及原则

**1. 草图的绘制步骤**

一般按先绘制已知线段、后绘制中间线段、再绘制连接线段的顺序完成草图绘制。草图均由若干段直线和圆弧等图线连接而成,各图线的大小及其相对位置都由几何关系和尺寸关系确定。绘制草图前,只有仔细分析草图构成,确定图线间的尺寸约束和几何约束关系,才能明确应从何处着手、按什么顺序绘制草图。创建草图的一般步骤是:选平面绘形状→定位置→设大小。

(1)选平面。选定绘制 2D 几何图形(草图)的平面(草图平面)。

(2)绘形状。用草图工具(如直线、圆弧和矩形等)绘制或编辑 2D 几何形状。

(3)定位置。确定草图的定位关系和定位尺寸,如直线水平或垂直、元素间的距离等。

(4)设大小。确定草图的定形尺寸,调整几何体的大小。

**2. 草图绘制原则**

草图服务于零件的各个特征,能否快速合理地建立零件的特征,与绘制草图的过程有很大关系。在绘制草图的过程中应该遵循以下原则:

(1)根据建立特征的不同以及特征间的相互关系,确定草图的基本形状和绘图平面。

(2)草图尽可能简单,不要包含复杂的嵌套,即要求单一轮廓,有利于草图的修改和特征的管理。要一次绘制一个简单草图,生成特征后,再绘制下一个草图。

(3)零件的第一幅草图应该根据原点定位,以确定特征在绘图空间的位置。

(4)施加约束的一般次序是:先按设计意图确定草图各元素间的几何关系,然后标注定位尺寸,最后标注形状尺寸。这有利于贯彻设计意图和提高工作效率。

## 3.2 绘制基础草图

主要用"草图"工具栏上的按钮或命令来完成草图绘制,见图 3-2。"草图"工具栏上按钮或命令(图 3-3、图 3-4)主要用来绘制直线、矩形、槽口、圆、圆弧、样条曲线、椭圆、圆角、倒角、多边形、点和文字等。在绘制草图实体前,先通过执行菜单命令"工具"→"自定义",在"工具栏"选项卡中勾选"草图"复选框;然后将"草图"工具栏拖到右侧"草图"工具栏区域。

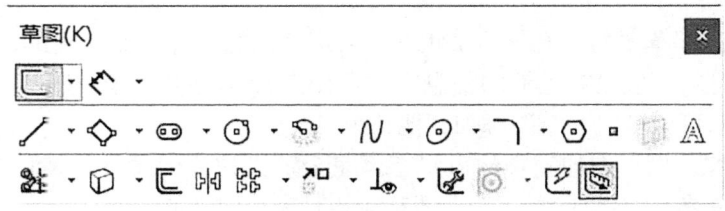

图 3-2 "草图"工具栏

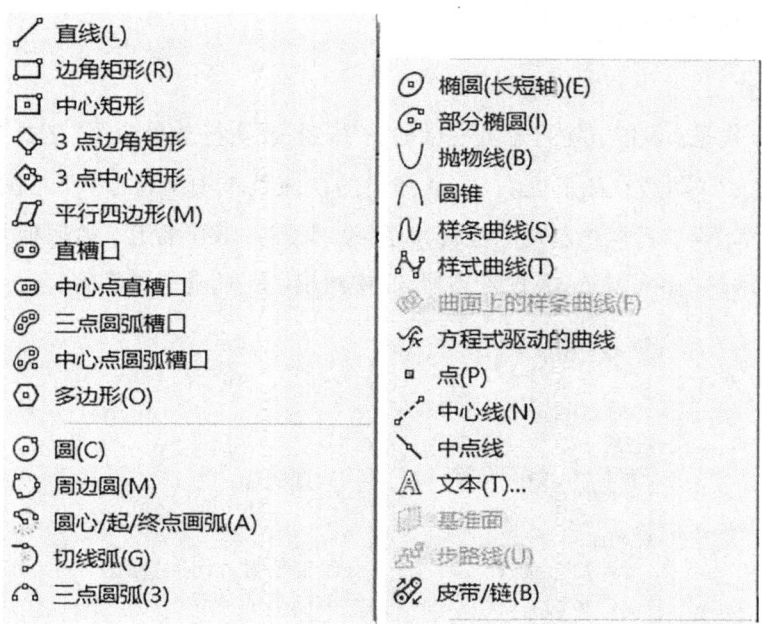

图 3-3　草图绘制工具命令(1)

图 3-4　草图绘制工具命令(2)

### 3.2.1 绘制直线和中心线

**1. 绘制直线**

（1）具体操作是：单击"草图"工具栏中的 ∕ 按钮；或执行菜单命令"工具"→"草图绘制实体"→" ∕ 直线(L) "；或在图形区右击，从弹出的快捷菜单中执行命令"草图绘制实体"→" ∕ "。利用"草图"工具栏绘制草图比较方便、效率较高，不管采用上述哪种方法，系统均会弹出图3-5所示的"插入线条"属性管理器，其中给出了一些功能的解释。

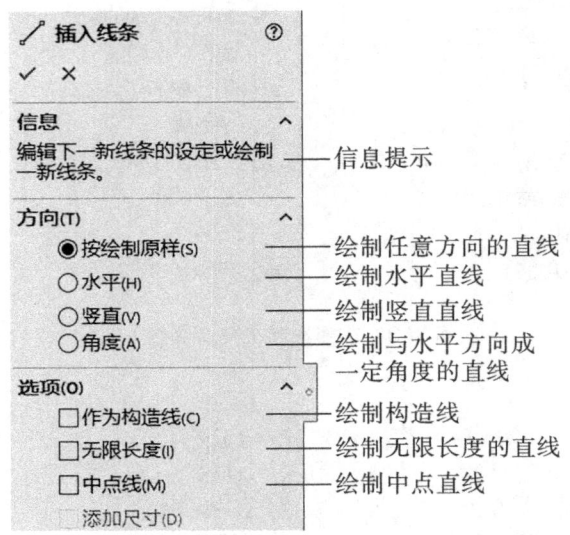

图3-5 "插入线条"属性管理器

（2）在"方向"单选按钮区域中选择合适的绘制方法，同时可以根据需要在"选项"复选框区域勾选合适的复选框。

（3）绘制直线。选择合适方法后，在绘图区任意点单击确定直线的第一点（起始点），拖动到合适的位置单击，确定直线的第二点（终点），系统即在单击的两点之间绘制一条直线。注意：把指针移到该直线中间时，指针变为 形状，此时按下左键、拖动即可移动直线。单击绘制好的直线，选择端点按下左键并保持，拖动可以改变直线长度。

（4）修改直线参数。单击绘制好的直线，在弹出的"线条属性"对话框的"参数"文本框（图3-6）中修改长度和角度。如不修改，即采用显示的默认值。

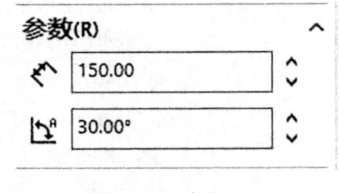

图3-6 参数

（5）退出直线绘制。按Esc键或单击图3-5中左上角的 ✓ 按钮；也可以选择其他绘图按钮进行其他图素绘制，从而退出直线绘制。注意，上述方法对退出所有草图图素绘制均有效。

**2. 绘制中心线**

中心线的绘制与直线一样，只是显示为点画线，绘制时选择"中心线"命令。中心线用于生成对称的草图特征、镜像草图和旋转特征。或作为一种构造线，它并不是真正存在的直线。

3. 绘制中点线

绘制中点线的具体操作是：以直线中点开始绘制，拖动一个端点，最后生成直线，中点线会直接创建中点约束。

### 3.2.2 绘制矩形

矩形对于绘制拉伸、旋转的截面草图可以省去绘制四条线的麻烦，提高设计效率。矩形类型见图 3-7，其功能解释见图 3-3。

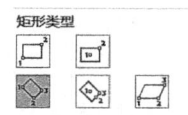

图 3-7　矩形类型

1. 边角矩形的具体操作

（1）单击"草图"工具栏上的 □ 按钮，在图形区合适位置单击定义矩形一个对角点，然后拖动使矩形大小合适。

（2）再次单击，定义矩形的另一个对角点，即用两个对角点绘制一个矩形。

注意，另外一种方法是单击"草图"工具栏上的 □ 按钮，按下左键并保持，拖动到合适位置，松开左键即可绘制出一个矩形。

（3）按 Esc 键退出矩形绘制。

2. 中心矩形的具体操作

（1）单击"草图"工具栏上的 □ 按钮，在图形区单击定义矩形的中心点，然后拖动使矩形大小合适。

（2）再次单击，定义矩形的另一个对角点，此时即可绘制出一个矩形。

（3）按 Esc 键退出矩形绘制。

3. 3 点边角矩形的具体操作

（1）单击"草图"工具栏上的 ◇ 按钮，在图形区所需位置单击，定义矩形的一个角点，然后拖至所需宽度。

（2）再次单击，放置矩形的第二个角点，此时绘制出矩形的一条边线，向此边线的法线方向拖动至所需矩形的大小。

（3）再次单击，放置矩形的第三个角点，此时即可在第一、二、三角点之间绘制出一个矩形。

（4）按 Esc 键退出矩形绘制。

4. 3 点中心矩形的具体操作

（1）单击"草图"工具栏上的 ◇ 按钮，在图形区单击定义矩形的中心点，然后拖动使矩形大小合适。

（2）再次单击，定义矩形的一个对角点，然后拖动使矩形大小合适。

（3）再次单击，放置矩形的第二个角点，即可绘制出一个矩形。

（4）按 Esc 键退出矩形绘制。

5. 平行四边形的具体操作

（1）单击"草图"工具栏上的 ▱ 按钮，放置平行四边形的一个角点，拖动到合适位置。

（2）再次单击，放置平行四边形的第二个角点。

(3)拖动使平行四边形大小合适,再次单击,放置平行四边形的第三个角点,此时即可绘制出一个平行四边形。

(4)按 Esc 键退出矩形绘制。

### 3.2.3 绘制多边形

绘制多边形对于绘制截面十分有用,可省去绘制多条线的麻烦,还可以减少约束的使用。具体操作如下:

(1)单击"草图"工具栏上的 ⊕ 按钮,弹出图 3-8 所示的"多边形"属性管理器。

(2)定义创建多边形的方式。在"参数"区域中选中"内切圆"单选按钮作为绘制多边形的方式。

(3)定义侧边数。在"参数"区域的文本框中输入多边形的边数"6"。

(4)定义多边形的中心点。在图形区的某位置单击,放置六边形的中心点,然后将该多边形拖至所需大小,本例在原点单击,中心点为原点。

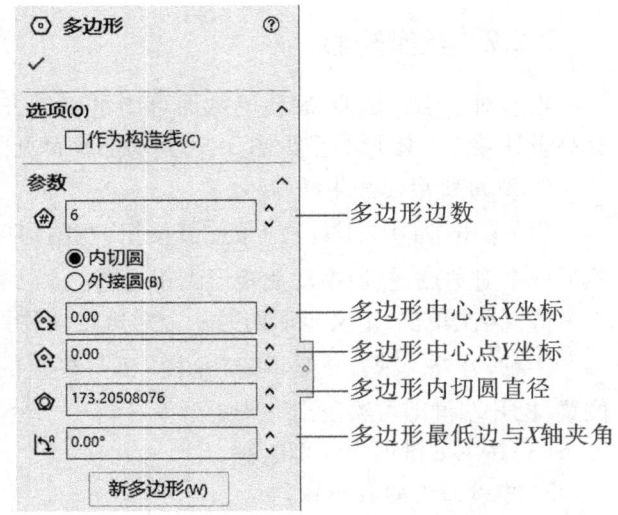

图 3-8 "多边形"属性管理器

(5)定义多边形的一个角点。再次单击,放置多边形的一个角点,此时即可绘制出一个多边形。

(6)在"参数"区域中"直径"文本框中输入多边形内切圆的直径值"200"后按 Enter 键。

(7)在"参数"区域还可以设置多边形最低边与 X 轴的夹角。

(8)在"多边形"属性管理器左上角单击 ✓ 按钮完成绘制。

### 3.2.4 绘制圆和圆弧

1. 绘制圆

(1)中心/半径。通过定义中心点和半径来创建圆。

1)单击"草图"工具栏中的 ⊙ 按钮,弹出图 3-9 所示的"圆"属性管理器。

2)定义圆的圆心及半径。在所需位置单击,放置圆的圆心,然后将该圆拖至所需大小并单击。

3)单击 ✓ 按钮,完成圆的绘制。

(2)周边圆。也就是 3 点圆,通过选取圆上的三个点来创建圆。

1)单击"草图"工具栏中的 ⊙ 按钮,弹出图 3-10 所示的"圆"属性管理器。

2)定义圆上的 3 点。在某位置单击,放置圆上第 1 点;在另一位置单击,放置圆上的第 2 点;然后将该圆拖至所需大小,并单击以确定圆上第 3 点。

3)单击 ✓ 按钮,完成圆的绘制。

图 3-11 所示是用上述两种方法绘制的圆。

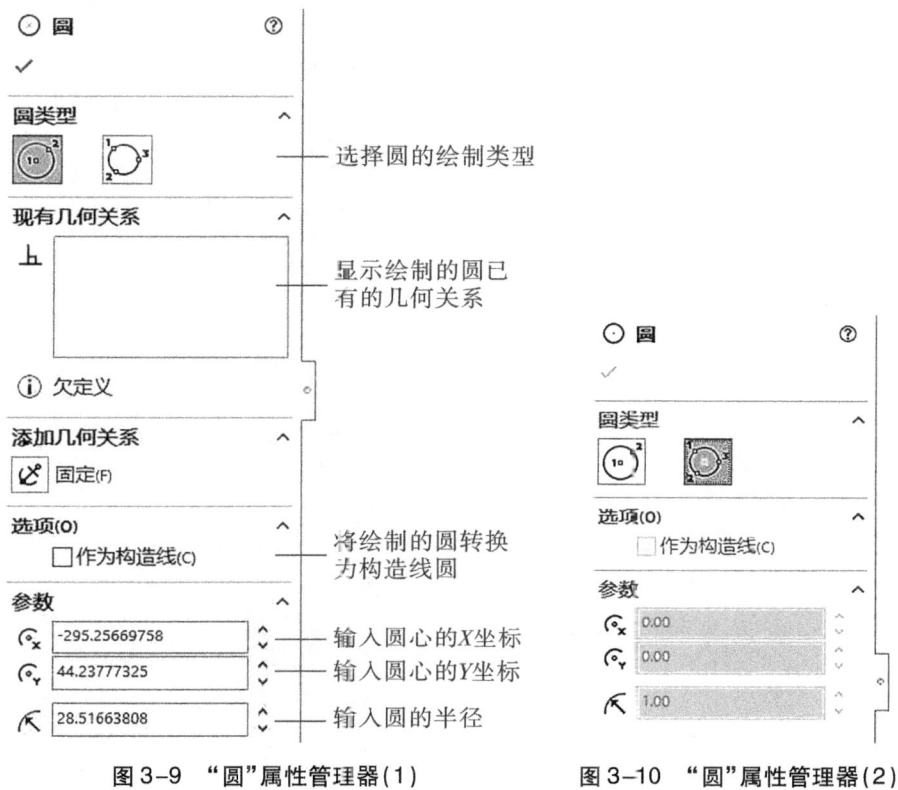

图 3-9 "圆"属性管理器(1)　　图 3-10 "圆"属性管理器(2)

2. 绘制圆弧

(1) 通过圆心、起点和终点绘制圆弧。

1) 单击"草图"工具栏中的 按钮。弹出图 3-12 所示的"圆弧"属性管理器。在该管理器中可以设置圆弧的圆心、起点、终点、半径以及夹角。

2) 定义圆弧圆心。在某位置单击,确定圆弧中心点,然后将圆拉至所需大小。

3) 定义圆弧端点。在图形区单击两点,以确定圆弧的两个端点。

4) 单击 按钮,完成圆弧的绘制。

(2) 切线弧。确定圆弧的一个切点和弧上的一个附加点来创建圆弧。

1) 在图形区绘制一条直线。

2) 单击"草图"工具栏中的 按钮。

3) 在步骤 1) 所绘直线的端点处单击,放置圆弧的一个端点。

4) 移动光标,圆弧呈橡皮筋样变化,单击放置圆弧的另一个端点。

5) 单击 按钮,完成圆弧的绘制。

(3) 三点圆弧。确定圆弧的两个端点和圆弧上的一个附加点来创建圆弧。

1) 单击"草图"工具栏中的 按钮。

2) 在图形区某位置单击,放置圆弧的一个端点;在另一位置单击,放置圆弧的另一个端点。

3) 移动光标,圆弧呈橡皮筋样变化,单击以放置圆弧上的一点。

4)单击 ✓ 按钮,完成圆弧的绘制。

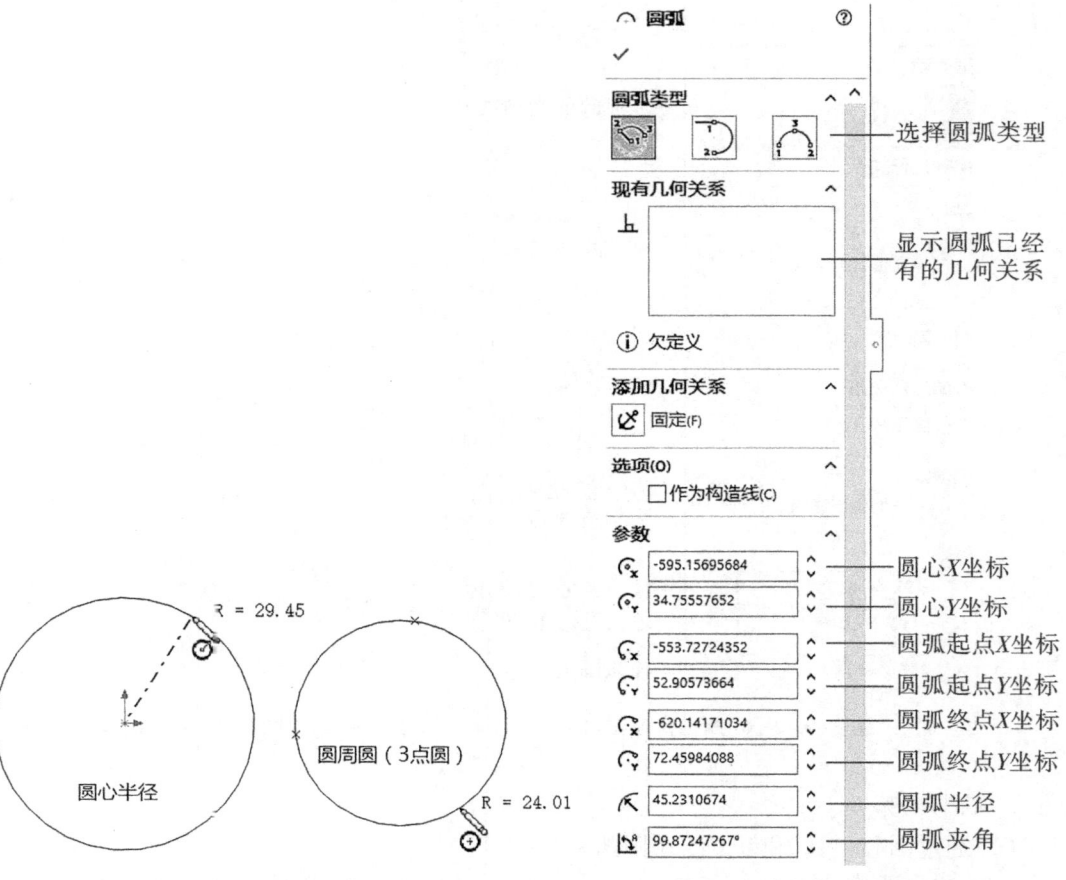

图 3-11　两种方法绘制的圆　　　　图 3-12　"圆弧"属性管理器

### 3.2.5　绘制椭圆

**1. 椭圆绘制**

(1)单击"草图"工具栏上的 ⊙ 按钮,弹出图 3-13 所示的"椭圆"属性管理器。在该管理器中可以设置椭圆的中心点坐标以及椭圆的长、短半轴长度。

(2)在图形区某位置单击,定义椭圆的中心点。

(3)在图形区合适位置单击,定义椭圆的长半轴和方向。

(4)移动光标,将椭圆拉至所需形状并单击,定义椭圆的短半轴。

(5)单击 ✓ 按钮,完成椭圆的绘制。

**2. 部分椭圆绘制**

部分椭圆的绘制方法和椭圆的绘制方法类似。

(1)单击"草图"工具栏上的 ⓖ 按钮,弹出一个属性管理器。在该管理器中可以设置椭圆的中心点、起点、终点绝对直角坐标,长、短半轴长度和椭圆包含的角度。

(2) 在图形区某位置单击,定义椭圆的中心点。
(3) 在图形区合适位置单击,定义椭圆的第一个轴长度和方向。
(4) 移动光标,将椭圆拉至所需形状并单击,定义椭圆的第二个轴。
(5) 定义部分椭圆的另一个端点。沿要绘制椭圆的边线移动鼠标到达部分椭圆的端点处单击。
(6) 单击 ✔ 按钮,完成部分椭圆的绘制。

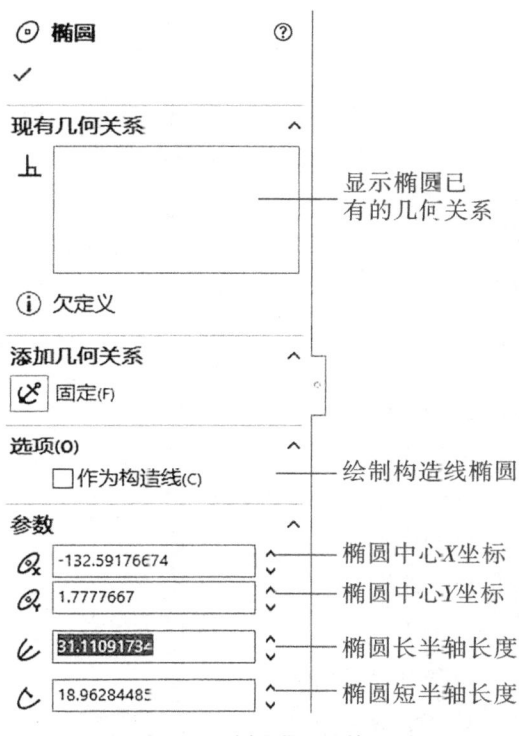

图 3-13 "椭圆"属性管理器

### 3. 抛物线绘制

抛物线的绘制方法与部分椭圆的绘制方法类似,具体操作如下:

(1) 单击"草图"工具栏上的 ∪ 按钮,弹出图 3-14 所示的"抛物线"属性管理器。在该管理器中可以设置抛物线的起点、终点、中心、中点的绝对直角坐标等。
(2) 在图形区某位置单击,定义抛物线的中心点。
(3) 移动光标到合适位置,单击确定抛物线中点位置。
(4) 移动光标,定义抛物线的起点。
(5) 定义抛物线的另一个端点。沿要绘制抛物线的边线移动鼠标到达抛物线的端点处单击。
(6) 单击 ✔ 按钮,完成抛物线的绘制。

### 4. 圆锥绘制

(1) 单击"草图"工具栏上的 ∩ 按钮,弹出图 3-15 所示的"圆锥"属性管理器。在该管理器中可以设置圆锥的起点、终点、肩、顶点的绝对直角坐标,ρ 值以及肩部的曲率半径。

(2)在图形区某位置单击,定义圆锥的起点。
(3)移动光标到合适位置单击,定义圆锥的终点。
(4)移动光标将圆锥拉至所需形状并单击,确定圆锥的形状,单击两次。
(5)单击 ✔ 按钮,完成圆锥的绘制。

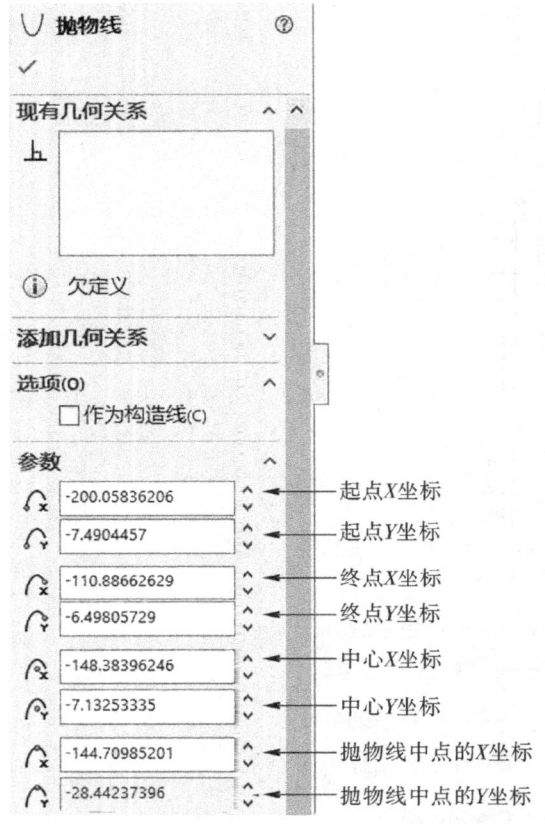

图 3-14 "抛物线"属性管理器

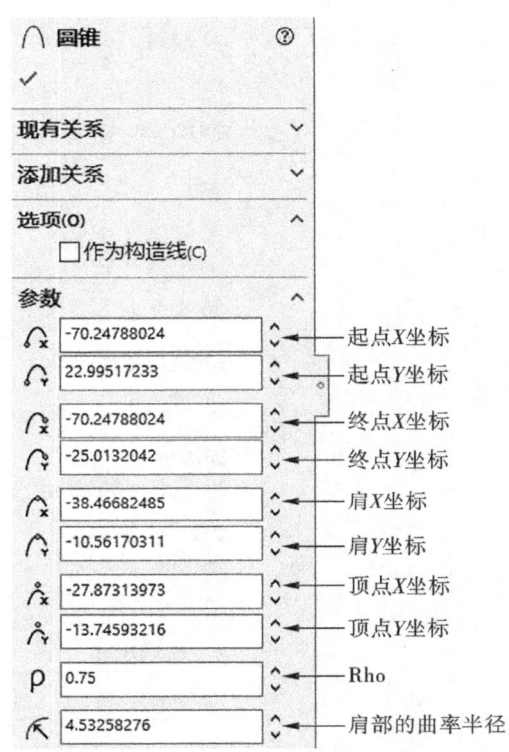

图 3-15 "圆锥"属性管理器

### 3.2.6 绘制样条曲线

样条曲线是通过任意多个点的平滑曲线,有 3 种类型,创建步骤如下:

1. 样条曲线

(1)单击"草图"工具栏中的 ∩ 按钮,弹出图 3-16 所示的"样条曲线"属性管理器。
(2)在绘图区根据需要单击定义一系列点,可以看到一条"橡皮筋"线附着在光标上。
(3)按 Esc 键,结束绘制。

2. 样式曲线

使用 ⚡ 样式曲线(S)按钮可以绘制单跨 Bezier 曲线草图。使用样式曲线创建光滑结实的曲面,并可在 2D 和 3D 草图中使用。样式样条曲线仅包含一个跨度,可以通过选择和拖动控制顶点来绘制曲率曲线。草图实体连接控制顶点,并由其形成曲线控制多边形。使用样式样条曲线,可以轻松控制曲线的度数和连续性。可以推理相切或相等曲率的样式样条曲线。还可以约束点并标注曲线边尺寸。这些曲线还支持镜像和自对称。样式样条曲线创建步骤如下：

（1）单击"草图"工具栏中的 ![] 样式曲线(S) 按钮。

（2）在绘图区根据需要单击定义一系列点，可以看到一条"橡皮筋"线附着在光标上。

（3）按 Esc 键，结束绘制。

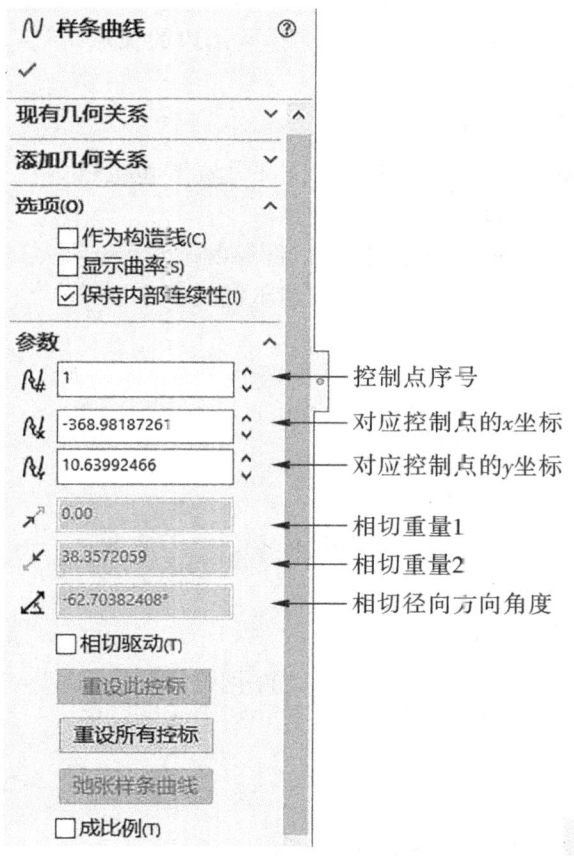

图 3-16 "样条曲线"属性管理器

3. 方程式驱动的曲线

（1）单击 ![] 方程式驱动的曲线 按钮。

（2）打开图 3-17 所示的"方程式驱动的曲线"属性管理器。

（3）在图 3-17 所示"参数"面板的"方程式"选项中输入"5 * sin(2 * x)"，即 $y_x = 5\sin(2x)$，在"参数"选项中"$x_1$"文本框中输入"0"，在"$x_2$"文本框中输入"45"，即为 $x$ 的初值为 0、结束值为 45，即 $x$ 的取值范围为 0 ~ 45。

（4）单击 ✓ 按钮，完成曲线绘制。完成的范例文件见资源包文件"第3章\方程驱动的曲线.SLDPRT"。

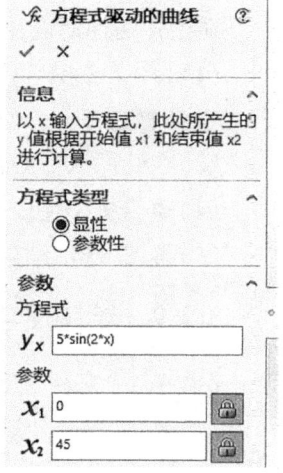

图 3-17 "方程驱动的曲线"属性管理器

### 3.2.7 绘制圆角和倒角

**1. 绘制圆角**

(1) 打开资源包文件"第3章\圆角.SLDPRT"。

(2) 单击"草图"工具栏上的 ⏋ 按钮,弹出图3-18所示的"绘制圆角"属性管理器。

(3) 单击选择要圆角的两条边,也可以选择两条边的交点,依次全部选中要圆角的边。

(4) 单击 ✔ 按钮,完成绘制。

(5) 按 Esc 键,结束绘制。完成的范例文件见资源包文件"第3章\圆角-完成.SLDPRT"。

注意,如果是直线与圆弧或圆弧与圆弧之间绘制圆角,必须有看得见的交点,才可以进行绘制。在直线与整圆之间不能绘制圆角。

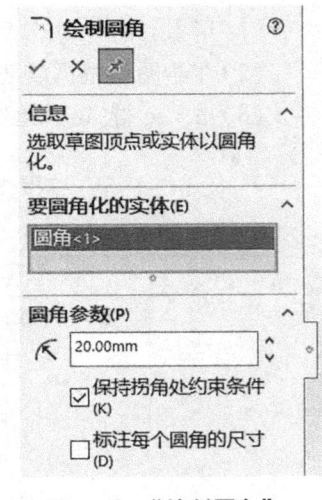

图3-18 "绘制圆角"属性管理器

**2. 绘制倒角**

(1) 打开资源包文件"第3章\倒角.SLDPRT"。

(2) 单击"草图'工具栏上的 ⏋ 绘制倒角 按钮,弹出图3-19所示的"绘制倒角"属性管理器。

(3) 单击选择要倒角的两条边。可以依次全部选中要倒角的边。

(4) 单击 ✔ 按钮,完成绘制。

(5) 按 Esc 键,结束绘制。完成的范例文件见资源包文件"第3章\倒角-完成.SLDPRT"。

### 3.2.8 绘制点

在创建曲面时会用到点,点的创建比较简单。

(1) 单击"草图"工具栏上的 ▪ 按钮,弹出图3-20所示的"点"属性管理器。在"参数"面板中可以输入点的坐标值。

(2) 在绘图区需要设置点的位置单击,确定绘制点。

(4) 单击 ✔ 按钮,完成绘制。

(5) 按 Esc 键,结束绘制。

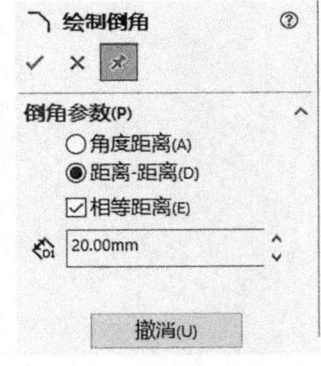

图3-19 "绘制倒角"属性管理器

### 3.2.9 绘制文字

(1) 单击"草图"工具栏上的 A 按钮,弹出图3-21所示的"草图文字"属性管理器。

第 3 章 参数化草图绘制与编辑

图 3-20 "点"属性管理器　　图 3-21 "草图文字"属性管理器

(2) 在"曲线"选框中选择文字放置方式,在"文字"文本框中输入需要的文字。

(3) 单击 ✓ 按钮,完成绘制(图 3-22)。完成的范例文件见资源包文件"第 3 章\文字. SLDPRT"。

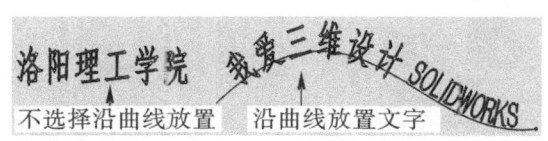

图 3-22 完成的文字效果

## 3.2.10 绘制槽口

1. 直槽口

(1) 单击"草图"工具栏上的 ⊙ 按钮,弹出图 3-23 所示的"槽口"属性管理器。

(2) 在绘图区需要设置槽口圆弧的中心位置单击,确定槽口第 1 个圆弧中心点。

(3) 拖动光标到适当位置单击,确定槽口第 2 个圆弧中心点。

(4) 拖动光标,出现槽口形状,到合适位置单击,确定槽口的宽度、大小。

(5) 单击 ✓ 按钮,完成绘制。

2. 中心点直槽口

(1) 单击"草图"工具栏上的 ⊙ 中心点直槽口 按钮,弹出图 3-23 所示的"槽口"属性管理器。

(2) 在绘图区需要设置槽口的中心位置单击,确定槽口的中心点。
(3) 拖动光标到适当位置单击,确定槽口的一个圆弧中心点。
(4) 拖动光标,出现槽口形状,到合适位置单击,确定槽口的宽度、大小。
(5) 单击 ✓ ,完成绘制。

3. 三点圆弧槽口

(1) 单击"草图"工具栏上的 三点圆弧槽口按钮,弹出图 3-23 所示的"槽口"属性管理器。
(2) 在绘图区按"起点、终点、圆弧上任意一点"的顺序绘制三点圆弧作为槽口的中心线。
(3) 拖动光标,出现槽口形状,到合适位置单击,确定槽口的宽度、大小。
(4) 单击 ✓ 按钮,完成绘制。

4. 中心点圆弧槽口

(1) 单击"草图"工具栏上的 中心点圆弧槽口(I) 按钮,弹出图 3-23 所示的"槽口"属性管理器。
(2) 在绘图区按"圆弧上圆心、起点、终点"的顺序绘制三点圆弧作为槽口的中心线。
(3) 拖动光标,出现槽口形状,到合适位置单击,确定槽口的宽度。
(4) 单击 ✓ 按钮,完成绘制。

完成的范例文件见资源包文件"第 3 章\直槽口. SLDPRT、三点圆弧槽口. SLDPRT 和中心点圆弧槽口. SLDPRT"。

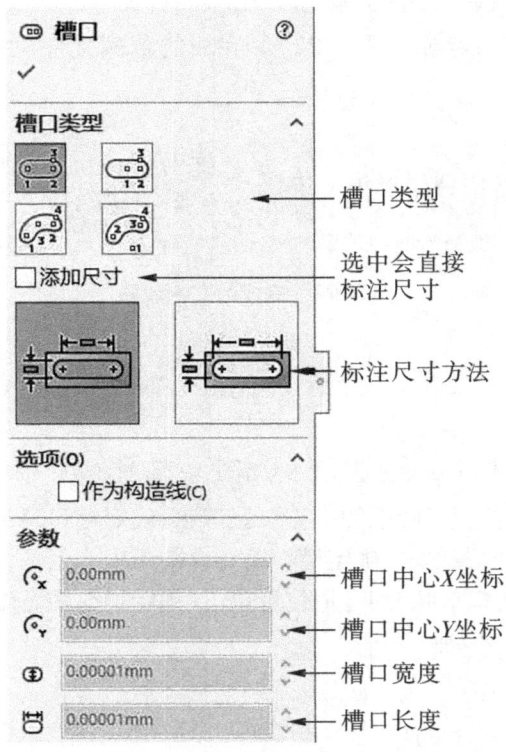

图 3-23 "槽口"属性管理器

### 3.2.11 简单草图绘制实例

**1. 同心圆的绘制**

绘制如图 3-24 所示的草图,尺寸自定。

(1)新建文件,选择"前视基准面",单击"草图"工具栏上的 按钮,进入草图环境。

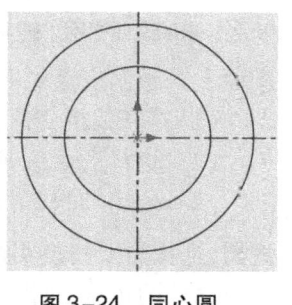

图 3-24  同心圆

(2)单击"草图"工具栏上的 按钮,绘制互相垂直的两条中心线,见图 3-25。中心线的长度可以通过拖动它的端点来改变。

(3)单击"草图"工具栏上的 按钮,以两条中心线的交点(原点)为圆心,分别绘制两个圆。

(4)单击"标准"工具栏上的 按钮,保存文件,结果见图 3-24。完成的范例文件见资源包文件"第 3 章\同心圆.SLDPRT"。

注意,绘制草图时尽量使用原点,这样可以减少添加几何约束的麻烦。本例所选原点就作为中心线的交点和圆心使用。

**2. 台阶轴绘制**

绘制图 3-26 所示的台阶轴,尺寸自定。

(1)新建文件,选择"前视基准面"命令,单击"草图"工具栏上的 按钮,进入草图环境。

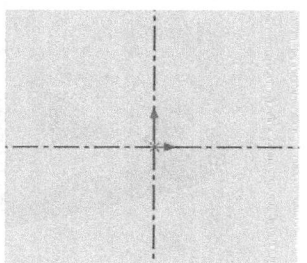

图 3-25  中心线

(2)单击"草图"工具栏上的 按钮,在绘图区绘制一条中心线,见图 3-27。

(3)单击"草图"工具栏的 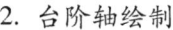 按钮,在中心线上单击确定矩形的中心,然后拖动确定矩形的一个角点,单击确定矩形,用同样的方法绘制其他两个矩形,注意绘制另外两个矩形的边时要与已经绘制好的矩形的边重合,结果见图 3-26。

(4)单击"标准"工具栏上的 按钮,保存文件。完成的范例文件见资源包文件"第 3 章\台阶轴.SLDPRT"。

注意,本例也可以用直线绘制台阶轴,只不过效率要低一些。

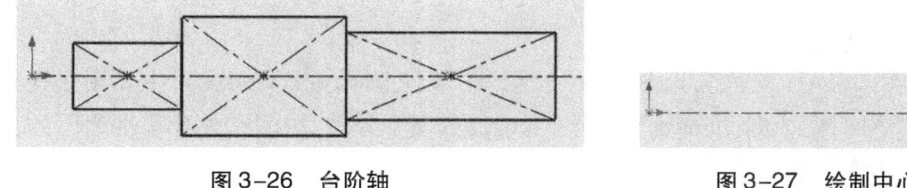

图 3-26  台阶轴    图 3-27  绘制中心线

## 3.3 参照草图绘制

### 3.3.1 引用实体创建草图

**1. 转换实体引用**

在创建草图时,有时需要使用已经创建好的实体的边来创建草图,这时可以用工具栏上

的 转换实体引用（转换实体引用）按钮即可实现。实际上就是将选择的边线投影到草图基准面上。操作步骤如下：

(1) 打开范例文件，见资源包文件"第 3 章\底座 . SLDPRT"。

(2) 选择图 3-28 所示的平面作为草图基准面。

(3) 单击工具栏上的 转换实体引用 按钮，弹出图 3-29 所示的"转换实体引用"属性管理器，选择需要转换实体的边（图 3-30）。同时，该管理器的"要转换的实体"面板下也出现了所选择的边线，见图 3-31。

(4) 单击图 3-31 中的 ✓ 按钮，完成操作。

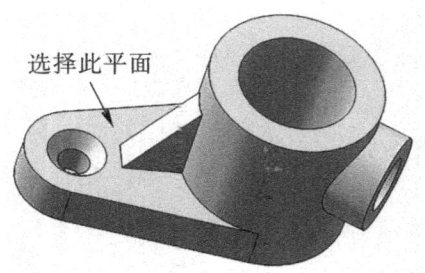

图 3-28　选择草图基准面

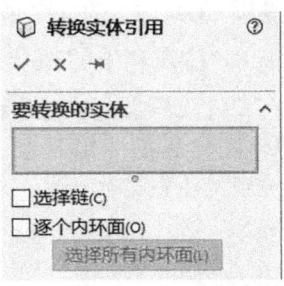

图 3-29　"转换实体引用"属性管理器

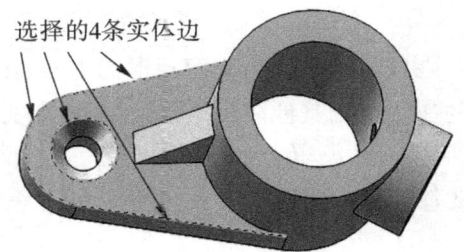

图 3-30　选择的实体边

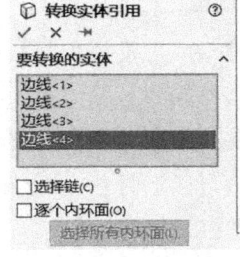

图 3-31　显示已经选择的边

2. 交叉曲线创建草图

在"转换实体引用"按钮组下还有一个按钮 交叉曲线（交叉曲线），主要用来在基准面和曲面或实体面、两个曲面、曲面和实体、基准面和整个零件、曲面和整个零件之间的交叉处产生草图。操作步骤如下：

(1) 打开范例文件，见资源包文件"第 3 章\底座 . SLDPRT"，此文件已经预先绘制了一个基准面 2。

(2) 选择基准面 2 作为交叉基准面，单击 交叉曲线 按钮，弹出图 3-32 所示的"交叉曲线"属性管理器。

(3) 在零件上单击选择圆筒、筋板和另一个小圆筒，见图 3-33，同时该属性管理器也改变（图 3-34）。

第 3 章 参数化草图绘制与编辑

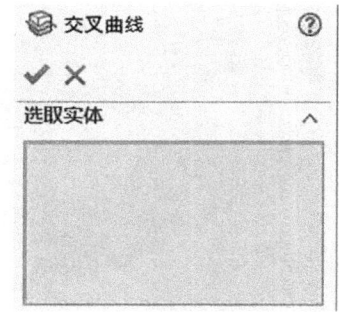

图 3-32 "交叉曲线"属性管理器

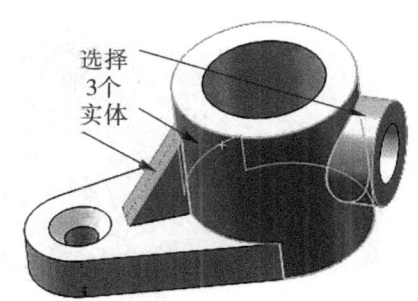

图 3-33 选择实体

（4）单击图 3-34 中的 ✓ 按钮，完成操作，最后结果见图 3-35。完成的范例文件见资源包文件"第 3 章\底座-交叉线. SLDPRT"。

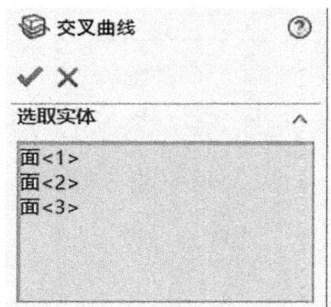

图 3-34 选取实体后的属性管理器

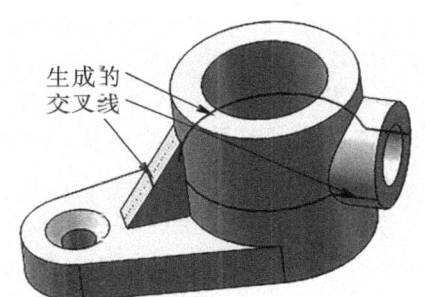

图 3-35 最后的结果

### 3.3.2 偏距创建草图

在创建草图时，有时需要使用已经创建好实体的边来创建草图，并且可以把选择的边先偏移一定距离再投影到草图基准面上。这时可以用工具栏上的 ⌐（等距实体）按钮来实现。注意，等距创建草图所选的对象也可以是正在绘制的草图中的某个草图实体。操作步骤如下：

（1）打开范例文件，见资源包文件"第 3 章\底座. SLDPRT"。

（2）选择图 3-28 所示的平面作为草图基准面。

（3）单击工具栏上的 ⌐ 按钮，出现图 3-36 所示的"等距实体"属性管理器，在"参数"面板中设置偏移距离，本例设置为"5.00mm"。选择需要等距实体的边，见图 3-37，单击图 3-36 中的 ✓ 按钮，最后结果见图 3-38。完成的范例文件见资源包文件"第 3 章\底座-等距. SLDPRT"。

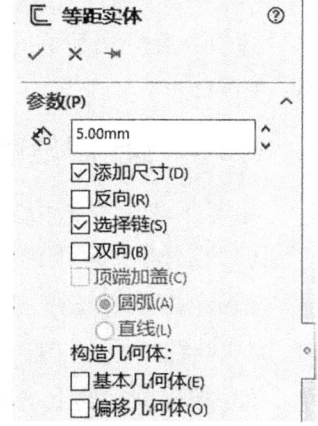

图 3-36 "等距实体"属性管理器

 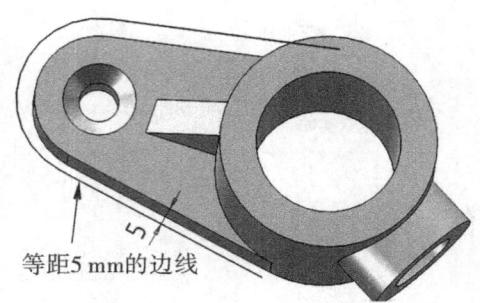

图 3-37 选择的等距实体边线　　　　图 3-38 等距 5.00mm 的边线

### 3.3.3 转换构造线

转换构造线的作用是将草图实体转换为构造线或将构造线转换为草图实体。操作步骤如下：

1. 草图实体转换为构造线

（1）在草图环境下，单击选择要转换的草图实体，在绘图区弹出图 3-39 所示的快捷菜单（也可以右击选中的草图实体）。

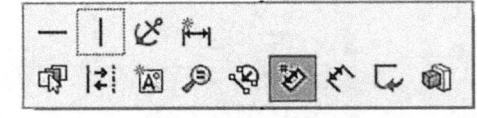

图 3-39 快捷菜单

（2）单击快捷菜单上的 按钮，即可转换为构造线。

还有一种方法是单击选中要转换的实体，在弹出的属性管理器中勾选"作为构造线"复选框。

2. 构造线转换为实体

（1）在草图环境下，单击选择要转换的构造线，在绘图区弹出图 3-39 所示的快捷菜单（也可以右击选中的构造线）。

（2）单击快捷菜单 按钮，即可转换为构造线。

还有一种方法是单击选中要转换的构造线，在弹出的属性管理器中取消勾选"作为构造线"复选框。

### 3.3.4 绘制参照草图实例

用参照草图的方法绘制图 3-40 所示的圆筒，操作步骤如下：

（1）选择前视基准面，进入草图环境，绘制直径为 50mm 的圆。

（2）单击 （拉伸）按钮，在弹出的属性管理器中输入拉伸深度"60.00mm"，单击 按钮，完成圆柱拉伸，见图 3-41。

（3）单击圆柱的上端面，用 命令向内偏距 10.00mm，绘制一个圆，见图 3-42。

（4）单击"特征"工具栏上的 （拉伸切除）按钮，在弹出的属性管理器中输入切除深度"60.00mm"，单击 按钮完成切除，最后结果见图 3-40。完成的范例文件见资源包文件"第 3 章\参照草图范例.SLDPRT"。

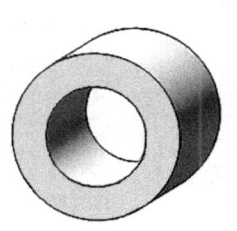 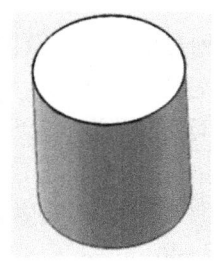 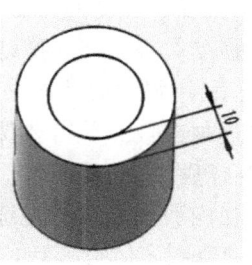

图 3-40　绘制的圆筒　　　图 3-41　拉伸出圆柱　　　图 3-42　等距实体

## 3.4　编辑草图

一个完整的草图绘制完成后需要经过编辑，如删除多余草图实体、裁剪一些草图实体，最后才能成为设计好的草图。

### 3.4.1　删除草图实体

删除多余的草图实体，操作步骤如下：

（1）单击要删除的草图实体，按住 Ctrl 键可以连续选择。

（2）执行菜单命令"编辑"→"删除"，或按 Delete 键删除，或右击，在弹出的快捷菜单中选择"删除"选项。

如果要删除全部草图，可以用左键在草图的最左上端点单击，按下左键不放，拖动拉出一个矩形（框选），包含全部草图，按 Delete 键即可。也可以在草图的其他最外端点单击，按下左键不放，框选全部草图，按 Delete 键删除。

### 3.4.2　剪裁草图实体

剪裁草图实体

1. 剪裁操作步骤

使用 命令可以剪裁或延伸草图实体，也可以删除草图实体，功能很强。操作步骤如下：

（1）进入草图环境，绘制草图。

（2）单击 ![icon] 按钮，弹出图 3-43 所示的"剪裁"属性管理器。

（3）在"剪裁"属性管理器中选择合适的剪裁方式，默认的是"强劲剪裁"。

（4）拖动光标在需要剪裁的地方划过。

（5）单击图 3-43 中的 ✓ 按钮，完成剪裁。

### 2. 不同操作方法的剪裁效果

（1）强劲剪裁方法。拖动光标，划过的地方的草图实体被剪裁，见图3-44。利用强劲剪裁方法也可以延伸草图实体。

（2）边角剪裁。单击要保留的角点的两条边，交点处两条边另外的部分被剪裁，见图3-45。

（3）在内剪裁方法。先选中两条边界线，然后单击中间的草图实体，中间的草图实体被剪裁掉，见图3-46。

（4）在外剪裁方法。先选中两条边界线，然后单击边界外的草图实体，草图边界外的草图实体被剪裁掉，见图3-47。

（5）剪裁到最近端方法。单击要剪裁的草图实体，线条从最近端点被剪裁，见图3-48。

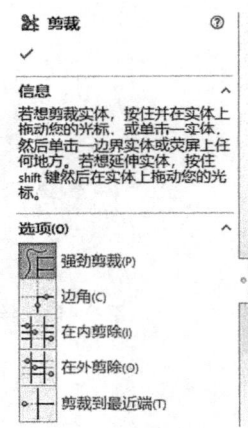

图3-43 "剪裁"属性管理器

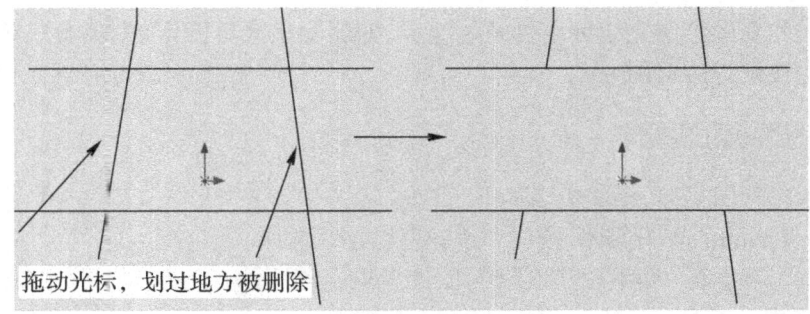

图3-44 强劲剪裁方法

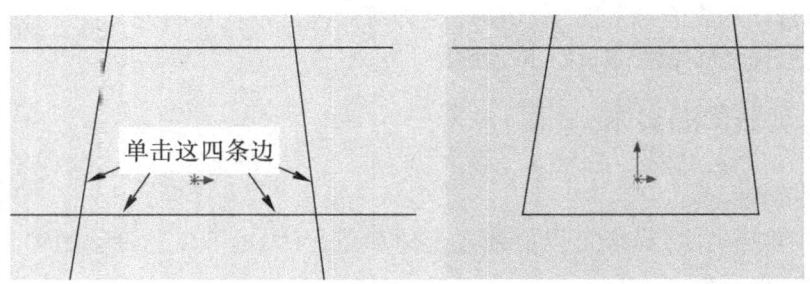

图3-45 边角剪裁方法

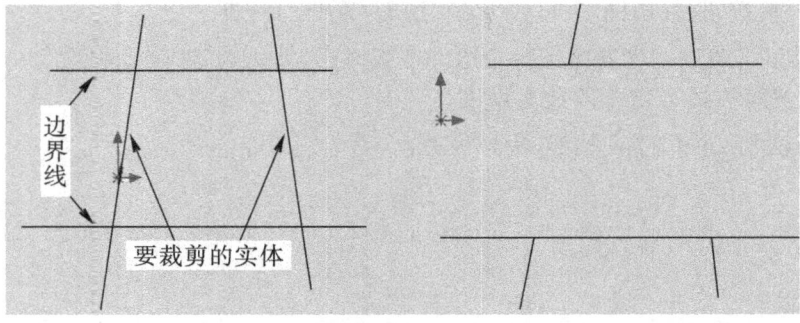

图3-46 在内剪裁方法

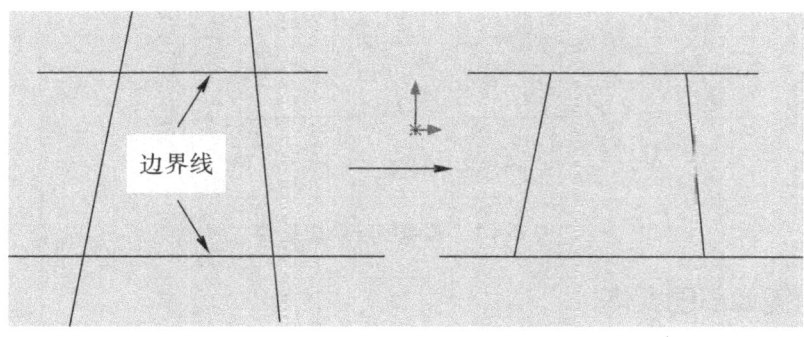

图 3-47 在外剪裁方法

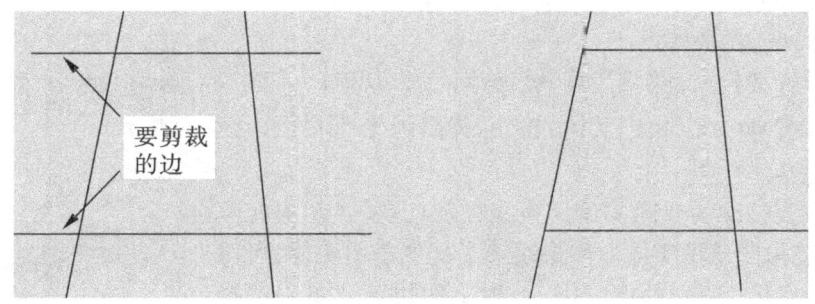

图 3-48 剪裁到最近端方法

### 3.4.3 延伸草图实体

在"草图"工具栏的"剪裁实体"按钮组下还有一个 T 延伸实体（延伸实体）按钮，它的作用是将已经绘制的直线或曲线的端点沿原来的方向延伸到下一个草图实体。延伸操作比较简单，单击要延伸的实体即可。图 3-49、图 3-50 所示是直线的延伸，图 3-51 所示是圆弧和样条线的延伸。

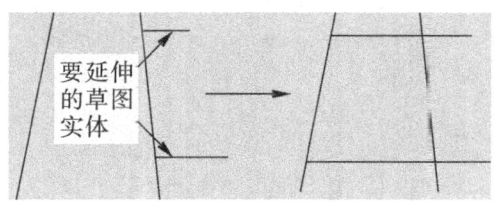

图 3-49 直线延伸(1)

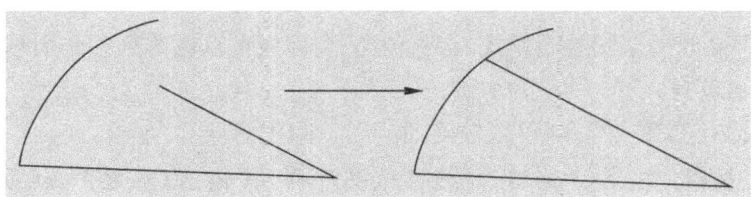

图 3-50 直线延伸(2)

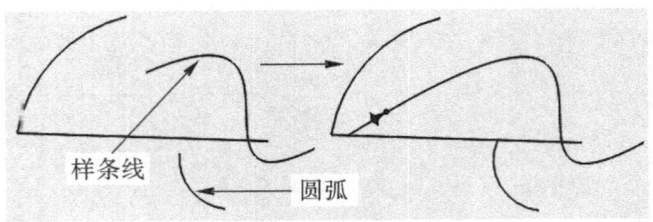

图 3-51　圆弧和样条线延伸

### 3.4.4　镜像草图实体

镜像操作就是以一条直线（或轴）为中心线复制所选中的草图实体，可以保留原草图实体，也可以删除原草图实体。镜像操作比较简单，步骤如下：

（1）打开资源包文件"第 3 章\镜像范例.SLDPRT"。单击工具栏上的 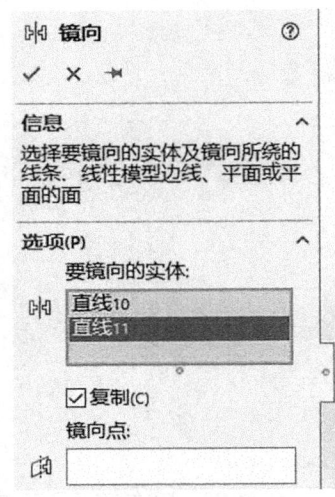（镜向实体）按钮，弹出图 3-52 所示"镜向"属性管理器。

（2）选取要镜像的草图实体。根据提示信息，在图形区单击或框选要镜像的草图实体。如果误选了其他草图实体，可以在"要镜向的实体"列表框中右击，在弹出的快捷菜单中选择"消除选择"或"删除"命令，即可将误选的草图实体去掉。也可以在已经选择的草图实体上再次单击，即可取消选择。

（3）定义镜像中心线。在"镜向点"列表框单击，显示提示信息"选择镜向所绕的线条或线性模型边线"，选择图 3-53 中

图 3-52　"镜向"属性管理器

的构造线作为镜像中心线，单击 ✓ 按钮完成镜像操作。最后结果见图 3-54。完成的镜像文件参看资源包文件"第 3 章\镜像范例-完成.SLDPRT"。

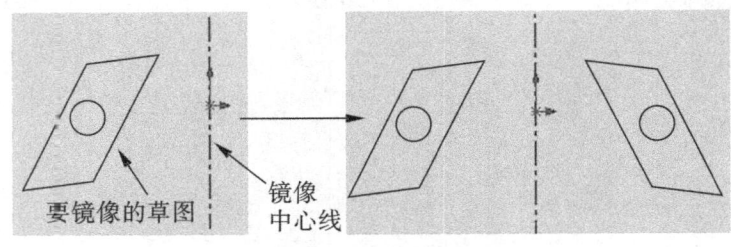

图 3-53　镜像结果

### 3.4.5　阵列草图实体

阵列是一种高效的草图绘制方式，有两种类型，即线性草图阵列和圆周草图阵列。

1. 线性草图阵列

（1）打开资源包文件"第 3 章\线性阵列范例.SLDPRT"。

（2）单击工具栏上的 线性草图阵列（线性草图阵列）按钮，弹出图 3-54 所示的"线性阵列"属性管理器。

第 3 章 参数化草图绘制与编辑 65

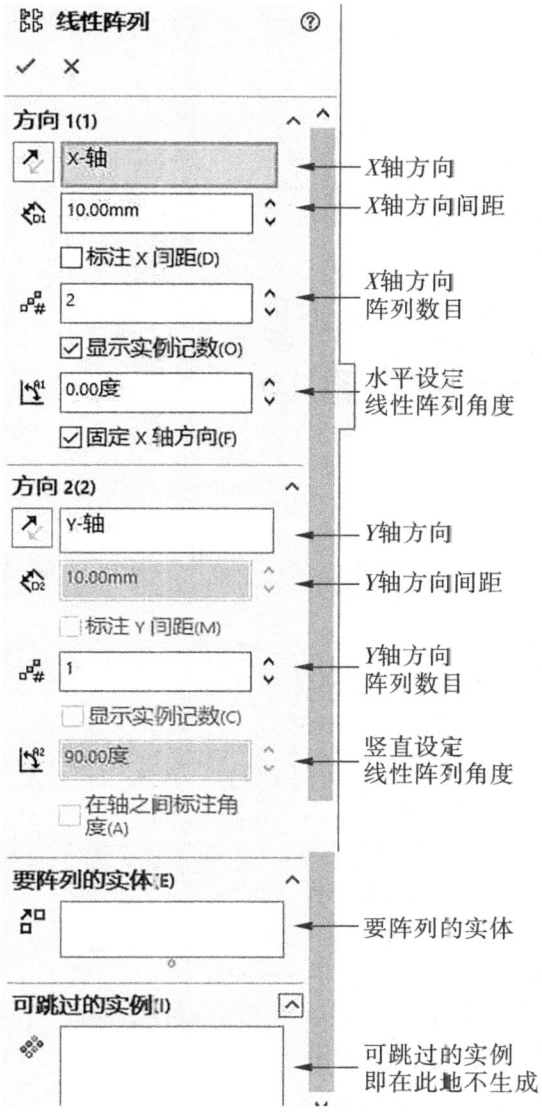

图 3-54 "线性阵列"属性管理器

（3）在该管理器中，进行 X、Y 轴方向距离的设置。本例 X 轴水平方向间距 50mm、数目 2 个，Y 轴竖直方向间距 60mm、数目 3 个，共 6 个（注意，阵列的总数包含原始的那个）。此时在图形区出现图 3-55 所示的阵列预览效果。

（4）单击该管理器上的 ✓ 按钮，完成阵列，结果见图 3-56。完成的阵列文件见资源包文件"第 3 章\线性阵列范例-完成.SLDPRT"。

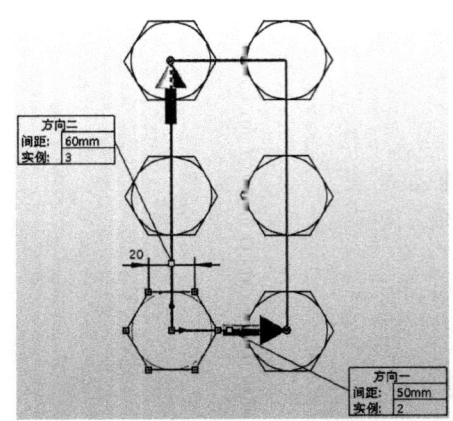
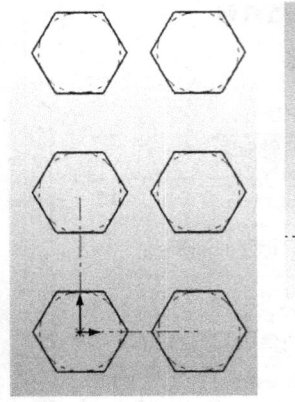
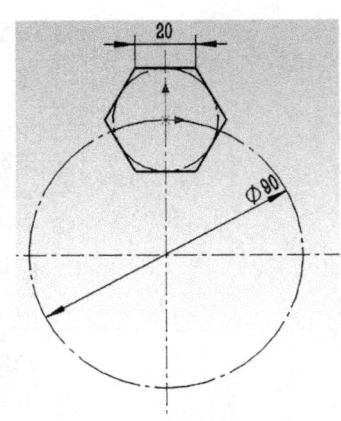

图3-55 线性阵列预览效果　　图3-56 线性阵列结果　　图3-57 范例源文件

**2. 圆周草图阵列**

（1）打开资源包文件"第3章\圆周阵列范例.SLDPRT"，见图3-57。

（2）单击工具栏 圆周草图阵列（圆周草图阵列按钮）按钮，弹出图3-58所示的"圆周阵列"属性管理器。

（3）在该管理器中，设置圆周阵列中心及其相对于原点的距离、阵列实体数目（注意阵列总数包含原始的那个）、阵列角度、阵列圆周的半径，设置从所选实体的中心到阵列中心点向量与X轴正方向的夹角。本例实体数目为6，阵列角度为360°，阵列圆周半径为45mm，阵列中心设置在阵列圆周中心，选择要镜像阵列的正六边形和内切圆。此时在图形区出现圆周阵列预览效果。

（4）单击该管理器上的 ✓ 按钮，完成圆周阵列。完成的阵列文件见资源包文件"第3章\圆周阵列范例-完成.SLDPRT"。

### 3.4.6 移动和复制草图实体

**1. 移动草图实体**

见图3-59，将小圆移到大圆中心（原点），操作步骤如下：

（1）进入草绘环境，绘制图3-59所示草图。

（2）选择命令。在"草图"工具栏中单击 移动实体（移动实体）按钮，弹出图3-60所示的"移动"属性管理器。

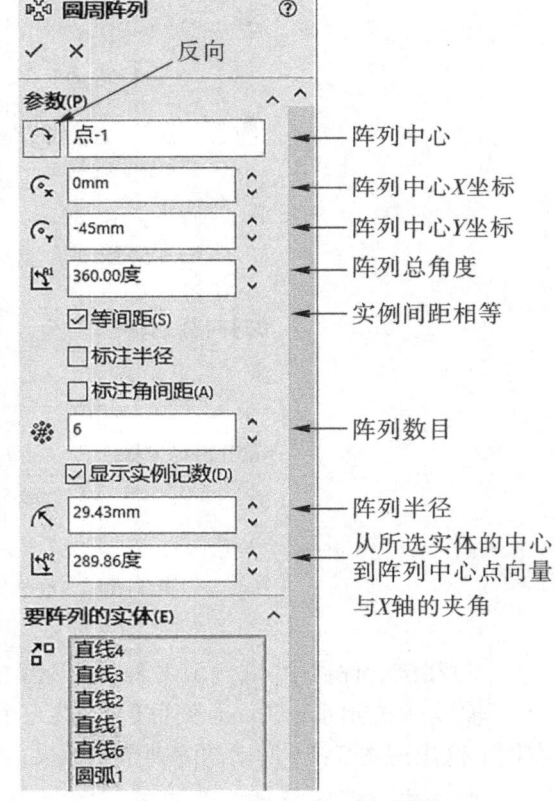

图3-58 "圆周阵列"属性管理器

(3)定义移动方式。在"移动"属性管理器的"参数"面板中选中"从/到"单选按钮。

(4)定义起点。先在"参数"面板的"起点"文本框中单击,然后在图形区单击小圆的圆心,拖到大圆圆心(原点)后单击,完成移动,见图 3-62。

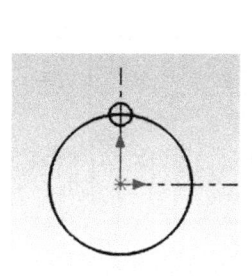 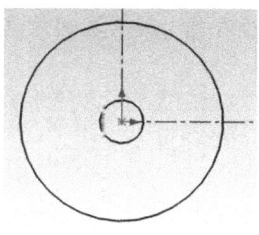

图 3-59 移动前草图　　图 3-60 "移动"属性管理器　　图 3-61 移动后结果

2. 复制草图实体

和移动操作类似,只是保留原草图实体。见图 3-62,将小圆复制到大圆中心(原点),操作步骤如下:

(1)进入草绘环境,绘制图 3-62 所示草图。

(2)选择命令。单击"草图"工具栏上  移动实体 按钮组右侧"▼"按钮,在弹出的下拉菜单中选择"复制实体"命令,弹出图 3-63 所示的"复制"属性管理器。

(3)定义复制方式。在"复制"属性管理器的"参数"面板中选中"从/到"单选按钮。

(4)定义起点。单击"参数"面板的"起点"文本框,在图形区单击小圆的圆心,将小圆拖到大圆圆心(原点)并单击,完成复制,见图 3-64。

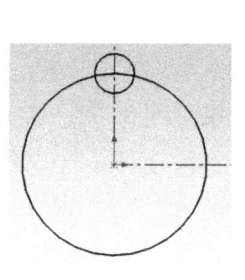 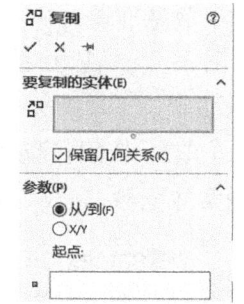 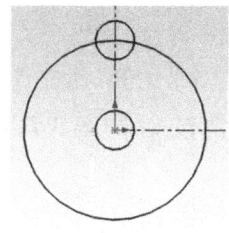

图 3-62 复制前草图　　图 3-63 "复制"属性管理器　　图 3-64 复制后草图

### 3.4.7 旋转和缩放草图实体

1. 旋转草图实体

(1)打开资源包文件"第 3 章\旋转草图实体范例.SLDPRT",见图 3-65。

(2)选择命令。单击"草图"工具栏上的 移动实体 按钮组右侧"▼"按钮,在弹出的下拉菜单中选择"旋转实体"命令,弹出图 3-66 所示的"旋转"属性管理器。

(3)单击选择或框选要进行旋转的草图实体,本例将圆弧和直线用框选选中。

(4)定义参数。先在"旋转"属性管理器的"参数"区域下面的"旋转中心"区域中单击,然后在图形区域中单击圆的圆心,再在下面的旋转角度中输入 180,图形区域出现预览效果。见图 3-67。

(5)单击属性管理器上 ✓ 按钮,完成旋转,结果见图 3-68。完成的旋转文件参看资源包文件"第 3 章\旋转草图实体范例-完成.SLDPRT"。

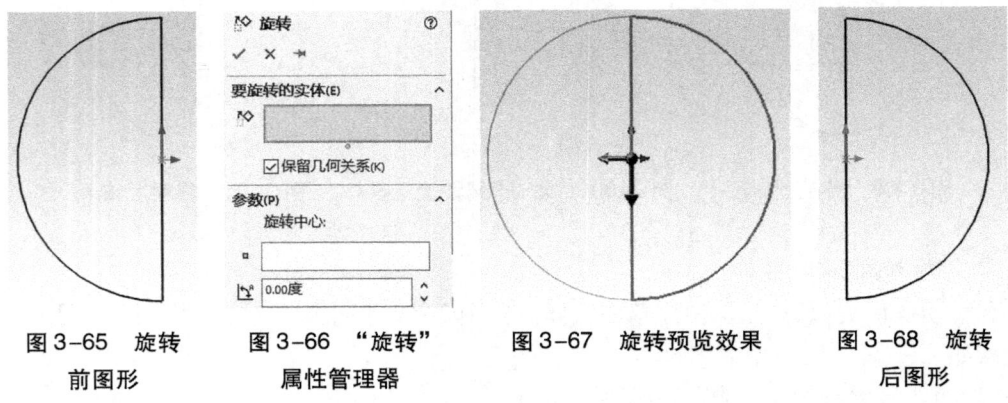

图 3-65　旋转　　　图 3-66　"旋转"　　　图 3-67　旋转预览效果　　　图 3-68　旋转
　　　前图形　　　　　　属性管理器　　　　　　　　　　　　　　　　　　　　　　后图形

2. 缩放草图实体

(1)打开资源包文件"第 3 章\缩放草图实体范例.SLDPRT",见图 3-69。

(2)选择命令。单击"草图"工具栏上 ↗□ 移动实体 按钮组右侧"▼"按钮,在弹出的下拉菜单中选择"缩放实体比例"命令,弹出"比例"属性管理器。

(3)单击选择或框选要缩放的草图实体,本例将圆和矩形用框选方式选中。

(4)定义参数。先单击"比例"属性管理器的"参数"面板中的"缩放所定义的点"文本框,然后在图形区单击圆的圆心,确定缩放基准点;在"参数"面板中的"缩放比例"文本框中输入"1.1",图形区出现预览效果,见图 3-70。注意,缩放比例大于 1,放大图形;小于 1,缩小图形。

(5)单击"比例"属性管理器左上角的 ✓ 按钮,完成缩放,结果见图 3-71。完成的旋转文件见资源包文件"第 3 章\缩放草图实体范例-完成.SLDPRT"。

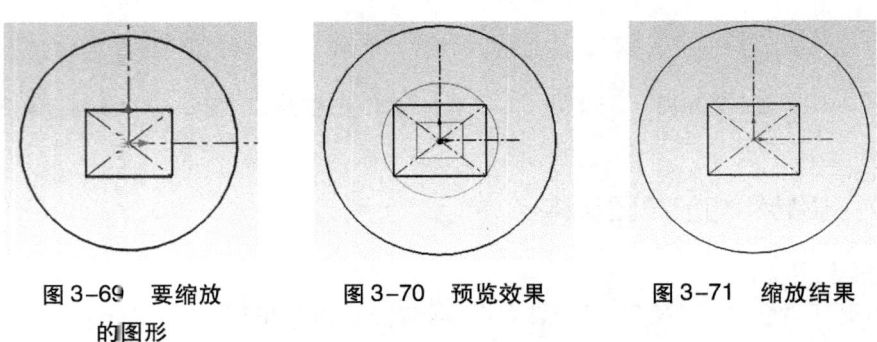

图 3-69　要缩放　　　图 3-70　预览效果　　　图 3-71　缩放结果
　　　的图形

## 3.4.8 伸展草图实体

使用 伸展实体（伸展实体）按钮，可将直线以某点为基点进行拉长或缩短，也可输入 X、Y 方向增量值进行拉长或缩短。如果是单独一条直线，并且以直线的端点为基点，则变为移动草图实体。注意，伸展草图实体时，不能选择全部实体。

# 3.5 标注尺寸

## 3.5.1 标注尺寸的步骤

草图标注尺寸就是确定草图中的几何图形的尺寸，如长度、角度、半径等。可以标注尺寸的类型见图 3-72。其操作步骤如下：

（1）单击某个尺寸标注按钮。
（2）单击选中要标注的对象。
（3）把尺寸移到合适的位置后单击，确定尺寸放置位置。
（4）修改标注的尺寸值。在图 3-73 所示的"修改"对话框中输入修改值，单击该对话框中的 按钮或按 Enter 键完成尺寸值修改。

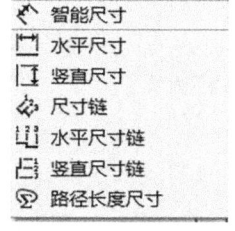

图 3-72 标注尺寸的类型

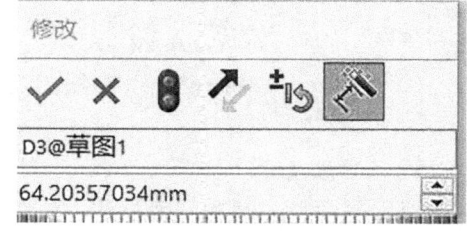

图 3-73 "修改"对话框

（5）继续标注其他尺寸，所有尺寸标注完成后单击"尺寸"属性管理器中的 按钮，完成图形尺寸标注。

## 3.5.2 智能标注尺寸

智能标注尺寸可以标注直线、圆、圆弧、角度等尺寸。一般情况下，使用智能标注尺寸就可以完成尺寸标注。

**1. 标注直线尺寸**

表 3-1 所示是常见的标注直线尺寸方法。

表 3-1　常见的标注直线尺寸方法

| 直线标注种类 | 标注方法说明 |
| --- | --- |
| 标注直线的长度 | 单击直线或先后单击直线的两个端点,沿垂直于直线方向拖动尺寸到合适位置,单击放置尺寸 |
| 标注直线端点的水平距离 | 单击直线或先后单击直线的两个端点,沿水平方向拖动尺寸到合适位置,单击放置尺寸 |
| 标注直线端点的竖直距离 | 单击直线或先后单击直线的两个端点,沿竖直方向拖动尺寸到合适位置,单击放置尺寸 |
| 标注两条线间的距离 | 先后单击两条要标注的平行线,拖动尺寸到合适位置,单击放置尺寸 |
| 标注点与直线的距离 | 单击要标注的直线和点,拖动尺寸到合适位置,单击放置尺寸 |

注意,在学习尺寸标注前,如果不希望在标注尺寸后立即弹出"修改"对话框,可以这样设置:执行菜单命令"工具"→"选项",在弹出的"系统选项"选项卡中选择"普通"选项,取消勾选"输入尺寸值"复选框,见图 3-74。

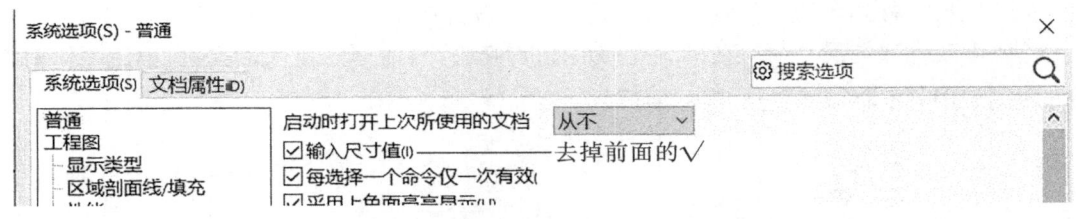

图 3-74　"系统选项"选项卡的"普通"选项

2. 标注圆和圆弧尺寸

表 3-2 所示是常见的圆和圆弧标注方法。

表 3-2　常见的圆和圆弧标注方法

| 圆或圆弧标注种类 | 标注方法说明 |
| --- | --- |
| 标注圆的直径 | 单击圆后单拖动尺寸到合适位置,单击放置尺寸,根据拖动位置有两种标注形式,见示例 |
| 标注圆弧的半径 | 单击选中圆弧,拖动尺寸到合适位置,单击放置尺寸 |
| 标注圆弧的弧长 | 先单击选中圆弧,再先后单击圆弧的两个端点,拖动尺寸到合适位置,单击放置尺寸 |

3. 标注角度尺寸

用于标注两条直线的夹角,单击工具栏上的 按钮,先后单击要标注的两条不平行直线,尺寸线会自动变为角度标注,拖动尺寸线到合适位置,单击放置尺寸。

## 3.5.3 水平尺寸和竖直尺寸标注

**1. 水平尺寸标注**

单击 水平尺寸按钮可以标注所有水平方向的尺寸,方法与智能标注一样。

**2. 竖直尺寸标注**

单击 竖直尺寸按钮可以标注所有竖直方向的尺寸,方法与智能标注一样。

## 3.5.4 草图尺寸修改和删除

在标注尺寸完成后,如果要修改某个尺寸的位置,单击该尺寸,按下左键拖动到合适位置即可。如果要修改某个尺寸的数值,双击该尺寸,在弹出的"修改"对话框中输入新值,也可以单击该尺寸,在出现的"尺寸"文本框中输入新值后按 Enter 键或单击,完成修改。

如果要删除尺寸,单击要删除的尺寸线(按下 Ctrl 键可以多选,注意不能选择尺寸数值),按 Delete 键删除。或右击要删除的尺寸,在弹出的快捷菜单中选择"删除"命令。

## 3.5.5 草图尺寸标注

草图及其尺寸标注

**1. 绘制草图**

可以直接打开资源包文件"第 3 章\草图标注范例. SLDPRT"进行尺寸标注练习。

(1)绘制中心线(图 3-75)。

(2)绘制大圆。以原点(中心线交点)为圆心绘制直径为 46 的圆,见图 3-76。

(3)绘制矩形。以原点(中心线交点)为中心,绘制长 18、宽 14 的矩形,见图 3-77。

(4)绘制小圆。以中心线和大圆交叉点为圆心绘制直径为 10 的 3 个小圆,见图 3-78。注意,也可以采用复制草图实体的方法绘制小圆。以小圆圆心为基点,以中心线和大圆交叉点为另外两个小圆的圆心完成复制操作。

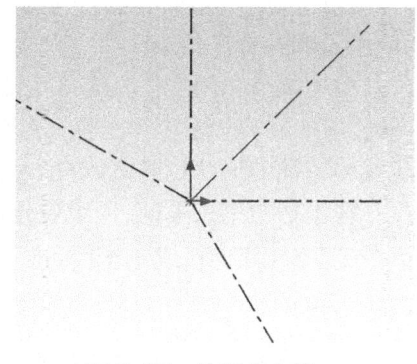

图 3-75 绘制中心线

(5)绘制半圆,其半径为 9(此时应未标注尺寸)。

(6)保存范例文件,见资源包文件"第 3 章\草图标注范例. SLDPRT"。

**2. 标注草图尺寸**

(1)单击工具栏上的 按钮,标注大圆、小圆和圆弧的尺寸,并修改尺寸到图纸要求。

(2)标注矩形的长度和宽度。

(3)标注中心线的角度,完成全部标注,保存为范例文件"第 3 章\草图标注范例-完成. SLDPRT"。

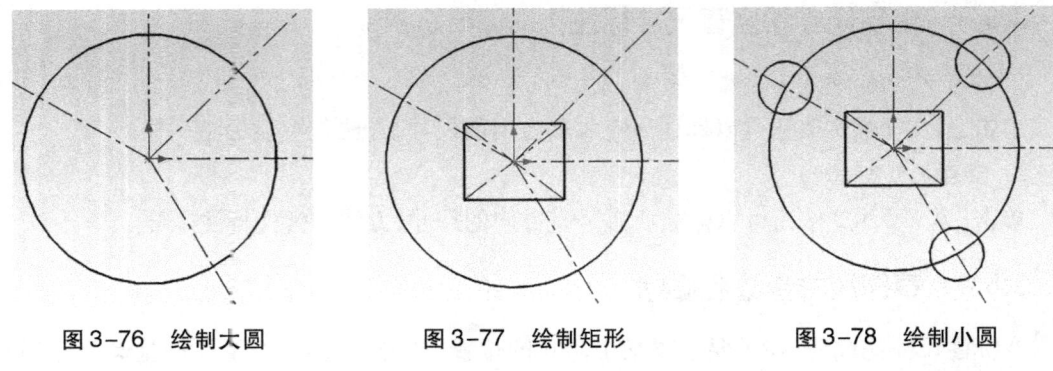

图 3-76　绘制大圆　　　　图 3-77　绘制矩形　　　　图 3-78　绘制小圆

## 3.6　几何约束关系

在草图绘制过程中,常常需要限制草图实体的形状或草图实体之间的相对位置。各草图实体之间的位置关系是由约束来限定的,约束的过程实际上是去掉草图实体自由度的过程。对草图实体施加的约束分为尺寸约束和几何约束,尺寸约束即标注尺寸,在 3.5 节已经介绍过,本节主要介绍几何约束。几何约束是定义一个、两个或多个草图实体之间的几何关系,如直线的水平或竖直、两条直线平行或垂直等。

几何约束主要有水平、竖直、共线、垂直、平行、相等、固定、重合、同心、交叉点、全等、合并、中点和对称等约束。

要使某个草图实体具有确定的位置和大小,尺寸约束和几何约束可以分别添加,也可以同时添加。一旦利用草图建立了实体特征,只要改变草图实体之间的尺寸或位置关系,则对应实体特征的形状也随之改变。

在添加约束关系前,一定要先进行系统选项设置,详见 2.6 节,一般操作是:执行菜单命令"工具"→"选项"或单击"标准"工具栏上的 按钮,按图 3-79 设置几何约束关系。也可以单击图 3-80 所示"尺寸/几何关系"工具栏上的 按钮,使其保持按下状态,即可自动添加几何约束关系。单击该工具栏上的 按钮,可以打开或关闭自动添加几何约束关系。单击该工具栏上的 按钮,可以显示或删除几何约束关系。

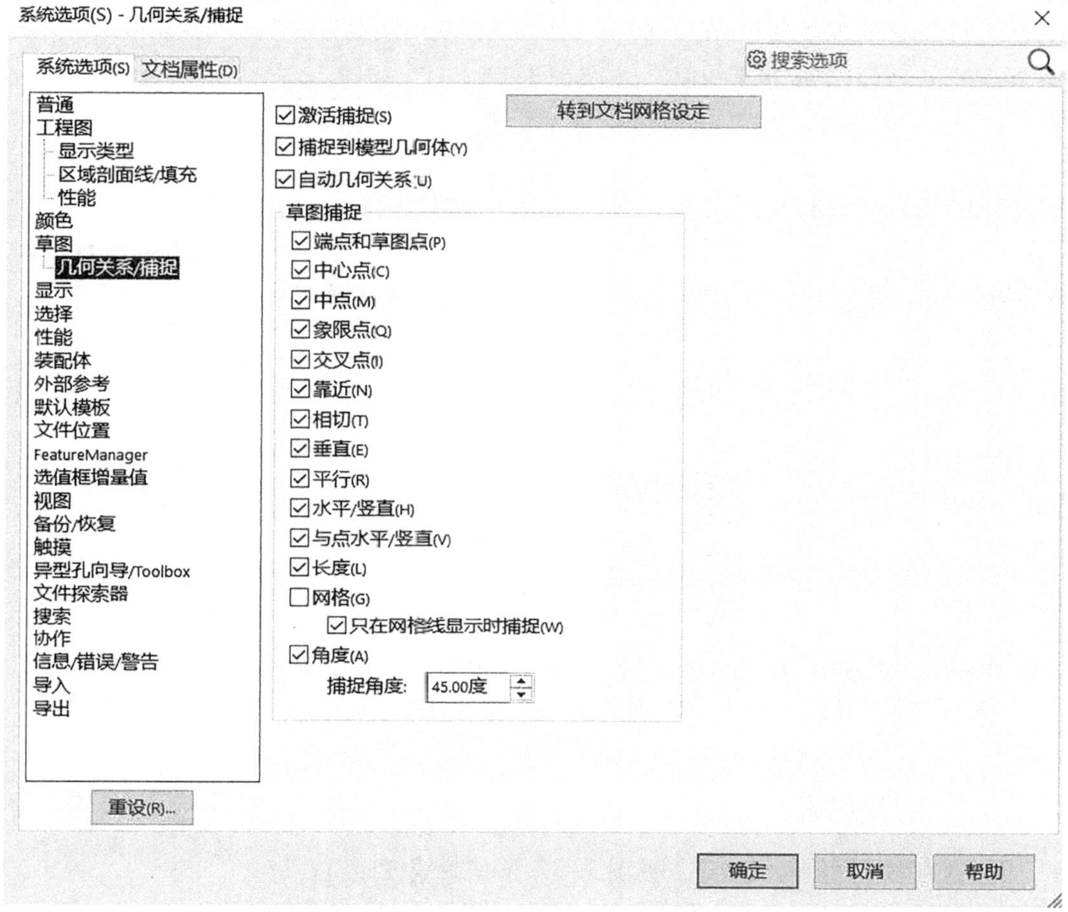

第 3 章 参数化草图绘制与编辑　73

图 3-79 "系统选项"选项卡的"几何关系/捕捉"选项

注意,执行菜单命令"视图"→"隐藏/显示"→ 草图几何关系(E),按下或弹起 草图几何关系(E) 按钮,可以显示或隐藏草图几何约束关系。

另外,可以将"尺寸/几何关系"工具栏定制出来,以方便使用。具体操作是:执行菜单命令"工具"→"自定义",在"工具栏"选项卡中勾选"尺寸/几何关系"复选框,将此工具栏拖放到右侧边沿区域合适位置。

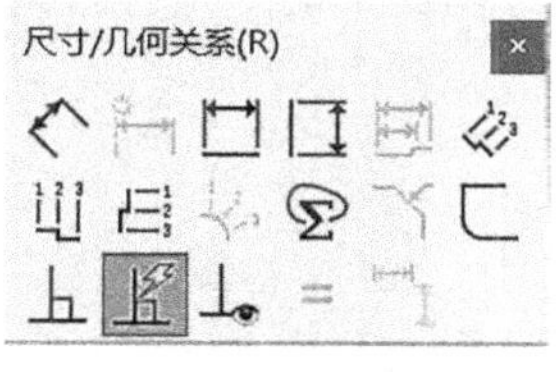

图 3-80 "尺寸/几何关系"工具栏

## 3.6.1 水平约束

见图 3-81,要使一条斜线变为水平线,可以单击直线,在弹出的"线条属性"属性管理器(图 3-82)中,单击"水平"按钮即可。

下面用添加约束的方法实现上述变化,具体操作是:单击"草图"工具栏上的 按钮,弹出"添加几何关系"属性管理器

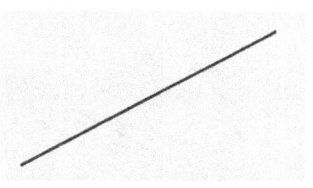

图 3-81 要水平的斜线

(图3-83);单击选中斜线,此时该管理器发生变化(图3-84);在该管理器中单击"水平"按钮,此时该管理器又发生变化(图3-85);在绘图区出现斜线变为水平线的预览效果,单击该管理器中的 ✔ 按钮,完成水平约束添加,见图3-86。

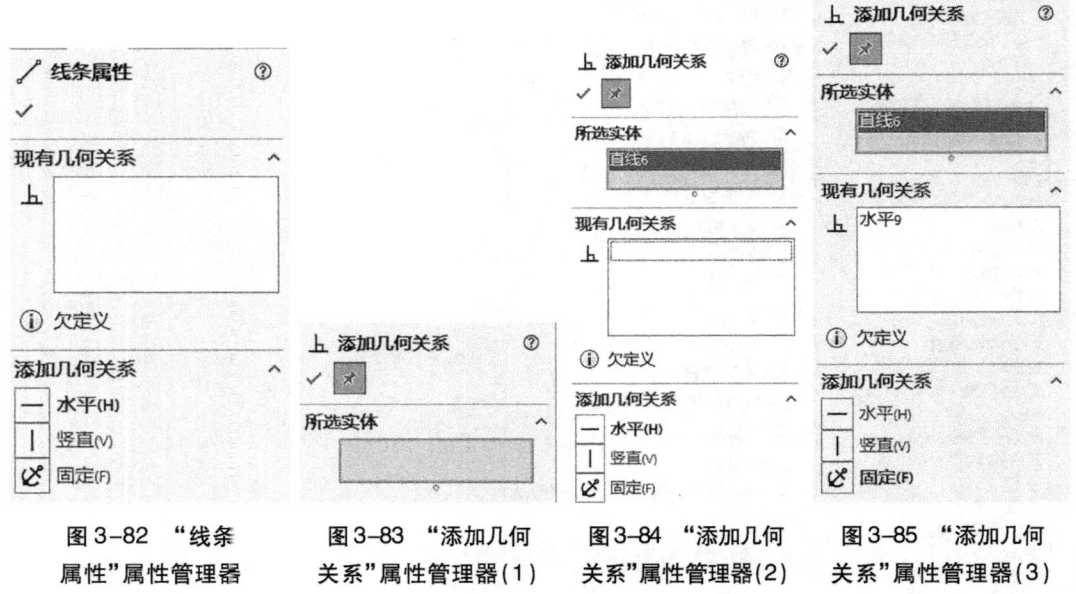

图3-82 "线条属性"属性管理器　　图3-83 "添加几何关系"属性管理器(1)　　图3-84 "添加几何关系"属性管理器(2)　　图3-85 "添加几何关系"属性管理器(3)

### 3.6.2 竖直约束

用竖直约束可以使斜线竖直。见图3-87,要使斜线变竖直,具体操作是:单击"草图"工具栏上的 ⊥ 按钮,弹出"添加几何关系"属性管理器(图3-88),单击选中斜线,在该管理器中单击"竖直"按钮,在绘图区出现直线变竖直的预览效果,单击该管理器中的 ✔ 按钮,完成竖直约束添加,结果见图3-89。

图3-86 操作结果

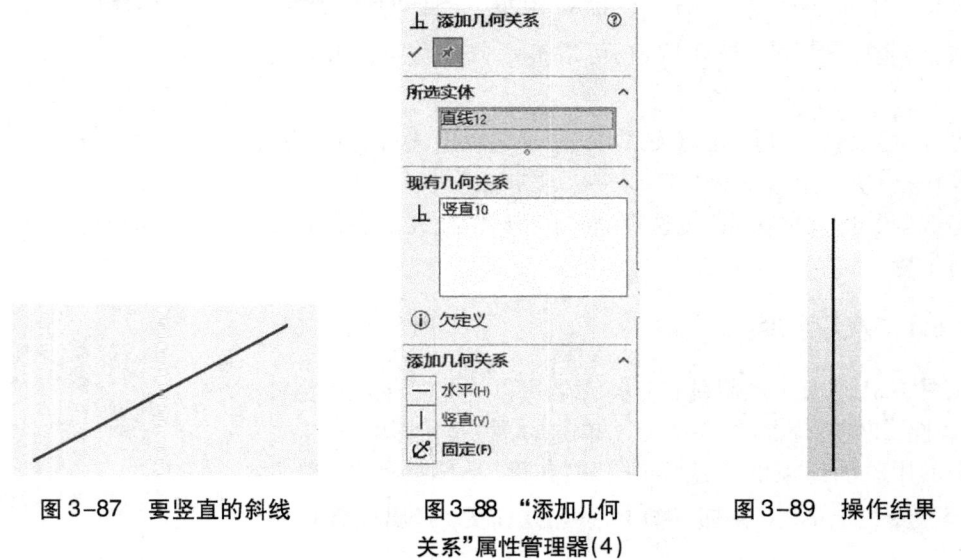

图3-87 要竖直的斜线　　图3-88 "添加几何关系"属性管理器(4)　　图3-89 操作结果

### 3.6.3 共线约束

共线约束可以使两条不共线的直线共线。见图3-90a,矩形的下边与点画线不共线,要使其共线,具体操作是:单击"草图"工具栏上的 ⊥ 按钮,弹出"添加几何关系"属性管理器(图3-92),单击选中矩形下边和点画线,在该管理器中单击"共线"按钮,在绘图区出现两者共线的预览效果,单击该管理器中的 ✓ 按钮,完成共线约束添加,见图3-90b。

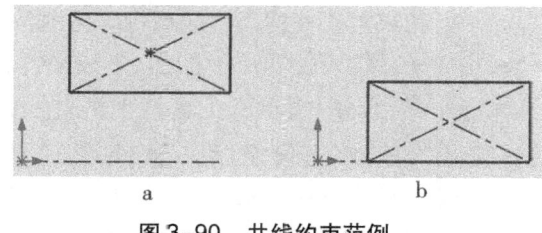

图3-90  共线约束范例

### 3.6.4 垂直约束

垂直约束可以使两条直线垂直。见图3-93a,添加垂直约束使正六边形的一条边与中心线垂直。打开资源包文件"第3章\垂直约束范例.SLDPRT",单击"草图"工具栏上的 ⊥ 按钮,弹出"添加几何关系"属性管理器(图3-94),单击选中使正六边形的一条边和竖直中心线,在该管理器中单击"垂直"按钮,在绘图区出现预览效果,单击该管理器中的 ✓ 按钮,完成垂直约束添加,见图3-93b。完成的文件见资源包文件"第3章\垂直约束范例-完成.SLDPRT"。

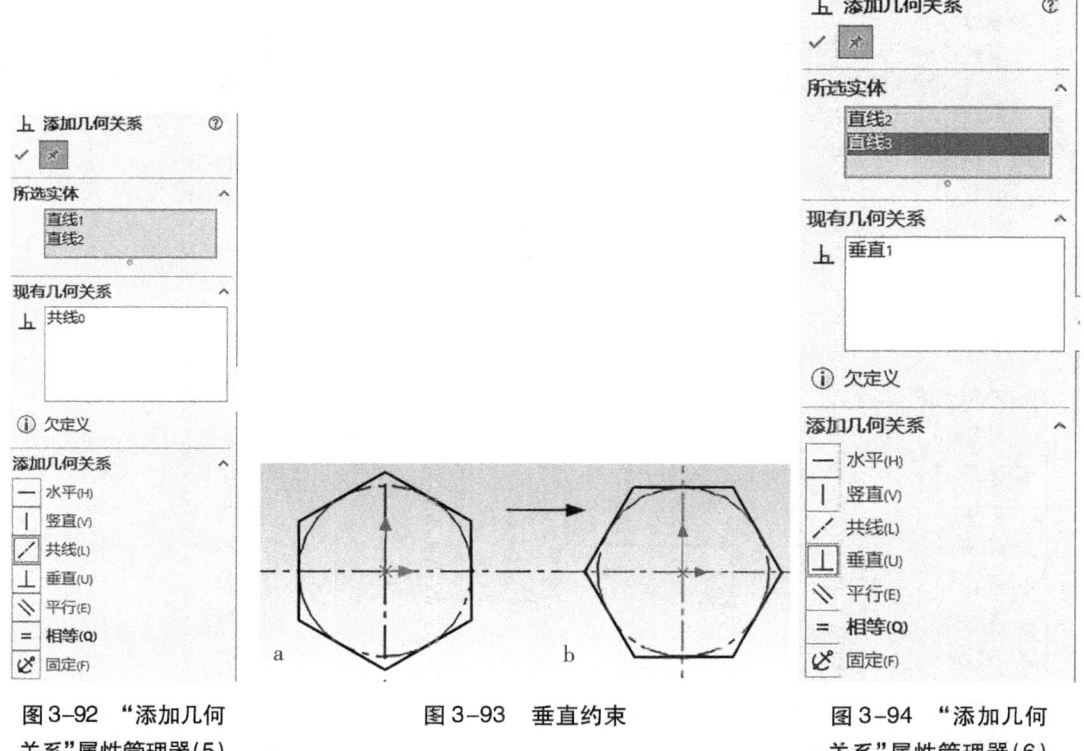

图3-92 "添加几何关系"属性管理器(5)　　图3-93 垂直约束　　图3-94 "添加几何关系"属性管理器(6)

## 3.6.5 平行约束

平行约束可以使两条直线平行。见图3-95a，添加平行约束使四边形的上、下边平行，具体操作是：单击"草图"工具栏上的 ⊥ 按钮，弹出"添加几何关系"属性管理器（图3-96），单击选中四边形上、下边，在该管理器中单击"平行"按钮，在绘图区出现预览效果，单击该管理器中的 ✓ 按钮，完成平行约束添加，见图3-95b。

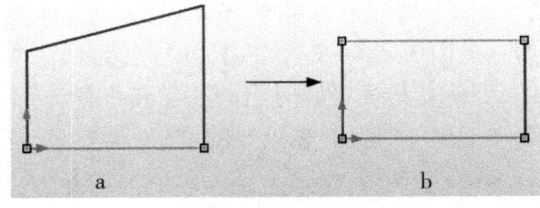

图3-95 平行约束

## 3.6.6 相等约束

相等约束可以使两条直线长度相等，也可以使两个圆直径相等或圆弧半径相等。见图3-97a，使矩形变为正方形，具体操作是：单击"草图"工具栏上的 ⊥ 按钮，弹出"添加几何关系"属性管理器（图3-98），单击选中矩形的上、下边，在该管理器中单击"相等"按钮，在绘图区出现预览效果，单击该管理器中的 ✓ 按钮，完成相等约束添加，见图3-97b。

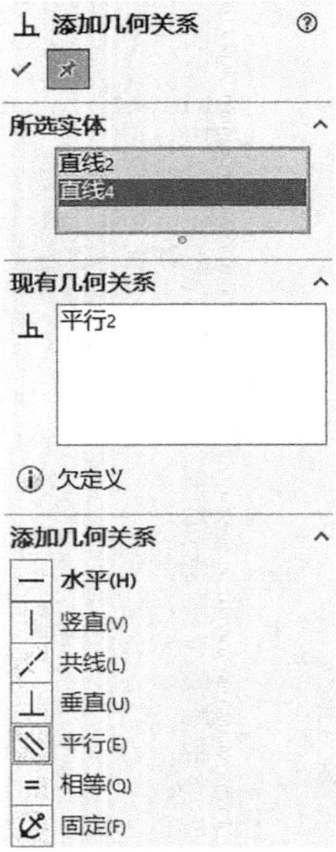

图3-96 "添加几何关系"属性管理器（7）

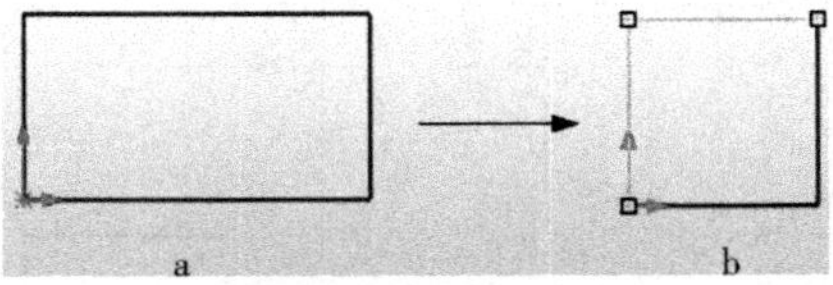

图3-97 相等约束

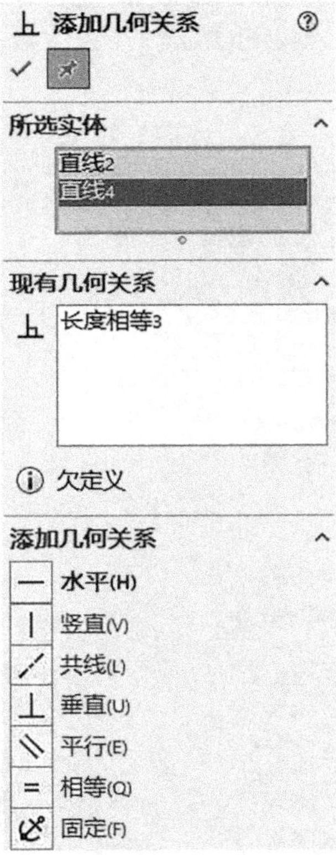

图3-98 "添加几何关系"属性管理器（8）

### 3.6.7 固定约束

固定约束可以使草图实体位置固定,但是尺寸并不固定。有三种方法添加固定约束:①单击选中要固定的草图实体,在弹出的"添加几何关系"属性管理器中单击"固定"按钮;②单击选中欲固定的草图实体,然后右击,在弹出的快捷菜单中选择"固定"命令;③单击"草图"工具栏上的 按钮,弹出"添

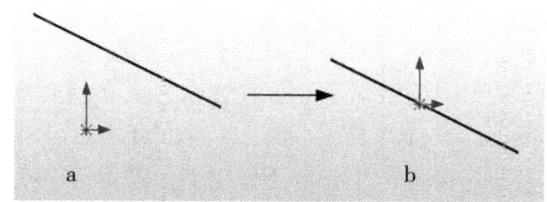

图 3-99 重合约束

加几何关系"属性管理器,单击选择要固定的草图实体,在该管理器中单击"固定"按钮。

### 3.6.8 重合约束、穿透约束和合并约束

1. 重合约束

重合约束可以使一点与另一点或一点与一条直线重合。见图 3-99a,要使直线通过原点,具体操作是:单击"草图"工具栏上的 按钮,弹出"添加几何关系"属性管理器(图 3-100),单击选中直线和原点,在该管理器中单击"重合"按钮,在绘图区出现预览效果,单击该管理器的 按钮,完成重合约束添加,见图 3-99b。

2. 穿透约束

重合是一个平面概念,用于草图绘制。而穿透是一个立体概念,是在两个草图中定义的约束关系,一般用于扫描轮廓和路径。重合和穿透的区别是:重合是点位于直线、圆弧等上面,穿透是草图点与基准轴、边线或曲线在草图基准面上的穿透位置重合;穿透必须相接触(锁在曲线上),重合则不一定,即穿透是重合的一个特例,重合不必穿透,但穿透绝对重合。

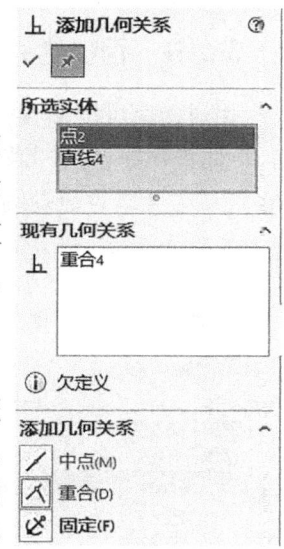

图 3-100 "添加几何关系"属性管理器(9)

3. 合并约束

合并约束可以使选取的两个点重合,可以使直线端点、圆弧端点、样条线端点合并。如让两条直线的端点重合,可以分别选取直线的端点,在"添加几何关系"属性管理器中单击"合并"按钮即可添加合并约束。

### 3.6.9 同心约束

同心约束可以使两个或多个圆或圆弧同心。见图 3-101a,使两个圆同心,具体操作是:单击"草图"工具栏上的 按钮,弹出"添加几何关系"属性管理器,单击选中两个圆,在该管理器中单击"同心"按钮,在绘图区出现预览效果,单击该管理器中的 按钮,完成同心约束添加,见图 3-101b。

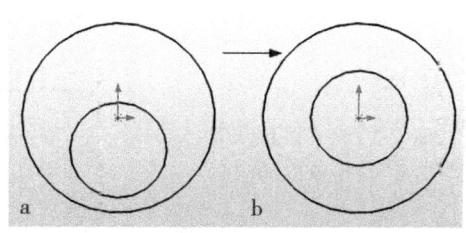

图 3-101 同心约束

### 3.6.10 对称约束

对称约束可以使两点或两条直线关于某中心线对称。见图3-102a,要使矩形的左、右边关于中心线对称(注意对称的线必须是中心线),具体操作是:单击"草图"工具栏上的 ⊥ 按钮,弹出"添加几何关系"属性管理器(图3-103),单击选中矩形的左、右边,在该管理器中单击"对称"按钮,在绘图区出现预览效果,单击该管理器中的 ✓ 按钮,完成对称约束添加,见图3-102b。

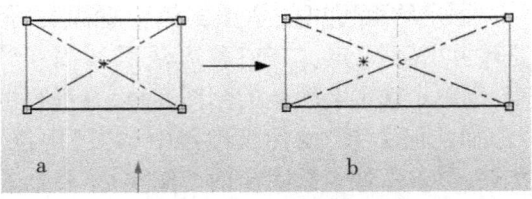

图3-102 对称约束

### 3.6.11 相切约束

相切约束可以使直线与曲线或曲线与曲线保持相切。见图3-104a,要使直线与圆相切,具体操作是:单击"草图"工具栏上的 ⊥ 按钮,弹出"添加几何关系"属性管理器(图3-105),单击选中直线和圆,在该管理器中单击"相切"按钮,在绘图区出现预览效果,单击该管理器中的 ✓ 按钮,完成相切约束添加,见图3-104b。

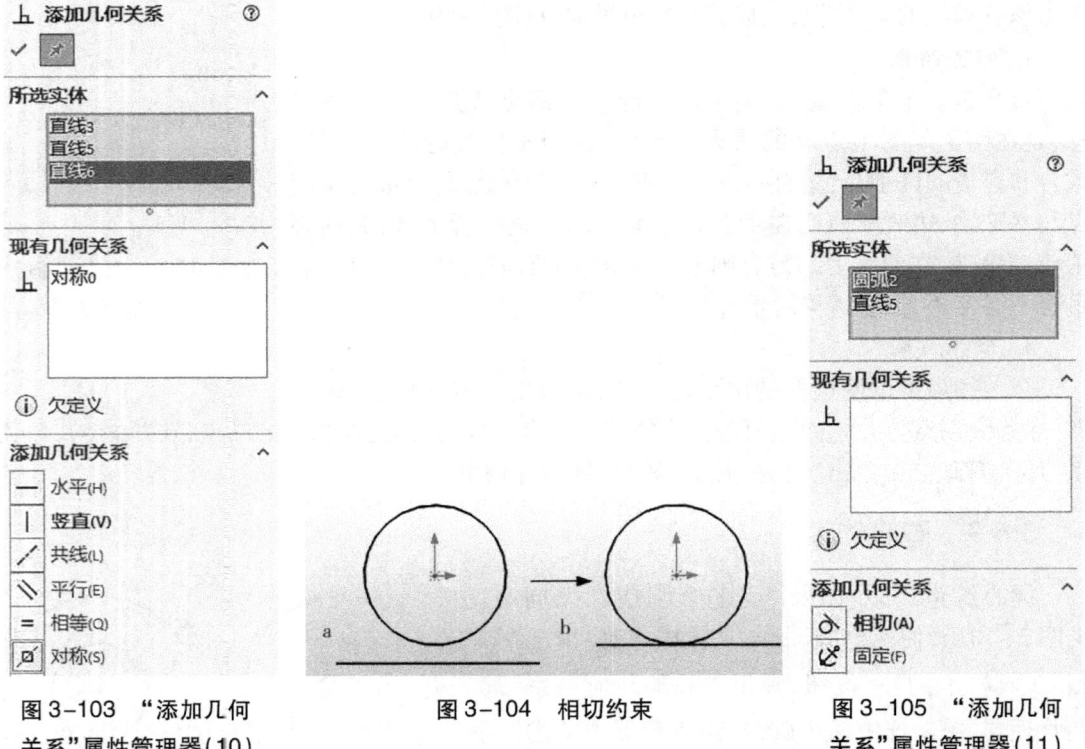

图3-103 "添加几何关系"属性管理器(10)　　　图3-104 相切约束　　　图3-105 "添加几何关系"属性管理器(11)

## 3.6.12 中点约束与交叉点约束

**1. 中点约束**

中点约束可以使选取的点(包括点、直线端点、圆弧端点、样条线端点)与选取的直线中点重合。

**2. 交叉点约束**

交叉点约束可以使另外一点与两条直线的交叉点共线,见图 3-106。

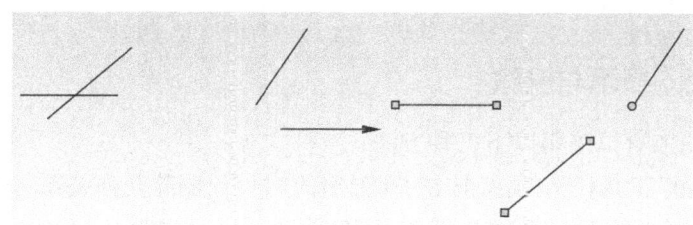

图 3-106 交叉点约束

## 3.6.13 全等约束

全等约束可以使选取的圆或圆弧的圆心重合且半径相等。

## 3.6.14 草图约束实例

绘制图 3-107 所示的连接板零件草图实体,操作步骤如下:

(1)选择前视基准面,进入草图环境,单击"草图"工具栏上的 ⊙ 按钮,以原点为圆心绘制直径为 100mm 和 40mm 的同心圆,见图 3-108。

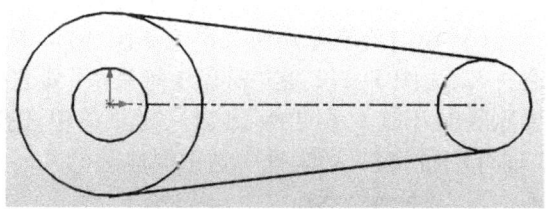

图 3-107 连接板草图

(2)单击"草图"工具栏上的 ⊥ (添加几何关系)按钮,添加固定约束使直径 100mm 圆和直径 40mm 圆固定。

(3)绘制中心线。单击"草图"工具栏上的 ⁄ 按钮,以原点为起点,绘制一条长 200mm 的中心线,以中心线的右边端点为圆心绘制直径为 50mm 的圆,见图 3-109。

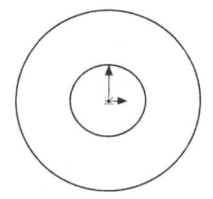 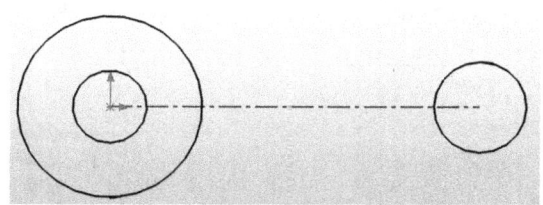

图 3-108 绘制同心圆　　图 3-109 绘制中心线和另外一个圆

(4)单击"草图"工具栏上的 ┴ 按钮,添加水平约束使中心线水平,添加固定约束使直径 50mm 圆固定。

(5)绘制相切直线。绘制直径为 100mm、50mm 两圆的两条外切直线。先绘制直线,然后单击"草图"工具栏上的 ┴ 按钮,添加相切约束使其与两个圆相切,草图实体完全约束,结果见图 3-107。完成的文件见资源包文件"第 3 章\约束范例-完成.SLDPRT"。

## 3.7 约束编辑

### 3.7.1 约束的显示与删除

显示与删除约束可以采用以下三种方法:

(1)单击"草图'工具栏上的 ┴ 按钮,在弹出的"显示/删除几何关系"属性管理器的"几何关系"列表框中列出草图的全部几何关系,见图 3-110。删除几何约束关系有以下三种方法:

1)在"几何关系"列表框选中要删除的几何关系,单击该管理器中的"删除"按钮,即可删除选中的几何关系。单击"删除所有"按钮,则删除所有几何关系。

2)也可以在"几何关系"列表框中右击要删除的几何关系,在弹出的快捷菜单(图 3-111)中选择"删除"或"删除所有"命令。

3)还可以在"几何关系"列表框中选中要删除的几何关系,按 Delete 键删除。

(2)执行菜单命令"视图"→"隐藏/显示"→" ┴ 草图几何关系(E) ",在绘图区显示草图几何关系标记,单击选中要删除的几何关系标记,按 Delete 键删除。

(3)单击要删除几何关系的草图实体(按 Ctrl 键多选),此时所选对象的属性管理器随之打开,见图 3-112,在"现有几何关系"列表框中可以看到所选对象的现有几何关系,右击要删除的几何关系,在弹出的快捷菜单中选择"删除"或"删除所有"命令即可。也可以在"现有几何关系"列表框中选中要删除的几何关系,按 Delete 键删除。

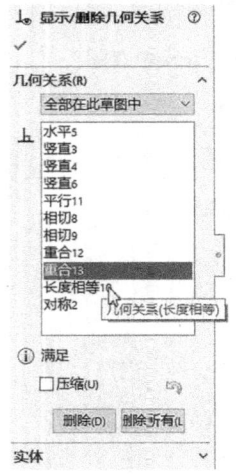

图 3-110 "显示/删除几何关系"属性管理器

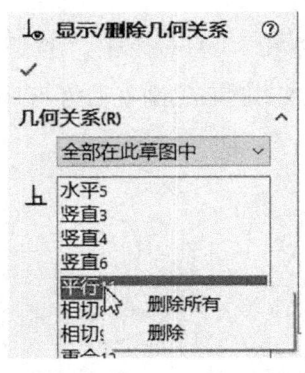

图 3-111 快捷菜单

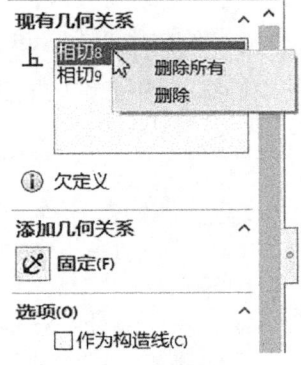

图 3-112 "现有几何关系"列表框

### 3.7.2 完全定义草图

在草图绘制完成后,有一些几何关系没有定义,可以单击"草图"工具栏上的 按钮组下面的 按钮,"完全定义草图"属性管理器(图3-113)随之打开,在"要完全定义的实体"选项下面有两个单选按钮供选择,根据需要选择其中的一个,单击该管理器中的 按钮,将会根据草图实体所在位置和形状对它完全定义。完全定义后的草图显示为黑色,见图3-114b。

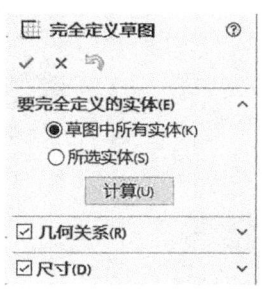
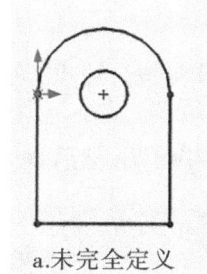
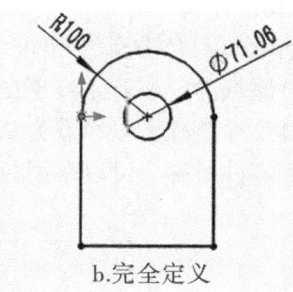

图3-113 "完全定义草图"属性管理器　　　　　a.未完全定义　　　b.完全定义

图3-114 实例

## 3.8 草图绘制技巧

虽然SOLIDWORKS具有捕捉设计者意图和参数化草图绘制的优点,但是在绘制草图时还应该注意培养一些好习惯,以便设计中减少错误、降低工作量、提高设计效率。

(1)零件的第一个草图应该根据原点定位,尽量让草图的一个端点或圆心通过原点,以确定特征在绘图空间上的位置。

(2)一次绘制的图形不要过于复杂。不要试图一次完成一张复杂图形的绘制,最好分几步进行。用单一实体对象的草图比用多个对象的草图更便于以后进行编辑修改操作,复杂的几何形状可以由简单的草图实体对象组合而成。

(3)绘制尺寸和形状大致符合实际的草图实体。如果绘制的草图在尺寸和形状上大致准确,那么在添加、修改尺寸和几何约束时,草图就不会发生大的变化。

(4)使用复制或阵列的方法。对于重复的几何图元,可以先绘制草图的一个图元,然后采用特征复制或阵列的方法生成其他部分,这样可以提高效率。

(5)使用镜像和对称约束时,建议绘制中心线。

(6)添加约束的一般次序。按设计意图先确定草图各元素间的几何关系,然后是定位尺寸,最后标注草图的形状尺寸。这样有利于贯彻设计意图和提高设计效率。

(7)在草图绘制中,草图命令可以连续使用。在绘制直线或样条曲线时,如果想不连续使用这个命令,单击两次绘制直线后右击,在弹出的快捷菜单中选择"结束链(双击)"命令,或单击两次绘制直线后双击。

(8)绘制直线和相切圆弧。绘制完直线后,如果后面跟相切圆弧,可以右击,在弹出的快捷菜单中选择"转到圆弧"或输入快捷键 A。

## 3.9 草图绘制综合实例1

### 3.9.1 支架板设计实例

**1. 设计分析**

绘制图 3-115 所示支架板。
(1)原点确定。将 $\phi$40 圆的圆心作为设计原点,见图 3-115。
(2)尺寸基准。以原点为基准。
(3)零件对称。可以采用"绘制一半草图,然后镜像"的方法。

支架板设计

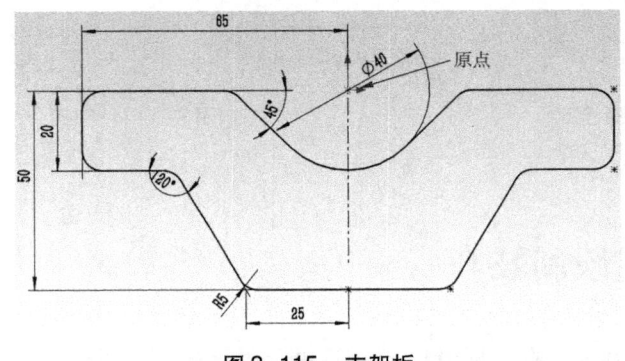

图 3-115 支架板

**2. 设计操作步骤**

(1)单击"标准"工具栏上的 按钮,在弹出的"新建 SOLIDWORKS 文件"对话框中选择 按钮,单击"确定"按钮,关闭该话框。

(2)进入设计界面,选择图 3-116 所示界面中的"前视基准面"选项确定草图基准面,单击"草图"工具栏上的 按钮进入草图绘制环境。

(3)单击"草图"工具栏上的 按钮,在绘图区绘制一条竖直中心线。

(4)单击"草图"工具栏上的 (直线)按钮,先绘制最上方的一条直线,修改其长度为 65mm,后绘制图 3-117 所示的图形。

(5)单击"草图"工具栏上的 按钮,绘制一个圆心在竖直中心线上的圆,见图 3-118。

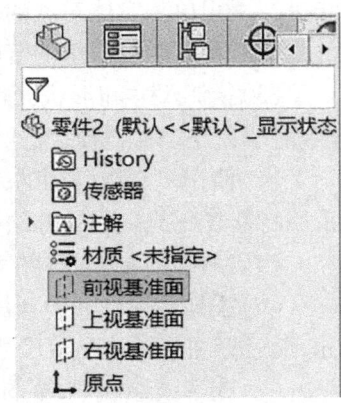

图 3-116 选取草图基准面

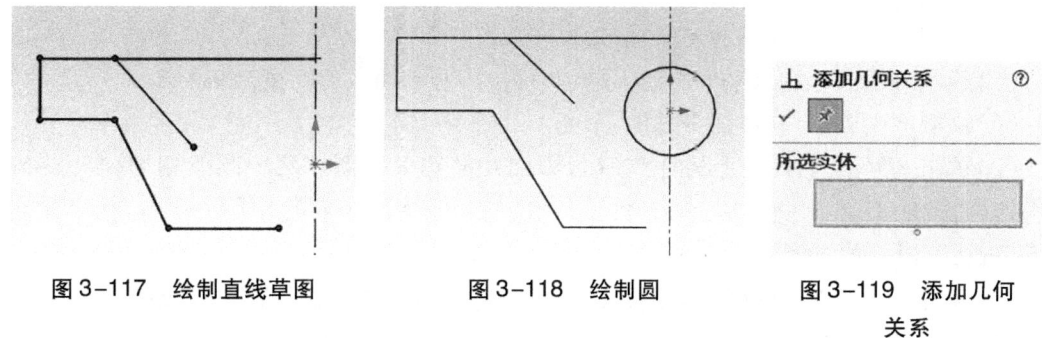

图 3-117 绘制直线草图　　图 3-118 绘制圆　　图 3-119 添加几何关系

(6)单击"草图"工具栏上的 按钮,弹出"添加几何关系"属性管理器(图 3-119),选中最上方的直线,添加水平约束;选中中心线,添加竖直约束;选取中心线和原点,添加重合约束;选取最上方直线右端点和中心线,添加重合约束,单击该管理器中的 按钮。

(7)单击"草图"工具栏上的 移动实体 按钮,将除圆外的所有实体向下移动,最上方直线右端点移动到原点(圆心)(本例只是演示移动实体操作,正常设计时可以直接以原点为端点绘制最上方的直线)。选中上方斜线和圆,添加相切约束关系。选中最下方直线右端点和中心线,添加重合约束,单击相应属性管理器中的 按钮。

(8)单击"草图"工具栏上的 按钮,剪裁草图实体。

(9)单击"草图"工具栏上的 按钮,标注所有尺寸。

(10)单击"草图"工具栏上的 按钮,设置圆角半径为 5mm,把所有圆角倒完。

(11)单击"草图"工具栏上的 镜向实体 按钮,框选除中心线外的所有草图实体,选取中心线作为镜像点,完成镜像操作。

(12)单击"标准"工具栏上的 按钮,保存文件,见资源包文件"第 3 章\支架板.SLDPRT"。

### 3.9.2　手柄设计实例

手柄设计

(1)原点确定。将最左侧竖线中点作为设计原点(坐标系)位置。

(2)尺寸基准以原点为基准。

(3)零件对称,可以采用绘制一半草图,然后利用镜像完成这个草图绘制。

注意:本例中,将工具栏上的 按钮按下,打开自动几何关系和捕捉功能,此时系统会在草图上自动添加相应的约束关系,可以大大提高设计效率。另外,执行菜单命令"视图"→"隐藏/显示"→" 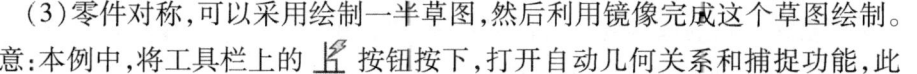 "或单击 按钮右侧的"▼"按钮,按下 按钮,在绘图区会显示草图几何关系标记。具体操作步骤如下:

1)新建零件文件。

2)进入设计界面,选择前视基准面作为草图基准面,准备草图绘制。

3)在绘图区绘制两条水平中心线,其中一条中心线的端点和原点重合。标注中心线之间的尺寸并修改尺寸为14mm。

（4）绘制部分轮廓，并修改尺寸到设计值。

（5）绘制一个圆心在水平中心线上的圆，标注圆心到原点的距离为91mm。

（6）绘制两个圆弧，并标注半径值。

（7）单击"草图"工具栏上的 ⊥ 按钮，添加几何约束关系。两个圆弧相切；半径45mm的圆弧和直径14mm的圆相切；半径45mm的圆弧和上方的中心线相切。注意：如果草图实体不够长，可以延伸实体。

（8）单击"草图"工具栏 ✂ 按钮，剪裁多余草图实体，并绘制一条通过原点和直径14mm 圆弧端点的直线，使草图轮廓封闭。

（9）单击"草图"工具栏 ⊨⊨ 镜向实体 按钮，框选除中心线外的所有草图实体，选取中心线作为镜像点，完成镜像操作。

（10）单击"标准"工具栏上的 💾 按钮，保存文件，见资源包文件"第 3 章 \ 手柄.SLDPRT"。

## 3.10 草图绘制综合实例2

连接板设计

### 3.10.1 连接板草图分析

（1）原点确定。将直径为35mm的圆的圆心作为设计原点（坐标系）位置。

（2）尺寸基准。以原点为基准，以两条中心线为尺寸基准。

### 3.10.2 连接板设计步骤

注意：本例中，将工具栏上的 ⊦ 按钮按下，系统自动添加约束关系，这样可以大大提高设计效率。

（1）新建零件文件。

（2）进入设计界面，选择前视基准面作为草图基准面。

（3）绘制一条竖直中心线和一条水平中心线，这两条中心线的交点和原点重合，再绘制另外一条水平中心线，见图3-120。

（4）绘制一个圆心在原点的圆；接着绘制另外一个圆心在另一个中心线交点的圆，见图3-121。

（5）绘制两个同心圆，见图3-122。

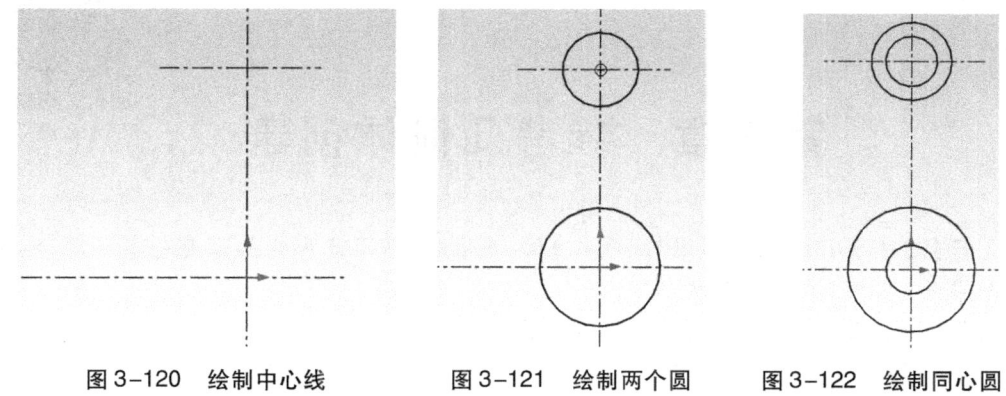

| 图 3-120 绘制中心线 | 图 3-121 绘制两个圆 | 图 3-122 绘制同心圆 |

（6）绘制过原点和水平中心线左边夹 20°角的中心线，并延伸与外圆相交。

（7）绘制一个圆弧，中心在 20°中心线上。

（8）绘制一条直线，添加与两个外圆的相切约束关系；绘制另外一条直线，并且添加与外圆、圆弧的相切约束关系。

（9）绘制一个圆，并且添加与圆弧和上方外圆的相切约束关系。

（10）用 按钮标注尺寸。

（11）用 按钮绘制槽口并标注尺寸。

（12）用 按钮剪裁多余草图实体。单击圆尺寸线，弹出"尺寸"属性管理器（图 3-123），在"引线"选项卡中按图 3-123 设置，调整圆尺寸引线为双箭头实线显示。

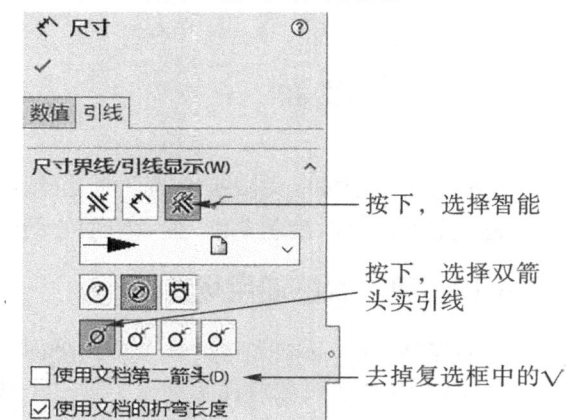

图 3-123 调整圆尺寸引线

（13）保存文件。完成文件见资源包文件"第 3 章\连接板.SLDPRT"。

随堂练习3　　总结与回顾3　　思考与练习3

# 第 4 章　参考几何体创建

第 4 章课件

**学习任务**：对 SOLIDWORKS 2018 的基准面、基准轴、基准点和坐标系有基本了解；能熟练进行基准面、基准点和基准轴的创建。

**知　识　点**：基准面、基准轴、基准点和坐标系。

SOLIDWORKS 2018 的参考几何体有基准面、基准轴、基准点和坐标系，下面介绍其创建方法。

## 4.1　基准面

基准面是一个可以无限扩展的平面，虽然看起来有一个矩形框，那只是为了方便显示而已。利用基准面可以绘制草图、生成模型的剖面视图，还可以作为拔模特征中的中性面。

### 4.1.1　基准面的使用场合

在创建草图前，必须先选择一个草图平面。系统默认为设计者提供了三个基准面，即前视基准面、上视基准面和右视基准面。这三个基准面的位置是固定的，三个基准面的交点即系统原点，是设计者进行设计的基点。在需要其他位置创建草图时，必须创建出所需要的基准面。基准面的使用场合主要有下面两个。

1. 作为草图绘制平面

建立 3D 实体零件时常常需要先绘制 2D 草图，当设计环境中没有合适的绘图平面供使用时，可以建立基准面作为 2D 草图绘制平面。

2. 作为装配参考面

在装配零件时可以利用基准面作为装配参考面。

### 4.1.2　基准面的创建方法

为方便操作，将"参考几何体"工具栏定制出来，选择"自定义"菜单命令（图 4-1），在弹出的"自定义"对话框的"工具栏"选项卡中按图 4-2 所示进行设置，完成后单击"确定"按钮。

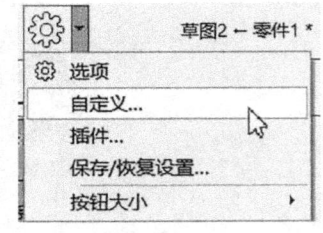

图 4-1　"自定义"菜单命令

单击"参考几何体"工具栏上的 按钮，弹出"基准面"属性管理器（图 4-3），用三种颜色来区分选择的三个参考，便于观察。基准面的创建方法主要有以下六种方法：

第 4 章 参考几何体创建

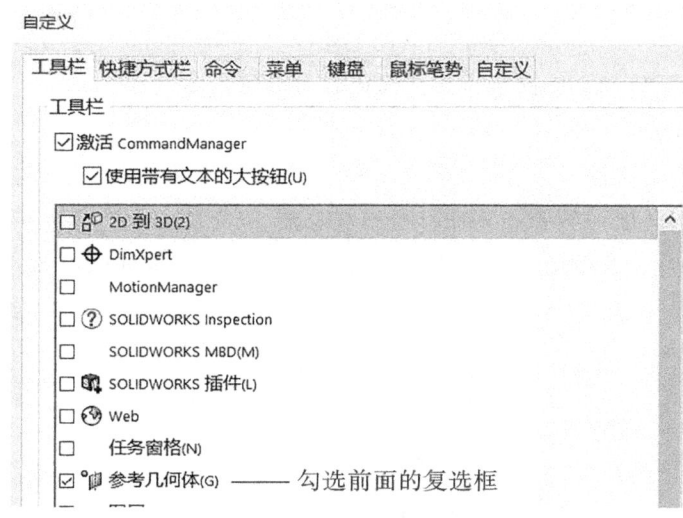

图 4-2 "参考几何体"复选框

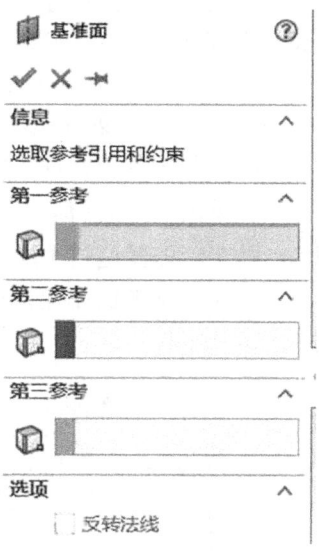

图 4-3 "基准面"属性管理器(1)

1. 通过直线/点创建基准面

(1) 打开资源包文件"第 4 章\基准面范例 1.SLDPRT",见图 4-4。

(2) 单击"参考几何体"工具栏上的 按钮,在图形上单击 3 个点或选择一条直线和一个点,此时"基准面"属性管理器见图 4-5,在绘图区出现所创建基准面的预览效果。

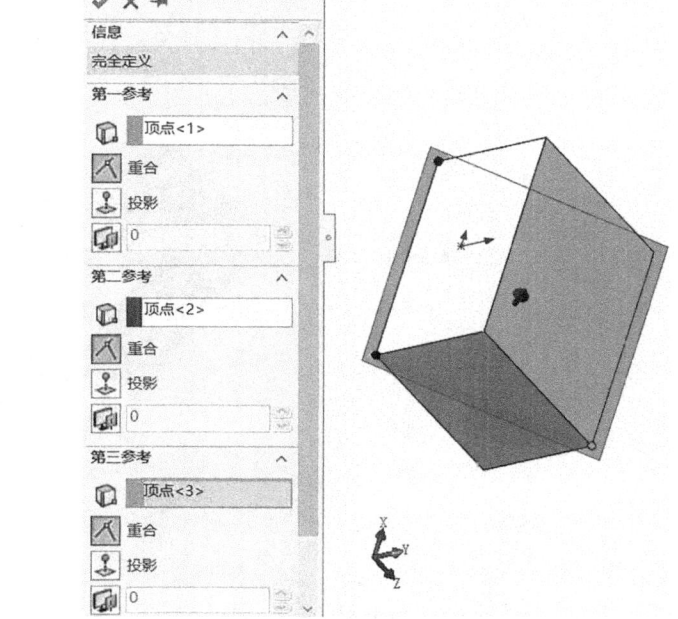

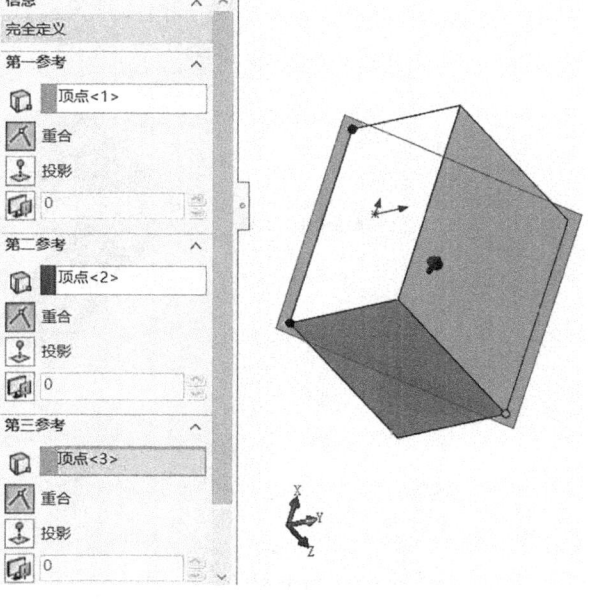

图 4-4 范例文件图　　图 4-5 "基准面"属性管理器(2)

(3)完成基准面创建。该管理器中的"反转法线"复选框用于改变平面法线方向。创建好的文件见资源包文件"第4章\基准面范例1-完成.SLDPRT"。

2. 垂直于曲线创建基准面

利用点与曲线创建基准面,所创建的基准面垂直于曲线而且过曲线端点。

(1)打开资源包文件"第4章\基准面范例2.SLDPRT",见图4-6a。

(2)单击"参考几何体"工具栏上的 按钮,在图形上选取一个点和一条曲线,此时"基准面"属性管理器见图4-7,在绘图区出现所创建基准面的预览效果。

(3)完成基准面创建,见图4-6b。创建好的文件见资源包文件"第4章\基准面范例2-完成.SLDPRT。

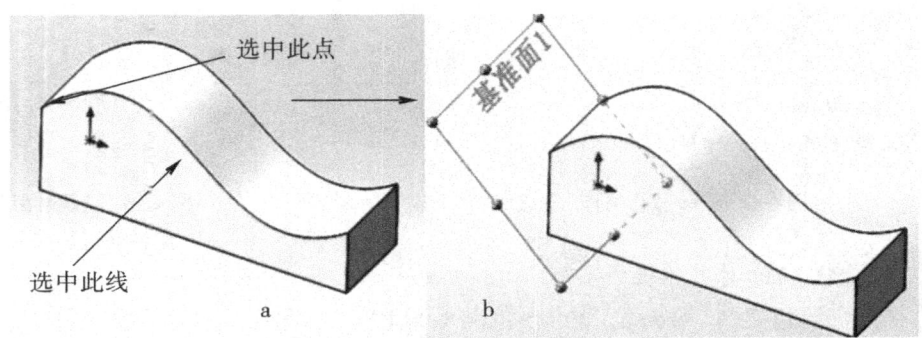

图4-6 范例文件图和结果图

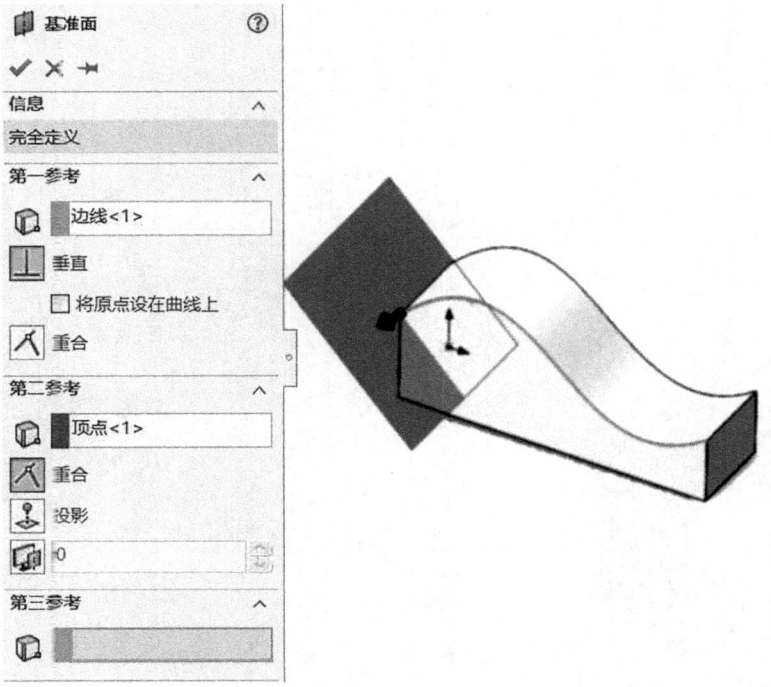

图4-7 "基准面"属性管理器(3)

3. 创建与曲面相切的基准面

(1) 打开资源包文件"第 4 章\基准面范例3.SLDPRT",见图4-8。

(2) 单击"参考几何体"工具栏上的 按钮,在图形上选取1个点和这个点所在的曲面,此时"基准面"属性管理器见图4-9,在绘图区出现所创建基准面的预览效果。

(3) 完成基准面创建。创建好的文件在资源包文件"第4章\基准面范例3-完成.SLDPRT"。

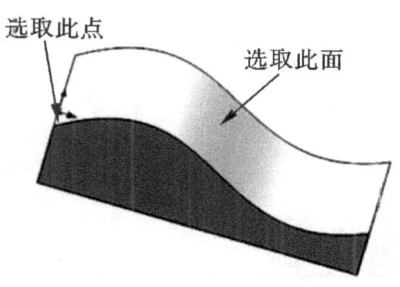

图4-8 范例文件

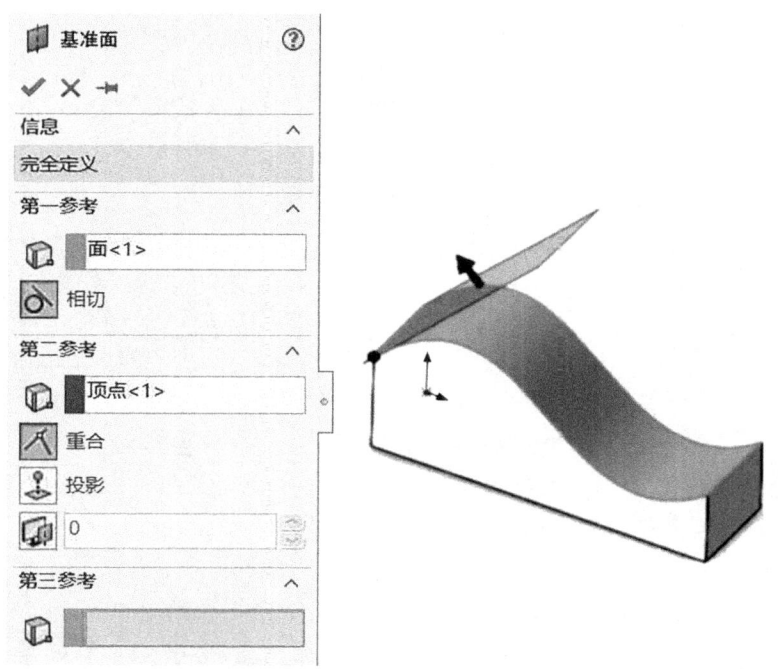

图4-9 "基准面"属性管理器(4)

4. 偏距平面创建基准面

(1) 打开资源包文件"第 4 章\基准面范例4.SLDPRT",见图4-10。

(2) 单击"参考几何体"工具栏上的 按钮,在图形上选取零件侧平面,此时"基准面"属性管理器见图4-11,在绘图区出现所创建基准面的预览效果。设置偏距距离为30mm。注意,如果在图4-11中将创建的基准面的数量设置为2,则所创建基准面的预览效果见图4-12,这时生成两个距离为30mm的基准面。利用这个功能,可以生成一系列距离相等的基准面。

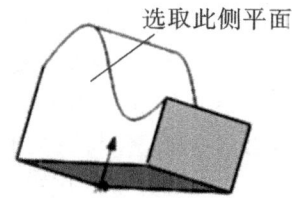

图4-10 范例文件

(3) 完成基准面创建。创建好的文件见资源包文件"第 4 章\基准面范例4-完成.SLDPRT"。

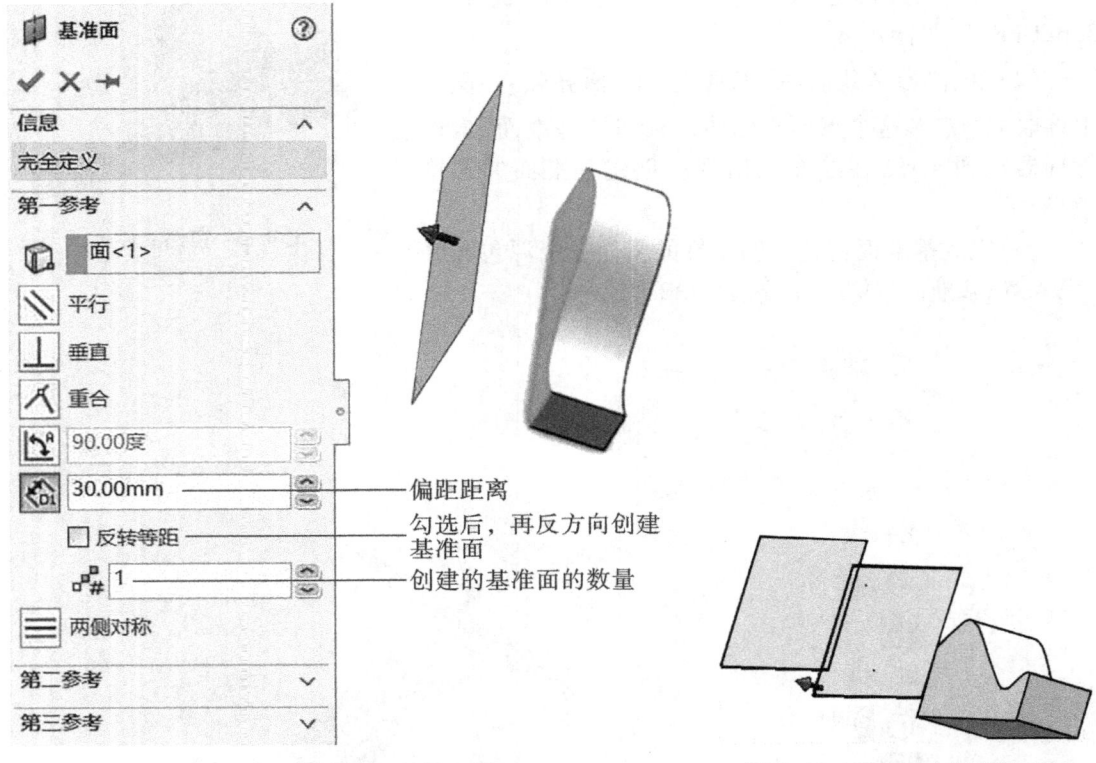

图4-11 "基准面"属性管理器(5)　　图4-12 生成两个偏距基准面

5. 通过一点和平行面创建基准面

(1)打开资源包文件"第4章\基准面范例5.SLDPRT",已经预先创建了基准面1。

(2)单击"参考几何体"工具栏上的 ![] 按钮,在图形上选取基准面1和一个端点,此时"基准面"属性管理器见图4-13,在绘图区出现所创建的基准面预览效果。

(3)完成基准面创建。创建好的文件见资源包文件"第4章\基准面范例5-完成.SLDPRT"。

6. 通过线和面创建基准面

通过线和面创建基准面,这时生成的基准面通过一条边线、轴线或绘制线,并与一个平面或基准面成一定角度。

(1)打开资源包文件"第4章\基准面范例6.SLDPRT",已经预先创建了基准面1。

(2)单击"参考几何体"工具栏上的 ![] 按钮,此时弹出"基准面"属性管理器,在图形上选取基准面1和一条边线,单击该管理器"第一参考"面板上的 ![] 按钮,设置夹角为"30.00度",在绘图区出现所创建基准面的预览效果,见图4-14。注意:如果将创建的基

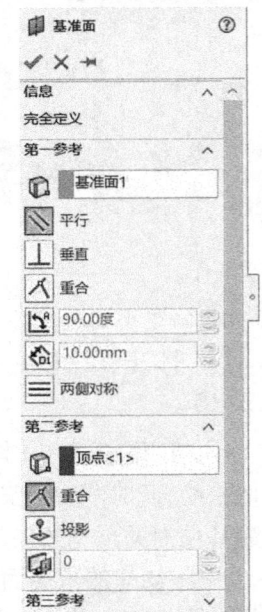

图4-13 "基准面"属性管理器(6)

准面的数量设置为"3"。这时创建3个间隔角度为30°的基准面(呈扇形分布)。利用这个功能,可以生成一系列间隔角度相等的扇形分布基准面。

(3)完成基准面创建。创建好的文件见资源包文件"第4章\基准面范例6-完成.SLDPRT"。

如果通过某直线并垂直于平面创建基准面,可以将夹角设置为90°,或单击在"第一参考"面板中的 ⊥ 垂直(垂直)按钮。

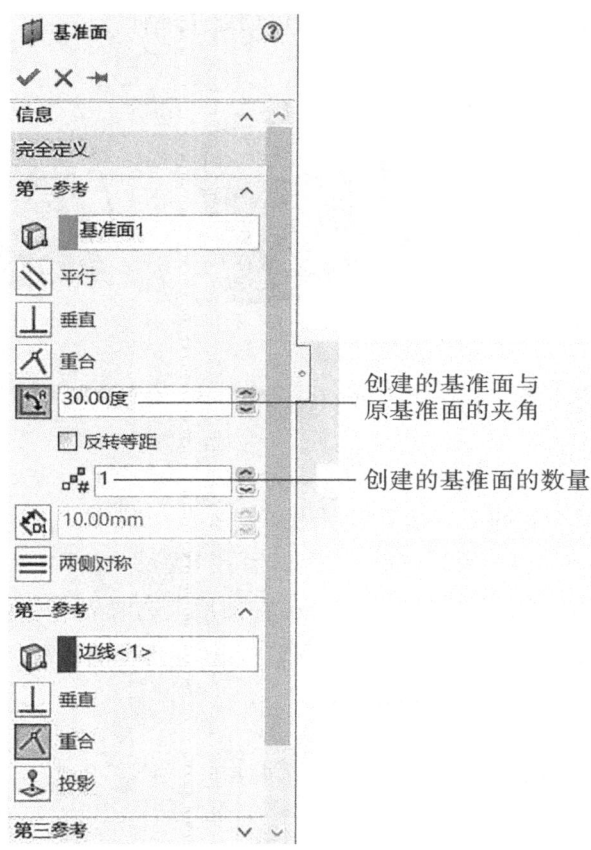

图4-14 "基准面"属性管理器(7)

## 4.2 基准轴

### 4.2.1 基准轴的使用场合

(1)作为中心线,用于回转体的中心线。
(2)作为阵列轴,对圆周阵列特别有用。
(3)作为参考轴,用于绘制弹簧或螺纹等配合的参考轴。

### 4.2.2 基准轴的创建方法

基准轴的创建方法有五种,见图4-15,下面分别介绍。

1. 一直线/边线/轴

(1) 打开资源包文件"第 4 章\基准轴范例 1. SLDPRT",见图 4-16a。

(2) 单击"参考几何体"工具栏上的 ⟋ 按钮,弹出"基准轴"属性管理器(图 4-17),在图形上选取一条边线,在绘图区出现所创建基准轴的预览效果。

(3) 完成基准轴创建,见图 4-16b。创建好的文件见资源包文件"第 4 章\基准轴范例 1-完成. SLDPRT"。

同样,如果选择已经有的轴线和直线,也可以创建基准轴。

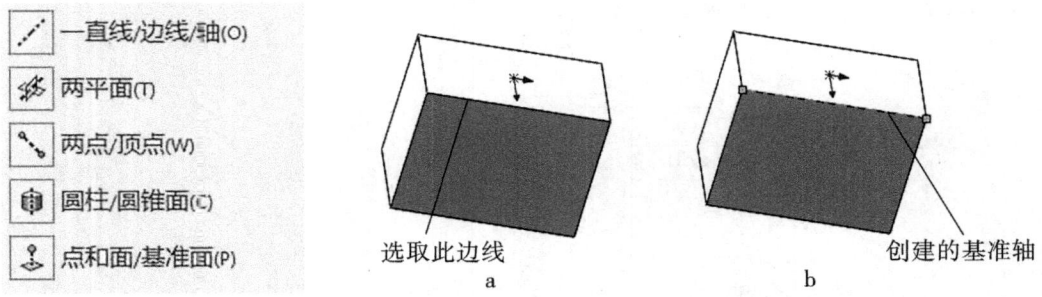

图 4-15 基准轴创建方法　　图 4-16 范例文件图和结果图

2. 两平面

两平面是指过不平行的两个平面交线创建基准轴。

(1) 打开资源包文件"第 4 章\基准轴范例 1. SLDPRT"。

(2) 单击"参考几何体"工具栏上的 ⟋ 按钮,在图形上选取两个平面(不能是平行面),弹出"基准轴"属性管理器(图 4-18),在绘图区出现所创建基准轴的预览效果。

(3) 完成基准轴创建。

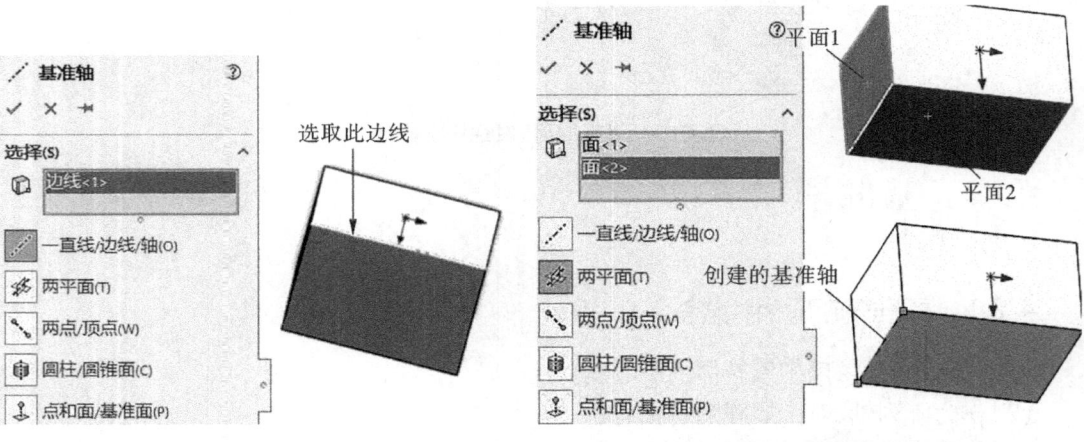

图 4-17 "基准轴"属性管理器(1)　　图 4-18 "基准轴"属性管理器(2)

3. 两点/顶点

此方法比较简单,选取两个顶点即可创建。

4. 圆柱/圆锥面

选取圆柱或圆锥面的中心作为基准轴。单击"参考几何体"工具栏上的 / 按钮,在图形上选取圆柱或圆锥的回转面,完成基准轴创建,见图4-19。

5. 点和面/基准面

选择一个点和一个基准面,创建通过点且垂直于基准面的基准轴,见图4-20。

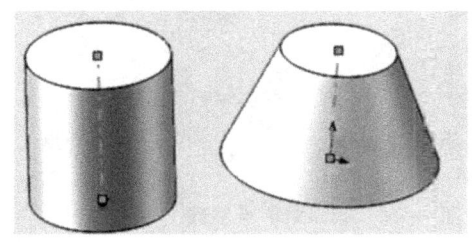

图4-19　过圆柱面、圆锥面建立基准轴

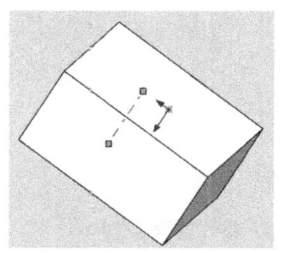

图4-20　创建过点且垂直于平面的基准轴

## 4.3　基准点

利用基准点可以创建各种类型的参考点,作为其他实体创建的参考元素。

### 4.3.1　基准点的使用场合

基准点主要用于定位,使用场合主要有三种:①作为某些特征定义参数的参考点;②作为有限元分析网格上的施力点;③计算机计算公差时指定附加基准目标的位置。

### 4.3.2　基准点的创建方法

单击"参考几何体"工具栏上的 ● 按钮,弹出"点"属性管理器(图4-21),从中得知有六种基准点创建方法。

1. 利用圆弧中心创建点

(1) 打开资源包文件"第4章\基准点范例1. SLDPRT",见图4-22a。

(2) 单击"参考几何体"工具栏上的 ✽ 按钮,弹出"点"属性管理器(图4-23),在图形上选取圆弧,在绘图区出现所创建基准点的预览效果。

(3) 完成基准点创建,见图4-22b。创建好的文件见资源包文件"第4章\基准点范例1-完成. SLDPRT"。

2. 利用面中心创建点

(1) 打开资源包文件"第4章\基准点范例2. SLDPRT",见图4-24a。

(2) 单击"参考几何体"工具栏上的 ● 按钮,弹出"点"属性管理器,在图形上选取圆弧面,在绘图区出现所创建基准点的预览效果。

(3) 完成基准点创建,见图4-24b。创建好的文件见资源包文件"第4章\基准点范例2-完成. SLDPRT"。

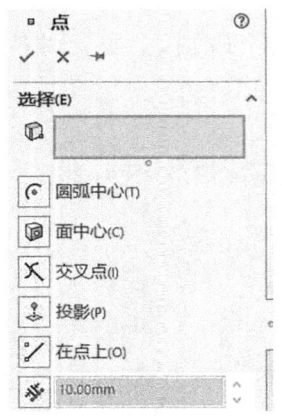

图 4-21 "点"属性管理器(1)

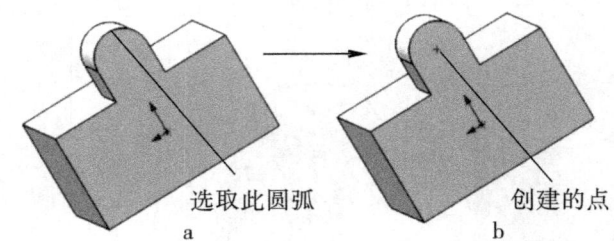

图 4-22 圆弧中心点创建

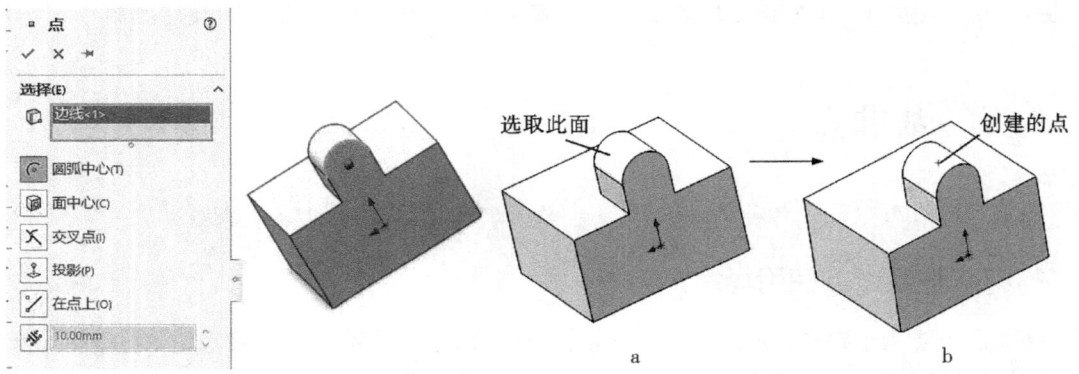

图 4-23 "点"属性管理器(2)　　　　图 4-24 用面中心创建点

3. 利用交叉点创建点

选取两条线(可以是直线、曲线或草图线段)的交点或线与面的交点创建基准点。

(1)打开资源包文件"第 4 章\基准点范例 2.SLDPRT"。

(2)单击"参考几何体"工具栏上的 ● 按钮,弹出"点"属性管理器,在图形上选取两条直线或直线与面(均须有交点),在绘图区出现所创建基准点的预览效果。

(3)完成基准点创建。创建好的文件见资源包文件"第 4 章\基准点范例 2-完成.SLDPRT"。

4. 利用投影创建点

选取点和面,以点在面上的投影作为基准点,见图 4-25。

5. 利用在点上创建点

先在草图上绘制点,然后单击"参考几何体"工具栏上的 ● 按钮,弹出"点"属性管理器,在草图上单击已绘制的点,完成基准点创建。创建好的文件见资源包文件"第 4 章\基准点范例 2-完成.SLDPRT"。其中,点 7 和点 8 是利用已绘制点创建的基准点。

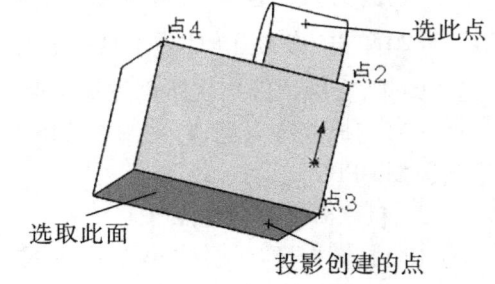

图 4-25 利用投影创建点

6. 利用距离创建点

以某点为基点,创建与该点在某一方向上有一定距离的基准点,可以选择沿直线或曲线分布。

(1)打开资源包文件"第 4 章\基准点范例 3. SLDPRT",已经预先创建了一个基准点,见图 4-26a。

(2)单击"参考几何体"工具栏上的 ● 按钮,弹出"点"属性管理器(图 4-27),在图形上选取一条边,在该管理器上单击 按钮,设置距离为"20.00mm"、数量为"3",此时在绘图区出现预览效果,见图 4-27。

(3)完成基准点创建,创建点 6、点 7、点 8,见图 4-26b。创建好的文件见资源包文件"第 4 章\基准点范例 3-完成. SLDPRT"。

此外,还可以使用"百分比"和"均匀分布"的方法创建点,见图 4-27。沿曲线分布、使用百分比和均匀分布三种方法创建点的范例完成文件见资源包文件"第 4 章\基准点范例 4-完成. SLDPRT"。

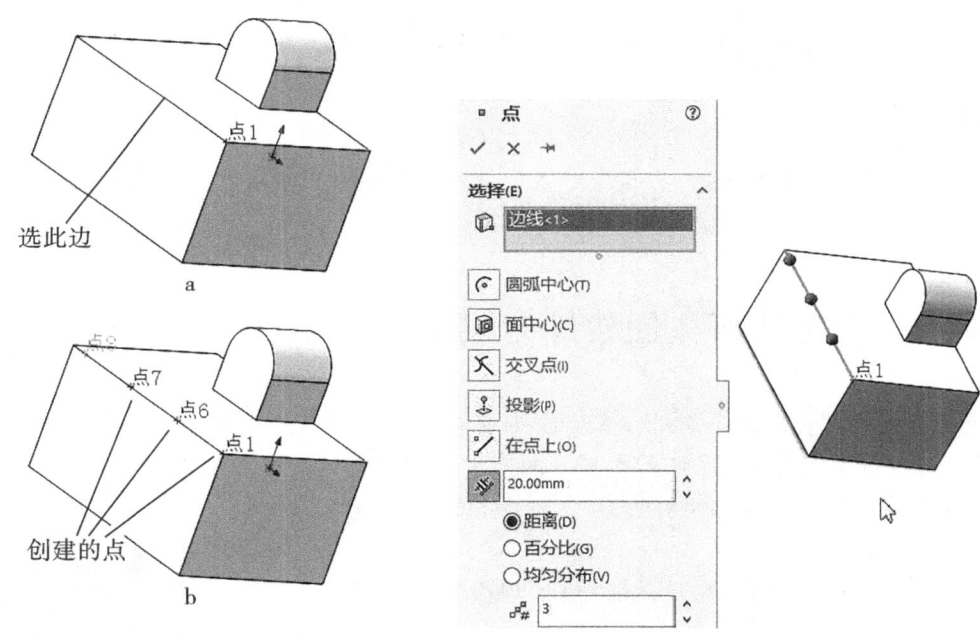

图 4-26 范例文件与结果图　　图 4-27 利用距离创建点

## 4.4 坐标系

用于定义零件或装配体的坐标系,可以作为其他实体创建的参考元素,也可以与测量和质量属性工具一起使用。

### 4.4.2 坐标系的创建方法

(1)打开资源包文件"第 4 章\基准坐标系范例. SLDPRT",见图 4-28。

(2)单击"参考几何体"工具栏上的按钮,弹出"坐标系"属性管理器(图4-29)。

(3)定义坐标系原点。在图形上选取一个角点,作为坐标系原点,见图4-28。

(4)定义X轴。在绘图区选择一条边线,定义为X轴,见图4-28。

(5)定义Y轴。在绘图区选择另外一条边线,定义为Y轴,见图4-28。注意,可以单击（反转）按钮来调整X、Y轴的方向,Z轴及其方向由X、Y轴按右手定则确定。

(6)单击上述管理器上的按钮完成基准坐标系创建。创建好的文件见资源包文件"第4章\基准坐标系范例-完成.SLDPRT"。

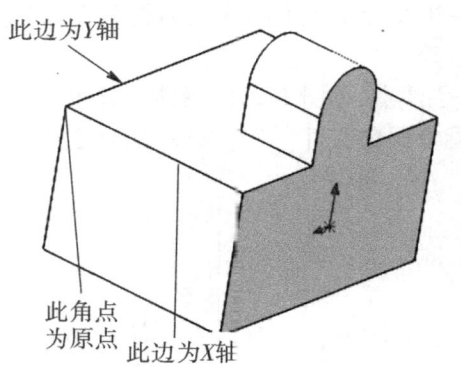
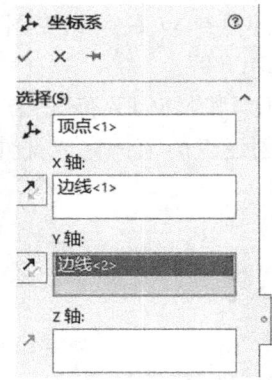
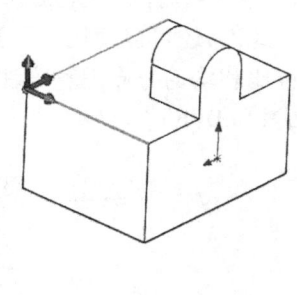

图4-28　坐标系建立　　　　　　　　图4-29　"坐标系"属性管理器

## 4.5　参考几何体创建综合实例

下面以一个综合设计任务演示基准面、基准轴、基准点和坐标系的创建。

(1)打开资源包文件"第4章\参考几何体实例.SLDPRT",见图4-30。

(2)创建3条基准轴。创建过两个圆柱面和孔内面的3条基准轴。

(3)创建一个基准面。通过基准轴1和基准轴2建立基准面2。

(4)创建3个点。通过圆弧中心创建3个点。

(5)创建基准轴。通过点2和点3创建基准轴4。

(6)创建坐标系。选取点3为坐标系原点、基准轴4为X轴、基准轴3为Y轴创建坐标系。创建好的文件见资源包文件"第4章\参考几何体实例-完成SLDPRT"。

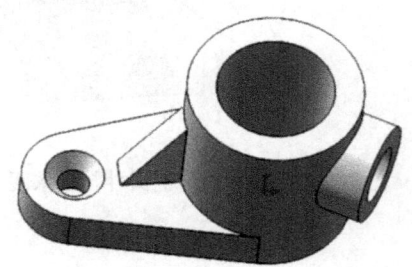

图4-30　几何体实例

总结与回顾4　　　思考与练习4

# 第 5 章 实体特征创建

**学习任务**：熟练掌握 SOLIDWORKS 2018 基础特征建模和工程特征建模的方法和技巧。
**知 识 点**：拉伸、旋转、扫描、放样、孔、圆角、倒角、筋、抽壳和拔模。

实体特征是构成 3D 实体的基本要素，简单 3D 实体由单个或少数实体特征便可完成，而复杂 3D 实体则可通过多个实体特征组合来实现。实体特征建模是 SOLIDWORKS 重要的建模技术。

## 5.1 基础特征创建

SOLIDWORKS 提供了专用"特征"工具栏，见图 5-1。可以对工具栏上的按钮进行添加、删除操作；单击工具栏上的按钮可以对草图实体进行操作，生成需要的特征模型。

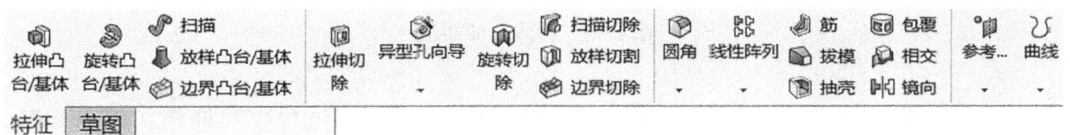

图 5-1 "特征"工具栏

### 5.1.1 拉伸特征创建

拉伸是 SOLIDWORKS 中最基础的特征建模之一，也是最常用的特征建模工具。它通过将选定的横断面草图沿着垂直方向拉伸一定距离而形成实体特征，具有相同截面、可以指定拉伸深度。拉伸特征主要包括增加材料的拉伸凸台特征和减少材料的拉伸切除特征。

1. 选取拉伸特征命令

单击工具栏上的 按钮，在打开的"新建 SOLIDWORKS 文件"对话框中，单击 （零件）按钮，然后单击"确定"按钮，进入建模环境。

选取拉伸特征命令一般有两种方法：①单击"特征"工具栏上的 （拉伸凸台/基体）按钮；②执行菜单命令"插入"→"凸台/基体"→"拉伸"。

2. 定义拉伸特征的横断面草图

定义拉伸特征的横断面草图的方法有两种：一是选择已有草图作为横断面草图；二是创建新草图作为横断面草图。本例中采用第二种方法，具体操作过程如下：

（1）定义草图基准面。草图基准面是特征横断面或轨迹的绘制平面。特征基准面可以是前视基准面、上视基准面和右视基准面中的一个，也可以是已有模型上的某个平面。

单击"特征"工具栏上的 按钮,弹出"拉伸"属性管理器,在"选择基准面来绘制特征横断面"信息提示下,选择"特征"属性管理器中的"右视基准面"选项,进入草图绘制环境。

(2)绘制横断面草图。注意:拉伸凸台、基体时,横断面必须闭合,横断面的任何部位都不能有缺口、都不能深出多余线头。横断面可以包含一个或多个封闭环,生成特征后外环以实体填充、内环则为孔。完成草图绘制后,单击 按钮,退出草图绘制环境。

3. 定义拉伸类型

退出草图绘制环境后,弹出"凸台-拉伸"属性管理器,用于设置拉伸参数和拉伸类型。拉伸参数包括开始条件、终止条件、拉伸方向、拉伸深度和所选轮廓等。拉伸类型包括一般实体特征拉伸、拉伸拔模和薄壁特征拉伸。在该管理器中不进行选项操作,创建系统默认的实体类型。

(1)实体类型拉伸。创建实体类型时,实体特征的草图横断面完全由材料填充。

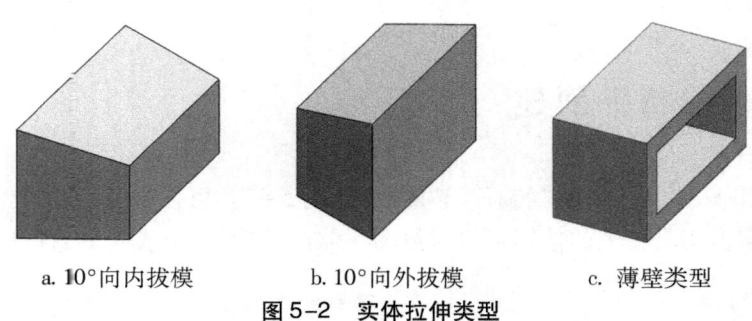

a. 10°向内拔模　　　　b. 10°向外拔模　　　　c. 薄壁类型

图5-2　实体拉伸类型

单击 (拔模开/关)按钮,可以在创建特征的同时对实体进行拔模操作。拔模方向分为内、外两种,见图5-2a、b。操作结果见资源包文件"第5章\范例文件\拉伸1-1至拉伸1-3.SLDPRT"。

(2)薄壁类型拉伸。勾选"薄壁特征"复选框,可以将特征定义为薄壁类型。由草图横断面生成实体时,薄壁特征的草图横断面是由材料填充成均厚的环,环的内侧或外侧或中心轮廓边是横断面草图的轮廓,见图5-2c。操作结果见资源包文件"第5章\范例文件\拉伸1-4.SLDPRT"。

4. 定义拉伸深度属性

拉伸特征的深度可通过"凸台-拉伸"属性管理器的"开始条件"和"终止条件"选项来设置。

(1)开始条件。在"凸台-拉伸"属性管理器"从"面板下的列表框中定义拉伸深度的"开始条件",各选项说明如下:

1)"草图基准面"选项。若选取此选项,表示特征从草图基准面开始拉伸。

2)"曲面/面/基准面"选项。若选取此选项,表示需选择一个平面作为拉伸起始面。

3)"顶点"选项。若选取此选项,表示需选择一个顶点,顶点所在的面即为拉伸起始面(此面与草图基准面平行)。

4)"等距"选项。若选取此选项,表示需输入一个数值,此数值代表拉伸起始面与草绘基准面的距离。注意,当拉伸反向时,应先单击 (反向)按钮(用于定义拉伸深度的方向),

不能直接在文本框中输入负值。

（2）终止条件。"凸台-拉伸"属性管理器"方向1(1)"面板用于定义拉伸的第一方向的方向、深度和拔模角度。在该区域的列表框中定义拉伸深度的"终止条件"，各选项说明如下：

1)"给定深度"选项。若使用此选项，可以创建确定深度尺寸类型的特征。在 （深度）文本框中定义拉伸值，此时特征将从草图平面开始，按所输入数值（拉伸深度值）向特征创建的方向一侧进行拉伸。

2)"成形到一顶点"选项。若使用此选项，特征在拉伸方向上延伸，直至与指定点所在的面相交（此面必须与草图基准面平行）。

3)"成形到一面"选项。若使用此选项，特征在拉伸方向上延伸，直到与指定的平面相交。

4)"到离指定面指定的距离"选项。若使用此选项，需先选择一个面，并输入指定距离，特征将从拉伸起始面开始到所选面的指定距离处终止。

5)"成形到实体"选项。若使用此选项，特征将从拉伸起始面沿拉伸方向延伸，直到与指定的实体相交。

6)"两侧对称"选项。若使用此选项，可以创建对称类型的特征，此时特征将在拉伸起始面的两侧进行拉伸，输入的深度被拉伸起始面平均分割，起始面两侧的深度值相等。

各种终止条件及拉伸结果见图5-3。注意，定义拉伸深度时，也可以拖动拉伸手柄到合适的位置，该手柄表示特征拉伸深度的方向。若选择深度类型为双向拉伸，则拖动手柄有两个箭头，见图5-4。

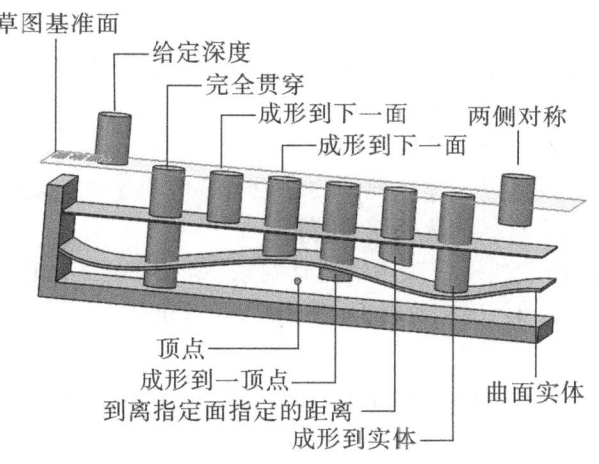

图5-3 各种终止条件及其拉伸结果

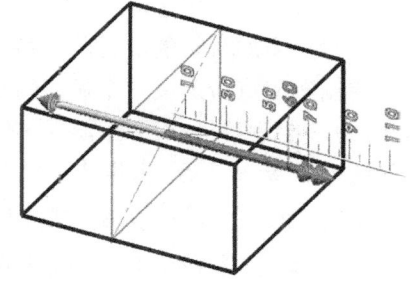

图5-4 双向拉伸深度

5. 完成凸台-拉伸特征的定义

特征的所有要素被定义完毕后，单击该窗口中的 按钮，预览所创建的特征，以检查各要素的定义是否正确。预览时，可按住中键旋转查看，如果所创建的特征不符合设计意图，可重新定义。预览完成后，单击"凸台-拉伸"属

拉伸特征

性管理器中的 ✔ 按钮,完成特征创建,保存零件模型。

6. 创建拉伸切除特征

拉伸切除特征的创建方法与拉伸特征基本一致,只不过拉伸是增加实体,而拉伸切除则是减去实体。具体操作是:执行菜单命令"插入"→"切除"→"拉伸",或单击"特征"工具栏上的 ▣ (拉伸切除)按钮,此时弹出"切除-拉伸"属性管理器。注意,该管理器中"反侧切除"选项的作用,未勾选时切除的是草图内部的实体,勾选时切除的是草图范围外部的实体。

下面通过一个实例来说明拉伸切除特征的创建。在实体表面绘制的横断面草图见图 5-5a,图 5-5b 所示为设置"终止条件"为"完全贯穿"的拉伸切除特征,操作结果见资源包文件"第 5 章\范例文件\拉伸 2-1. SLDPRT"。图 5-5c 所示为勾选"反侧切除"复选框后的拉伸切除特征,操作结果见资源包文件"第 5 章\范例文件\拉伸 2-2. SLDPRT"。

拉伸切除特征

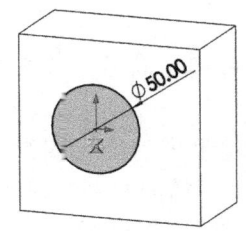 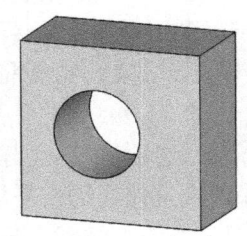 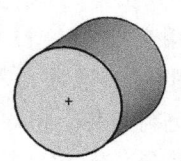

a. 绘制的横断面草图　　b. 正常切除　　c. 反侧切除

图 5-5　创建拉伸切除特征

### 5.1.2　旋转特征创建

旋转特征是将横断面草图绕着一条轴线旋转而形成的实体特征。注意,旋转特征必须有一条旋转轴,旋转轴和特征轮廓必须位于同一草图中。旋转轴一般为中心线。旋转轮廓必须是一个封闭的草图,不能穿过旋转轴,但可以与旋转轴接触。

旋转特征主要用于环形、球形、轴类等零件以及形状规则的轮毂类零件的建模。旋转特征主要包括增加材料的旋转凸台特征和减少材料的旋转切除特征。

要创建或重新定义一个旋转特征,可按下列操作顺序给定其要素:定义特征属性(草图基准面)→绘制特征横断面草图→确定旋转轴→确定旋转方向→输入旋转角度。

1. 选取旋转凸台/基体特征命令

单击工具栏上的 ▯ 按钮,在打开的"新建 SOLIDWORKS 文件"对话框中,单击 ▧ 按钮,然后单击"确定"按钮,进入建模环境。

选取旋转特征命令一般有两种方法:①单击"特征"工具栏上的 ▧ (旋转凸台/基体)按钮;②执行菜单命令"插入"→"凸台/基体"→"旋转",弹出"旋转"属性管理器。

2. 定义旋转特征的横断面草图

(1)选择草图基准面。在"选择基准面来绘制特征横断面"信息提示下,选取上视基准面,进入草图绘制环境。

(2)绘制横断面草图(包括旋转中心线)。注意:①旋转特征必须有一条旋转轴,围绕旋转轴旋转的草图只能在该轴线的一侧;②旋转轴线一般用"中心线"命令绘制,也可以用"直线"命令绘制,还可以是草图轮廓的一条直线边;③如果旋转轴在横断面草图中,则系统会自动识别。

(3)完成草图绘制后,退出草图绘制环境。

3. 定义旋转属性

(1)定义旋转轴线。采用草图中绘制的中心线作为旋转轴,此时"旋转"属性管理器中显示所选中心线的名称。

(2)定义旋转方向。在"给定深度"选项中采用系统默认的旋转方向。

(3)定义旋转角度。在"方向1(1)"面板的  文本框中输入数值,默认角度为360°,角度以顺时针方向从所选草图测量。

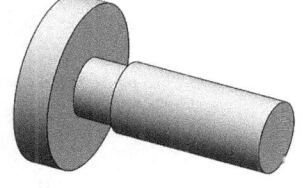

图 5-6　创建旋转特征

4. 完成旋转特征的定义

特征的所有要素被定义完毕后,完成特征的创建,见图 5-6,保存零件模型。操作结果资源包文件"第 5 章\范例文件\旋转 1.SLDPRT"。

5. 创建旋转切除特征

下面以图 5-7 所示模型为例说明创建旋转切除特征的一般过程。

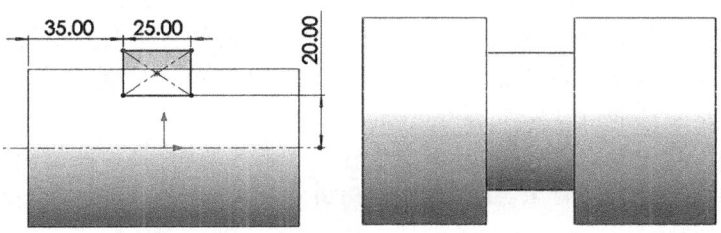

a. 旋转切除前　　　　b. 旋转切除后

图 5-7　创建旋转切除特征

(1)打开资源包文件"第 5 章\范例文件\旋转 2-1.SLDPRT"。

(2)选择命令。单击"特征"工具栏上的 （旋转切除）按钮,弹出"切除-旋转"属性管理器。

(3)定义特征的横断面草图。在"选择基准面来绘制特征横断面"信息提示下,选取前视基准面,进入草图绘制环境。绘制图 5-7a 所示的横断面草图(包括旋转中心线)。完成草图绘制后,退出草图绘制环境。

(4)定义旋转属性。采用系统默认的旋转轴线、旋转方向和旋转角度,见图 5-8a。

(5)完成特征的创建,见图 5-8b,保存零件模型。操作结果见资源包文件"第 5 章\范例文件\旋转 2-2.SLDPRT"。

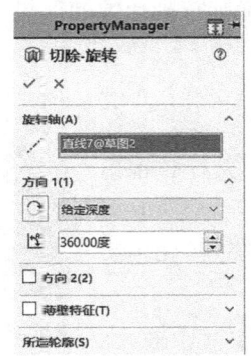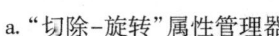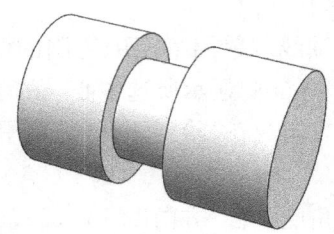

a. "切除-旋转"属性管理器　　　b. 创建的旋转切除特征

图 5-8　创建旋转切除特征

### 5.1.3　扫描特征创建

扫描特征是指将一个轮廓(截面)沿着给定的路径移动来生成的基体、凸台、切除或曲面等。扫描特征遵循的规则有:①对于基体或凸台扫描特征,扫描轮廓必须是闭环的;对于曲面扫描特征,轮廓可以是闭环的,也可以是开环的。②路径可以是开环的或闭环的。③路径可以是一张草图,一条曲线或一组模型边线中包含的一组草图曲线。④路径的起点必须位于轮廓的基准面上。⑤不论是截面、路径或所要形成的实体,都不能出现自相交叉的情况。⑥引导线必须与轮廓或轮廓草图中的点重合。

扫描特征包括扫描轮廓、扫描路径与引导线三个基本参数,其中扫描轮廓与扫描路径是必需的参数。圆形轮廓扫描且不需要引导线时,可直接在模型上沿草图直线、边线或曲线创建实体杆或空心管筒,而不需要草图轮廓。

注意:①扫描轮廓、扫描路径和引导线需要分别单独绘制草图(需绘制 3 个草图);②扫描路径和引导线可位于同一基准面上,也可分属不同的基准面;③扫描轮廓所在的基准面一般与扫描路径和引导线的基准面相垂直;④扫描路径可以不与扫描轮廓上的点重合,但引导线必须与扫描轮廓上的点重合;⑤创建扫描特征时,需要先绘制扫描所需的草图,然后才能选择 (扫描)按钮。

1. 创建圆形轮廓扫描特征

圆形轮廓扫描(不需要引导线)时,只需绘制扫描路径一个草图,即可完成创建。

圆形轮廓扫描

(1)绘制扫描路径。打开资源包文件"第 5 章\范例文件\扫描 1_圆形轮廓_草图.SLDPRT"。

(2)选取命令。单击"特征"工具栏上的 按钮,弹出"扫描 1"属性管理器。

(3)定义扫描属性。单击该管理器中的"圆形轮廓"单选按钮,确定扫描轮廓为圆形轮廓,选择草图 1 为扫描路径,设置直径为 12mm,见图 5-9。

(4)完成圆形轮廓扫描特征的创建,保存零件模型。操作结

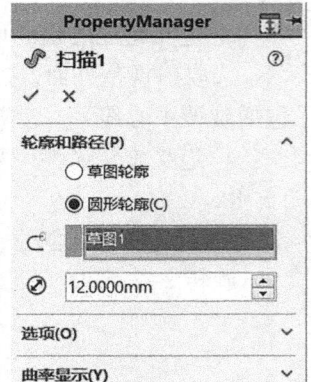

图 5-9　"扫描 1"属性管理器

果见资源包文件"第 5 章\范例文件\扫描 1_圆形轮廓扫描.SLDPRT"。

2. 创建凸台扫描特征

凸台扫描同样包括扫描轮廓、扫描路径与引导线三个基本参数,其中扫描轮廓与扫描路径仍是必需的参数。注意:①应在生成扫描路径和引导线之后生成扫描轮廓,带引导线的扫描不要求穿透几何关系;②引导线必须与扫描轮廓或扫描轮廓草图中的点重合,以便自动推理存在有穿透几何关系。

下面以图 5-10b 为例,说明创建凸台扫描特征的一般过程。共绘制 4 个草图,分别位于不同的基准面。其中,扫描路径是通过原点的直线;扫描轮廓是上视基准面上的中心点直槽口;引导线为两条分别位于前视基准面和右视基准面上的样条曲线。引导线也可以用作扫描路径。

(1)绘制扫描路径。打开资源包文件"第 5 章\范例文件\扫描 2_引导线扫描_草图.SLDPRT",见图 5-10b。

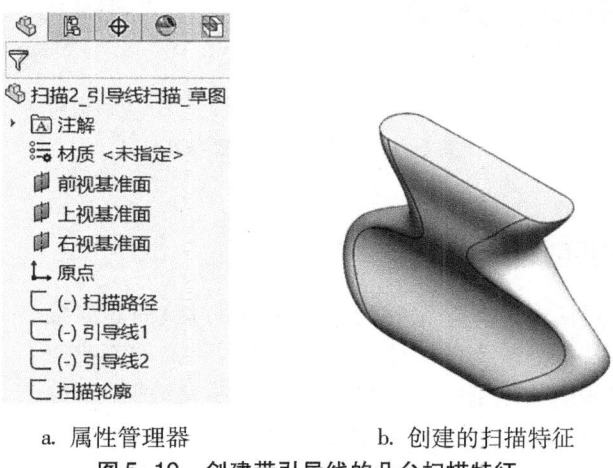

a. 属性管理器　　　　b. 创建的扫描特征

**图 5-10　创建带引导线的凸台扫描特征**

(2)选取命令。单击"特征"工具栏上的 按钮,弹出"扫描"属性管理器。

(3)定义扫描属性。默认轮廓类型为"草图轮廓",在相应的选框中选择对应的草图曲线。

(4)完成凸台扫描特征的创建,见图 5-10b。操作结果见资源包文件"第 5 章\范例文件\扫描 2.SLDPRT"。

注意:①创建扫描特征时,如果扫描过程中轮廓尺寸大小不变,可以不需要引导线。②扫描路径与引导线的长度可能不同。如果引导线比扫描路径长,使用扫描路径的长度;如果引导线比扫描路径短,使用最短引导线的长度。③扫描轮廓沿扫描路径扫描过程中,当扫描法线方向发生变化时,此时需对相应属性管理器的"选项"面板中的"轮廓方位"进行控制,可设置为"保持法线方向不变",即轮廓截面始终与开始截面保持平行。

凸台扫描特征

3. 创建扫描切除特征

下面以图 5-11 为例说明创建扫描切除特征的一般过程。

(1) 打开资源包文件"第 5 章\范例文件\扫描切除 3-1. SLDPRT",见图 5-11a。

(2) 选取命令。单击"特征"工具栏上的  (扫描切除)按钮,弹出"扫描-切除"属性管理器。

扫描切除特征

(3) 定义扫描切除属性。选取相应的扫描轮廓和扫描路径,其他选项由系统默认。

(4) 完成扫描切除特征的创建,见图 5-11b。操作结果见资源包文件"第 5 章\范例文件\扫描 3-2. SLDPRT"。

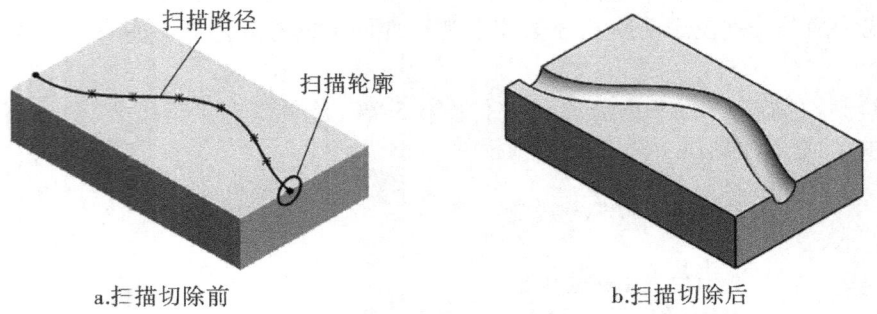

图 5-11  创建扫描切除特征

### 5.1.4  放样特征创建

放样特征是指通过两个或多个轮廓按一定顺序用过渡曲面连接生成的一个连续实体特征。放样的对象可以是基体、凸台、切除或曲面。放样特征创建遵循的规则是:①创建放样特征,至少需要两个以上的轮廓,且不同轮廓应事先绘制在不同的草图平面上。放样时,对应点不同,产生的效果也不同。如果要创建实体特征,轮廓必须是闭合的。②创建放样特征时,引导线可有可无。需要引导线时,引导线必须与轮廓接触。加入引导线的目的是为了控制轮廓根据引导线的变化,有效地控制模型的外形。

放样特征与扫描特征的区别是:放样特征不需要路径就可以生成实体特征。放样特征包括轮廓和引导线两个基本参数,见图 5-12。

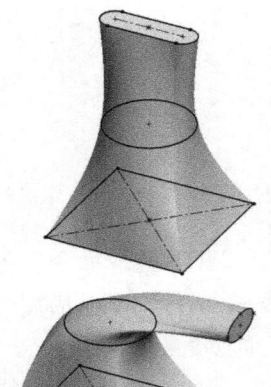

1. 创建不带引导线的凸台放样特征

(1) 绘制放样轮廓。打开资源包文件"第 5 章\范例文件\放样 1_草图轮廓. SLDPRT"。

图 5-12  创建不带引导线凸台放样特征

(2) 选取命令。单击"特征"工具栏上的 (放样凸台/基体)按钮,弹出"放样"属性管理器。

(3) 定义放样属性。依次选择草图 1、草图 2 和草图 3 作为凸台放样的轮廓。注意:①凸台放样特征实际上是利用轮廓之间过渡的方式生成的,在选择轮廓时要注意轮廓的先后顺序,否则,无法正确生产实体。②选择一个轮廓,单击 ↑(上移)按钮或 ↓(下移)按钮可以调整该轮廓的顺序。

（4）完成不带引导线凸台放样特征的创建。操作结果见资源包文件"第 5 章\范例文件\放样 1-1. SLDPRT"。

2. 创建带引导线凸台放样特征

下面以图 5-13 为例说明创建带引导线凸台放样特征的一般过程。

（1）绘制放样轮廓。打开资源包文件"第 5 章\范例文件\放样 2_带引导线放样草图轮廓. SLDPRT"。

（2）选取命令。单击"特征"工具栏上的 按钮，弹出"放样"属性管理器。

（3）定义放样属性。依次选择草图 1、草图 2 作为凸台放样的轮廓，在上述管理器的"引导线"选框中选择引导线，此时放样特征见图 5-13。注意：①放样时，各个轮廓都有对应的起点，起点选择位置不同，会产生不同的放样效果。②使用引导线放样时，可以使用一条或多条引导线来连接轮廓，引导线可控制放样实体的中间轮廓，引导线与轮廓之间应存在几何关系，否则，无法生成目标放样实体。

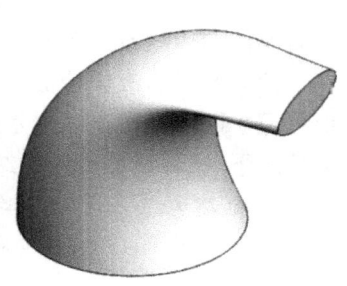
不带引导线凸台放样特征

图 5-13 创建带引导线凸台放样特征

（4）完成带引导线凸台放样特征的创建。操作结果见资源包文件"第 5 章\范例文件\放样 2-2_带引导线放样. SLDPRT"。

3. 创建放样切除特征

下面以图 5-14 为例说明创建放样切除特征的一般过程。

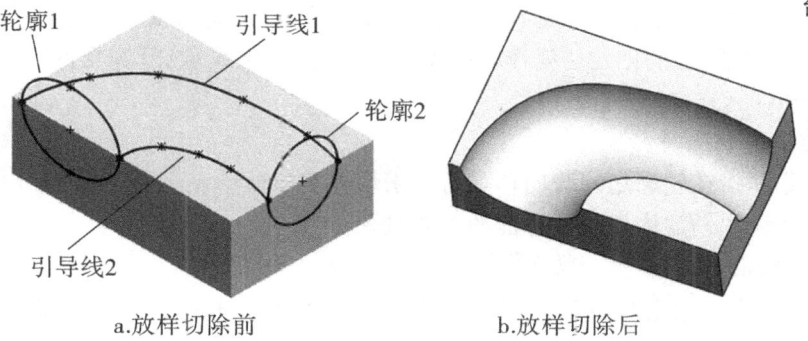

a.放样切除前　　　　　　　　b.放样切除后

图 5-14 创建放样切除特征

（1）打开资源包文件"第 5 章\范例文件\放样 3-1_放样切割草图. SLDPRT"，见图5-14a。

（2）选取命令。单击"特征"工具栏上的 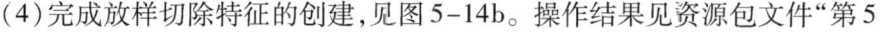（放样切除）按钮，弹出"放样-切除"属性管理器。

（3）定义放样-切除属性。选取相应的放样轮廓和放样引导线，其他选项由系统默认。

放样切割特征

（4）完成放样切除特征的创建，见图 5-14b。操作结果见资源包文件"第 5

章\范例文件\放样 3-2_放样切除特征 . SLDPRT"。

### 5.1.5 边界特征创建

边界特征的功能是在一个或两个方向上跨越两个或多个轮廓。边界可以是基体、凸台、切除或曲面。利用边界特征功能可以得到高质量、准确的特征,这在创建复杂形状时非常有用,特别是在消费类产品设计、医疗、航空航天、模具等领域。

边界特征中边界曲线可以选取草图里的轮廓线,也可以选取现有实体的面,还可以选取现有实体的边线或现有已生成特征的草图轮廓线。

边界特征与放样特征功能相似,边界特征也用于连接不同形状截面生成形状复杂的异形特征。两者的主要区别是:放样特征采用抛物线控制成形,边界采用曲率控制成形;大多数情况下,边界特征产生的结果比放样特征产生的结果质量更高。

1. 创建边界凸台/基体特征

下面以图 5-15 为例说明创建边界凸台/基体特征的一般过程。

(1)绘制边界轮廓。打开资源包文件"第 5 章\范例文件\边界 1-1_草图轮廓 . SLDPRT"。

(2)选取命令。单击"特征"工具栏上的 (边界凸台/基体)按钮,弹出"边界"属性管理器。

图 5-15 创建边界凸台/基体特征

(3)定义边界属性。在上述管理器的"方向 1(1)"面板中依次选择草图 1、草图 2 作为边界的曲线,单击该面板中的曲线轮廓,在"相切类型"下拉框中选择"垂直于轮廓"选项,其他选项由系统默认。

(4)完成边界特征的创建。操作结果见资源包文件"第 5 章\范例文件\边界 1-2. SLDPRT"。

2. 创建边界切除特征

边界切除是指在轮廓之间双向移除材料来切除实体模型。下面以图 5-16 所示模型为例说明创建边界切除特征的一般过程。

边界凸台基体

(1)打开资源包文件"第 5 章\范例文件\边界 2-1. SLDPRT"。

(2)选取命令。单击"特征"工具栏上的 (边界切除)按钮,弹出"边界-切除"属性管理器。

(3)定义边界切除属性。在上述管理器"方向 1(1)"面板的选框中依次选择面 1(六棱柱上表面)、面 2(圆柱下表面)作为边界的边界曲线,其他选项由系统默认,见图 5-16a。

(4)完成边界切除特征的创建,见图 5-16b。操作结果见资源包文件"第 5 章\范例文件\边界 2-2. SLDPRT"。

边界切除

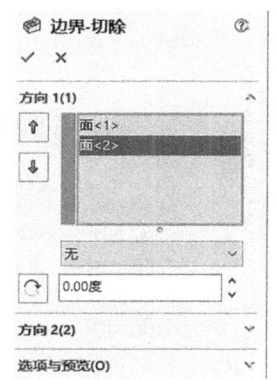 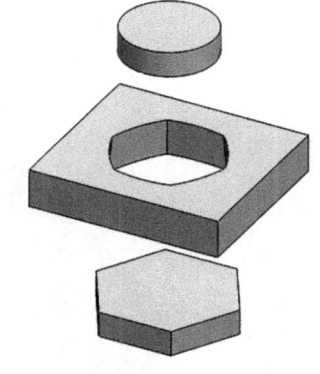

a. "边界-切除"属性设置　　　　b. 创建的边界切除特征

图 5-16　边界特征创建

## 5.1.6　装饰螺纹线特征创建

装饰螺纹线描述特定孔的属性,不必给模型添加实际螺纹线。它代表凸台上螺纹线的次要(内部)直径,或代表孔上螺纹线的主要(外部)直径,并可在工程图中包括孔标注。它是在其他特征上创建并能在模型上清楚地显示出来的、起修饰作用的特征,是表示螺纹直径的修饰特征。与其他修饰特征不同,螺纹的线型是不能修改的。它可以表示外螺纹或内螺纹,可以指定生成螺纹的长度、内径或外径(分别对应于外螺纹和内螺纹)。装饰螺纹线在零件建模时不能完整反映螺纹,但在工程图中会显示螺纹特征。创建装饰螺纹线的一般过程如下:

(1)打开资源包文件"第 5 章\范例文件\装饰螺纹线 1.SLDPRT"。

(2)选择命令。执行菜单命令"插入"→"注解"→"装饰螺纹线",弹出"装饰螺纹线"属性管理器。

(3)定义装饰螺纹线属性。在"为装饰螺纹线插入选择一圆形模型边线"信息提示下,在 ◎(圆形边线)文本框中选取要创建螺纹的轴(或孔)的边线;在"标准"下拉框中选择"GB"选项;在"大小"下拉框中选择"M10"选项;在 ◎ 文本框中输入"25.0000mm",其他选项由系统默认,见图 5-17a。

(4)完成装饰螺纹线特征的创建,操作结果见资源包文件"第 5 章\范例文件\装饰螺纹线 2.SLDPRT"。注意:与其他注解有所不同,装饰螺纹线是所附项目的专有特征,见图 5-17b,在 FeatureManager 设计树中,"装饰螺纹线 1"和"草图 1"均位于"凸台-拉伸 1"特征下。

装饰螺纹线

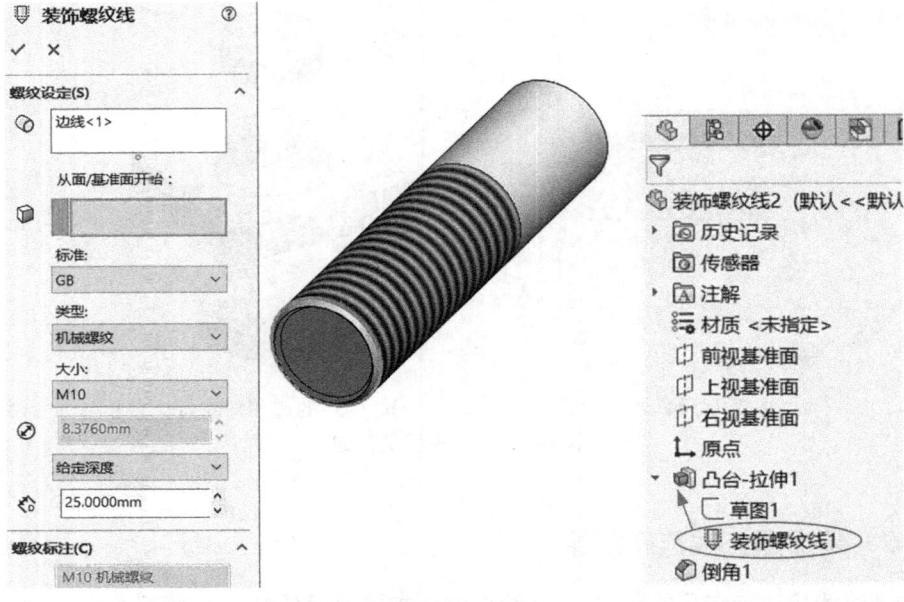

a. 装饰螺纹线属性设置　　　　b. 附于载体特征中

图 5-17　"装饰螺纹线"属性设置

### 5.1.7　基础特征创建实例

下面将创建图 5-18 所示的连杆零件,主要应用拉伸、旋转特征。

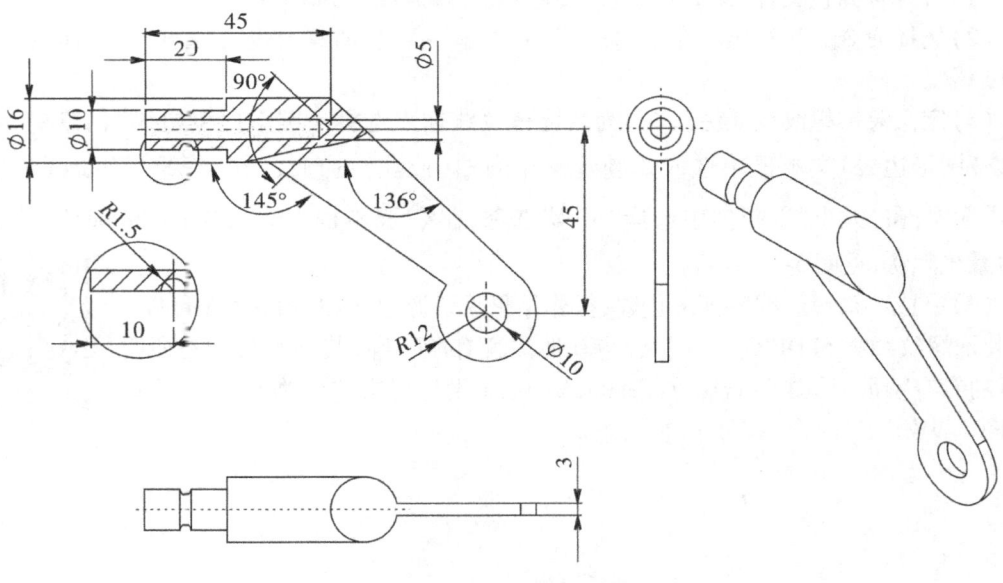

图 5-18　连杆零件图

1. 新建模型文件

执行菜单命令"文件"→"新建"或单击工具栏上的按钮,打开"新建 SOLIDWORKS 文件"对话框中,单击按钮,然后单击"确定"按钮,进入零件建模环境。

2. 创建旋转特征

（1）绘制旋转特征横断面草图。选取前视基准面作为草图基准面,在草图绘制环境中绘制旋转特征横断面草图,见图 5-19。

（2）创建旋转特征。单击"特征"工具栏上的（旋转凸台/基体）按钮,弹出"旋转"属性管理器。选择草图底部直线作为旋转轴,其他选项由系统默认,最终完成旋转特征创建。

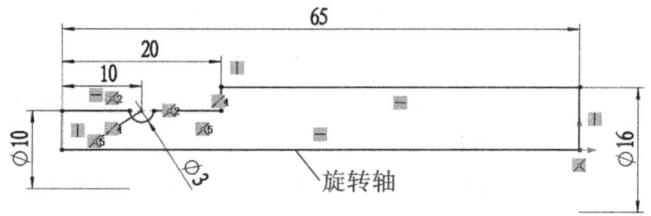
图 5-19　旋转特征横断面草图

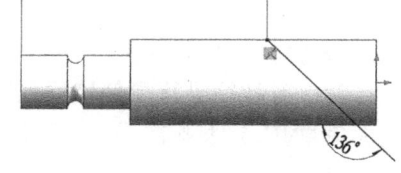
图 5-20　拉伸切除特征横断面草图

（3）绘制拉伸切除特征横断面草图。选取前视基准面作为草图基准面,在草图绘制环境中绘制拉伸切除特征横断面草图,见图 5-20。

（4）创建拉伸切除特征。单击"特征"工具栏上的按钮,弹出"切除-拉伸"属性管理器,在"方向1（1）"面板中定义拉伸深度的"终止条件"为"完全贯穿-两者",其他选项由系统默认,并最终完成拉伸切除特征创建。

4. 创建凸台-拉伸特征

（1）绘制横断面草图。选取前视基准面作为草图基准面,在草图绘制环境中绘制图 5-21 所示的横断面草图。

（2）创建凸台-拉伸特征。单击"特征"工具栏上的按钮,弹出"凸台-拉伸"属性管理器,在其"方向1（1）"面板中定义拉伸深度的"终止条件"为"两侧对称",将"深度"值设为 3mm,其他选项由系统默认,完成拉伸特征创建。

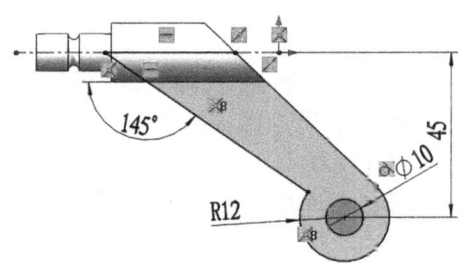
图 5-21　凸台-拉伸特征横断面草图

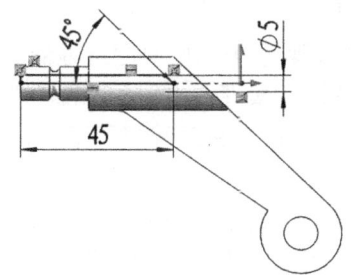
图 5-22　旋转切除特征横断面草图

5. 创建旋转-切除特征

（1）绘制横断面草图。选取前视基准面作为草图基准面，绘制旋转-切除特征横断面草图，见图 5-22。

旋转-切除

（2）创建旋转-切除特征。单击"特征"工具栏上的 按钮，弹出"旋转"属性管理器；选择草图底部直线作为旋转轴线，其他选项由系统默认，，并最终完成旋转-切除特征创建。单击 按钮，保存零件。操作结果见资源包文件"第 5 章\范例文件\特征创建实例 1-完成.SLDPRT"。

## 5.2 工程特征创建

工程特征也称附加特征、细节特征或应用特征，是一种在不改变基本特征主要形状的前提下，对已有特征进行局部修饰的建模方法。工程特征主要有圆角、倒角、拔模、抽壳、加强筋、简单直孔、异型孔向导、高级孔等，这些特征的创建对于实体造型的完整性非常重要。

### 5.2.1 圆角特征创建

圆角特征是在一条或多条边、边链或在曲面之间添加半径创建的特征。圆角在零件上生成一个内圆角面或外圆角面。圆角用来完成表面之间的过渡，增加零件强度。

创建圆角特征遵循的一般原则是：①在添加小圆角前添加较大圆角。当有多个圆角汇聚于一个顶点时，先生成较大的圆角。②在生成圆角前先添加拔模。如果要生成具有多个圆角边线及拔模面的铸模零件，在大多数情况下，应在添加圆角前添加拔模特征。③最后添加装饰用的圆角。在大多数其他几何体定位后再添加装饰圆角。如果先添加装饰圆角，则需要花费较长的时间重建零件。④尽量使用一个单一圆角操作来处理需要同半径圆角的多条边线，这样可以加快零件的重建速度。

1. 恒定大小圆角特征创建

恒定大小圆角是指生成整个圆角长度上都有固定尺寸的圆角。下面以图 5-23 所示的模型为例，说明创建恒定大小圆角特征的一般过程。

（1）打开资源包文件"第 5 章\范例文件\圆角_基体.SLDPRT"。

（2）选择命令。单击"特征"工具栏上的 （圆角）按钮，或执行菜单命令"插入"→"特征"→"圆角"，弹出"圆角"属性管理器。

（3）设置圆角属性。在"圆角"属性管理器中，默认选择"手工"选项卡，将圆角类型设置为"恒定大小圆角"。在系统提示下，选取图 5-23a 所示的模型边线作为圆角对象。在"圆角参数"区域的"半径"文本框中输入数值"10mm"，其他选项由系统默认。

（4）完成恒定大小圆角特征的创建，见图 5-23b。操作结果见资源包文件"第 5 章\范例文件\圆角 1_恒定大小.SLDPRT"。

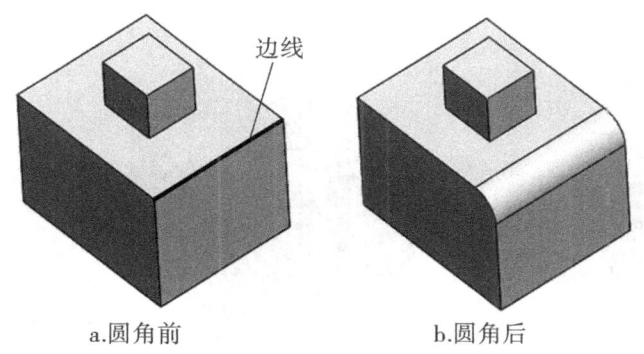

a.圆角前　　　　　　　b.圆角后　　　　　　　恒定大小圆角

图 5-23　创建恒定大小圆角特征

创建恒定大小圆角特征时需注意：①在"圆角"属性管理器中，"FilletXpert"选项卡仅限于创建恒定大小圆角特征时使用，使用此选项卡可生成多个圆角，并在需要时自动将圆角重新排序。②恒定大小圆角特征的圆角对象也可以是面或环等元素，见图 5-24a，选择模型的面为圆角对象，可创建图 5-24b 所示的圆角特征。

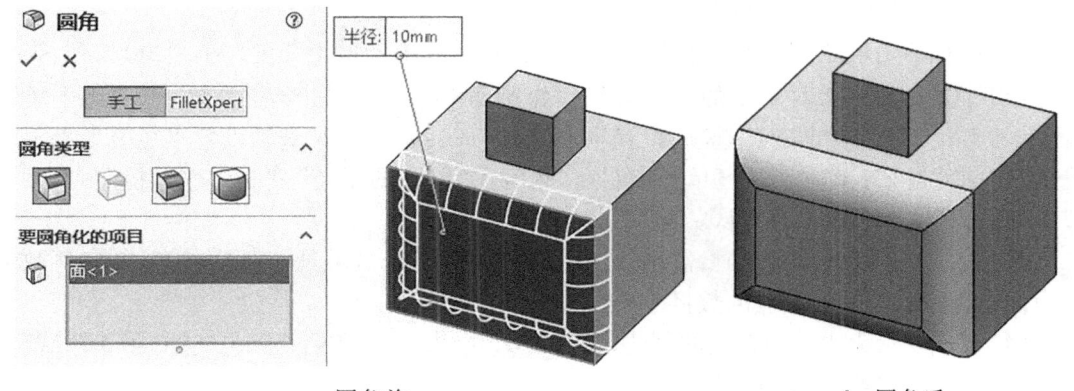

a. 圆角前　　　　　　　　　　　b. 圆角后

图 5-24　以面为圆角对象创建恒定大小圆角特征

2. 变量大小圆角特征创建

变量大小圆角是指生成带变半径值的圆角，使用控制点来帮助定义圆角。下面以图 5-25b 所示的模型为例说明创建变量大小圆角特征的一般过程。

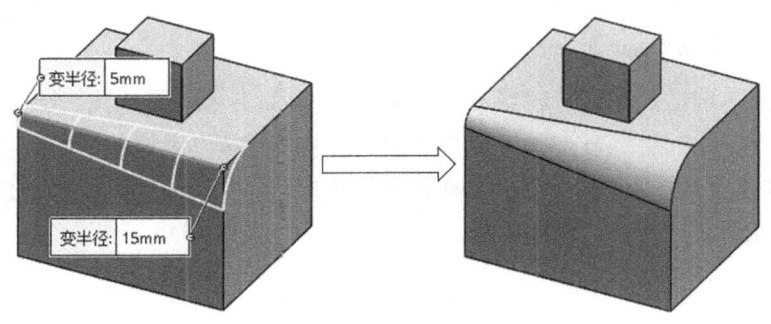

a. 无控制点，直线过渡

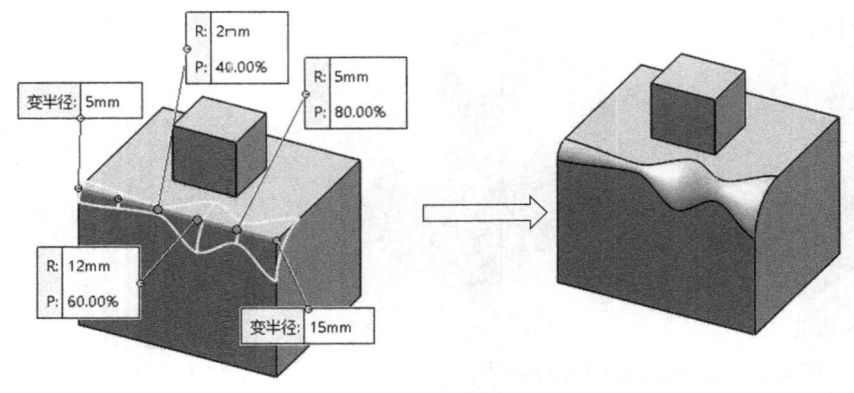

b. 有控制点，平滑过渡

图 5-25  创建变量大小圆角特征

变量大小圆角

(1)打开资源包文件"第 5 章\范例文件\圆角_基体.SLDPRT"。

(2)旋转命令。单击"特征"工具栏上的 按钮，或执行菜单命令"插入"→"特征"→"圆角"，弹出"圆角"属性管理器。

(3)设置圆角属性。在上述管理器"圆角类型"区域单击 (变量大小圆角)按钮，在系统提示下，选取图 5-25b 所示的模型边线作为圆角对象。在"变半径参数"选项组中单击"附加的半径"列表中的"V1"选项，设置半径值为 5mm，单击"V2"选项设置半径值为 15mm；设置"实例数量"为 4；在图形区单击控制点，然后在"附加的半径"列表中选择控制点，并设置半径值，其他选项由系统默认。

注意：①在选取圆角对象时，需确认"要圆角化的项目"区域处于激活状态；②实例数量即为设定在边线上的控制点的数目。

(4)完成变量大小圆角特征的创建，见图 5-25b。操作结果见资源包文件"第 5 章\范例文件\圆角 2_变量半径.SLDPRT"。

3. 面圆角特征创建

面圆角用来混合非相邻、非连续的面。下面以图 5-26 所示的模型为例，说明创建面圆角特征的一般过程。

(1)打开资源包文件"第 5 章\范例文件\圆角_基体.SLDPRT"。

(2)选择圆角命令。单击"特征"工具栏上的 按钮，或执行菜单命令"插入"→"特征"→"圆角"，弹出"圆角"属性管理器。

(3)设置圆角属性。在该管理器"圆角类型"区域单击 (面圆角)按钮。在系统提示下，选取图 5-26a 所示的两个面作为圆角对象；在"圆角参数"区域的"半径"文本框中输入"15mm"；其他选项由系统默认。注意，如果为面组 1 或面组 2 选择多个面，则每组面必须平滑连接，以使面圆角适当增添到所有面。

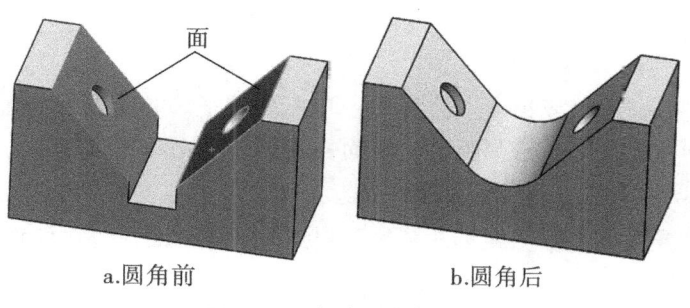

a.圆角前　　　　　　　b.圆角后

图 5-26　创建面圆角特征

面圆角

(4) 完成面圆角特征的创建,见图 5-26b。操作结果见资源包文件"第 5 章\范例文件\面圆角.SLDPRT"。

4. 完整圆角特征创建

完整圆角用来生成相切于三个相邻面组(一个或多个面相切)的圆角。下面以图 5-27b 为例说明创建完整圆角特征的一般过程。

(1) 打开资源包文件"第 5 章\范例文件\完整圆角_基体.SLDPRT"。

(2) 选取命令。单击"特征"工具栏上的 按钮,或执行菜单命令"插入"→"特征"→"圆角",弹出"圆角"属性管理器。

(3) 设置圆角属性。在上述管理器的"圆角类型"区域单击 (完整圆角)按钮,依次激活"要圆角化的项目"区中的"边侧面组 1""中央面组"和"边侧面组 2",同时在绘图区选择相应的面,其他选项由系统默认,见图 5-27a。注意,边侧面组 1、中央面组和边侧面组 2 是三个相邻面组。

(4) 完成完整圆角特征的创建,见图 5-27b。操作结果见资源包文件"第 5 章\范例文件\完整圆角.SLDPRT"。

完整圆角

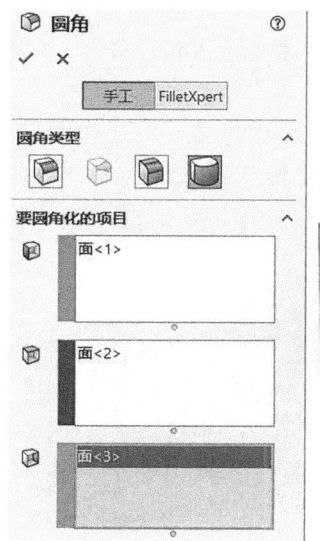
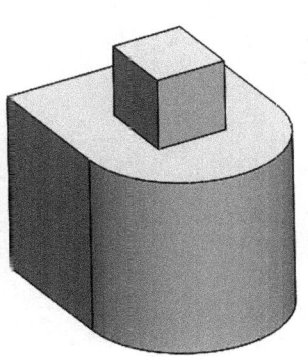

a."圆角"属性管理器　　　　　　b. 创建的完整圆角特征

图 5-27　完整圆角特征创建

## 5.2.2 倒角特征创建

倒角特征是指在所选的边线、面或顶点上生成的一个倾斜特征。它跟圆角特征的使用方法与成形方式相似,区别在于"倒角"成形特征是直面,而圆角成形特征是圆弧面。工程上应用倒角一般是为了去除零件的毛边或满足装配要求。

倒角特征有 5 种类型:角度距离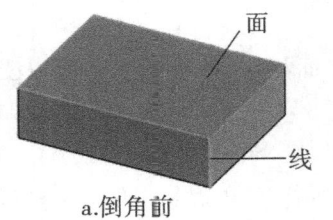、距离距离、顶点、等距面和面-面。这里介绍前 3 种,后两种不常用。

**1. 角度距离倒角特征**

角度距离是指输入一个角度和距离值来创建倒角。下面以图 5-28 所示的模型为例,说明创建角度距离倒角特征的一般过程。

图 5-28 角度距离倒角特征

(1)打开资源包文件"第 5 章\范例文件\倒角_基体.SLDPRT"。

(2)选择命令。单击"特征"工具栏上的 (倒角)按钮,或执行菜单命令"插入"→"特征"→"倒角"命令,弹出"倒角"属性管理器。

(3)设置倒角属性。在"倒角"属性管理器中,默认倒角类型为"角度距离"。在系统提示下,选取图 5-28a 所示的模型面和边线作为倒角对象。在"倒角参数"区域设置倒角的"距离"为 10mm、"角度"为 45°,其他选项由系统默认。

(4)完成角度距离倒角特征的创建,见图 5-28b。操作结果见资源包文件"第 5 章\范例文件\倒角 1_角度距离.SLDPRT"。

注意:①在选定倒角对象后,会出现一指向距离所测量方向的操纵箭头,在图形区单击箭头,或勾选"倒角参数"区域的"反转方向"复选框可改变箭头方向;②勾选"倒角选项"区域的"保持特征"复选框可保留切除、拉伸等特征,这些特征在应用倒角时通常被移除,见图 5-29。

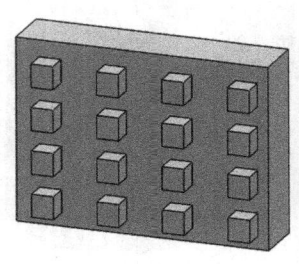 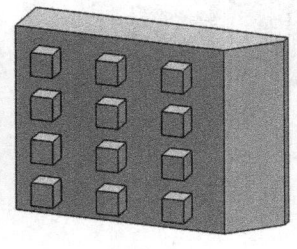 

a. 倒角前　　b. 不带保持特征　　c. 带保持特征

图 5-29 特征保持倒角特征

## 2. 距离–距离倒角特征

距离–距离是指用两个距离来创建倒角。下面通过图 5-30b 所示特征，说明创建距离–距离倒角特征的一般过程。

距离–距离
倒角特征

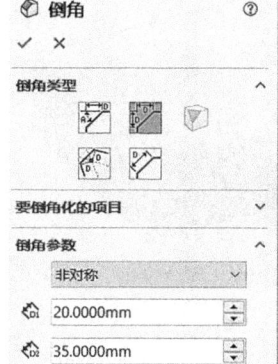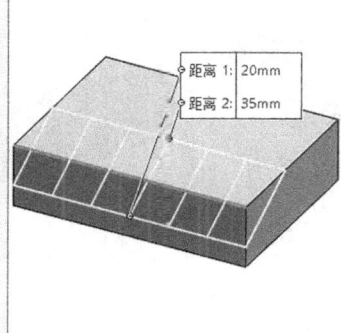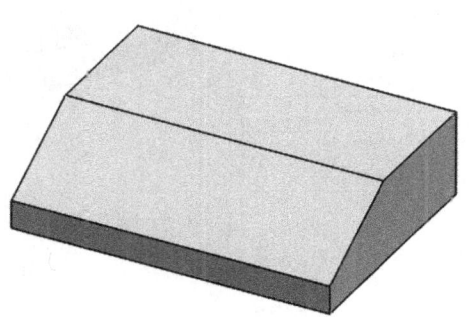

a. "倒角"属性设置　　　　　　　　　　b. 创建的距离–距离倒角特征

图 5-30　创建距离–距离倒角特征

（1）打开资源包文件"第 5 章\范例文件\倒角_基体.SLDPRT"。

（2）选择命令。单击"特征"工具栏上的 按钮，或执行菜单命令"插入"→"特征"→"倒角"命令，弹出"倒角"属性管理器。

（3）设置倒角属性。在"倒角"属性管理器中，将倒角类型设置为"距离距离"。在系统提示下，选取图 5-30a 所示模型的面和边线作为倒角对象。在"倒角参数"区域将倒角方法设置为非对称（如果选择"对称"，创建的倒角特征与角度距离倒角特征相同）；设置"距离 1"为 20mm、"距离 2"为 35mm；其他选项由系统默认。

（4）完成距离–距离倒角特征的创建，见图 5-30b。操作结果见资源包文件"第 5 章\范例文件\倒角 2_距离–距离.SLDPRT"。

## 3. 顶点倒角

顶点倒角是指用 3 个距离来创建倒角。在所选顶点每侧输入 3 个距离值，或单击相等距离并指定一个数值。下面通过图 5-31b 所示特征说明创建顶点倒角特征的一般过程。

顶点倒角
特征

（1）打开资源包文件"第 5 章\范例文件\倒角_基体.SLDPRT"。

（2）选择命令。单击"特征"工具栏上的 按钮，或执行菜单命令"插入"→"特征"→"倒角"命令，弹出"倒角"属性管理器。

（3）设置倒角属性。在"倒角"属性管理器中，选择倒角类型为 （顶点）。在系统提示下，选取图 5-31a 所示模型的顶点作为倒角对象。设置 （距离 1）为 10mm、 （距离 2）为 20mm、 （距离 3）为 30mm；其他选项由系统默认。注意，若勾选了"倒角参数"区域的"相等距离"复选框，只能设定一个距离值。

（4）完成顶点倒角特征的创建，见图 5-31b。操作结果见资源包文件"第 5 章\范例文件\倒角 3_顶点.SLDPRT"。

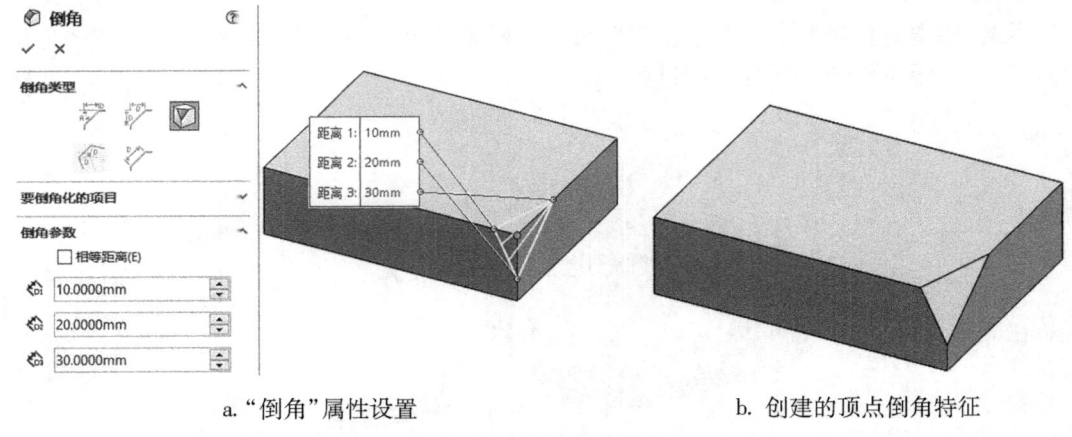

a. "倒角"属性设置　　　　　　b. 创建的顶点倒角特征

图 5-31　顶点倒角特征

### 5.2.3　拔模特征创建

拔模是指以指定的角度斜削模型中所选的面,主要用于模具和铸件等零件的设计。拔模可以使模具零件更容易脱出模具。可以在现有的零件上插入拔模,还可以在基体、凸台或切除的拉伸特征中添加拔模角。拔模可应用到实体或曲面模型。拔模特征有中性面拔模、分型线拔模和阶梯拔模三种类型,其中"中性面拔模"应用最广,可以满足大部分用户要求。

**1. 中性面拔模特征创建**

中性面拔模是指使用中性面来决定生成模具的拔模方向,生成以特定角度斜削所选模型面的特征。可以使用"DraftXpert"选项卡生成、更改或删除中性面拔模。下面以图 5-32a 所示的模型为例,说明创建中性面拔模特征的一般过程。

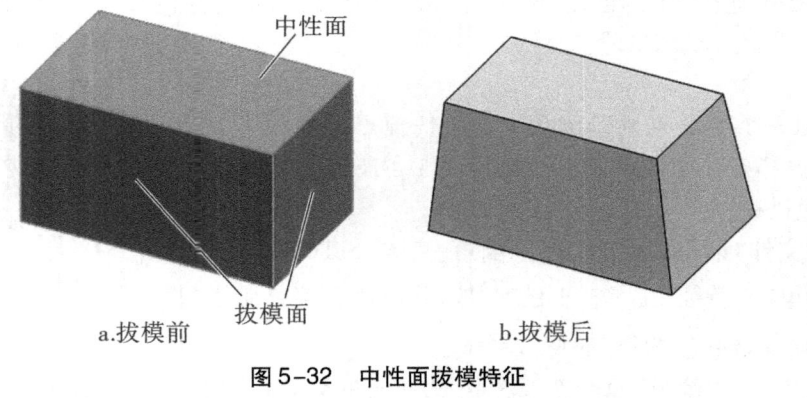

a.拔模前　　　　　　b.拔模后

图 5-32　中性面拔模特征

中性面拔模特征

(1)打开资源包文件"第 5 章\范例文件\拔模_基体.SLDPRT"。

(2)选择命令。单击"特征"工具栏上的 ◎(拔模)按钮,或执行菜单命令"插入"→"特征"→"拔模"命令,弹出"拔模"属性管理器。

(3)属性设置。在上述管理器中,选择"手工"选项卡,将拔模类型设置为中性面,将拔模角度设置为 15°;单击激活"中性面"区域选项框,在图形区选择模型上表面作为拔模中性面;单击激活"拔模面"区域选项框,在图形区分别选择模型的两个侧面作为拔模面;其他选项由系统默认。

(4)完成中性面拔模特征的创建,见图5-32b。操作结果见资源包文件"第5章\范例文件\拔模1_中性面.SLDPRT"。注意,在定义拔模的中性面后,模型表面出现一个指示箭头,箭头表所指即为拔模方向(所选拔模中性面的法向),可单击"中性面"区域的 按钮,反转拔模方向。

2. 分型线拔模特征创建

利用分型线可对其周围的曲面进行拔模。如要在分型线上拔模,可首先插入一条分割线来分离要拔模的面,或可以使用现有的模型边线。然后,指定拔模方向,即指定移除材料的分型线一侧。下面通过实例说明创建分型线拔模特征的一般过程。

(1)打开资源包文件"第5章\范例文件\拔模_基体.SLDPRT"。

(2)插入分割线。选取模型的左侧面,绘制草图。单击"特征"工具栏上的 下拉列表,选择 按钮,或执行菜单命令"插入"→"曲线"→"分割线",弹出"分割线"属性管理器(图5-33a)。在该管理器中,将分割类型设置为投影;单击"选择"区激活 选项框、选择绘制的草图,单击激活 选项框、选择模型左侧面;单击 ✓ 按钮,完成分割线特征的创建,见图5-33b。

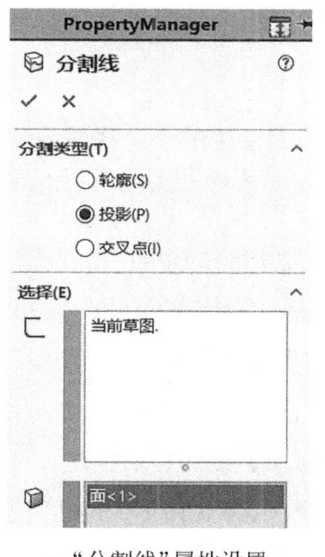
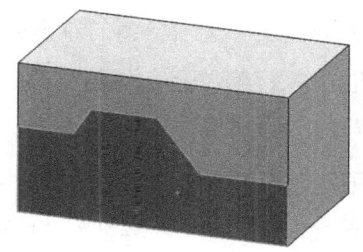

a. "分割线"属性设置　　　　b. 创建的分割线

图5-33　创建分割线

(3)选择拔模命令。单击"特征"工具栏上的 ![](按钮,或执行菜单命令"插入"→"特征"→"拔模",弹出"拔模1"属性管理器,见图5-34a。

(4)属性设置。在该管理器中,选择"手工"选项卡,将拔模类型设置为分型线,将拔模角度设置为15°;单击激活"拔模方向"区域,在图形区单击模型上表面确定拔模方向;单击"分型线"按钮,在图形区选择分割线作为分型线(注意箭头方向,如要为分型线的每一线段指定不同拔模方向,单击"分型线"列表框中的边线名称,然后单击"其他面"按钮;其他选项由系统默认，见图5-34a。

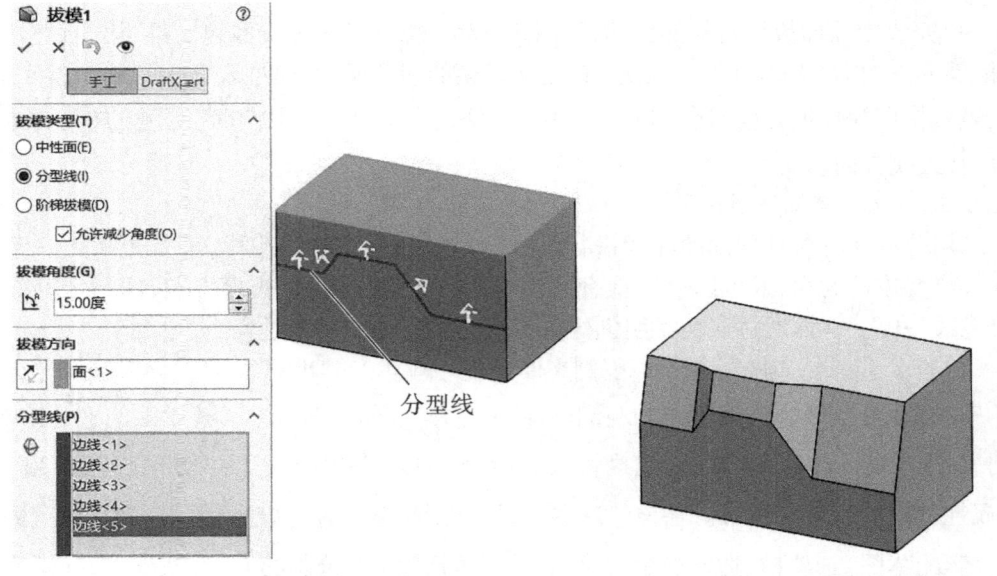

a. "拔模1"属性设置　　　　b. 创建的分型线拔模特征

图5-34　创建分型线拔模特征

（5）完成分型线拔模特征的创建，见图5-34b。操作结果见资源包文件"第5章\范例文件\拔模2_分型线.SLDPRT"。

分型线
拔模特征

3. 阶梯拔模特征创建

阶梯拔模是分型线拔模的变异。阶梯拔模时，需要生成一个绕拔模方向基准面而旋转的面，可以产生较小的面代表阶梯。下面通过实例说明创建阶梯拔模特征的一般过程。

（1）打开资源包文件"第5章\范例文件\拔模_基体.SLDPRT"。

（2）插入分割线。选取模型的左侧面，绘制草图。单击"特征"工具栏上的下拉列表，选择按钮，或执行菜单命令"插入"→"曲线"→"分割线"，弹出"分割线"属性管理器。在该管理器中，将分割类型设置为投影；单击"选择"区激活选项框、选择绘制的草图，单击激活选项框、选择模型左侧面；单击按钮，完成分割线特征的创建。

（3）建立基准面。单击"特征"工具栏上的（参考几何体）下拉列表，选择（基准面）按钮，创建基准面。注意：①在每个拔模面上至少有一条分型线线段与基准面重合；②其他所有分型线线段处于基准面的拔模方向；③不能有分型线线段与基准面垂直。

（4）选择拔模命令。单击"特征"工具栏上的按钮，或执行菜单命令"插入"→"特征"→"拔模"，弹出"拔模"属性管理器。

（5）属性设置。在"拔模"属性管理器中，选择"手工"选项卡，将拔模类型设置为阶梯拔模，将拔模角度设置为15°；单击激活"拔模方向"区、在图形区单击"基准面1"确定拔模方向，单击激活"分型线"区的按钮，在图形区选择分割线作为分型线；其他选项由系统默认，见图5-35a。

(6)完成分型线拔模特征的创建,见图 5-35b。操作结果见资源包文件"第 5 章\范例文件\拔模 3_阶梯拔模.SLDPRT"。注意:①如果要使曲面以与锥形曲面相同的方式生成,则选择锥形阶梯;②如果要使曲面与原来的主面垂直,则选择垂直阶梯。

阶梯拔模
特征

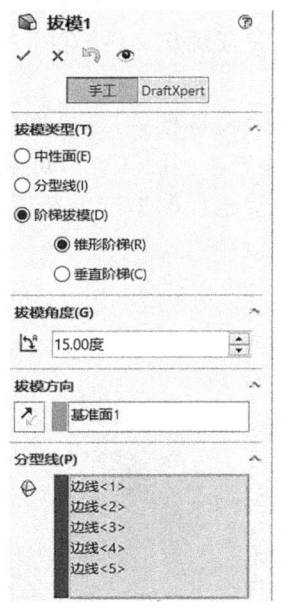
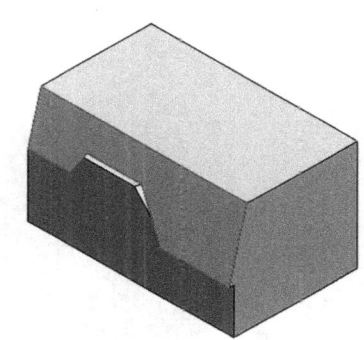

a."拔模 1"属性设置　　　b. 创建的阶梯拔模特征

图 5-35　阶梯拔模特征

### 5.2.4　抽壳特征创建

抽壳特征用来掏空零件,使所选择的面敞开,在剩余的面上生成薄壁特征。如果执行抽壳命令时没有选择模型上的任何面,可以生成一个闭合、掏空的实体模型,也可以使用多个厚度来抽壳模型。在使用该命令时,要注意各特征的创建次序,在生成抽壳之前对零件应用圆角处理。下面以图 5-36 所示的模型为例,说明创建抽壳特征的一般过程。

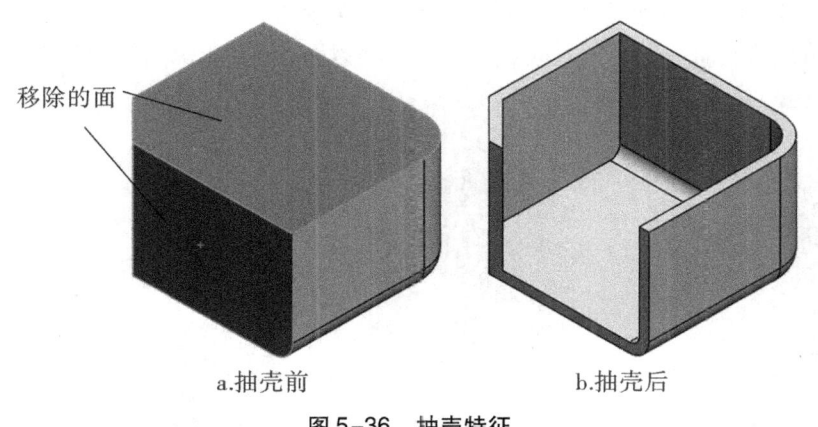

a.抽壳前　　　b.抽壳后

图 5-36　抽壳特征

抽壳特征
创建

(1)打开资源包文件"第 5 章\范例文件\抽壳_基体.SLDPRT"。

(2)选择命令。单击"特征"工具栏上的"抽壳"按钮,或执行菜单命令"插入"→"特征"→"抽壳",弹出"抽壳"属性管理器。

(3)属性设置。在"抽壳"属性管理器中,在"参数"区域设置"厚度"值为 5mm;单击激活移除面选项区域,在图形区单击图 5-36a 所示的 2 个面;其他选项由系统默认。

(4)完成抽壳特征的创建,见图 5-36b。操作结果见资源包文件"第 5 章\范例文件\抽壳 1_等壁厚.SLDPRT"。

注意:①若勾选"抽壳"属性管理器中的"壳厚朝外"复选框,可通过增加零件的外部尺寸方式创建抽壳特征。②利用"多厚度设定"区域,可生成不同面具有不同厚度的抽壳特征。从剩余面所选的面设定不同厚度,见图 5-37。③如果没选择模型上的任何面,可抽壳一个实体零件,生成一个闭合、掏空的模型。

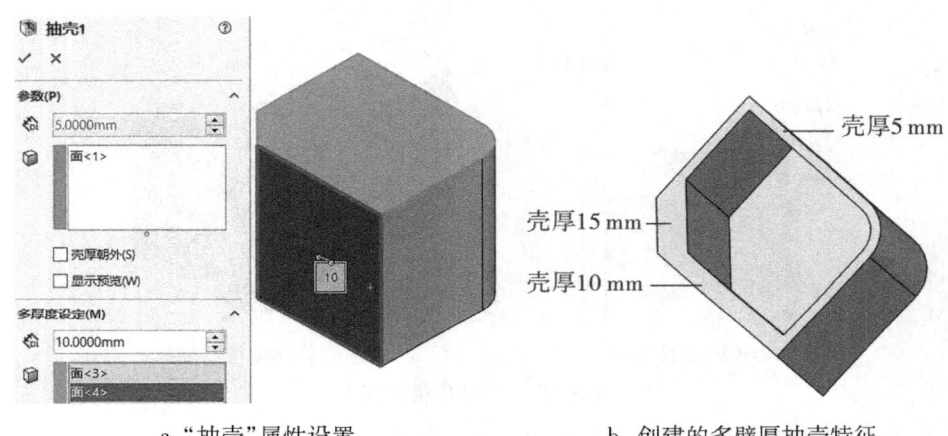

a."抽壳"属性设置　　　　b. 创建的多壁厚抽壳特征

图 5-37　多壁厚抽壳特征

### 5.2.5　加强筋特征创建

筋是从开环或闭环绘制的轮廓所生成的特殊类型拉伸特征,是指在轮廓与现有零件之间添加指定方向和厚度的材料。可使用单一或多个草图生成筋。也可以用拔模生成筋特征或选择一要拔模的参考轮廓。筋特征的创建与拉伸特征的创建基本相似,不同的是筋特征的截面草图是不封闭的,其截面只是一条直线或曲线。下面以图 5-38 所示的模型为例说明创建筋特征的一般过程。

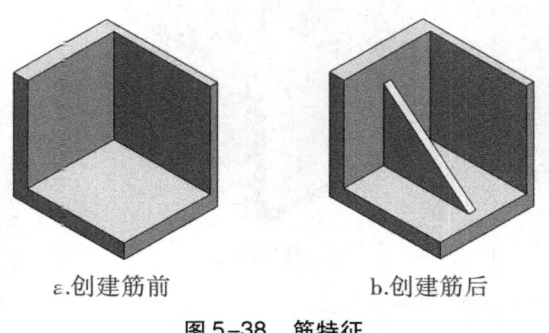

a.创建筋前　　　　b.创建筋后

图 5-38　筋特征

创建筋特征

(1) 打开资源包文件"第 5 章\范例文件\筋_基体.SLDPRT"。
(2) 绘制筋草图。在前视基准面上绘制图 5-39a 所示的草图。
(3) 选择命令。单击"特征"工具栏上的"筋"按钮,或执行菜单命令"插入"→"特征"→"筋",弹出"筋"属性管理器。
(4) 属性设置。在"筋"属性管理器中,在"参数"区域将"厚度"选择为"两侧"选项;设置"筋厚度"值为 5mm;选中"反转材料方向"复选框,使筋拉伸箭头指向实体内部;其他选项由系统默认,见图 5-39b。
(5) 完成筋特征创建。操作结果见资源包文件"第 5 章\范例文件\筋 1.SLDPRT"。

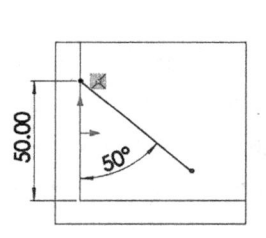
a. 筋草图

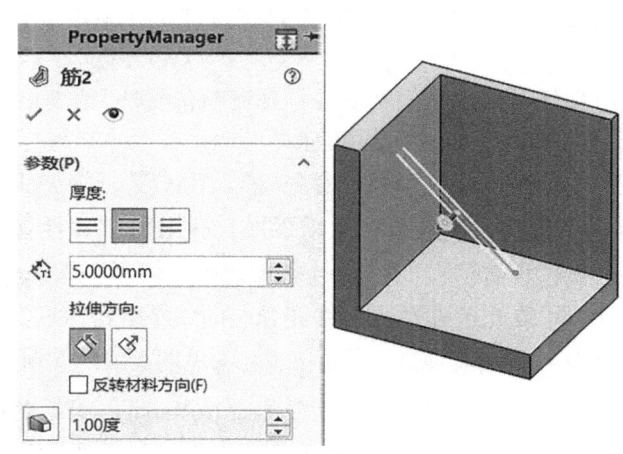
b. "筋 2"属性管理器

图 5-39　创建筋特征

注意:①添加厚度到所选草图边上,有三种方式:采用"第一边"方式只添加材料到草图的一边;采用"两边"方式均等添加材料到草图的两边;采用"第二边"方式只添加材料到草图的另一边。②如果添加拔模,"筋厚度"可以设置为草图基准面或壁接口处的厚度。③拉伸方向有平行于草图和垂直于草图两种方式,见图 5-40。④可利用"拔模开/关"按钮添加拔模到筋。设置拔模角度以指定拔模度数。

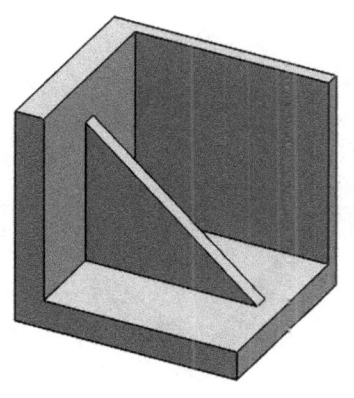
a. 平行于草图

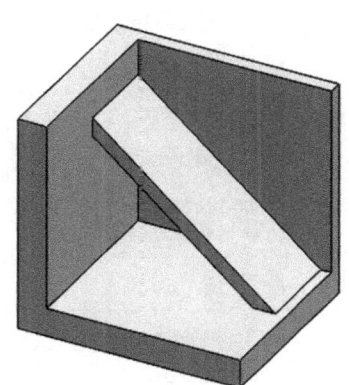
b. 垂直于草图

图 5-40　筋拉伸方向

## 5.2.6 孔特征创建

孔特征用于在模型上生成各种类型的孔。SOLIDWORKS 2018 主要有 3 种孔特征:简单直孔、异型孔向导和高级孔。一般最好在设计阶段将近结束时生成孔,这样可以避免因疏忽而将材料添加到现有的孔内。此外,如果准备生成不需要其他参数的简单直孔,使用"简单直孔"工具。"异型孔向导"工具用于生成具有复杂轮廓的孔,如柱孔或锥孔。利用"高级孔"工具,可以从近端面和远端面中定义高级孔。

1. 简单直孔

在平面上放置孔并设定深度,通过标注尺寸来指定它的位置。下面通过实例,说明创建简单直孔特征的一般过程。

(1)选择要生成孔的平面。打开资源包文件"第 5 章\范例文件\孔_基体.SLDPRT";单击模型上表面作为生成孔的平面。

(2)选择命令。执行菜单命令"插入"→"特征"→"简单直孔",或单击"特征"工具栏上的 (简单直孔)按钮(需要手动添加),弹出"孔"属性管理器。

(3)属性设置。在"孔"属性管理器中,在"方向"区域中从可用的终止条件(下拉列表)类型中选择"终止条件",本例终止条件设为"给定深度";设置"深度"值为 18mm,设置"孔直径"值为 12mm;其他选项由系统默认,见图 5-41a。单击 ✔ 按钮生成简单直孔。

(4)定义孔的位置。在模型或 FeatureManager 设计树中,右击孔特征并选择 (编辑草图)按钮。添加尺寸以定义孔的位置,还可以在草图中修改孔的直径。

(5)完成简单直孔特征的创建,见图 5-41b。操作结果见资源包文件"第 5 章\范例文件\孔 1_简单直孔.SLDPRT"。

注意:①"孔"属性设置的"开始条件"与"终止条件"与"凸台-拉伸"特征属性相同,可参考"凸台-拉伸"属性管理器中的"开始条件"与"终止条件"设置方法。②可通过"拔模开/关"按钮添加拔模到孔。设置拔模角度以指定拔模度数。

创建简单直孔

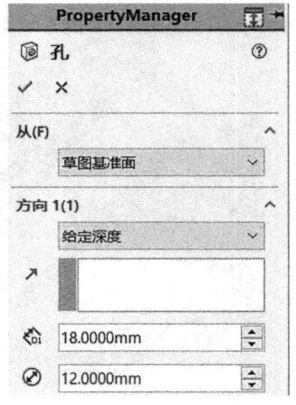

a. "孔"属性设置

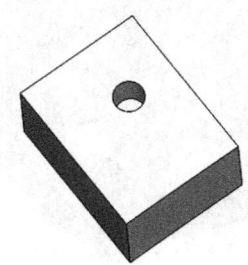

b. 创建的简单直孔特征

图 5-41　创建简单直孔特征

## 2. 异型孔向导

异型孔向导用于生成具有复杂轮廓的孔,主要包括柱形沉头孔、锥形沉头孔、直螺纹孔、锥形螺纹孔、旧制孔、柱形槽口、锥形槽口和直槽口等。异型孔向导 PropertyManager 用于设置孔参数。孔规格包括"类型"和"位置"两个选项卡,系统默认打开"类型"选项卡,用于设定孔类型参数。"位置"选项卡用于在平面或非平面上找出异型孔向导孔。使用尺寸、草图工具、草图捕捉和推理线来定位孔中心。可在两个选项卡之间转换,如选择"位置"选项卡并找出孔,然后选择"类型"选项卡定义孔类型,接着再次选择"位置"选项卡并添加更多孔。

异型孔向导"类型"选项卡主要设置参数见表 5-1。

表 5-1 异型孔向导"类型"选项卡主要设置参数

| 参数类型 | | 参数说明 |
| --- | --- | --- |
| 孔类型 | | "孔规格"选项会根据孔类型而有所不同。使用 PropertyManager 图像和描述性文字来设置选项 |
| | 标准 | 指定孔标准,如 GB、DIN、ISO 等 |
| | 类型 | 指定钻孔大小、螺纹钻孔、暗销直孔或螺钉间隙。例如,选择所有钻孔大小或螺钉间隙 |
| 孔规格 | 大小 | 指定扣件大小 |
| | 配合 | 仅限于柱孔和锥孔。指定扣件配合:紧、正常或松 |
| | 显示自定义大小 | 大小调整选项。会根据孔类型而发生变化。使用 PropertyManager 图像和描述性文字来设置选项(如直径、深度和底部角度) |
| 截面尺寸 | | 仅限于旧制孔。双击数值以对其进行编辑 |
| 终止条件 | | 选项会根据孔类型而发生变化。使用 PropertyManager 图像和描述性文字来设置选项。从清单中选择终止条件。如果需要,单击"反向"按钮 |
| 选项 | 螺钉间隙 | 对于柱孔,设定除 "0.00" 以外的头间隙值将使用文档单位而将该值添加到扣件头之上 |
| | 近端锥孔 | 设置近端锥形沉头孔直径和近端锥形沉头孔角度 |
| | 螺钉下锥孔 | 设置下头锥形沉头孔直径和下头锥形沉头孔角度 |

异型孔向导"位置"选项卡用于定位异型孔向导孔。激活"位置"选项卡后,孔的第一个草图点和上色预览后面跟着指针,直到单击以放置孔。当在屏幕上移动指针时,可以利用草图捕捉和推理线来精确放置点。还可以使用尺寸和其他草图工具来定位孔中心。可连续放置同一类型的多个孔。异型孔向导为孔生成 2D 草图,除非选择非平面或单击 3D 草图。

下面通过2个例子,来说明异型孔向导特征创建的一般过程。

**【例1】** 创建柱形沉头孔。

(1)打开资源包文件"第5章\范例文件\孔_基体.SLDPRT"。

(2)选择命令。单击"特征"工具栏上的 (异型孔向导)按钮,或执行菜单命令"插入"→"特征"→"孔向导",弹出"孔规格"属性管理器。

(3)设置"类型"属性。在"孔规格"属性管理器中,在"孔类型"区域中单击 (旧制孔)按钮;在"类型"下拉列表中选择"柱形沉头孔"选项;在"截面尺寸"区域中设置孔的参数值;其他选项由系统默认,见图5-42a。

(4)设置"位置"属性。在"孔规格"属性管理器中,单击激活"位置"选项卡;在"图形"区域中单击模型上表面要放置孔的位置(需要单击两次,第一次选定孔放置表面,第二次选定孔放置位置);单击 (正视于)按钮;通过 (智能尺寸)按钮或"约束"精确定义孔的位置。

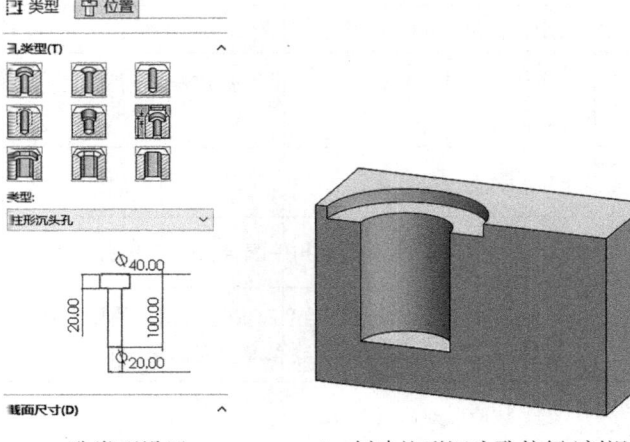

a. 孔类型设置　　b. 创建柱形沉头孔特征(剖视)

图5-42　异型孔向导属性设置

(5)完成柱形沉头孔特征创建。操作结果见资源包文件"第5章\范例文件\孔2_柱形沉头孔.SLDPRT"。

**【例2】** 创建螺纹孔。

(1)打开资源包文件"第5章\范例文件\孔_基体.SLDPRT"。

柱形沉头孔特征创建

(2)选择命令。单击"特征"工具栏上的"异型孔向导"按钮,或执行菜单命令"插入"→"特征"→"孔向导",弹出"孔规格"属性管理器。

(3)设置"类型"属性。在"孔规格"属性管理器中,在"孔类型"区域,单击 (直螺纹孔)按钮;在"标准"下拉列表中选择"GB";在"类型"下拉列表中选择"螺纹孔";在"孔规格"区域的"大小"下拉列表中选择"M14";在"终止条件"区域,选择终止条件为"给定深度",设置"盲孔深度"值为30mm、"螺纹线深度"值为26mm;在"选项"区域,单击 (装饰螺纹线)按钮;其他选项由系统默认。

第 5 章 实体特征创建 125

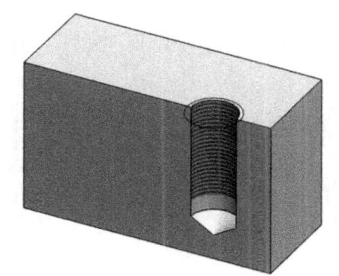

图 5-43 创建螺纹孔

螺纹孔特征创建

(4) 设置"位置"属性。在"孔规格"属性管理器中,单击激活"位置"选项卡;在"图形"区域单击模型上表面要放置孔的位置(需要单击两次);单击"正视于"按钮;通过"智能尺寸"按钮或"约束"精确定义孔的位置。

(5) 完成螺纹孔特征创建,见图 5-43。操作结果见资源包文件"第 5 章\范例文件\孔3_螺纹孔.SLDPRT"。

3. 高级孔

(1) 打开资源包文件"第 5 章\范例文件\高级孔_基体.SLDPRT"。

(2) 选择命令。单击"特征"工具栏上的 (高级孔)按钮,或执行菜单命令"插入"→"特征"→"高级孔",弹出"高级孔"属性管理器。

(3) 设置"类型"属性。

1) 在"高级孔"属性管理器中,在"类型"选项卡上,在近端面和远端面下,选择凸台顶面;将"孔类型"设为"近端柱形沉头孔";将"标准"设为"GB";将"类型"设为"内六角圆柱头螺钉";将"大小"设为"M10"。

2) 在"近端"弹出窗口中,单击 按钮在活动元素下方插入元素;将孔类型设为"螺纹孔";将"标准"设为"GB";将"类型"设为"直螺纹孔";将"大小"设为"M10";将"终止条件"设为"给定深度";将"深度"值设为"2 倍直径"。

3) 在"近端"弹出窗口中,单击 按钮在活动元素下方插入元素,将孔类型设为"孔";将"标准"设为"GB";将"类型"设为"钻孔大小";将"大小"设为"φ5.0";将"终止条件"设为"给定深度";"深度"值暂不设定。

4) 勾选"远端"复选框,激活"远端面"选框;选择凸台底面。将孔类型设为"远端锥孔";将"标准"设为"GB";将"类型"设为"内六角花型沉头螺钉";将"大小"设为"M10"。

5) 在"远端"弹出窗口中,单击 按钮在活动元素上方插入元素,将孔类型设为"螺纹孔",见图 5-44。将"标准"设为"GB";将"类型"设为"直螺纹孔";将"大小"设为"M10";将"终止条件"设为"给定深度";将深度值设为"用户定义的值";将"深度"值设为25mm。再单击在"近端"弹出窗口中定义的"孔",将"终止条件"设为"直到下一元素"。

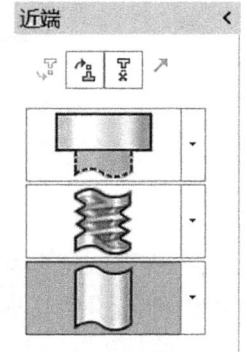

图 5-44 高级孔类型设置

(4)设置"位置"属性。在"孔规格"属性管理器中,单击激活"位置"选项卡,在图形区域单击模型上表面要放置孔的位置(需要单击两次),单击"正视于"按钮,通过"智能尺寸"按钮或"约束"精确定义孔的位置。

(5)完成高级孔特征创建。操作结果见资源包文件"第 5 章\范例文件\孔 4_高级孔.SLDPRT"。

高级孔特征创建

### 5.2.7 工程特征创建实例

本例将创建图 5-45 所示零件,主要应用拉伸、扫描、抽壳、圆角和异型孔向导特征创建零件。

(1)新建模型文件。

(2)创建凸台-拉伸 1。

1)绘制横断面草图。选取上视基准面作为草图基准面,在草图绘制环境中绘制横断面草图。

图 5-45 零件工程图

2)创建拉伸特征。选择草图中圆形轮廓作为拉伸对象,拉伸方向为"两侧对称",将"深度"值设为 40mm,其他选项由系统默认,见图 5-46,并最终完成拉伸 1 特征创建。

(3)创建凸台-拉伸 2。选择草图中剩余轮廓作为拉伸对象,拉伸方向为"两侧对称",将"深度"值设为 20mm,见图 5-47,并最终完成拉伸 2 特征创建。

图 5-46 "凸台-拉伸 1"属性设置

图 5-47 "凸台-拉伸 2"属性设置

(4)创建圆角 1 特征。在图形区域选取圆柱的上下边线作为圆角对象,将圆角"半径"值设为 6mm,其他选项由系统默认,见图 5-48,并最终完成圆角 1 特征创建。

(5)创建凸台-拉伸 3。

1)绘制横断面草图。选取圆台下底面作为草图基准面,在草图绘制环境中绘制横断面草图。

2)创建拉伸 3 特征。将"深度"值设为 50mm、向下拉伸,其他选项由系统默认,见图 5-

49,并最终完成拉伸 3 特征创建。

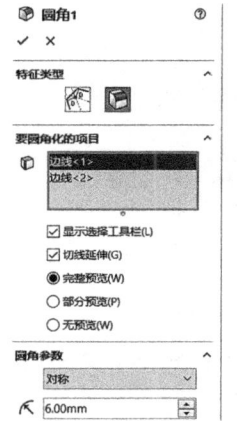

图 5-48 "圆角 1"属性设置

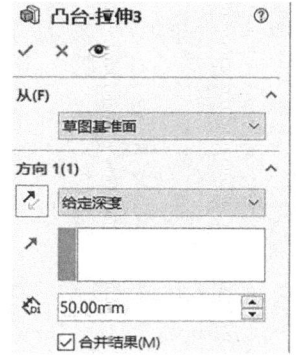

图 5-49 "凸台-拉伸 3"属性设置

（6）创建抽壳 1 特征。选取圆台底面为"移除的面"，将"厚度"值设为 4mm，其他选项由系统默认，见图 5-50，并最终完成抽壳 1 特征创建。

（7）创建凸台-拉伸 4。

1）绘制横断面草图。选取凸台上表面作为草图基准面，在草图绘制环境中绘制横断面草图。

2）创建拉伸 4 特征。将"深度"值设为 16mm、向上拉伸，其他选项由系统默认，并最终完成拉伸 4 特征创建。

（8）创建切除-拉伸 1 特征。

1）绘制横断面草图。选取凸台上表面作为草图基准面，在草图绘制环境中绘制横断面草图。

2）创建拉伸特征。将"终止条件"设为"成形到下一面"，其他选项由系统默认，并最终完成切除-拉伸 1 特征创建。

（9）创建凸台-拉伸 5。

1）绘制横断面草图。选取凸台上表面作为草图基准面，在草图绘制环境中绘制横断面草图。

2）创建拉伸特征。将"深度"值设为 16mm、向上拉伸，其他选项由系统默认，见图 5-51，并最终完成拉伸 5 特征创建。

（10）创建切除-拉伸 2 特征。

1）绘制横断面草图。选取凸台上表面作为草图基准面，在草图绘制环境中绘制横断面草图。

2）创建切除-拉伸 2 特征。将"终止条件"设为"完全贯穿"，其他选项由系统默认，见图 5-52，并最终完成切除-拉伸 2 特征创建。

（11）创建倒角 1 特征。在图形区域选取底部凸台内侧两条边线，将倒角"距离"值设为 3mm，其他选项由系统默认，见图 5-53，并最终完成倒角 1 特征创建。

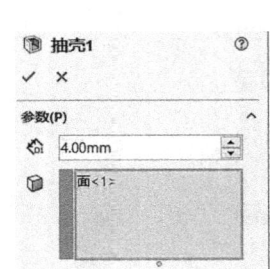

图 5-50 "抽壳 1"属性设置

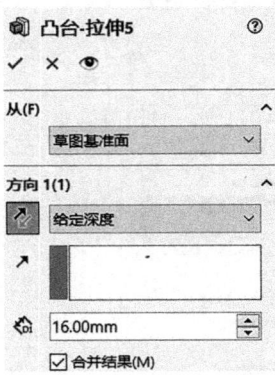

图 5-51 "凸台-拉伸 5"属性设置

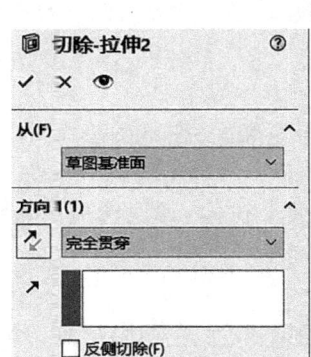

图 5-52 "切除-拉伸 2"属性设置

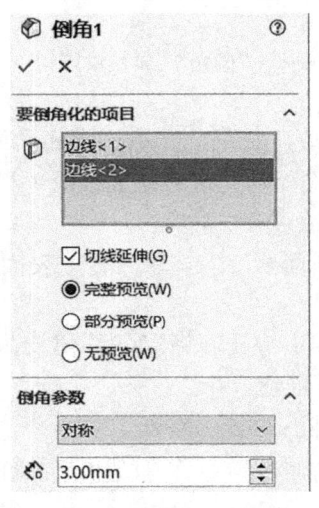

图 5-53 "倒角 1"属性设置

(12) 创建扫描 1 特征。

1) 绘制扫描路径草图。选取前视基准面作为草图基准面,在草图绘制环境中绘制图草图。

2) 选择"圆形轮廓",以绘制的草图为扫描路径,将"直径"值设为 45mm,其他选项由系统默认,见图 5-54,并最终完成扫描 1 特征创建。

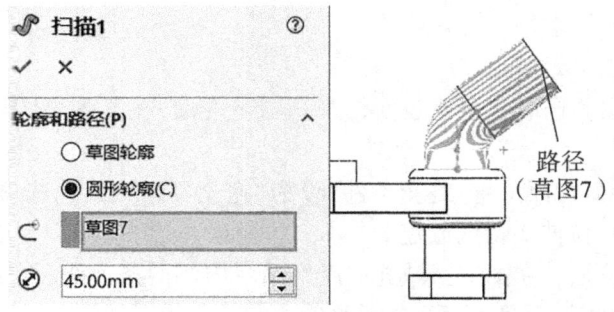

图 5-54 "扫描 1"属性设置

(13) 创建切除-扫描1特征。

1) 绘制扫描路径草图。选取前视基准面作为草图基准面,在草图绘制环境中绘制图5-55a 所示的草图。

2) 选择"圆形轮廓",以绘制的草图为扫描路径,将"直径"值设为12mm,其他选项由系统默认,并最终完成切除-扫描1特征创建。

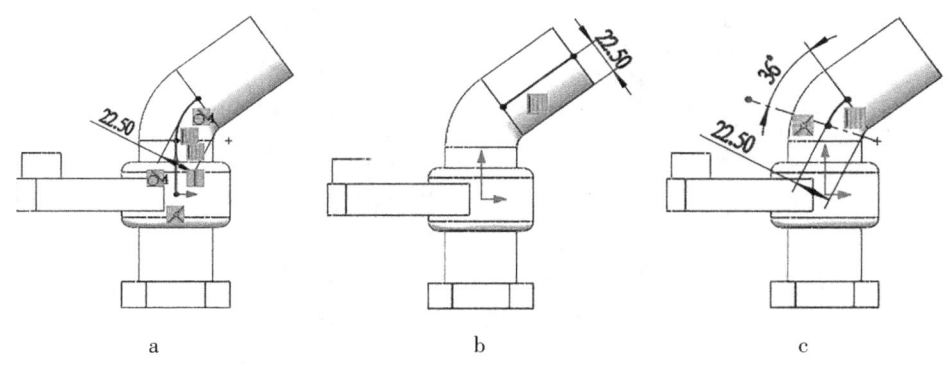

图 5-55 扫描路径草图

(14) 创建切除-扫描2特征。

1) 绘制扫描路径草图。选取前视基准面作为草图基准面,在草图绘制环境中绘制图5-55b 所示的草图。

2) 选择"圆形轮廓",以绘制的草图为扫描路径,将"直径"值设为35mm,其他选项由系统默认,并最终完成切除-扫描2特征创建。

(15) 创建切除-扫描3特征。

1) 绘制扫描路径草图。选取前视基准面作为草图基准面,在草图绘制环境中绘制图5-55c 所示的草图。

2) 选择"圆形轮廓",以绘制的草图为扫描路径,将"直径"值设为30mm,其他选项由系统默认,并最终完成切除-扫描3特征创建。

(16) 创建凸台-拉伸6特征。

1) 绘制横断面草图。选取圆形凸台上表面作为草图基准面,在草图绘制环境中绘制横断面草图。

2) 创建拉伸6特征。将"开始条件"设为"等距",将"距离"值设为5mm、向下等距,将"终止条件"设为"给定深度",将"深度"值设为15mm、向下拉伸,其他选项由系统默认,见图5-56,并最终完成拉伸6特征创建。

(17) 创建孔1特征。

1) 孔类型设置。将"孔类型"设为"旧制孔",将"类型"设为"柱形沉头孔",按要求设置孔的参数值,将"终止条件"设为"完全贯穿",其他选项由系统默认,见图5-57a。

2) 孔位置设置。激活"位置"选项卡,在图形区域单击模型底座上

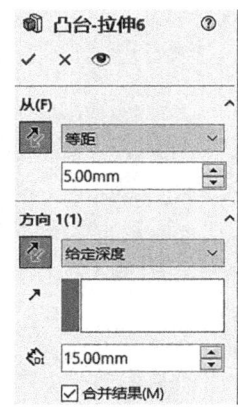

图 5-56 "凸台-拉伸6"属性设置

表面要放置孔的位置（使用重合约束，与圆角圆形重合），并最终完成孔 1 特征创建。最终结果见图 5-57b。

 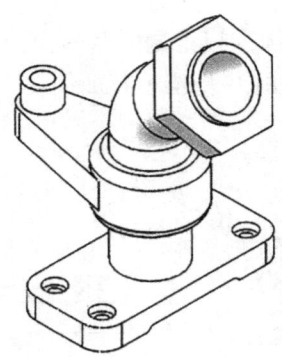

a. "孔规格"属性管理器　　　　b. 创建的孔特征

图 5-57　创建柱形沉头孔特征

（18）保存零件。操作结果见资源包文件"第 5 章\范例文件\特征创建实例 2-完成.SLDPRT"。

总结与回顾 5　　　思考与练习 5　　　创建工程特征

# 第6章 实体编辑

第6章课件

**学习任务**：熟练掌握拉伸、切除等基本特征工具及圆角、倒角等工程特征使用方法；掌握变形、组合、阵列等较高级建模特征的使用方法和技巧。

**知 识 点**：弯曲、包覆、圆顶、变形、自由形、压凹、组合、相交、分割和阵列。

## 6.1 变形编辑

零件变形编辑可以改变复杂曲面和实体模型的局部或整体形状，无须考虑用于生成模型的草图或特征约束。变形编辑应用的特征包括弯曲、包覆、圆顶、变形等。

### 6.1.1 弯曲

利用弯曲特征可以直观地对复杂模型进行变形。它通过可预测的、直观的工具修改复杂模型，这些应用包括概念设计、机械设计、工业设计、冲模及铸模等。弯曲功能可修改单实体或多实体零件。弯曲特征包括折弯、扭曲、锥削和伸展4个选项。

1. 折弯

折弯是指利用两个剪裁基准面的位置来决定弯曲区域，使实体绕着三重轴的 $X$ 轴（折弯轴）所代表的折弯线来折弯一个或多个实体，定义三重轴的位置和剪裁基准面，控制折弯的角度、位置和界限以改变折弯形状，以达到改变实体形状的目的。折弯可用于多种应用，包括工业设计、机械设计、解决金属冲压中的回弹条件及从复杂曲面形状中删除底切等。下面以图6-1为例，说明创建折弯特征的一般过程。

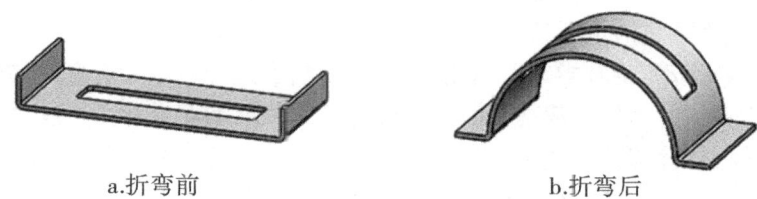

a.折弯前　　　　　　　　b.折弯后

图6-1　创建折弯特征

(1) 打开资源包文件"第6章\范例文件\弯曲_初始零件.SLDPRT"，见图6-1a。

(2) 选取命令。执行菜单命令"插入"→"特征"→"弯曲"命令或单击"特征"工具栏上的 ![] (弯曲) 按钮，弹出"弯曲"属性管理器。

(3) 属性设置。在"弯曲"属性管理器中首先设置"弯曲输入"区域，在图形区域单击模型上某点确定"弯曲的实体"，将弯曲类型设为"折弯"，将"角度"值设为180°，将"基准面1

剪裁距离"值设为 2mm,将"基准面 2 剪裁距离"值设为 2mm,将"Y 旋转原点"值设为 -2mm,其他选项由系统默认,见图 6-2。

(4)完成折弯特征的创建,见图 6-1b。操作结果见资源包文件"第 6 章\范例文件\弯曲 1-折弯.SLDPRT"。

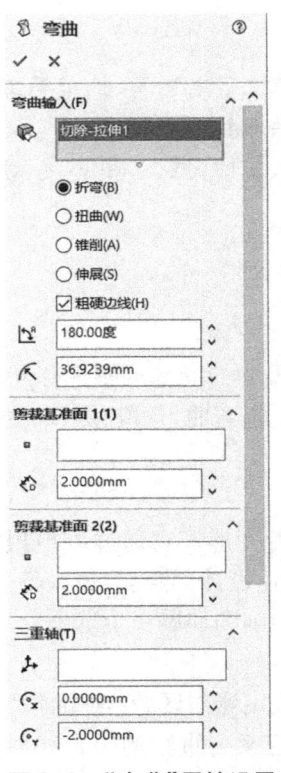

图 6-2 "弯曲"属性设置

创建折弯特征

注意:①折弯的中性面通过三重轴的原点且对应于三重轴的 XZ 平面。在整个折弯操作过程中,沿中性面的剪裁基准面之间的弧长保持不变。②折弯角度(可设为负值,用于调整折弯方向)和折弯半径只需设置其中一个,另一个由系统自动计算生成。③将指针移到三重轴的箭头上,显示"拖动/旋转指针",右击以旋转三重轴,这样将改变折弯的方向。单击重新定位三重轴。④将指针移到剪裁基准面的操纵杆上,显示"移动指针"。拖动操纵杆可定位剪裁基准面。⑤将指针移到剪裁基准面的边线上,显示"折弯指针"。⑥拖动剪裁基准面可折弯和修改弯曲特征。⑦弯曲精度用于控制曲面品质。提高品质还会提高弯曲特征的成功率。例如,如果获知一错误信息,可将滑杆右移。仅在需要时移动滑杆,提高曲面精度会降低曲面性能。⑧旋转原点(含 3 个选项)和旋转角度(含 3 个选项)用于设定三重轴的位置和方向。

2. 扭曲

扭曲是指以两个剪裁基准面为扭曲边界区域,以三重轴的 Z 轴为轴心扭动实体,控制扭曲的角度、位置和界限,以达到改变实体形状的目的。下面通过实例说明创建扭曲特征的一般过程。

（1）打开资源包文件"第6章\范例文件\弯曲_初始零件.SLDPRT"。

（2）选取命令。执行菜单命令"插入"→"特征"→"弯曲"或单击"特征"工具栏上的 （弯曲）按钮，弹出"弯曲1"属性管理器。

（3）属性设置。在"弯曲1"属性管理器中，设置"弯曲输入"区域，在图形区域单击模型上某点确定"弯曲的实体"，将弯曲类型设为"扭曲"，将"角度"值设为180°，将"基准面1剪裁距离"值设为2mm，将"基准面2剪裁距离"值设为2mm，将"Y旋转原点"值设为-1mm，其他选项由系统默认，见图6-3a。

创建扭曲特征

（4）完成扭曲特征创建，见图6-3b。操作结果见资源包文件"第6章\范例文件\弯曲2-扭曲.SLDPRT"。

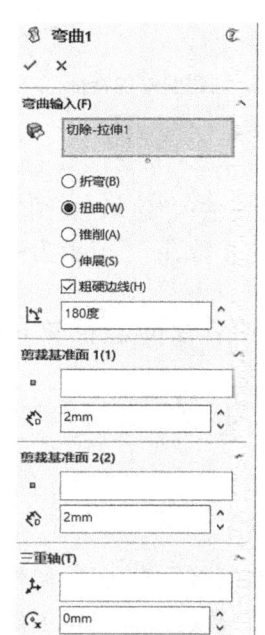
a. "弯曲1"属性设置

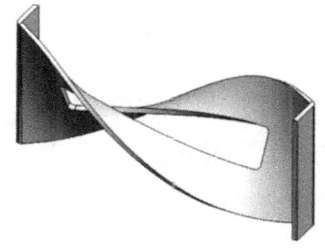
b. 创建的扭曲特征

图6-3　创建扭曲特征

## 3. 锥削

锥削是指利用两个剪裁基准面作为边界区域，沿着三重轴的蓝色Z轴所代表的方向锥削实体，控制扭曲的角度、位置和界限，以达到改变实体形状的目的。下面通过实例说明创建锥削特征的一般过程。

（1）打开资源包文件"第6章\范例文件\弯曲_初始零件.SLDPRT"。

（2）选取命令。执行菜单命令"插入"→"特征"→"弯曲"或单击"特征"工具栏上的"弯曲"按钮，弹出"弯曲1"属性管理器。

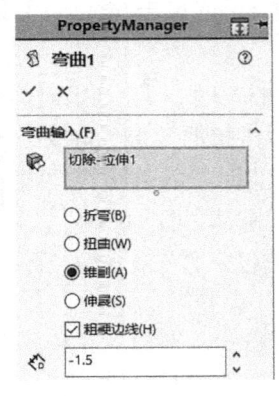
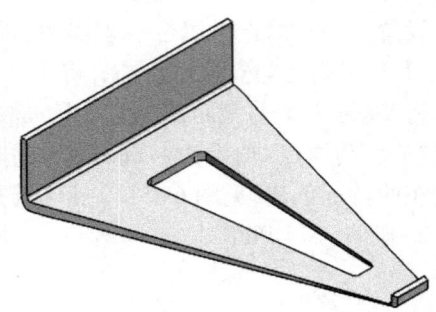

a. "弯曲1"属性设置　　　　b. 创建的锥削特征

图 6-4　创建锥削特征

(3) 属性设置。在"弯曲"属性管理器中,设置"弯曲输入"区域,在图形区域单击模型上某点确定"弯曲的实体",将弯曲类型设为"锥削",将"锥削因子"值设为-1.5mm,其他选项由系统默认,见图 6-4a。

(4) 完成锥削特征的创建,见图 6-4b。操作结果见资源包文件"第 6 章\范例文件\弯曲 3-锥削.SLDPRT"。

注意:"锥削因子"用于设定锥削量(可设为负值,用于调整锥削方向);调整"锥削因子"时剪裁基准面不移动。

创建锥削特征

**4. 伸展**

伸展是指通过指定距离或使用左键拖动剪裁基准面为边界区域,使特征沿着三重轴的 Z 轴方向伸缩实体,以达到改变实体形状的目的。下面通过实例说明创建伸展特征的一般过程。

(1) 打开资源包文件"第 6 章\范例文件\弯曲_初始零件.SLDPRT"。

(2) 选取命令。执行菜单命令"插入"→"特征"→"弯曲"或单击"特征"工具栏上的"弯曲"按钮,弹出"弯曲"属性管理器。

(3) 属性设置。在"弯曲"属性管理器中,设置"弯曲输入"区域,在图形区域单击模型上某点确定"弯曲的实体",将弯曲类型设为"伸展",将"伸展距离"值设为-30mm,将"基准面 1 剪裁距离"值设为 60mm,其他选项由系统默认,见图 6-5a。

创建伸展特征

(4) 完成伸展特征的创建,见图 6-5b。操作结果见资源包文件"第 6 章\范例文件\弯曲 4-伸展.SLDPRT"。

第 6 章 实体编辑 135

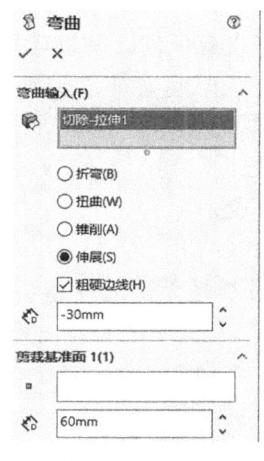

a."弯曲"属性设置

b. 创建的伸展特征

图 6-5 创建伸展特征

注意:"伸展距离"用于设定伸展量,设为负值时用于调整伸展方向。

### 6.1.2 包覆

包覆特征是指将草图包覆到平面或非平面上,生成填料特征或切除特征。可通过两种方法创建包覆特征,分析法和样条曲面法。两种方法均支持草图重用。

1. 分析法

分析法是指将草图包覆至平面或非平面。可从圆柱、圆锥或拉伸的模型生成一平面,也可选择一平面轮廓来添加多个闭合的样条曲线草图。注意:草图基准面必须与面相切,从而使面法向和草图法向在最近点并行。下面以图 6-6 为例说明用分析法创建包覆特征的一般过程。

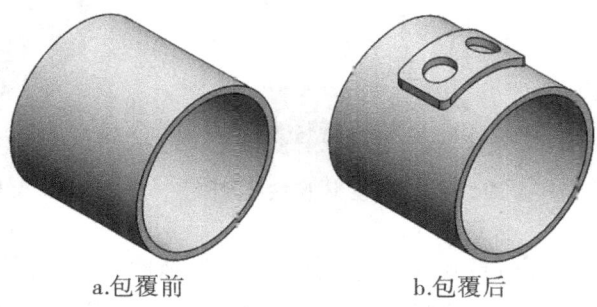

a.包覆前　　　　b.包覆后

图 6-6 创建分析法包覆特征

(1)打开资源包文件"第 6 章\范例文件\包覆_初始零件.SLDPRT",见图 6-6a。

(2)绘制草图。选取上视基准面作为草图基准面,在草图绘制环境中绘制要包覆的草图。

(3)选择命令。在 Feature Manager 设计树中选取要包覆的草图。执行菜单命令"插入"→"特征"→"包覆"命令或单击"特征"工具栏上的 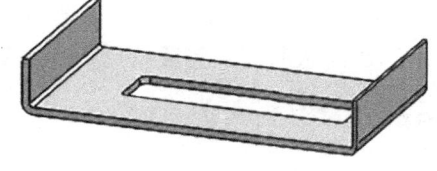(包覆)按钮,弹出"包覆"属性管理器。

(4)属性设置。在"包覆"属性管理器中,将包覆类型设为"浮雕",将包覆方法设为"分析",在图形区域选取圆筒外表面作为"包覆草图的面",将"厚度"值设为 5mm,如果必要选中"反向"复选框,激活"拔模方向"选项框后选取"上视基准面"选项,其他选项由系统默认,见图 6-7。

创建包覆特征

(5)完成包覆特征的创建,见图 6-6b。操作结果见资源包文件"第 6 章\

范例文件\包覆1-分析法.SLDPRT"。

注意:①包覆的草图只可包含多个闭合轮廓,不能从包含有任何开放性轮廓的草图生成包覆特征。②包覆类型有三个:"浮雕"用于在面上生成一个凸起特征,"蚀雕"用于在面上生成一个缩进特征,"刻划"用于在面上生成一个草图轮廓的压印。③如果选择"浮雕"或"蚀雕"类型,可以选择直线、线性边线或平面来设置拔模方向。对于直线或线性边线,拔模方向是选定实体的方向;对于基准面,拔模方向与基准面正交。

2. 样条曲面法

样条曲面可以在任何面类型上包覆草图,该方法的限制是无法沿模型进行包覆,见图6-8。下面介绍创建样条曲面法包覆特征的一般过程。

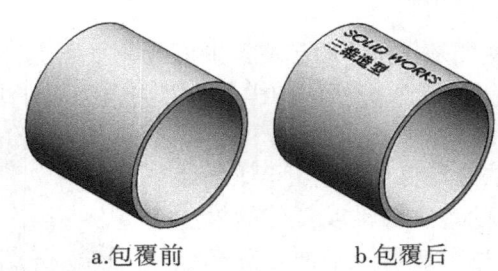

图6-7 "包覆1"属性设置(1)　　　　图6-8 草图包覆前后对比

(1)打开资源包文件"第6章\范例文件\包覆_初始零件.SLDPRT"。

(2)创建基准面1。单击"特征"工具栏上的 (参考几何体)下拉列表,选择 (基准面)创建基准面。

(3)绘制草图。选取"基准面1"作为草图基准面,在草图绘制环境中绘制要包覆的草图。

创建样条
曲面法包
覆特征

(4)选择命令。选取要包覆的草图,执行菜单命令"插入"→"特征"→"包覆"或单击"特征"工具栏上的"包覆"按钮,弹出"包覆"属性管理器。

(5)属性设置。在"包覆"属性管理器中,将包覆类型设为"蚀雕",将包覆方法设为"样条曲面",在图形区域选取圆筒外表面作为"包覆草图的面",将"厚度"值设为1mm,其他选项由系统默认,见图6-9。

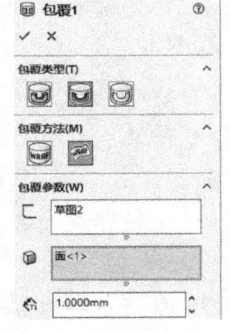

(6)完成样条曲面法包覆特征的创建,见图6-8b。操作结果见资源包文件"第6章\范例文件\包覆2_样条曲面法.SLDPRT"。

图6-9 "包覆1"属性设置(2)

### 6.1.3 圆顶

圆顶特征是指对模型的面进行变形操作，生成圆顶型凸起特征。可以在同一模型上同时生成一个或多个圆顶特征。下面以图6-10为例说明创建圆顶特征的一般过程。

（1）打开资源包文件"第6章\范例文件\圆顶_初始零件.SLDPRT"。

（2）选取命令。执行菜单命令"插入"→"特征"→"圆顶"命令或单击"特征"工具栏上的 ●（圆顶）按钮，弹出"圆顶"属性管理器。

（3）属性设置。在"圆顶"属性管理器中，确保"到圆顶的面"选项框处于激活状态，在图形区域单击模型上表面作为"到圆顶的面"，将"距离"值设为15mm，其他选项由系统默认，见图6-11。

（4）完成圆顶特征的创建，见图6-10b。操作结果见资源包文件"第6章\范例文件\圆顶1_完成.SLDPRT"。

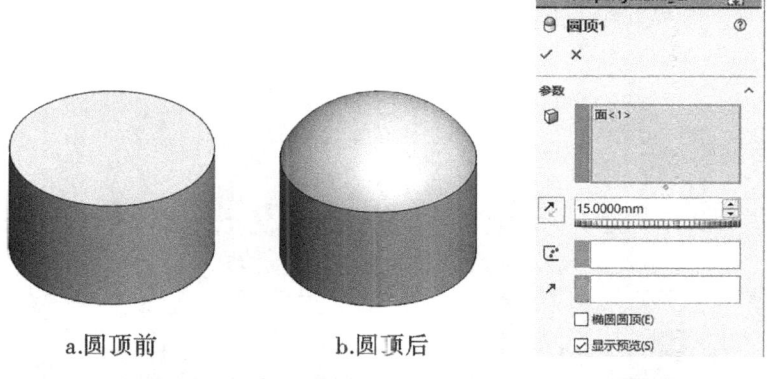

图6-10　创建圆顶特征　　　　图6-11　"圆顶1"属性设置　　创建圆顶特征

注意：①在圆柱和圆锥模型上，可将"距离"值设为0。软件会使用圆弧半径作为圆顶的基础来计算距离。这将生成一个与相邻圆柱或圆锥面相切的圆顶，见图6-12。②单击  （反向）按钮可反转方向，生成一个凹陷圆顶（默认为凸起）。③若勾选"椭圆圆顶"复选框，椭圆圆顶的形状为一个半椭面，其高度等于椭面的半径之一，见图6-13。④若勾选"连续圆顶"复选框，则为多边形模型指定连续圆顶。连续圆顶的形状在所有边均匀向上倾斜。如果消除连续圆顶形状，将垂直于多边形的边线而上升，见图6-14。连续圆顶对于四边形或在使用"约束点""草图"或"方向"向量时不可使用。

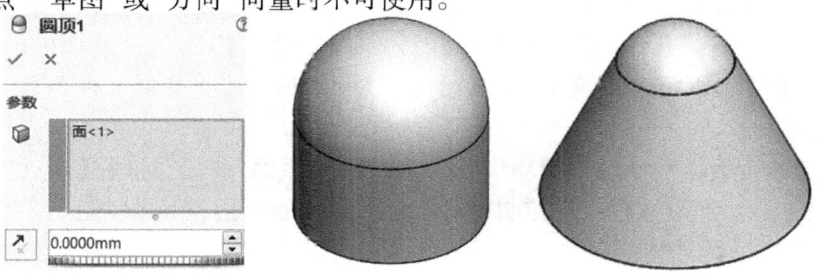

图6-12　"距离"值为0的圆顶特征

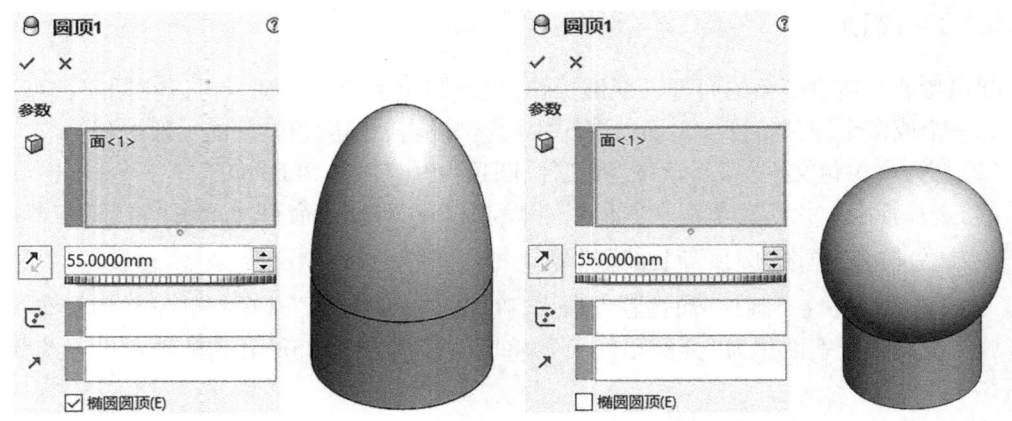

a. 椭圆圆顶　　　　　　　　　b. 圆形圆顶

图 6-13　生成椭圆圆顶特征

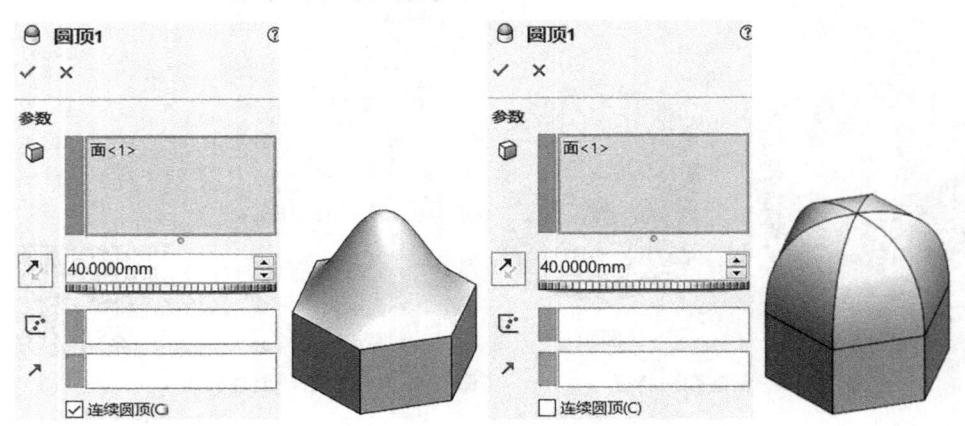

a. 连续圆顶　　　　　　　　　b. 非连续圆顶

图 6-14　生成连续圆顶特征

### 6.1.4　变形

变形用于改变复杂曲面或实体模型的局部或整体形状，无须考虑用于生成模型的草图或特征约束。使用一般命令来精确改变模型的形状比较复杂，而使用变形特征却很容易实现，只是不能达到精确改变形状的目的。该功能提供一种简单方法虚拟改变模型，这在概念设计或对复杂模型进行几何修改时很有用，因为使用传统的草图、特征或历史记录编辑需要花费很长的时间。变形包括点变形、曲线到曲线变形和曲面推进变形三种类型。

**1. 点变形**

点变形是改变复杂形状的最简单方法。先选择模型面、曲面、边线或顶点上的一点，或选择空间中的一点，然后选择用于控制变形的距离和球形半径。下面以图 6-15 为例说明创建点变形特征的一般过程。

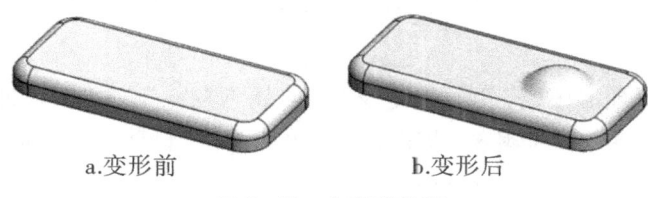
　　a.变形前　　　　　　b.变形后
图6-15　点变形特征

创建点变形特征

（1）打开资源包文件"第6章\范例文件\变形1_初始零件.SLDPRT"。

（2）绘制草图。选取模型上表面为草图基准面,在草图绘制环境中绘制草图。

（3）选取命令。执行菜单命令"插入"→"特征"→"变形"命令或单击"特征"工具栏上的 ⬚（变形）按钮,弹出"变形"属性管理器。

（4）属性设置。在"变形"属性管理器中,将变形类型设为"点",在图形区域中选择一种实体作为"变形点",如果需要,单击"反向"按钮,将"变形距离"值设为5mm,在"变形区域"将"变形误差"值设为15mm,在"形状选项"区域将刚度层次设为"刚度-中等",移动"形状精度"滑杆控制曲面品质,取消勾选"保持边界"复选框,其他选项由系统默认。

（5）完成点变形特征的创建,见图6-15b。操作结果见资源包文件"第6章\范例文件\变形1_点变形.SLDPRT"。

注意：①在图形区域中选择作为变形点的实体可以是面或基准面上的点、边线上的点、顶点或空间中的点。②刚度决定了变形形状的刚性,是指将变形约束在一个面内(选择变形区域)还是自由变形(清除变形区域)。应用的刚度层次视要生成的形状而定。③移动"形状精度"滑杆来控制曲面品质,提高品质也将提高变形特征的成功率。例如,如果获知一个错误信息无法替换几何体,可将"形状精度"滑杆右移。仅在需要时移动滑杆；提高曲面精度会降低其性能。

2. 曲线到曲线变形

曲线到曲线变形是改变复杂形状的更精确方法。通过将几何体从初始曲线(可以是曲线、边线、剖面曲线以及草图曲线组等)映射到目标曲线组,可以变形对象。下面以图6-16为例说明创建曲线到曲线变形特征的一般过程。

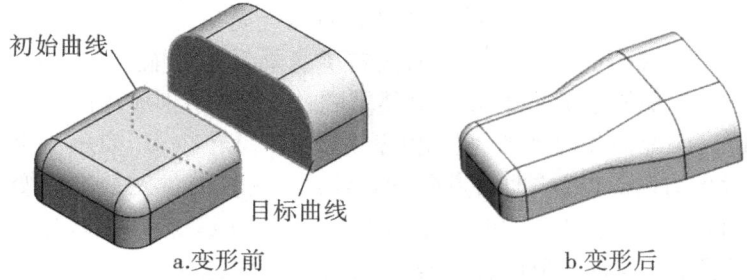
　　a.变形前　　　　　　b.变形后
图6-16　曲线到曲线变形特征

创建曲线到曲线变形特征

（1）本例将使用多实体零件。打开资源包文件"第6章\范例文件\变形2_初始零件.SLDPRT",见图6-16a。

(2)选取命令。执行菜单命令"插入"→"特征"→"变形"或单击"特征"工具栏上的 按钮,弹出"变形"属性管理器。

(3)属性设置。在"变形"属性管理器中,将变形类型设为"曲线到曲线";在"变形曲线"区域,在图形区域中选择第一个实体上的曲线为"初始曲线",单击激活"目标曲线"选项框,选择沿第二个实体的边线为"目标曲线",见图6-17。

拖动以重新对齐连接线,生成所需预览,可执行下列操作:①单击两个连接线控制标识之一;②单击连接线控制标识上的方向向量箭头,指针变为 ![] 形状;③单击方向向量以使其指向同一方向。右键单击图形区域中的任意位置,然后选择"显示连接线"。连接线应沿整个周边均匀分布。如果不是这样,重新对齐连接线。(注意:连接线不均匀分布可形成扭曲的几何体)

在变形区域,取消勾选"固定的边线"选项框,勾选"统一"选项框;将"变形误差"值设为10mm;单击激活"要变形的实体"选项框,在图形区域单击选中"凸台-拉伸1"图形,移动"形状精度"滑杆可控制曲面品质。

欲使用相切匹配变形到两个实体,在"形状"选项下选择曲面相切。单击相切方向箭头,直至这两者均指向同一方向。当相切方向箭头正确对齐时,"预览"区域将显示平滑的相切匹配。

(4)完成曲线到曲线变形特征的创建,见图6-16b。操作结果见资源包文件"第6章\范例文件\变形2_曲线到曲线.SLDPRT"。

注意:①变形曲线。允许使用 [+](添加)、[-](删除)及 [<][>](循环)等按钮进行修改。曲线可以是模型(边线或剖面曲线)的一部分或单独的草图。②显示预览。使用线框架(清除)或上色(选择)视图来预览结果。要提高使用大型复杂模型的性能,可在做出所有选择后选择此选项。③变形区域。根据模型的几何体和所需结果,可在任何组合中使用选项 ![](固定曲线/边线/面)、和 。如果在所选选项之间有冲突,那么最新选择的实体将覆盖任何以前选择的相冲突实体。④变形误差(仅当固定的边线已清除并且统一已选择时才可用)。使用变形误差 ![] 值沿初始曲线扫描半径形状的基体,计算确定受影响的区域,生成类似折弯的变形。⑤要变形的实体。如果有一个多实体零件,则可在指定初始实体后添加要变形的实体,仅变形所选实体。⑥形状精度。用于控制曲面品质。默认品质在高曲率区域中可能不足。当移动滑杆到右侧提高精度时,可增加变形特征的成功率。仅在需要时移动滑杆,这是因为提高曲面精度会降低其性能。⑦匹配。用于将变形曲面或面匹配到目标曲面或面边线,有几个具体选项:"无"表示未应用匹配条件;"曲面相切"表示使用平滑过渡匹配面和曲面的目标边线,其下的"反转相切"表示从目标曲线或边线更改曲面或面过渡的方向。设置"曲线方向"时,使用目标曲线的法线形成变形,将初始曲线映射到目标曲线以匹配目标曲线。⑧遇到问题时,比如不能替换几何体等错误信息,在"形状"选项下移动形状精度滑杆,其他解决办法包括添加附加连接线、重新对齐现有连接线等。

第 6 章 实体编辑

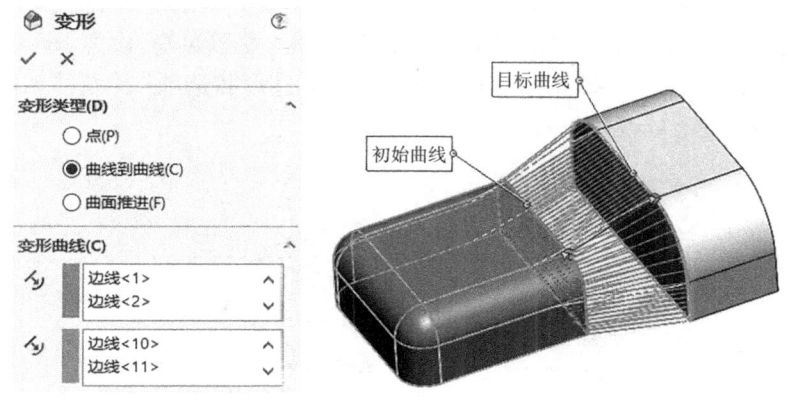

图 6-17 "变形"属性设置

3. 曲面推进变形

曲面推进变形通过使用工具实体曲面替换（推进）目标实体的曲面来改变其形状。可以选择自定义预建的工具实体，如多边形或球面，也可以使用自己的工具实体。目标实体曲面接近工具实体曲面，但在变形前后每个目标曲面（最终目标实体中的面、边线以及顶点数保持不变）之间保持一对一的关系。

创建曲面
推进变形
特征

与点变形相比，曲面推进变形可对变形形状提供更有效的控制，还是基于工具实体形状生成特定特征的可预测方法。在图形区域中使用三重轴标注，可调整工具实体的大小，可设定准确的坐标来定位工具实体，或使用三重轴在图形区域中动态地移动工具实体。也可以选择工具实体的推进方向、要变形的目标实体、一个或多个工具实体以及变形误差值（类似于圆角），以定义目标和工具实体相交处的变形形状。

使用曲面推进变形设计自由形状的曲面、模具、塑料、软包装、钣金以及其他应用，这对合并工具实体的特性到现有设计中很有帮助。下面以图 6-18 为例说明创建曲面推进变形特征的一般过程。

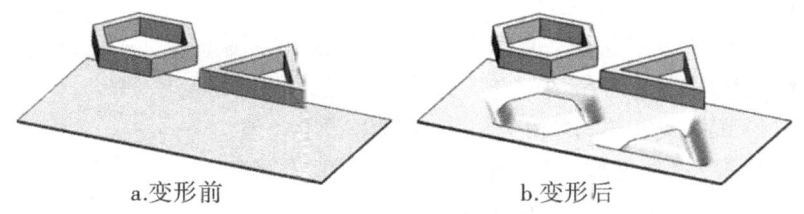

a.变形前　　　　　　　　　b.变形后

图 6-18 曲面推进变形特征

（1）本例将使用多实体零件。打开资源包文件"第 6 章\范例文件\变形 3_初始零件.SLDPRT"，见图 6-18a。

（2）选取命令。执行菜单命令"插入"→"特征"→"变形"或单击"特征"工具栏上的"变形"按钮，弹出"变形"属性管理器。

（3）属性设置。在"变形"属性管理器中，将"变形类型"设为"曲面推进"；在"推进方向"区域，在图形区域中单击模型底板上表面作为"推进方向"，单击"反向"按钮使变形方向箭头朝下;单击激活"要变形的实体"选项框,在图形区域中单击模型底板某处;将"工具实体"设为"选择实体",在图形区单击两个多边形实体;将"变形误差"设为1mm;在"工具实体位置"区域,将"ΔY"值设为-40mm,其他值都设为0;在"形状选项"区域移动滑杆到合适位置;其他选项由系统默认,见图6-19。

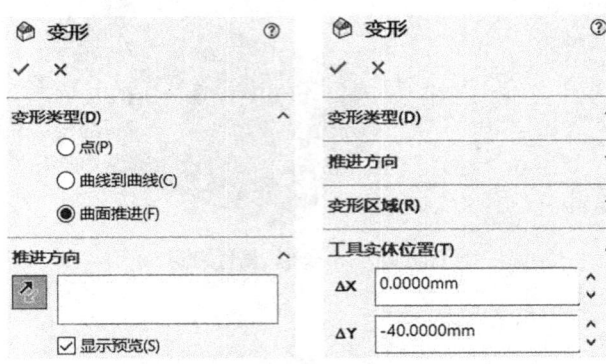

图6-19 曲面推进变形属性设置

(4)完成曲面推进变形特征的创建,见图6-18b。操作结果见资源包文件"第6章\范例文件\变形3_曲面推进变形.SLDPRT"。

注意:①"推进方向"选项用于设定推进(变形)的方向,可选择一条草图直线、直线边线、平面、基准面或两个点或顶点,如果需要,可以单击"反向"按钮。②"要变形的其他面"选项用于添加要变形的特定面,仅限于变形所选面,如果未选择任何面,则整个实体将会受影响。③"要变形的实体"选项用于决定要被工具实体变形的实体,无论工具实体在何处与目标实体相交,或在何处生成相对位移(当工具实体不与目标实体相交时),整个实体都会受影响。④"工具实体"选项用于设定对要变形的实体(目标实体)进行变形的工具实体,供选择的预定义工具实体有多边形、矩形、球形、椭面、椭圆。使用图形区域中的标注来设定工具实体的大小。要使用已生成的工具实体,可从列表中选取"选择实体"选项,然后在图形区域中选择工具实体,见图6-20。⑤"变形误差"选项用于为工具实体与目标面(或实体)的相交处指定圆角状半径值。⑥在"工具实体位置"选项区域,通过输入正确的数值来重新定位工具实体,此方法比使用三重轴更加精确。

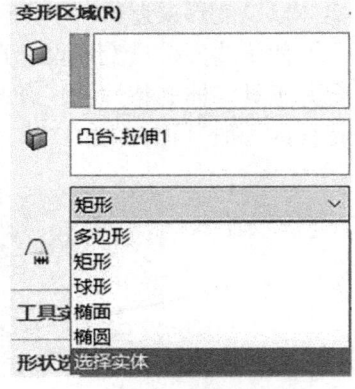

图6-20 工具实体

### 6.1.5 自由形

自由形特征用于修改曲面或实体的面。每次只能修改一个面,该面可以有任意条边线。设计人员可以通过生成控制曲线或点,并推拉控制曲线或点来修改面,对变形进行直接交互式控制。还可以使用三重轴约束推拉方向。可以使用分割线将草图投影到任何面,来生成包含四条边线的面,越是矩形面,结果就越对称。此功能在使用自由形平滑曲面中的褶皱时特别有用。与变形特征相比,自由形可提供更多的方向控制。

自由形Property Manager在生成自由形特征时出现,一次只能修改一个面,面可具有任何边数。自由形特征不会影响模型拓扑,因为它们并不生成额外的面。下面以图 6-21 为例说明创建自由形特征的一般过程。

(1)打开资源包文件"第 6 章\范例文件\自由形_初始零件.SLDPRT"。

(2)创建分割面。选取上视基准面作为草图基准面,绘制图 6-22a 所示草图。执行菜单命令"插入"→"曲线"→"分割线",弹出"分割线"属性管理器,选择"草图 2"作为"要投影的草图";选择模型外表面作为"要分割的面",勾选"单向""反向"选项。完成分割面的创建,见图 6-22b。

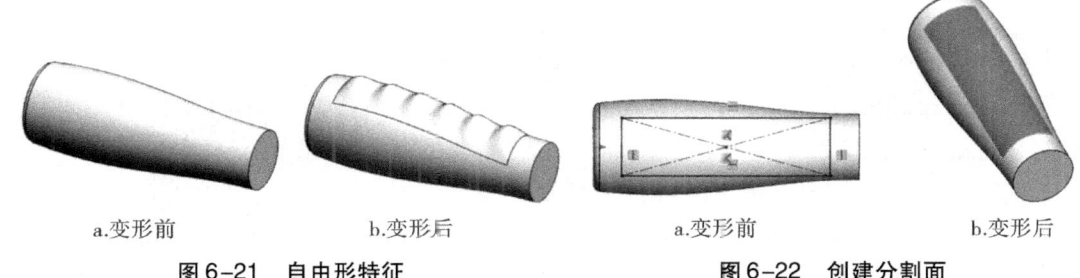

图 6-21 自由形特征　　　　　　　图 6-22 创建分割面

(3)选取命令。执行菜单命令"插入"→"特征"→"自由形"命令或单击"特征"工具栏上的"自由形"按钮,弹出"自由形"属性管理器。

(4)属性设置。单击图形区域中模型分割的面作为"要变形的面";在"显示"区域将"网格密度"值设为 4。

1)添加控制曲线。在"控制曲线"区域,单击"添加点"按钮,单击"反向(标签)"按钮;在图形区域,依照所选面的网格分布,在网格面上添加均匀的控制曲线(图形中以绿色线表示),见图 6-23。创建控制曲线后,右击结束添加控制曲线操作并进入"添加点"模式。

2)添加控制点。在"控制点"区域,单击"添加点"按钮,单击已添加的控制曲线,在曲线中间位置单击,以添加控制点,系统自动在控制曲线上添加两个控制端点,见图 6-24。创建控制点后,右击结束添加控制点操作并进入"修改面"模式。

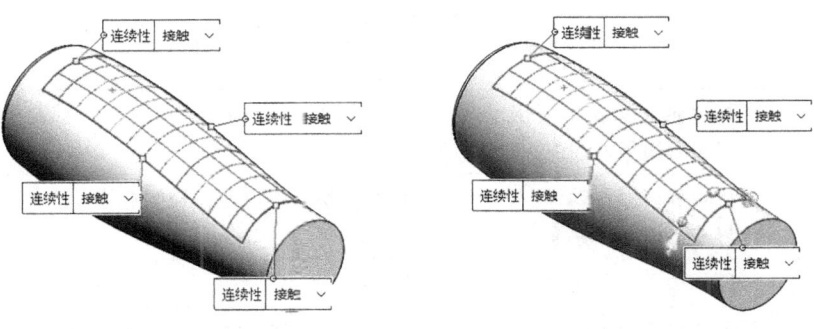

图 6-23 添加控制曲线　　　　　　图 6-24 添加控制点

3)调整控制点的位置。单击已添加控制点的控制曲线,在图形区域的模型上会显示控制点;单击控制点,在"自由形"属性管理器的"控制点"区域将"三重轴 Y 方向"值设为 -4mm。见图 6-25,依次设置各控制点。

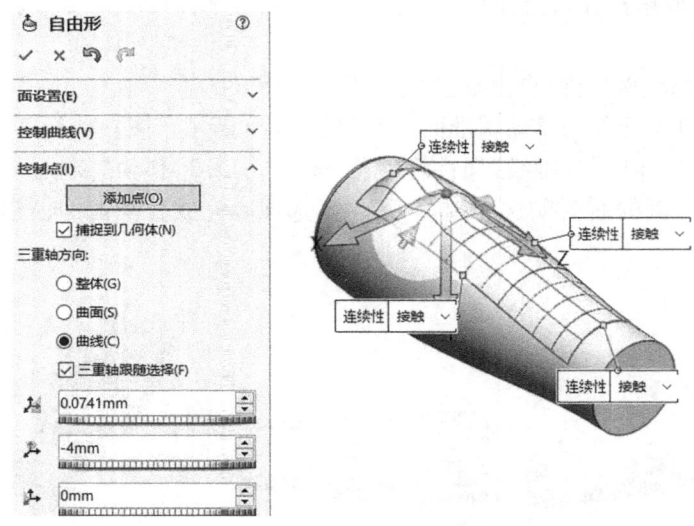

图6-25 添加控制点　　　　　创建自由形特征

4）设定连续性标注。在图形区域,单击"连续性标注"下拉列表,将"连续性"修改为"相切",其他选项由系统默认,见图6-26。

(5)完成自由形特征的创建,见图6-21b。操作结果见资源包文件"第6章\范例文件\自由形_完成.SLDPRT"。

注意:①"连续性标注"用于控制修改面与原始面之间的关系(沿所选边界),具体选项及其说明见表6-1。②调整控制点的位置。单击控制点,在控制点上会显示三重轴(轴心与控制点重合)坐标系,当选择控制点进行拖动并且指针变为时拖动调制三重轴的位置。同时,"自由形"属性管理器的"控制点"区域中会出现三重轴位置设置文本框,其中的设定值用来精确调整三重轴中的 $X$、$Y$ 或 $Z$ 轴的位置。③显示曲率检查梳形图。沿网格线显示曲率检查梳形图,也可以使用快捷菜单切换曲率检查梳形图的显示,见图6-27。

表6-1　连续性标注选项及其说明

| 选项 | 说明 |
| --- | --- |
| 可移动/相切 | 原始边界可以移动,并且会保持它与原始面平行相切。可以使用控制点拖动和修改它。可选择边界控标或控点并拖动 |
| 可移动 | 原始边界可以移动,但不会保持原始面相切。可以使用控制点拖动和修改边界。可选择边界控标或控点并拖动 |
| 接触 | 沿原始边界保持接触。不保持相切关系和曲率。 |
| 相切 | 沿原始边界保持相切。例如,面原来与边界相遇时的角度为10°,则修改后也会保持该角度 |
| 曲率 | 保持原始边界的曲率。例如,面原来沿边界的曲率普通半径为10m,则在修改后会保持相同的半径 |

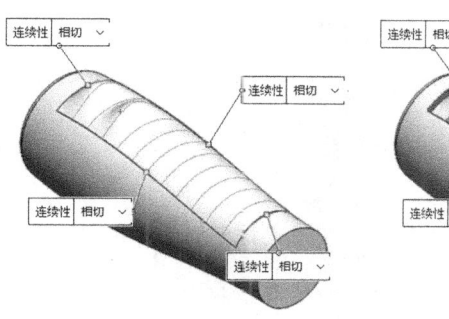
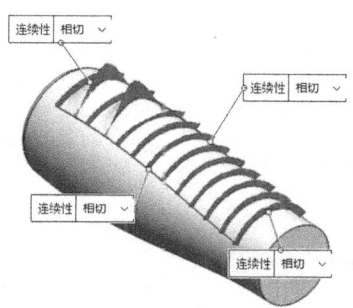

图 6-26　创建的自由形特征　　　图 6-27　曲率检查梳形图

## 6.1.6　压凹

压凹是通过使用厚度和间隙值来生成特征的。压凹特征是指在目标实体上生成与所选工具实体的轮廓非常接近的等距袋套或凸起特征。下面以图 6-28 为例说明创建压凹特征的一般过程。

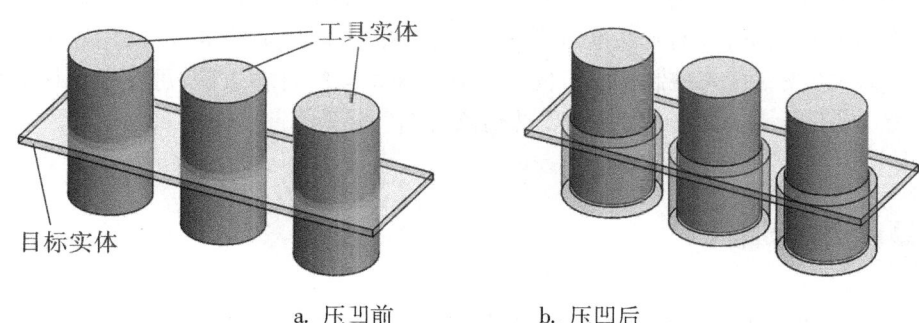

a. 压凹前　　　　　b. 压凹后

图 6-28　压凹特征

（1）打开资源包文件"第 6 章\范例文件\压凹_初始零件 . SLDPRT"。

（2）创建凸台-拉伸 2。选取上视基准面为草图基准面，在草图绘制环境中绘制草图。单击"特征"工具栏上的"拉伸凸台/基体"按钮，在弹出"凸台-拉伸"属性管理器中设置"向下拉伸"，将"深度"值设为 2mm，取消勾选"合并结果"选项，见图 6-29，完成凸台-拉伸特征创建。

（3）选取命令。执行菜单命令"插入"→"特征"→"压凹"或单击"特征"工具栏上的 （压凹）按钮，弹出"压凹"属性管理器。

（4）属性设置。在"压凹"属性管理器的"选择"区域，将图形区域中的"凸台-拉伸 2"设为"目标实体"，将初始零件的 3 个下部分表面设为"工具实体区域"；在"参数"区域，将"厚度"值设为 2mm，将"间隙"值设为 0.5mm，如有必要，单击"反向"按钮；其他选项由系统默认，见图 6-30。

（5）完成压凹特征的创建，见图 6-28b。操作结果见资源包文件"第 6 章\范例文件\压凹_完成 . SLDPRT"。

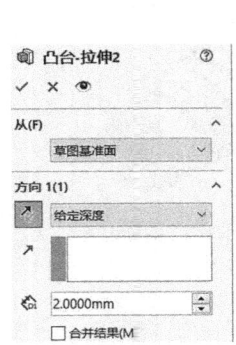 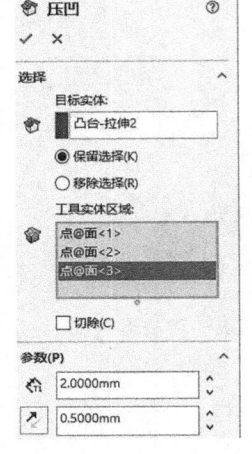 

图 6-29 "凸台-拉伸2"属性设置　　图 6-30 定义目标实体和工具实体　　创建压凹特征

注意：①通过选中"保留选择"或"移除选择"来选择要保留的模型边侧，用这两选项可翻转要压凹的目标实体的边侧。②选择"切除"来移除目标实体 的交叉区，无论其是实体还是曲面。在这种情况下，没有厚度但仍会有间隙。③如果工具实体为曲面，且正在切除材料，则会出现一个操纵杆来控制切除方向。想翻转要切除的材料边侧，可在图形区域中单击操纵杆或在 Property Manager 中选择"反转切除方向"选项。

## 6.2 组合编辑

组合编辑是指将实体组合起来获得新实体特征。下面介绍 3 种组合特征：组合、相交和分割。

### 6.2.1 组合

在多实体零件中可将多个实体组合起来生成一个单一实体零件或另一个多实体零件。只能将同一个多实体零件文件中包含的各个实体进行组合，却无法组合两个单独零件。但是，可以使用"插入零件"创建一个多实体零件，来将一个零件放置到另一个零件文件中，这样就能使用多实体零件上的组合。避免使用组合功能来组合焊件实体。对于使用组合功能创建的实体，经常无法准确计算切割清单属性。

可以添加或减除实体，也可以保留与所选实体通用的材料。组合工具有 3 种形式：①添加。通过"要组合的实体"列表合并多个实体，形成单一实体。在其他 CAD 软件中，这种方式称为"合并"。②删减。通过指定一个"主要实体"和若干个"减除的实体"，其他实体和主要实体重叠的部分将被删除，从而形成单一实体。③共同。通过"组合的实体"列表，保留所有实体中的重叠部分，从而形成单一实体。在其他 CAD 软件中，这种方式称为"求交"。

下面以图 6-31 为例说明创建组合特征的一般过程。

(1) 本例中使用多实体零件。打开资源包文件"第 6 章\范例文件\组合_初始零件.SLDPRT",见图6-31a。

(2)选取命令。执行菜单命令"插入"→"特征"→"组合"或单击"特征"工具栏上的 (组合)按钮,弹出"组合"属性管理器。

(3)属性设置。在"组合"属性管理器中,将"操作类型"设为"共同",在图形区域选择要组合的实体(可预览组合特征)。

(4)完成组合特征的创建。操作结果见资源包文件"第6章\范例文件\组合_完成.SLDPRT"。

注意:①"共同"选项用于在多实体零件中创建一个由多个实体的交叉处所定义的实体。②"添加"选项用于在多实体零件中将多个实体组合起来创建一个单一实体,见图6-32a。③"删减"选项用于在多实体零件中从一个实体中减除一个或多个实体,见图6-32b。将"操作类型"设为"删减"时,需选定"要保留的实体""要移除其材料的实体"选项。

创建组合特征

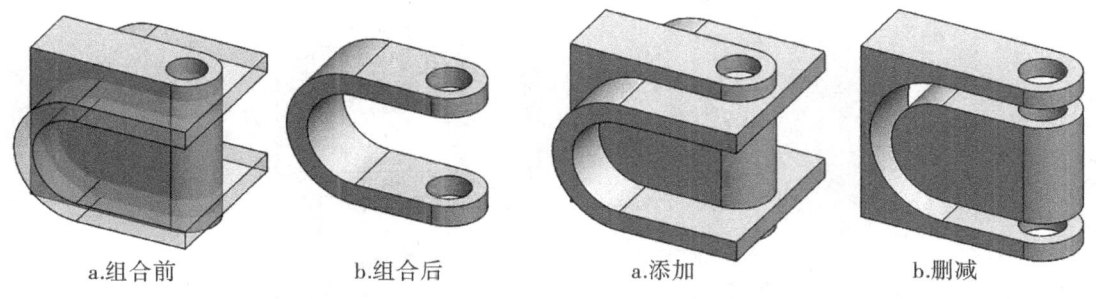

图6-31 组合特征　　　图6-32 不同组合类型

### 6.2.2 相交

可以通过相交实体、曲面或平面来修改现有几何体,或使用相交工具新建几何体。也可以合并利用相交工具定义的实体,或加盖若干曲面以定义闭合体积。下面以图6-33为例说明创建相交特征的一般过程。

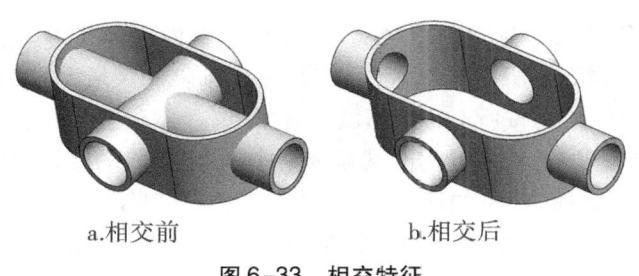

图6-33 相交特征

创建相交特征

(1)本例中使用多实体零件。打开资源包文件"第6章\范例文件\组合_初始零件.SLDPRT",见图6-33a。

(2)选取命令。执行菜单命令"插入"→"特征"→"相交"或单击"特征"工具栏上的

(相交)按钮,弹出"相交"属性管理器。

(3)属性设置。在"相交"属性管理器中,选择要相交的实体、曲面或平面,选中"创建两者"选项,单击"相交"按钮,见图6-34a。在"预览选项"区域单击显示包含和排除的区域,在图形区域选择一个内管道,将从预览中移除突出显示的管道。同时,在"区域列表"中选定该管道对应的区域,见图6-34b。在图形区域选择壳体内的所有管道直到它们从预览中消失。

(4)完成相交特征的创建,见图6-33b。操作结果见资源包文件"第6章\范例文件\相交_完成.SLDPRT"。

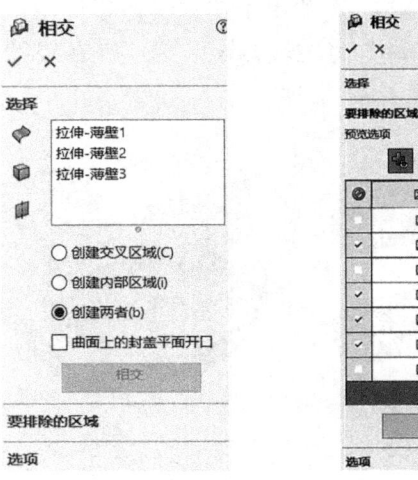

a. "选择"设置　　　　b. "要排除的区域"设置

图6-34　"相交"属性设置

注意:①"创建相交区域"选项用于显示所选项并创建彼此相交的区域。②"创建内部区域"选项用于创建从截面相交内的闭合(空心)包络体并显示内部区域。③"创建两者"选项用于显示所选项并创建相交区域以及内部(空心)区域。④"覆盖曲面上的平面开口"选项。应用该选项,对于带有平坦开口的曲面,在单击"相交"按钮时关闭开口。⑤"区域列表"用于在单击相交后显示可以从最终结果中排除的区域。⑥"显示包含的区域""选项用于显示将其作为实体包含在内的区域,将隐藏所有其他区域。⑦"显示排除的区域"选项用于显示将其作为透明项排除在外的区域,将隐藏所有其他区域。⑧"同时显示包含和排除的区域"选项用于同时显示包含和排除的区域。将包含的区域显示为实体,将排除的区域显示为透明项。⑨"反选"按钮用于清除"区域列表"中的选定区域,然后选择已清除的区域。⑩"合并结果"选项用于形成所包括区域的联合。如有可能,接触的区域将形成一个实体。清除后为所包括的每个区域创建一个单独实体。⑪"消耗曲面"选项用于从零件的FeatureManager设计树中删除曲面。

## 6.2.3 分割

使用分割特征可根据现有零件生成多个零件,可以分割一个或多个实体或曲面实体。分割曲面时剪裁曲面必须延伸到曲面边界以外。下面以图 6-35 为例说明创建分割特征的一般过程。

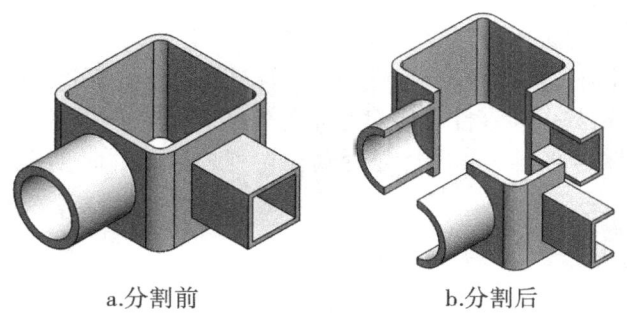
a.分割前　　　　b.分割后

图 6-35　分割特征

创建分割特征

(1)打开资源包文件"第 6 章\范例文件\分割_初始零件.SLDPRT",见图 6-35a。

(2)选取命令。执行菜单命令"插入"→"特征"→"分割"或单击"特征"工具栏上的 ▓ (分割)按钮,弹出"分割"属性管理器(图 6-36a)。

(3)属性设置。在"剪裁工具"区域,在"Feature Manager 设计树"中将前视基准面和右视基准面作为剪裁曲面;单击"切割实体"按钮;在"所产生实体"区域,单击"自动指派名称"按钮,选择 ▓ 图标下要保存的实体。见图 6-36a。

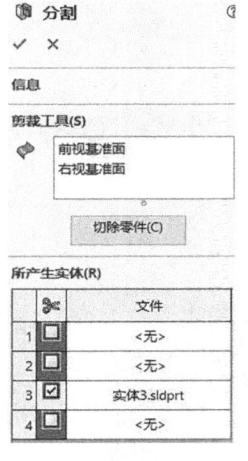
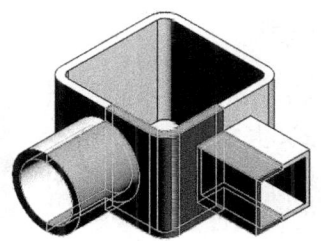

a."分割"属性设置　　　　b. 创建的分割特征

图 6-36　创建分割特征

(4)完成分割特征的创建,见图 6-36b。操作结果见资源包文件"第 6 章\范例文件\分割_完成.SLDPRT"。

(5)执行菜单命令"插入"→"特征"→"移动/复制",弹出"移动/复制实体"属性管理器。将"分割1"设为"要移动/复制的实体";在图形区域,拖动三重轴的 $Z$ 轴和 $X$ 轴到合适位置,见图6-37。完成实体移动,移动后的结果见图6-35b。

注意:①所有已保存的实体将会出现在图形区域,并列在 Feature Manager 设计树的"切割清单"中。软件将自动命名所有实体(可更改名称)。②"消耗切除实体"选项用于将实体从零件中移除。消耗的实体未列举在 Feature Manager 设计树的切割清单"切割清单"中。如果在"所产生实体"区域选择了"消耗切除实体"选项,则在图形区域显示的实体为原始实体减去新零件。如果原始零件中的所有实体都保存为分割实体,则没有实体显示。要查看原始实体,可将 Feature Manager 设计树中的退回控制棒移至分割特征上,或压缩分割特征。③"延伸视象属性"选项用于保留应用到保存零件时创建实体的外观。④"将切割列表属性复制到新零件"选项用于将结构构件的切割列表属性复制到在切割焊件零件时创建的实体。⑤对分割后的实体特征可以删除,见图6-38。

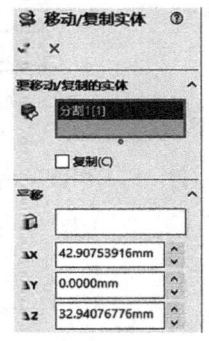 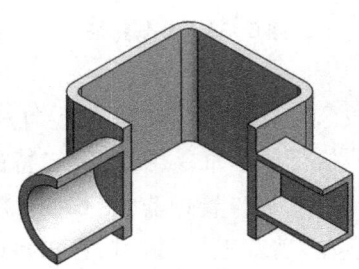

图6-37 移动分割的特征　　　图6-38 删除分割后的特征

## 6.3 阵列编辑

阵列是按线性或圆周阵列复制所选的源特征。可以生成线性阵列、圆周阵列、曲线驱动的阵列、填充阵列,或使用草图点或表格坐标生成阵列。

### 6.3.1 线性阵列

线性阵列是指沿一条或两条直线路径以线性阵列的方式,生成一个或多个特征的多个实例。下面以图6-39为例说明创建线性阵列特征的一般过程。

(1)打开资源包文件"第6章\范例文件\阵列1_初始零件.SLDPRT",见图6-39a。

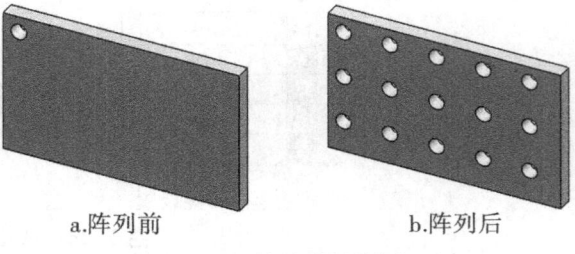

a.阵列前　　　　　b.阵列后

图6-39 线性阵列特征

(2)选取命令。单击"特征"工具栏上的 按钮或执行菜单命令"插入"→"阵列/镜像"→"线性阵列",弹出"线性阵列"属性管理器。

（3）属性设置。在"线性阵列"属性管理器中，在"方向1(1)"区域，将"模型长边线"设为"边线<1>"，选择默认选项"间距与实例数"，将"间距"值设为30mm，将"实例数"值设为5。在"方向2(2)"区域，将"模型短边线"设为"边线<2>"，选择默认选项"间距与实例数"，将"间距"值设为30mm，将"实例数"值设为3。勾选"特征和面"选项，从中将"孔1"设为"要阵列的特征"，其他选项由系统默认，见图6-40。

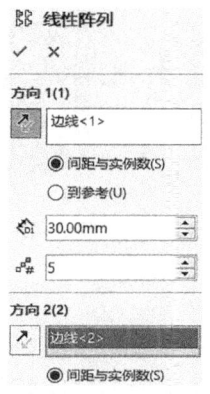
图6-40 "线性阵列"属性设置

创建线性阵列特征

（4）完成线性阵列特征的创建，见图6-39b。操作结果见资源包文件"第6章\范例文件\阵列1_线性阵列-完成.SLDPRT"。

注意：①"阵列方向"选项用于选择线性边线、直线、轴、尺寸、平面的面和曲面、圆锥面和曲面、圆形边线和参考平面。单击"反向"按钮可以翻转阵列方向。②"到参考"选项用于根据选定参考几何图形设定实例数和间距。③"只阵列源"是指只使用源特征而不复制"方向1"的阵列实例来在"方向2"中生成线性阵列，见图6-41。④"延伸视象属性"选项用于将颜色、纹理和装饰螺纹数据延伸给所有阵列实例。⑤"可跳过的实例"列表框用于在生成阵列时跳过在图形区域中选择的阵列实例。当将光标移动到每个阵列实例上时，指针变为小手状，单击以选择阵列实例，则阵列实例的坐标出现，见图6-42。若想恢复阵列实例，再次单击实例即可。⑥"变化的实例"选项。利用它可在阵列方向上设置累计增量，也可修改单个实例，见图6-43。

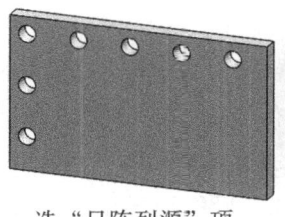
a.选"只阵列源"项

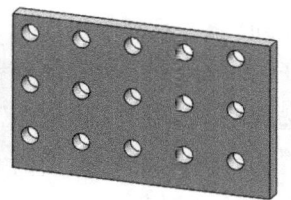
b.未选"只阵列源"项

图6-41 只阵列源选项

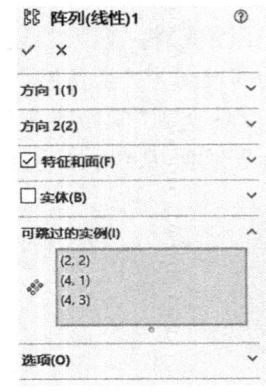
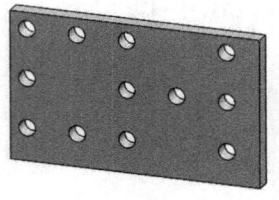

a."阵列（线性）1"属性设置　　b. 线性阵列特征

图6-42　"可跳过的实例"列表框

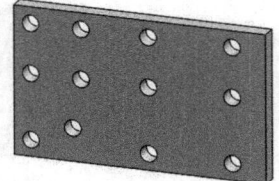

图6-43　变化的实例特征

### 6.3.2　圆周阵列

圆周阵列是指绕一个轴心按照指定的实例总数及实例的角度间距，生成一个或多个特征实体的阵列方式。可以在图形区域选取一个实体作为阵列轴，可以作为阵列轴的实体包括轴、圆形边线、线性边线或线性草图直线、圆柱面或曲面、旋转面或曲面或角度尺寸等。被阵列的实体可以是一个或多个实体。

阵列实例可以继承原始特征的特征颜色，其条件是：①阵列是以一个特征为基础生成的；②阵列的颜色或任何阵列实例上任何面的颜色都没有更改。如果阵列多实体零件，则此特征颜色将不会被继承。

下面以图6-44为例说明创建圆周阵列特征的一般过程。

（1）打开资源包文件"第6章\范例文件\阵列2_初始零件.SLDPRT"，见图6-44a。

（2）选取命令。单击"特征"工具栏上的 （圆周阵列）按钮（在"特征"选项卡"线性阵列"下拉表中），或执行菜单命令"插入"→"阵列/镜像"→"圆周阵列"，弹出"圆周阵列"属性管理器。

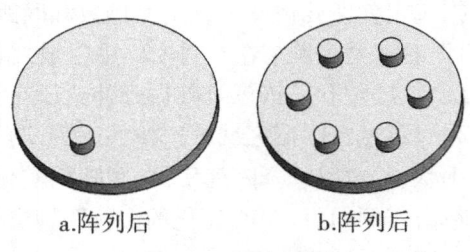

a.阵列后　　　　b.阵列后

图6-44　圆周阵列特征

（3）属性设置。在"圆周阵列"属性管理器中，在"方向1"区域，将"圆柱外圆面"设为"阵列轴"，选择默认选项"等间距"，将"角度"值设为360°，将"实例数" 值设为6。在勾选"特征和面"区域后，将"凸台-拉伸2"设为"要阵列的特征"，其他选项由系统默认。

（4）完成圆周阵列特征的创建，见图6-44b。操作结果见资源包文件"第6章\范例文件\阵列2_圆周阵列-完成.SLDPRT"。

注意：①利用"双向圆周阵列"选项，可以根据源图形在两个方向上以对称或非对称方式创建圆周阵列。当源项目未在阵列圆弧端点上时，该方式尤其有用。可以单独调整每个方向上的角度、实例数和间距设置。"对称"选项用于在两个方向上应用相同的设置，见图6-

45。②"要变化的尺寸特征"选项用于在表格中显示源特征的尺寸。在图形区域内单击要在表格中显示和填入的源特征尺寸。在增量列添加一个值可以增加或减少特征尺寸的大小和形状,见图6-46。

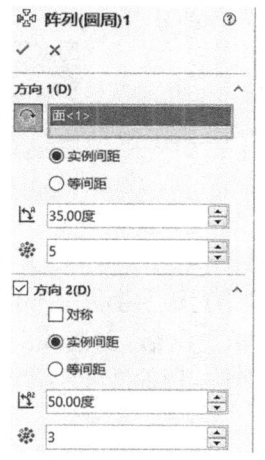
a."阵列(圆周)1"属性设置

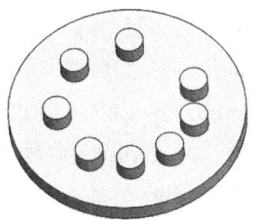
b. 创建的圆周阵列特征

图6-45 双向圆周阵列

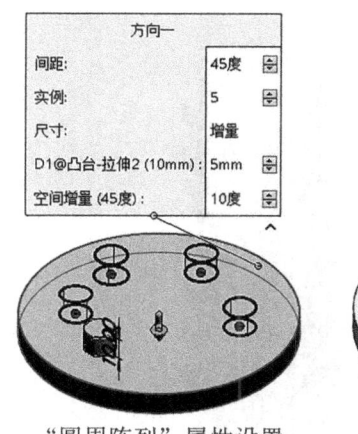
a."圆周阵列"属性设置

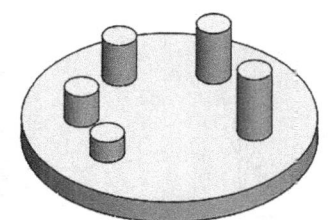
b.创建的圆周阵列特征

图6-46 变化的实例

创建圆周
阵列特征

### 6.3.3 曲线驱动的阵列

曲线驱动的阵列是指沿平面或3D曲线生成阵列。若要定义阵列,可使用任何草图线段,或沿平面的面的边线(实体或曲面)。阵列可基于开环曲线或闭环曲线,如圆。同线性或圆周阵列类型一样,可以跳过阵列实例及从一个或两个方向阵列。下面以图6-47为例说明创建曲线驱动阵列特征的一般过程。

(1)打开资源包文件"第6章\范例文件\阵列3_初始零件.SLDPRT",见图6-47a。
(2)选取命令。执行菜单命令"插入"→"阵列/镜像"→"曲线驱动阵列"或单击"特征"

工具栏上的 ☆（曲线驱动阵列）按钮（在"特征"选项卡"线性阵列"下拉表中），弹出"曲线驱动阵列"属性管理器。

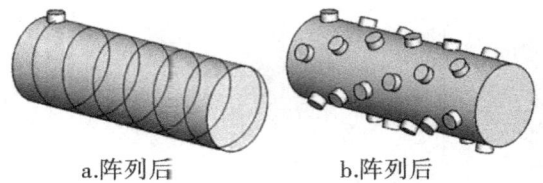

图 6-47　曲线驱动阵列特征

创建曲线驱动阵列特征

（3）属性设置。在"曲线驱动阵列"属性管理器中，在"方向 1(1)"区域，将"螺旋线/涡状线 1"设为"阵列方向"，将"实例数"值设为 30，将"间距"值设为 30mm，将"曲线方法"设为"转换曲线"，将"对齐方法"设为"与曲线相切"；单击激活"面法线"选项框。在图形区域中单击圆柱外表面。在"特征和面"选项区域，将"凸台-拉伸 2"设为"要阵列的特征"，其他选项由系统默认，见图 6-48a。

（4）完成曲线驱动阵列特征的创建，见图 6-47b。操作结果见资源包文件"第 6 章\范例文件\阵列 3_曲线驱动阵列-完成.SLDPRT"。

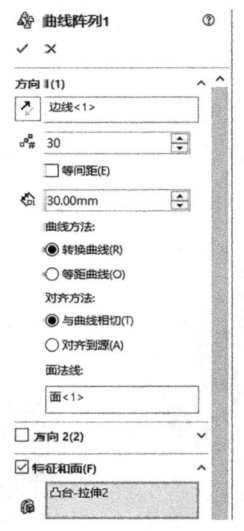

a."由线阵列 1"属性设置

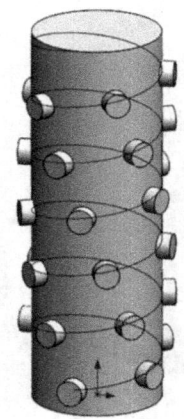

b. 曲线驱动阵列的特征

图 6-48　创建曲线驱动阵列特征

注意：①选中"转换曲线"选项表示从所选曲线原点到源特征的"ΔX""ΔY"的距离均为每个实例保留着。②选中"等距曲线"选项表示每个实例从所选曲线原点到源特征的垂直距离均得以保留。③选中"与曲线相切"选项表示对齐为阵列方向所选择的与曲线相切的每个实例。④选中"对齐到源"选项表示对齐每个实例，以与源特征的原有对齐匹配。⑤选中"面法向"选项表示，只针对 3D 曲线，选取 3D 曲线所处的面来生成曲线驱动的阵列。⑥选中"要阵列的特征"选项表示，如果阵列的特征包括圆角或其他添加项目，可使用弹出的 Feature Manager 设计树来选择这些特征。⑦选中"要阵列的面"选项表示，使用构成特征的面生成阵列。在图形区域中选择特征的所有面。这对于只输入构成特征的面而不是特征本身的模型很有用。当使用"要阵列的面"时,阵列必须保持在同一面或边界内,它不能跨越边界。⑧选中"几何体阵列"选项表示,只使用对特征的几何体(面和边线)来生成阵列,而不阵列和求解特征的每个实例。几何体阵列可加速阵列的生成和重建。对于与模型上其他面共用一个面的特征,不能使用"几何体阵列"选项。

### 6.3.4 草图驱动的阵列

草图驱动的阵列是指使用草图中的草图点可以指定特征阵列。源特征在整个阵列扩散到草图中的每个点。对于孔或其他特征,可以运用由草图驱动的阵列。下面以图6-49为例说明创建草图驱动阵列特征的一般过程。

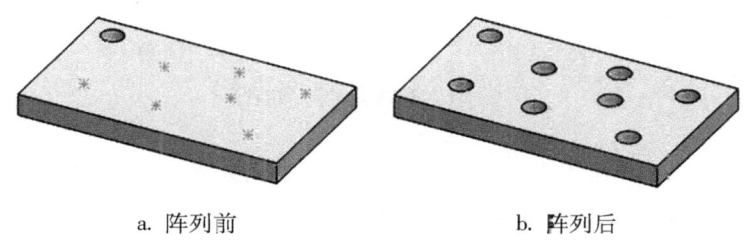

a. 阵列前　　　　　　　　b. 阵列后

图6-49　草图驱动阵列特征

(1)打开资源包文件"第6章\范例文件\阵列4_初始零件.SLDPRT"。

(2)添加草图点。选取模型上表面作为草图基准面,在草图绘制环境中绘制想要创建阵列的草图点,之后退出草图绘制环境。

(3)选取命令。执行菜单命令"插入"→"阵列/镜像"→"草图驱动阵列"或单击"特征"工具栏上的 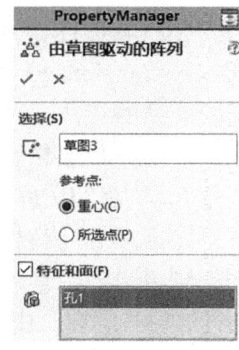(草图驱动阵列)按钮(在"特征"选项卡"线性阵列"下拉表中),弹出"由草图驱动的阵列"属性管理器。

(4)属性设置。在上述属性管理器中,在Feature Manager设计树中将"草图3"设为"参考草图";选择"重心"作为"参考点"。单击激活"特征和面"复选框,在"特征和面"区域选择"孔1"作为"要阵列的特征",其他选项由系统默认,见图6-50b。

(5)完成草图驱动阵列特征的创建,见图6-49b。操作结果见资源包文件"第6章\范例文件\阵列4_草图驱动阵列-完成.SLDPRT"。

图6-50　"由草图驱动的阵列"属性设置

注意:在"参考点"区域,在由草图驱动的阵列中,可使用源特征的重心、草图原点、顶点或另一个草图点作为参考点。如果选择"所选点"选项来确定参考点,则在图形区域中选择 (参考顶点)图标。

创建草图驱动阵列特征

### 6.3.5 表格驱动的阵列

由表格驱动的阵列是指可以使用 X-Y 坐标指定特征阵列。使用 X-Y 坐标的孔阵列是由表格驱动的阵列的常见应用。可以与由表格驱动阵列使用其他源特征（如凸台），还可以保存和装入特征阵列的 X-Y 坐标,并将其应用到新零件。下面以图 6-51 为例说明创建表格驱动阵列特征的一般过程。

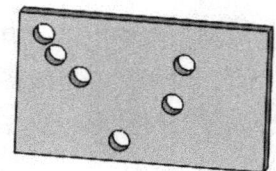

| 点 | X | Y |
| --- | --- | --- |
| 0 | 12.00mm | 10.00mm |
| 1 | 18.00mm | 20.00mm |
| 2 | 30.00mm | 30.00mm |
| 3 | 50.00mm | 60.00mm |
| 4 | 75.00mm | 40.00mm |
| 5 | 80.00mm | 20.00mm |

a. 阵列表格　　　　　　　b. 阵列后

图 6-51　表格驱动阵列特征

(1) 打开资源包文件"第 6 章\范例文件\阵列 5_初始零件.SLDPRT"。

(2) 创建一坐标系。此坐标系的原点成为表格阵列的原点,X 和 Y 轴定义阵列发生于的基准面。单击"特征"工具栏上的 ❑（参考几何体）按钮下拉列表,选择 ❑（坐标系）按钮,创建坐标系。

(3) 选取命令。执行菜单命令"插入"→"阵列/镜像"→"表格驱动阵列",或单击"特征"工具栏上的"表格驱动阵列" ❑（在"特征"选项卡的"线性阵列"下拉表中）,弹出"由表格驱动的阵列"属性管理器。

(4) 属性设置。在"由表格驱动的阵列"属性管理器中,默认将"重心"作为"参考点";在 Feature Manager 设计树选择"坐标系 1"作为"坐标系";在"特征和面"区域,将"孔 1"设为"要阵列的特征",在表格点区域输入坐标值,其他选项由系统默认,见图 6-51a。

(5) 完成表格驱动阵列特征的创建,见图 6-51b。操作结果见资源包文件"第 6 章\范例文件\阵列 5_表格驱动阵列-完成.SLDPRT"。

创建表格驱动阵列特征

注意:①"读取文件"选项用于输入带 X-Y 坐标的阵列表或文字文件。单击"浏览"按钮,选择一阵列表(*.sldptab)文件或文字(*.txt)文件来输入现有的 X-Y 坐标。用于由表格驱动的阵列的文本文件应只包含两个列:左列用于确定 X 坐标,右列用于确定 Y 坐标。两个列应由一分隔符分开,如空格、逗号或制表符。可在同一文本文件中使用不同分隔符组合。不要在文本文件中包括任何其他信息,因为这可引发输入失败。②"参考点"选项用于指定在放置阵列实例时 X-Y 坐标所适用的点。参考点的 X-Y 坐标在阵列表中显示为点 0。③"所选点"选项用于将参考点设定到所选顶点或草图点。对于每个阵列实例,所选的源特征左上方顶点位于表格中指定的 X-Y 坐标处。④"重心"选项用于将参考点设定到源特征的重心。对于每个阵列实例,源特征的重心位于表格中指定的 X-Y 坐标处。X-Y 坐标指的是坐标系统的原点。⑤"坐标系"选项用于确定用来生成表格阵列的坐标系,包括原点。从 Feature Manager 设计树选择所生成的坐标系。

### 6.3.6 填充阵列

通过填充阵列特征,可以选择由共有平面的面定义的区域或位于共有平面的面上的草图。该命令使用特征阵列或预定义的切割形状来填充定义的区域。下面以图6-52为例说明创建填充阵列特征的一般过程。

(1)打开资源包文件"第6章\范例文件\阵列6_初始零件.SLDPRT"。

a.阵列前　　b.阵列后

图6-52　填充阵列特征

(2)创建填充边界。选取模型表面作为草图基准面,在草图绘制环境中绘制草图。

(3)选取命令。执行菜单命令"插入"→"阵列/镜像"→"填充阵列"或单击"特征"工具栏上的(填充阵列)按钮(在"特征"选项卡"线性阵列"下拉表中),弹出"填充阵列1"属性管理器。

(4)属性设置。在"填充阵列1"属性管理器中,选择"草图3"作为"填充边界",将"阵列布局"设为(穿孔),将(实例间距)值设为15mm,将(交错断续角度)值设为0°,将(边距)值设为5mm;勾选"特征和面"复选框,并将其中的"要阵列的特征"设为"切除-拉伸1";其他选项由系统默认,见图6-53。

创建填充阵列特征

(5)完成填充阵列特征的创建,结果见图6-52b。操作结果见资源包文件"第6章\范例结果文件\阵列6-填充阵列-完成.SLDPRT"。

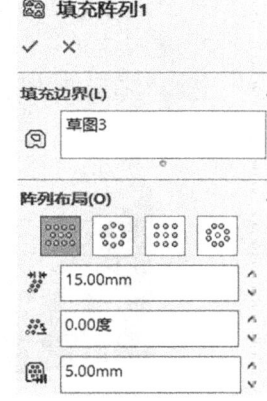

图6-53　"填充阵列1"属性设置

注意:①(填充边界)选项。用于定义要使用阵列填充的区域,可选择草图、面上的平面曲线、面或共有平面的面。如果使用草图作为边界,可能需要选择阵列方向。②"阵列布局"选项。用于确定填充边界内实例的布局阵列。可选择自定义形状进行阵列,或对特征进行阵列。阵列实例以源特征为中心呈同轴心分布。③(实例计数)选项。阵列实例的数量取决于在填充阵列 Property Manager 中的选择。实例计数、阵列特征的尺寸均显示在 Property Manager 和图形区域中。实例计数是无法编辑的从动尺寸。可以在注解、自定义特性和方程式中使用实例计数。④"生成源切"单选项。用于为要阵列的源特征自定义切除形状。⑤预定义的切割形状。可用的预定义切割形状有(圆)、(方形)、(菱形)及(多边形)。可以控制每个形状的参数。如果选择一个顶点,形状源特征将位于顶点处;否则,源特征将位于填充边界的中心。

### 6.3.7 控制和修改阵列

**1. 几何体阵列**

几何体阵列能够被复制,但不能解出阵列特征。终止条件及计算会被忽略。每个实例是源特征的面和边线准确的复制。几何体阵列选项可用于除可变阵列外的所有阵列特征。使用几何体阵列可以提高阵列特征的重建速度,阵列特征的源特征使用的是参考几何体。

下面以图 6-54 为例说明几何体阵列的影响。

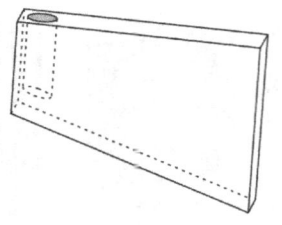 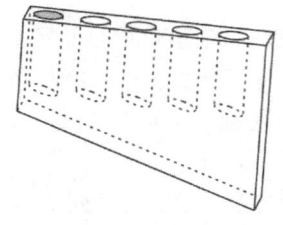 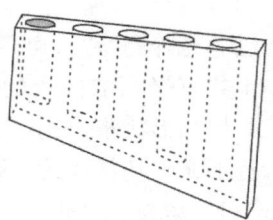

　　a. 到指定面距离的拉伸切除　　　　b. 几何体阵列　　　　c. 非几何体阵列

图 6-54　几何体阵列的影响

本例中,切除使用到指定面指定的距离终止条件来拉伸,底面被选择,见图 6-54a。当几何体阵列被选中时,实例是源特征的准确复制(终止条件被忽略),见图 6-54b。当几何体阵列未被选中时,在每个实例从所选平面等距同样的距离(终止条件被解出),见图 6-54c。

对于具有与零件其他部分合并的特征,不能生成几何体阵列。

2. 随形变化

选择"随形变化"选项可让阵列实例重复时改变其尺寸。下面以图 6-55 为例说明随形变化的影响。

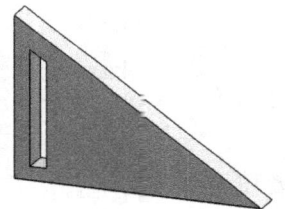 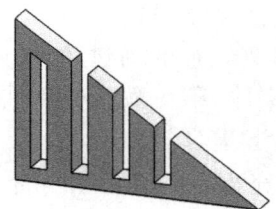 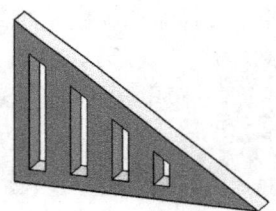

　　a. 要阵列的拉伸切除特征　　　　b. 未应用随形变化　　　　c. 应用随形变化

图 6-55　随形变化的影响

在本例中,源(切除-拉伸)特征往右阵列 4 次。保留阵列实例中源特征的某些尺寸,但允许阵列实例的高度可变化。当未使用"随形阵列"选项时,实例保持不变,无论定义几何体如何,见图 6-55b。当使用"随形阵列"选项时,根据源特征的尺寸和几何关系,实例保留与倾斜边线的几何关系,以及到底边线的宽度和尺寸,高度将有变化,因为在源特征中没有标注其尺寸,见图 6-55c。

要想生成变化的阵列,则源特征在基体零件上的草图应具有的特点是:①特征草图必须限制在定义阵列实例变化的边框内;②特征草图应是完全定义的;③在草图中标注未变化的测量尺寸,并确定不标注在阵列实例中变化的测量尺寸。

在此例中务必设定以下几何关系和尺寸,见图 6-56,因为它们在阵列实例中保持不变:①设定顶层草图线与零件和尺寸(7mm)的倾斜边线平行;②标注零件底层草图线到底层

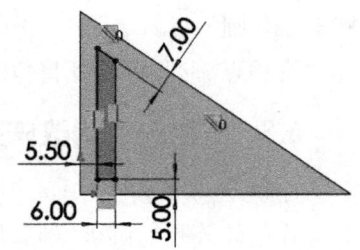

图 6-56　随形变化的草图特点

边线的尺寸(5mm);③标注草图宽度的尺寸(6mm);④不标注草图高度的尺寸,因为要使其在阵列实例中变化;⑤标注草图左下顶点到零件左竖直边线的尺寸(5.5mm),作为阵列方向用尺寸。

## 6.4 实体设计综合训练实例

### 6.4.1 实例1——滚动轴承

滚动轴承是一种标准件,由内圈、外圈、滚动体和保持架组成,在设计中只需采用简化的表达方法。图6-57所示是6204型深沟球轴承,下面介绍其具体创建过程。

1. 新建模型文件

执行菜单命令"文件"→"新建"或单击工具栏上的"新建"按钮,在打开的"新建SOLIDWORKS文件"对话框中,单击 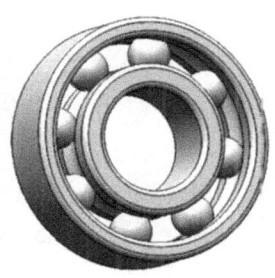(零件)按钮,然后单击"确定"按钮,进入零件建模环境。

图6-57 滚动轴承

2. 创建旋转1

(1)绘制横断面草图。选取前视基准面作为草图基准面,在草图绘制环境中绘制横断面草图。

(2)创建旋转特征。单击"特征"工具栏上的 ▧(旋转凸台/基体)按钮,弹出"旋转"属性管理器。选择草图中心线作为旋转轴线,圆形外的区域为旋转轮廓,其他选项由系统默认,完成旋转特征创建。

3. 创建旋转2

(1)绘制横断面草图。选取前视基准面作为草图基准面,单击左侧"Feature Manager设计树"中的"草图1",单击"草图"工具栏上的 ▧(转换实体引用)按钮,修整草图,删除多余线段,得到新的横断面草图。

(2)创建旋转特征。单击"特征"工具栏上的"旋转凸台/基体"按钮,弹出"旋转"属性管理器,选择草图中的横线作为旋转轴线,取消勾选"合并结果"复选框,其他选项由系统默认,完成旋转特征创建。

4. 创建圆周阵列1

单击"特征"工具栏上的 ▧(圆周阵列)按钮(在"特征"选项卡"线性阵列"下拉表中),弹出"阵列(圆周)1"属性管理器。在该管理器中,将阵列轴设为"轴承外圆面",将"角度"默认为360°,将"实例数"值设为8;将"要阵列的实体"设为"旋转2",其他选项由系统默认,见图6-58a。完成圆周阵列特征创建,见图6-58b。

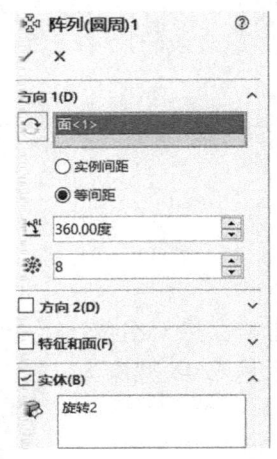
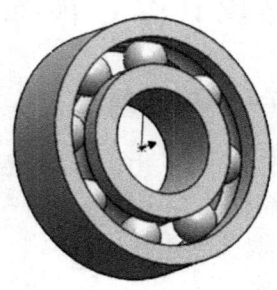

a. "阵列(圆周)1"属性设置　　b. 创建的圆周阵列特征

图 6-58　阵列滚动体

5. 创建圆角特征

（1）单击"特征"工具栏上的"圆角"按钮，弹出"圆角"属性管理器。在图形区域中，单击轴承的两个侧面，选定"要圆角化的项目"，将"半径"值设为 1mm，其他选项由系统默认。完成外圈圆角特征创建。

创建外圈圆角特征

（2）重复上述操作，创建内圈边线的圆角特征，并保存文件。操作结果见资源包文件"第 6 章\范例文件\实例 1-滚动轴承-完成.SLDPRT"。

### 6.4.2　实例 2——柱塞杆

1. 新建模型文件

执行菜单命令"文件"→"新建"或单击工具栏上的"新建"按钮，在打开的"新建 SOLIDWORKS 文件"对话框中，单击"零件"按钮，然后单击"确定"按钮，进入零件建模环境。

2. 创建旋转 1

（1）绘制横断面草图。选取前视基准面作为草图基准面，在草图绘制环境中绘制横断面草图。

（2）创建旋转特征。单击"特征"工具栏上的"旋转凸台/基体"按钮，弹出"旋转"属性管理器。在该管理器中，选择草图下边线作为旋转轴线，其他选项由系统默认。完成旋转特征创建，见图 6-59。

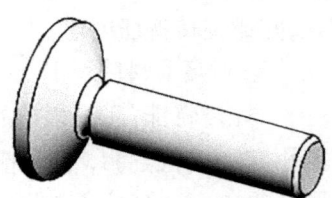

图 6-59　创建的旋转特征

3. 创建圆顶 1

单击"特征"工具栏上的 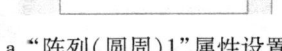（圆顶）按钮，弹出"圆顶"属性管理器。在该管理器中，选择柱塞杆顶部平面作为"到圆顶的面"，将"距离"值设为 3mm，其他选项由系统默认，见图 6-60a。完成圆顶特征的创建（图 6-60b），并保存文件。操作结果见资源包文件"第 6 章\范例文件\圆顶 1-完成.SLDPRT"。

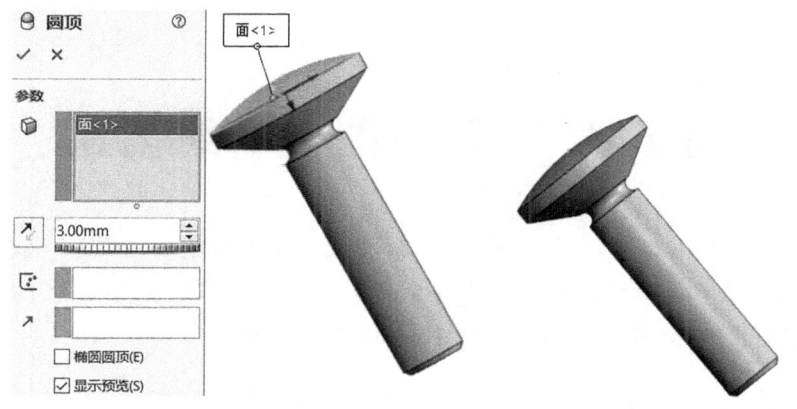

a. "圆顶"属性设置　　　　b. 创建的圆顶特征

图 6-60　创建圆顶特征

创建圆顶特征　　　总结与回顾 6　　　思考与练习 6

# 第7章 3D草图与曲线创建

**学习任务**:掌握3D草图、曲线的创建。3D曲线主要有分割线、投影曲线、组合曲线、螺旋线、涡状线、通过XYZ点的曲线和通过参考点的曲线,应该熟练掌握其绘制方法和技巧。

**知 识 点**:3D曲线、投影曲线、组合曲线、螺旋线和涡状线。

## 7.1 3D草图

### 7.1.1 3D草图与2D草图的区别

在绘制2D草图实体时,所有几何体都绘制在所选草图平面上。在绘制3D草图时,可在空间内创建草图而不局限于一个平面。2D草图绘制中的大部分工具在3D草图中同样可以使用,如直线、圆、圆弧、矩形和剪裁实体等,而等距实体和阵列功能就不能使用。3D草图通常作为扫描路径,用作放样或扫描的引导线、放样的中心线或线路系统中的关键实体。

### 7.1.2 3D草图工具

单击"草图"工具栏上的 3D 草图（3D草图）按钮,或执行菜单命令"插入"→"3D草图",均可进入3D草图环境。图形空间的控标可以帮助在几个基准面上保持方位。在所选基准面上绘制第一点时,会出现空间控标,使用空间控标可以选择轴线沿轴线控制。

注意:默认情况下相对于模型默认的基准面(XY平面)进行绘制,如果要切换到另外两个基准面之一,可单击有关工具按钮,然后按Tab键,见图7-1。

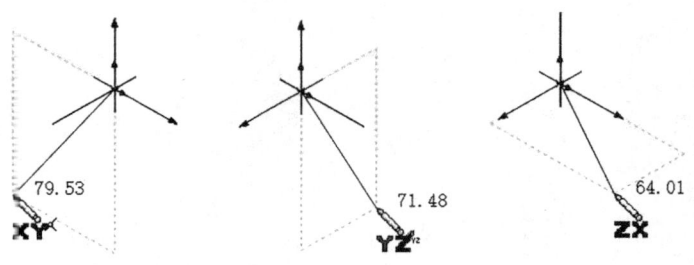

图7-1 基准面切换

在3D草图环境中绘制曲线的方法与2D草图基本一样,如在三个基准面上各绘制一条直线,具体步骤如下:

(1)单击"3D草图"按钮,进入3D草图环境。

(2)单击 (直线)按钮,选择一个点后系统显示一个坐标系和一个基准面(默认XY平面),拖动光标到合适位置并单击,创建一条直线。如果要在 YZ 平面绘制,按 Tab 键,切换到 YZ 平面,拖动光标到合适位置并单击,绘制另一条直线;按 Tab 键,切换到 ZX 平面,拖动光标到合适位置并单击,再绘制一条直线。

(3) 按 Esc 键或右击,在弹出的快捷菜单中选择"选择"命令,退出直线绘制,见图 7-2。要退出 3D 草图绘制,单击右上角的 ▭(退出)按钮即可。

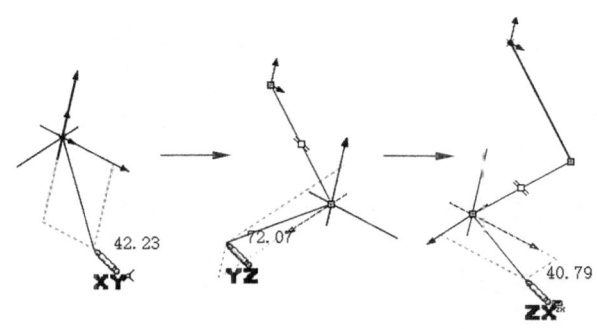

图 7-2 绘制直线

### 7.1.3 3D 草图设计实例

要完成资源包文件"3D 草图绘制"的绘制,需要综合应用 3D 草图中的曲线绘制、曲线编辑、添加何关系和尺寸标注等功能。具体操作步骤如下:

(1) 新建文件,进入设计环境。

(2) 进入 3D 草图环境。

(3) 绘制矩形。矩形的中心在原点;拖动该矩形到合适大小并单击,确定长、宽。

(4) 绘制直线。将指针移动到矩形的某个角点,则在此点上会显示一个坐标系,按 Tab 键,切换到 ZX 平面,在合适位置绘制一条直线;沿 X 轴拖动光标,再绘制一条直线。接着绘制相邻角点的直线。

(5) 绘制圆角。圆角半径设为 10mm,选取 ZX 平面内的相邻直线进行圆角。

设计实例

(6) 重复步骤(4)、(5),绘制矩形另外两个角点的直线并进行圆角。

(7) 绘制两条辅助中心线。选取两条沿 X 轴直线的中点,绘制一条中心线,再以该中心线的中点和原点为端点绘制一条中心。

(8) 添加几何关系。选取最后绘制的中心线,在"添加几何关系"属性管理器的"添加几何关系"选项中单击 ▭ 沿 Z (沿 Z) 按钮,使中心线竖直。选取连接直线中点的中心线,在"添加几何关系"选项中单击 ▭ 沿 Y (沿 Y) 按钮进行约束。这时绘制图形所在平面和矩形所在平面垂直。选取绘制的水平线,添加相等约束。

(9) 标注尺寸。标注矩形的长为 100、宽为 80,标注竖直中心线的长度为 80,选取圆角前直线的交叉点并标注距离为 50。

(10) 绘制直线。绘制沿矩形对角线的四段直线。在矩形的一个角点单击确定一点,然后沿矩形对角线上合适位置单击确定另一点,绘制一条直线。以同样方法绘制其他三条直线。绘制完成后添加约束使四条直线两两相等。

(11) 绘制圆弧。过步骤(10)绘制的四条直线的端点绘制两个圆弧。圆弧圆心为原点，起点为直线的端点，终点为对角线另一端直线的端点。

(12) 标注尺寸。标注圆弧半径分别为 40 和 35。

(13) 变构造几何线。将矩形的实体边线转换为构造线。

(14) 完成草图绘制(名称为"3D 草图 1")并保存文件,见资源包文件"第 7 章\3D 草图绘制.SLDPRT"。

(15) 扫描。再次进入 3D 草图环境中,在圆弧端点处绘制一个直径为 5 的圆(XY 平面内),生成第二个草图(3D 草图 2),以 3D 草图 1 为路径、3D 草图 2 为轮廓(图 7-3)形成扫描特征,见图 7-4。创建好的扫描特征文件见资源包文件"第 7 章\3D 草图绘制-扫描.SLDPRT"。

注意:轮廓必须单独绘制,也就是必须绘制两个 3D 草图才能进行扫描操作。

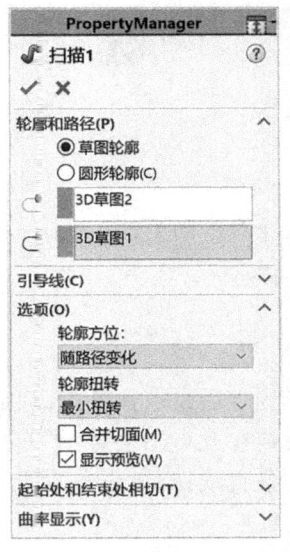

图 7-3 "扫描"属性管理器

图 7-4 扫描结果

## 7.2 曲线

曲线主要在扫描的路径以及曲面创建中使用。曲线的创建方法主要有 6 种,见图 7-5。

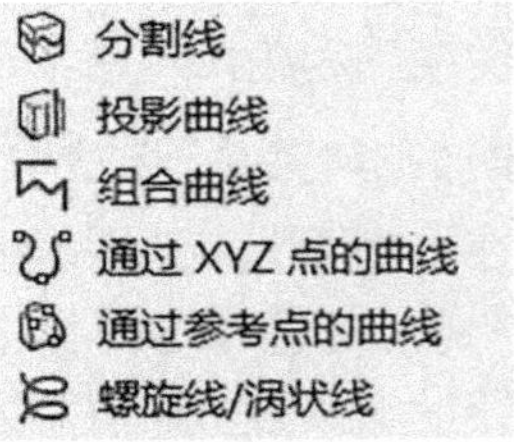

### 7.2.1 分割线

利用"曲线"工具栏上的 分割线(分割线)按钮可将草图投影到曲面或平面上。"分割线"按钮可以将所选面分割为多个分离的面,从而选取每个面,也可将草图投影到曲面实体上。此工具

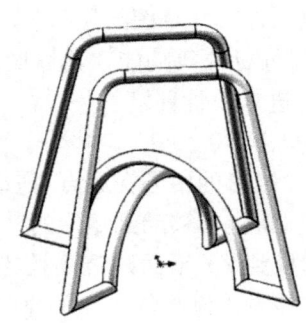

图 7-5 曲线的创建方法

的使用方法是：①投影，即将草图曲线投影到模型表面或曲面上；②轮廓线，即用基准平面、模型表面或曲面相交生成的轮廓作为分割线来分割空间曲面，如圆柱面、球面、不规则曲面等；③交叉点，即以交叉实体、曲面、面、基准面或曲面样条曲线来分割面。

1. 草图曲线投影分割线

(1) 绘制一条要投影为分割线的线条，或打开资源包文件"第 7 章\分割线范例 1-完成.SLDPRT"。

(2) 单击"分割线"按钮，弹出"分割线"属性管理器，见图 7-6。

(3) 在图 7-6 中按照要求进行设置，完成分割线的创建。创建好的文件见资源包文件"第 7 章\分割线范例 1-完成.SLDPRT"。

2. 轮廓分割线

(1) 打开资源包文件"第 7 章\分割线范例 2.SLDPRT"，见图 7-7a。

(2) 单击"分割线"按钮，弹出"分割线"属性管理器，见图 7-8，在"分割类型"中选择"轮廓"。

(3) 在图 7-8 中按照要求进行设置，完成分割线的创建，见图 7-7b。创建好的文件见资源包文件"第 7 章\分割线范例 2-完成.SLDPRT"。

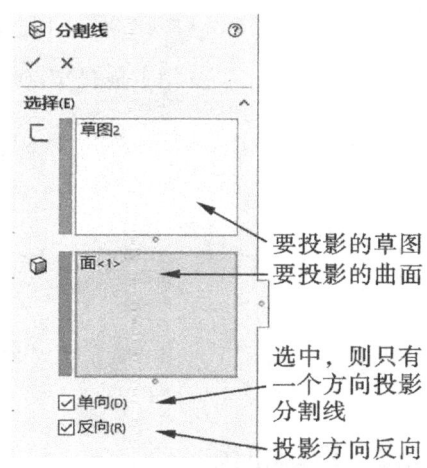

图 7-6 "分割线"属性管理器(1)

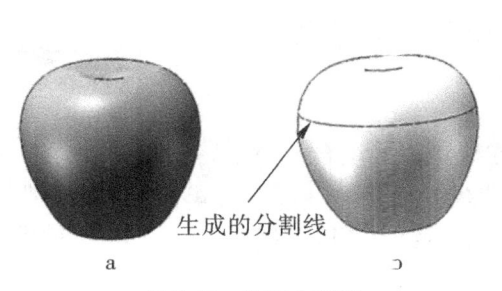

图 7-7 轮廓分割线

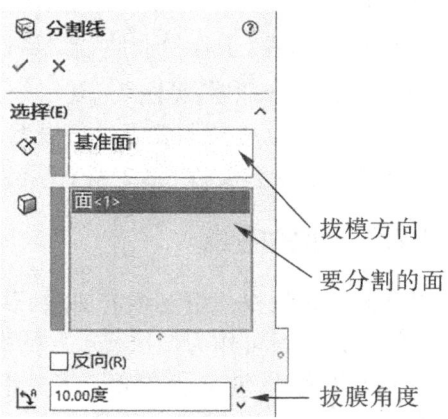

图 7-8 "分割线"属性管理器(2)

3. 交叉点分割线

(1) 打开资源包文件"第 7 章\分割线范例 3.SLDPRT"。

(2) 单击"分割线"按钮，弹出"分割线"属性管理器，见图 7-9。

(3) 在图 7-9 中按照要求进行设置，完成分割线的创建。创建好的文件见资源包文件"第 7 章\分割线范例 3-完成.SLDPRT"。

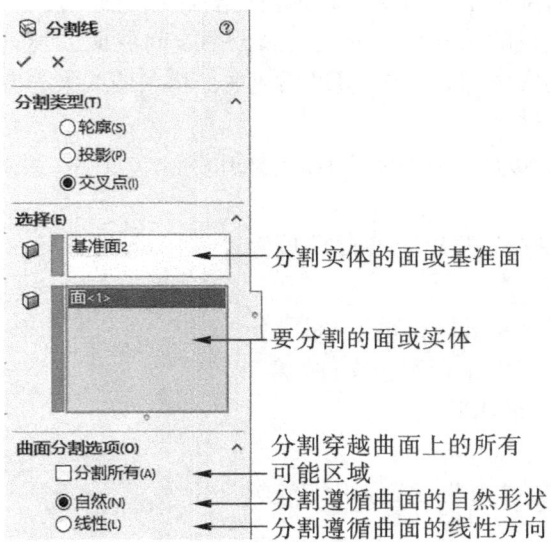

图7-9 "分割线"属性管理器(3)

### 7.2.2 投影曲线

投影曲线是将绘制的草图曲线沿其所在平面的法线方向投影到指定曲面上生成的曲线。投影曲线可作为扫描路径。注意:非草图曲线无法使用"投影曲线"命令。

(1)打开资源包文件"第7章\投影曲线范例.SLDPRT"。

(2)单击"曲线"工具栏上的 投影曲线(投影曲线)按钮,弹出"投影曲线"属性管理器,见图7-10。

(3)在图7-10中按照要求进行设置,完成投影曲线的创建。创建好的文件见资源包文件"第7章\投影曲线范例-完成.SLDPRT"。

### 7.2.3 组合曲线

组合曲线是指将一组连续的曲线、草图或模型边线组合成一条单一曲线。该曲线可作为扫描或放样的引导曲线。

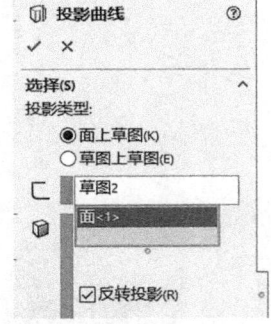

图7-10 "投影曲线"属性管理器

(1)打开资源包文件"第7章\组合曲线范例.SLDPRT",见图7-11a。

(2)单击"曲线"工具栏上的 组合曲线(组合曲线)按钮,弹出"组合曲线"属性管理器,见图7-12。

(3)在图7-12中按照要求进行设置,完成组合曲线的创建,见图7-11b。创建好的文件见资源包文件"第7章\组合曲线范例-完成.SLDPRT"。

(4)利用组合曲线进行扫描。创建一个通过组合曲线端点与曲线垂直的平面,在平面上绘制一个直径为5、圆心为曲线端点的圆,然后扫描。创建好的文件见资源包文件"第7章\组合曲线-扫描.SLDPRT"。

## 第7章 3D草图与曲线创建

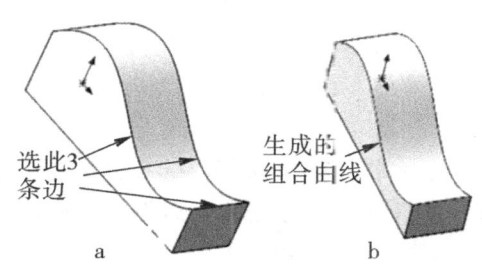

图 7-11 组合曲线

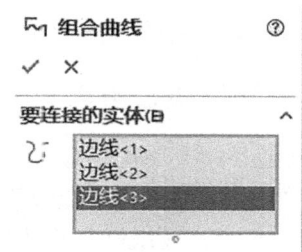

图 7-12 "组合曲线"属性管理器

### 7.2.4 通过 XYZ 点的曲线

"通过 XYZ 点的曲线"是指通过输入一些点的 X、Y、Z 坐标值,将这些点连接成曲线,具体操作步骤如下:

(1)新建一个零件文件。

(2)单击"曲线"工具栏上的 （通过 XYZ 点的曲线）按钮,弹出"曲线文件"对话框,见图 7-13。

(3)输入坐标值。在一个单元格里双击,输入新坐标值。在最后编号行的下一行中双击,添加新的一行。单击"插入"按钮可将新的一行插入到所选行之上。按 Delete 键将选中的行删除。

(4)完成通过 XYZ 点的曲线的创建,见图 7-14。创建好的文件见资源包文件"第 7 章\通过 XYZ 点曲线范例-完成.SLDPRT"。

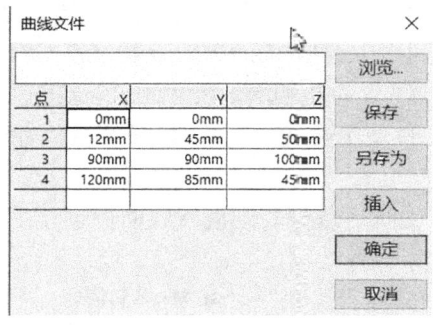

图 7-13 "曲线文件"对话框

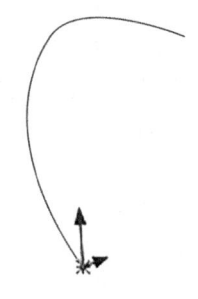

图 7-14 创建的曲线

### 7.2.5 通过参考点的曲线

通过参考点的曲线是指按一定顺序选择一个或多个平面上的草图点或顶点,连接这些点生成曲线。具体操作步骤如下:

(1)打开资源包文件"第 7 章\通过参考点曲线范例.SLDPRT",已经创建好草图点。

(2)单击  通过参考点的曲线（通过参考点的曲线）按钮,弹出"通过参考点的曲线"属性管理器(图 7-15),从中选取顶点和草图点。

(3)完成通过参考点的曲线的创建。创建好的文件见资源包

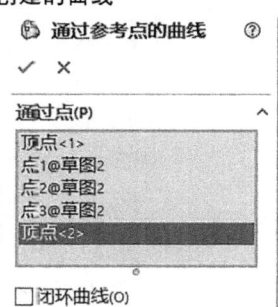

图 7-15 "通过参考点的曲线"属性管理器

文件"第 7 章\通过参考点曲线范例-完成.SLDPRT"。

如果勾选该管理器中的"闭环曲线"复选框,则创建一个首尾相连的封闭曲线。

### 7.2.6 螺旋线和涡状线

这个功能常用于绘制螺纹、弹簧和发条等具有螺旋状、涡状特征的零件。在绘制此类零件时,螺旋线、涡状线可以用作扫描特征的一个路径或引导曲线,或作为放样特征的引导曲线。注意:在创建螺旋线和涡状线前,必须先绘制一个圆或包含单一圆的草图来定义螺旋线和涡状线的横断面。下面介绍创建螺旋线和涡状线的一般过程。

1. 创建螺旋线

(1)新建或打开一个草图,绘制一个圆,用该圆的直径控制螺旋线的直径。配套范例文件见资源包文件"第 7 章\螺旋线范例.SLDPRT"。

(2)单击 螺旋线/涡状线(螺旋线/涡状线)按钮,选择圆草图作为横断面,弹出"螺旋线/涡状线 1"属性管理器(图 7-16)。在其中的"定义方式"下拉列表中选择"螺距和圈数"选项;在"参数"栏中选择"恒定螺距"单选按钮。将"螺距"值设为 20,将"圈数"值设为 10,将"起始角度"值设为 0,选择"顺时针"单选按钮。

(3)完成螺旋线的创建。创建好的文件见资源包文件"第 7 章\螺旋线范例-完成.SLDPRT"。

2. 创建涡状线

(1)新建或打开一个草图,绘制一个圆,用该圆的直径控制涡状线的最内圈(或最外圈)的直径。配套范例文件见资源包文件"第 7 章\涡状线范例.SLDPRT"。

(2)单击"螺旋线/涡状线"按钮,选择圆草图作为横断面,弹出"螺旋线/涡状线"属性管理器(图 7-17)。在其中的"定义方式"下拉列表中选择"涡状线"选项;在"参数"栏中将"螺距"值设为 5,将"圈数"值设为 5,将"起始角度"设为 0;选择"顺时针"单选按钮。

(3)完成涡状线的创建。创建好的文件见资源包文件"第 7 章\涡状线范例-完成.SLDPRT"。

注意:如果勾选图 7-17 中"参数"栏的"反向"复选框,则涡状线向内创建。

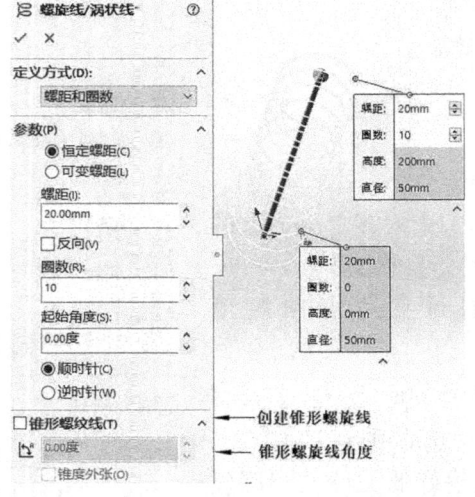
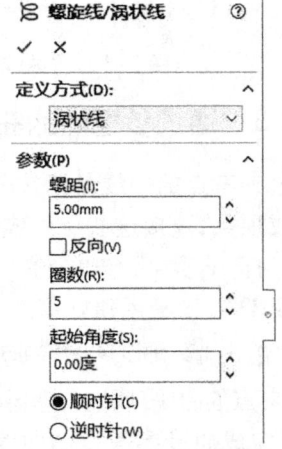

图 7-16　"螺旋线/涡状线 1"属性管理器　　图 7-17　"螺旋线/涡状线"属性管理器

## 7.2.7 3D 曲线实例

**1. 弹簧创建**

（1）打开资源包文件"第 7 章\弹簧范例.SLDPRT"，已经创建了螺旋线和扫描轮廓。

（2）单击"特征"工具栏上的 ![扫描] 按钮，弹出"扫描 1"属性管理器（图 7-18）。按图 7-18 选取螺旋线为路径、草图为轮廓。

（3）完成弹簧的创建。创建好的文件见资源包文件"第 7 章\弹簧范例-完成.SLDPRT"。

创建异形弹簧

**2. 异形弹簧创建**

绘制图 7-19 所示的异形弹簧。具体操作步骤如下：

（1）新建文件，选择前基准平面，绘制草图 1，绘制一个圆心在原点、直径为 100 的圆作为草图 1。

（2）绘制螺旋线。选择圆草图作为横断面，弹出"螺旋线/涡状线 1"属性管理器（图 7-20）。在其中的"定义方式"下拉列表中选择"螺距和圈数"选项；在"参数"栏中选择"恒定螺距"单选按钮，将"螺距"值设为 100，将"圈数"值设为 1.5，将"起始角度"设为 0，选择"顺时针"单选按钮，勾选"锥形螺旋线"复选框，将"锥形角度"设为 45，勾选"锥度外张"复选框，单击图 7-20 左上角的 ✔ 按钮。

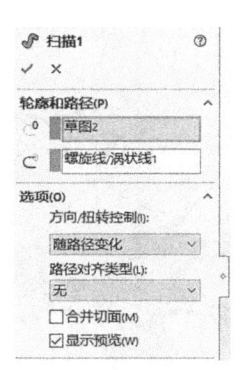
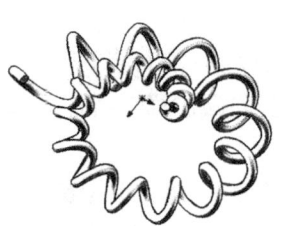
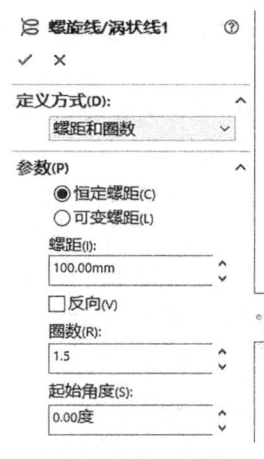

图 7-18 "扫描 1"属性管理器 　　图 7-19 异形弹簧的形状 　　图 7-20 绘制螺旋线的参数

（3）绘制第二个草图。选择上基准平面，在绘制好的螺旋线 1 个端点（起点）绘制直径为 25 的圆，添加圆心与螺旋线约束为"穿透"约束。在绘制好的螺旋线另一个端点（终点）绘制直径为 100 的圆，添加圆心与螺旋线约束为"穿透"约束。

（4）建立凸台放样特征。在"放样"属性管理器中，单击草图 2 中直径为 25 的小圆，在弹出的"选择"管理器中选择"▢"（选择闭环）按钮，作为第一个轮廓，见图 7-21；用同样的方法选取直径为 100 的大圆作为第二个轮廓。以创建的螺旋线作为放样中心线，完成放样 1 特征。

（5）建立 3D 草图 1。选中设计树中的 ![螺旋线/涡状线1] 选项，单击"草图"工具栏上的按钮,将螺旋线转换为 3D 草图 1 的图素。

(6)建立基准面 1。垂直于 3D 草图 1 并过草图端点(大圆圆心)建立一个基准面 1。

(7)绘制草图 4。以基准面 1 为草图平面,绘制一条竖直直线,添加直线下端与 3D 草图 1 的"穿透"约束,标注尺寸为 55。

(8)建立曲面扫描。选择草图 4 作为轮廓,3D 草图 1 作为路径,按图 7-22 设置有关选项,完成曲面扫描,见图 7-22。

(9)建立草图 2。进入 3D 草图状态,选择有关选项,依次选取扫描曲面和放样表面,完成 3D 草图 2 的创建,见图 7-23。

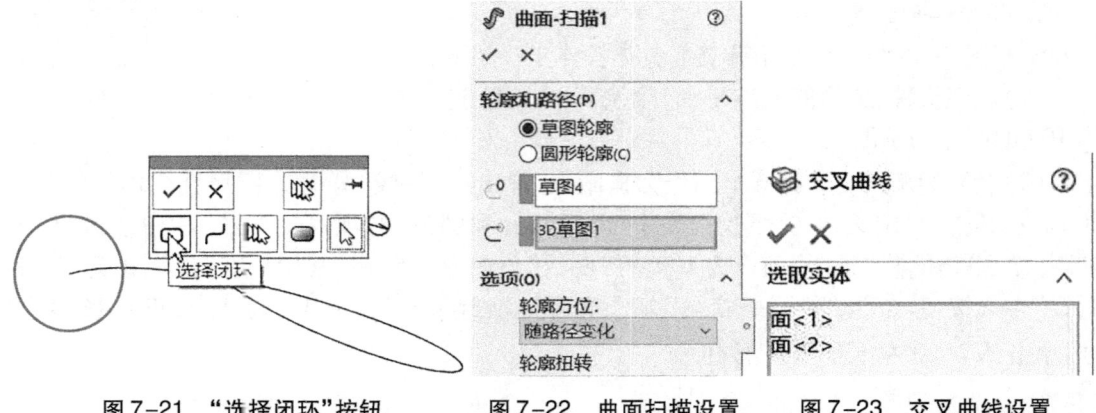

图 7-21 "选择闭环"按钮    图 7-22 曲面扫描设置    图 7-23 交叉曲线设置

(10)建立基准面 2。垂直于 3D 草图 2(交叉曲线)并过 3D 草图 2 端点(大圆的一端)建立一个基准面 2。

(11)绘制草图 5。以基准面 2 为草图平面,绘制一个直径为 15 的圆,添加圆心与 3D 草图 2 的"穿透"约束。

(12)建立扫描。在"扫描"属性管理器中右击,弹出快捷菜单,选择其中的 ◉(隐藏/显示)按钮,隐藏放样 1 特征,以草图 5 为轮廓、3D 草图 2 为路径,完成扫描。

(13)隐藏其他特征。右击扫描的曲面,单击"隐藏/显示"按钮,隐藏曲面。以同样的方法隐藏其他特征。最后结果见图 7-24。注意:隐藏特征的方法是右击特征,在弹出的快捷菜单中单击"隐藏/显示"按钮。如果已经隐藏,单击"隐藏/显示"按钮,则可显示已经隐藏的特征。

图 7-24 隐藏其他特征后的扫描特征

(14)保存文件。创建好的文件见资源包文件"第 7 章\异形弹簧范例-完成.SLDPRT"。

总结与回顾 7    思考与练习 7

# 第 8 章 曲面特征创建

第 8 章课件

**学习任务**：通过 8 个范例，学习创建曲面特征的方法和技巧。
**知 识 点**：曲面零件（拉伸、旋转、扫描等）的创建过程和方法。

SOLIDWORKS 的曲面造型工具对于创建复杂曲面零件非常有用。与一般实体零件相比，曲面零件的创建过程、方法比较特殊，技巧性也很强，掌握起来不太容易。创建曲面用菜单和工具栏见图 8-1。

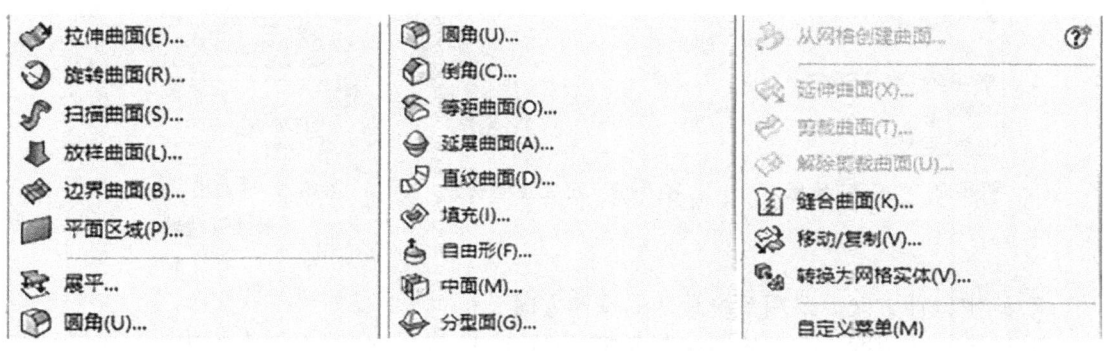

a. 曲面创建菜单

b. 曲面创建工具栏

图 8-1 曲面创建菜单和工具栏

## 8.1 拉伸曲面特征创建

拉伸曲面是指以一基准面或现有平面作为草图绘制平面，选取或绘制拉伸草图截面，沿指定的方向与拉伸长度创建拉伸曲面。下面以图 8-2 为例介绍创建拉伸曲面的一般过程。

（1）打开资源包文件"第 8 章\范例文件\Extrude.SLDPRT"。

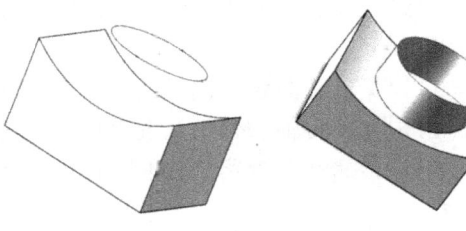

图 8-2 创建拉伸曲面

(2)选择命令。依次执行菜单命令"插入"→"曲面"→"拉伸曲面",弹出"拉伸"信息窗口,见图8-3。

(3)定义拉伸曲线。选取图8-4所示曲线为拉伸曲线,弹出"曲面-拉伸1"属性管理器,见图8-5。

(4)定义深度属性。

1)确定深度类型。在上述属性管理器"方向"区域的下拉列表中选择"成形到下一面"选项,见图8-5。

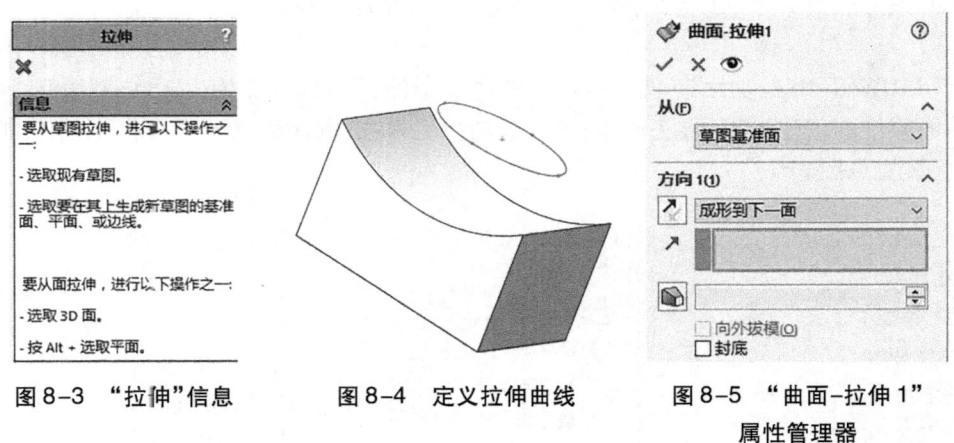

图8-3 "拉伸"信息      图8-4 定义拉伸曲线      图8-5 "曲面-拉伸1"属性管理器

2)确定拉伸方向。采用系统默认的拉伸方向。

3)确定拉伸深度。在上述属性管理器"方向1(1)"区域的文本框中采用默认的拉伸深度,见图8-5。

(5)完成拉伸曲面的创建,创建好的文件见资源包文件"第8章\范例文件\Extrudeok.SLDPRT"。

## 8.2 旋转曲面特征创建

旋转曲面是指选取或创建的旋转草图按指定旋转角度绕旋转轴创建的曲面。下面以图8-6为例介绍创建旋转曲面的一般过程。

(1)打开资源包文件"第8章\范例文件\Rotate.SLDPRT"。

(2)选择命令。依次执行菜单命令"插入"→"曲面"→"旋转曲面",弹出"旋转"信息窗口,见图8-7。

(3)定义旋转曲线。选择曲线为旋转曲线,弹出"曲面-旋转"属性管理器(图8-8)。

(4)定义旋转轴。采用系统默认的旋转轴。

(5)在该属性管理器"方向1(1)"区域中的"旋转角度"文本框中输入"360.00度",见图8-8。

(6)完成旋转曲面的创建,创建好的文件见资源包文件"第8章\范例文件\Rotateok.SLDPRT"。

第 8 章 曲面特征创建    173

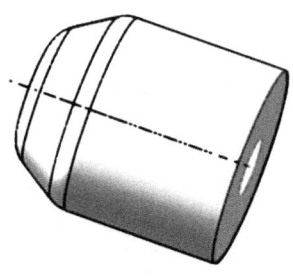
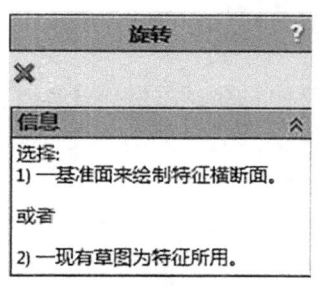
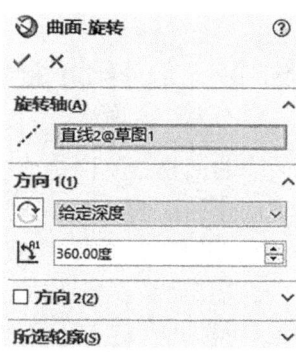

图 8-6 创建旋转曲面　　图 8-7 "旋转"信息窗口　　图 8-8 "曲面-旋转"
属性管理器

## 8.3 扫描曲面特征创建

扫描曲面是指选择或绘制的扫描截面沿着指定的扫描路径扫描创建的曲面，扫描截面、路径可以是封闭的或开放的。下面以图 8-9 为例介绍创建扫描曲面的一般过程。

（1）打开资源包文件"第 8 章\范例文件\Sweep. SLDPRT"。

（2）选择命令。依次执行菜单命令"插入"→"曲面"→"扫描曲面"，弹出"曲面-扫描"属性管理器，见图 8-10。

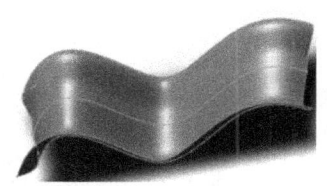
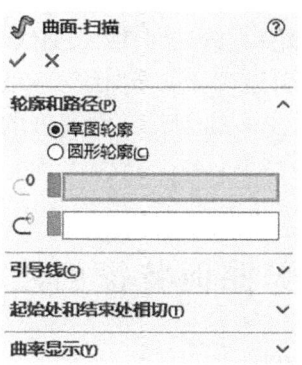

图 8-9 创建扫描曲面　　图 8-10 "曲面-扫描"属性管理器

（3）定义轮廓曲线。选择曲线 1 为扫描轮廓。
（4）定义扫描路径。选择曲线 2 为扫描路径。
（5）完成扫描曲面的创建。创建好的文件见资源包文件"第 8 章\范例文件\Sweepok. SLDPRT"。

## 8.4 放样曲面特征创建

放样曲面是指将两个或多个不同轮廓通过引导线连接生成的曲面。下面以图8-11为例介绍创建扫描曲面的一般过程。

(1)打开资源包文件"第8章\范例文件\Lofted_surface.SLDPRT"。

(2)选择命令。依次执行菜单命令"插入"→"曲面"→"放样曲面",弹出"曲面-放样"属性管理器,见图8-12。

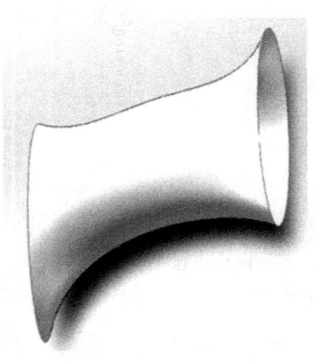 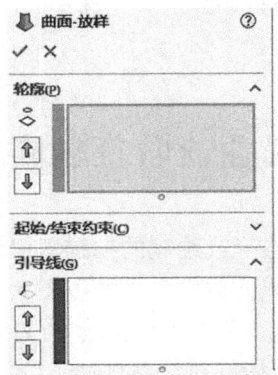

图8-11　创建放样曲面　　　　图8-12　"曲面-放样"属性管理器

(3)定义放样轮廓。选择曲线1、曲线2和曲线3为轮廓。

(4)定义放样引导线。选择曲线4和曲线5为引导线,其他选项设置由系统默认。

(5)完成放样曲面的创建。创建好的文件见资源包文件"第8章\范例文件\Lofted_surfaceok.SLDPRT"。

## 8.5 边界曲面特征创建

边界曲面是指用于生成在两个方向上(曲面的所有边)相切或曲率连续的曲面。由边界曲面创建的曲面的质量往往比由放样曲面创建的曲面高。下面以图8-13为例介绍创建边界曲面的一般过程。

(1)打开资源包文件"第8章\范例文件\Boundary_Surface.SLDPRT"。

(2)选择命令。依次执行菜单命令"插入"→"曲面"→"边界曲面",弹出"边界-曲面2"属性管理器,见图8-14。

(3)定义边界由线。分别取曲线1和曲线2作为该属性管理器"方向1(1)"区域中的边界,分别取曲线3和曲线4作为"方向2(2)"区域中的边界。

(4)完成边界曲面的创建,创建好的文件见资源包文件"第8章\范例文件\Boundary_Surfaceok.SLDPRT"。

第 8 章 曲面特征创建 175

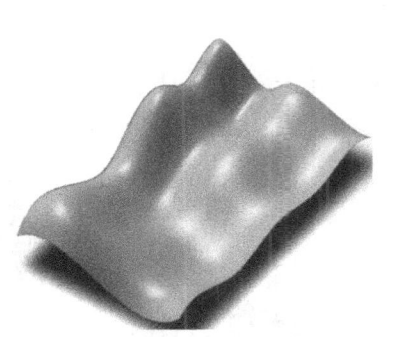

图 8-13 创建边界曲面

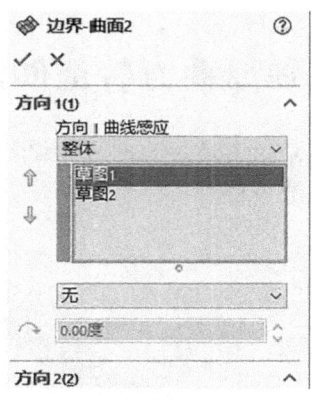

图 8-14 "边界-曲面 2"
属性管理器

## 8.6 直纹曲面特征创建

直纹曲面是指由无穷多数量的线段连接曲面相对侧边线的相应点所组成的曲面。下面以图 8-15 为例介绍创建直纹曲面的一般过程。

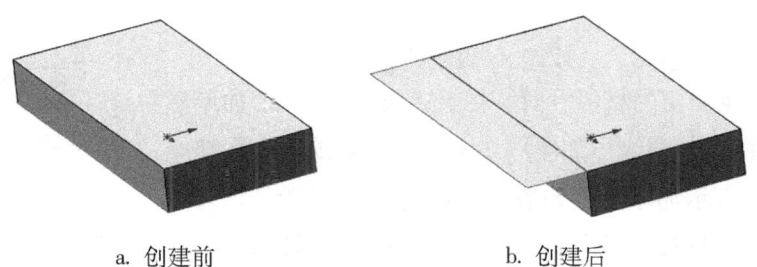

a. 创建前　　　　b. 创建后

图 8-15 "直纹曲面"的创建

(1) 打开资源包文件"第 8 章\范例文件\Straight_grained_Surface. SLDPRT"。

(2) 选择命令。依次执行菜单命令"插入"→"直纹曲面",弹出"直纹曲面 1"属性管理器,见图 8-16。

(3) 选择创建直纹曲面的边线。选择图 8-15a 所示特征左侧长棱线。

(4) 选择创建直纹曲面的的类型。在该属性管理器"类型"区域中勾选"相切于曲面"复选框。

(5) 定义直纹曲面的距离或方向。在该属性管理器"距离"文本框中输入"20"。

(6) 完成直纹曲面的创建。创建好的文件见资源包文件"第 8 章\范例文件\Straight_grainedok. SLDPRT"。

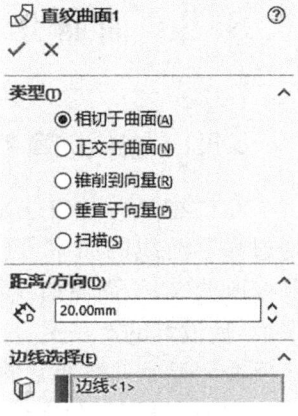

图 8-16 "直纹曲面 1"属性管理器

## 8.7 加厚曲面特征创建

加厚曲面是指由指定曲面来创建较复杂的薄壁几何体。下面以图 8-17 为例介绍创建加厚曲面的一般过程。

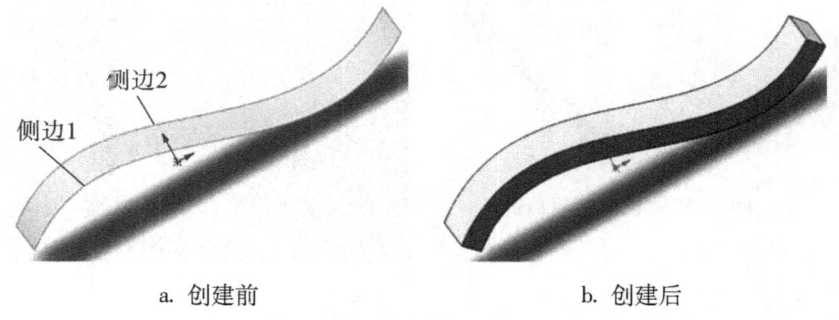

a. 创建前　　　　　　b. 创建后

图 8-17　创建加厚曲面

(1) 打开资源包文件"第 8 章\范例文件\Thicken_Surface. SLDPRT"。

(2) 选择命令。依次执行菜单命令"插入"→"凸台/基体"→"加厚",弹出"加厚 1"属性管理器,见图 8-18。

(3) 定义加厚的曲面。选取图 8-17a 所示的曲面。

(4) 选择加厚曲面的材料方向。在上述属性管理器"加厚参数"区域中,选择 ▤ 按钮表示加厚侧边 1,选择 ▤ 按钮表示加厚两侧边,选择 ▤ 表示加厚侧边 2;在 ↕ 文本框中输入"5"。

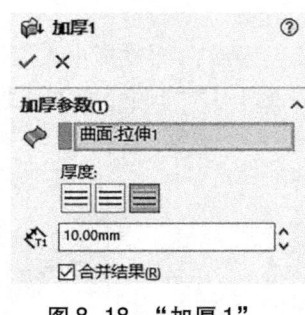

图 8-18　"加厚 1"属性管理器

(5) 完成加厚曲面的创建。创建好的文件见资源包文件"第 8 章\范例文件\Thickenok. SLDPRT"。

## 8.8 曲面分析

### 8.8.1 曲线曲率的显示

在创建曲面时曲线是形成曲面的基础。通过显示曲线的曲率,用户可以方便地查看和修改曲线,从而使曲线很光滑,得到良好的曲面,使设计的产品更完美。下面以图 8-19 为例介绍显示曲线曲率的一般过程。

(1) 打开资源包文件"第 8 章\范例文件\Curve_curvature. SLDPRT"。

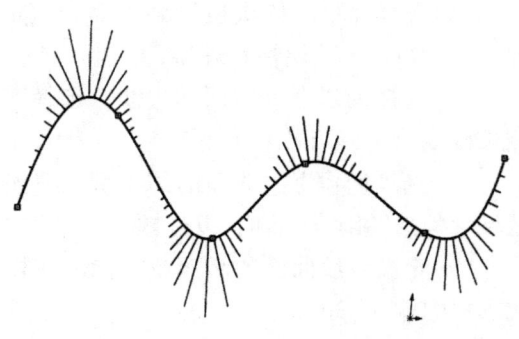

图 8-19　显示曲线曲率

(2) 在图形区域选取图 8-19 所示的样条曲线,弹出"样条曲线"属性管理器(图 8-20)。

(3) 在"分割线"属性管理器中,"比例"选项用于定义曲率的比例,可拖动"比例"区域中的轮盘来改变比例值;"密度"选项用于定义曲率的密度,可拖动"密度"区域中的滑块来改变密度值。

(4) 在"样条曲线"属性管理器的"选项"区域中勾选"显示曲率"复选框,弹出"曲率比例"属性管理器(图 8-21)。

图 8-20 "样条曲线"属性管理器

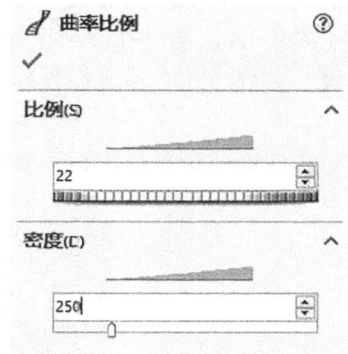
图 8-21 "曲率比例"属性管理器

(5) 定义比例和密度。在图 8-21 中,在"比例"文本框中输入"22",在"密度"文本框中输入"250"。

(6) 完成显示曲线曲率的操作。创建好的文件见资源包文件"第 8 章\范例文件\Curve_curvatureok. SLDPRT"。

### 8.8.2 曲面曲率的显示

在曲面生成后,为确定曲面是否达到设计要求,非常有必要对曲面的一些特性(如半径、反射和斜率)进行评估。下面以图 8-22 为例说明显示曲面曲率的一般过程。

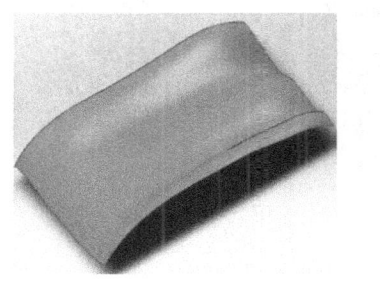
a. 显示前

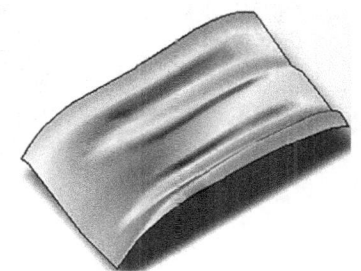
b. 显示后

图 8-22 显示曲面曲率

(1) 打开资源包文件"第 8 章\范例文件\Surface_curvature. SLDPRT"。

(2) 选择命令。依次执行菜单命令"视图"→"显示"→"曲率",在图形区域立即显示曲面的曲率图。注意:显示曲面的曲率后,当指针移动到曲面上时,系统会显示指针所在点的位置的曲率和曲率半径;冷色表明曲面的曲率较低,如黑色、紫色和蓝色;暖色表明曲面的曲率较高,如红色和绿色。

### 8.8.3 曲面斑马条纹的显示

下面以图 8-23 为例说明显示曲面斑马条纹的一般过程。

(1)打开资源包文件"第 8 章\范例文件\Surface_curvature. SLDPRT"。

(2)选择命令。依次执行菜单命令"视图"→"显示"→"斑马条纹",弹出"斑马条纹"属性管理器(图 8-24),同时在图形区域显示曲面的斑马条纹图。

(3)设置参数。在上述属性管理器中,选中"水平条纹"单选按钮,其他选项设置由系统默认。

(4)完成曲面的斑马条纹显示操作。

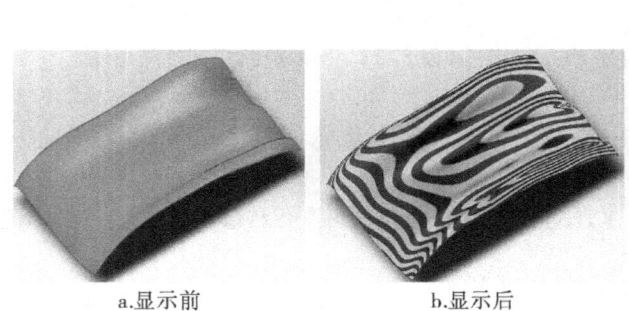

图 8-23　显示曲面斑马条纹

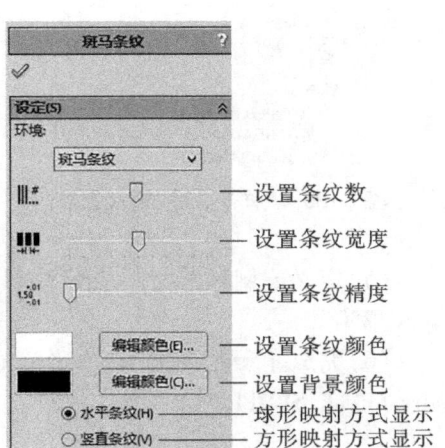

图 8-24　"斑马条纹"属性管理器

随堂练习 8

总结与回顾 8

思考与练习 8

# 第9章 曲面编辑

第9章课件

**学习任务**：通过多个范例文件,学习曲面编辑。
**知 识 点**：曲面编辑(曲面的延伸、曲面的裁剪、等距曲面等)。

## 9.1 曲面的延伸

曲面的延伸是指将曲面的一边沿一个方向延长确定的距离,或延长到某个特定的基准,延伸部分曲面与原始曲面的类型可以相同也可以不同。下面通过实例来介绍曲面的延伸。

1. 使用边线作为"延伸的边线/面"

(1)创建草图并生成旋转曲面(图9-1)。

(2)单击"特征"工具栏上的 延伸曲面 按钮,或依次执行菜单命令"插入"→"曲面"→"延伸曲面",在弹出的"延伸曲面"属性管理器"拉伸的边线/面"区域拾取瓶口的边线并设置参数(图9-2),完成延伸曲面特征创建,见资源包文件"第9章\范例文件\Rotate_surface.SLDPRT"。

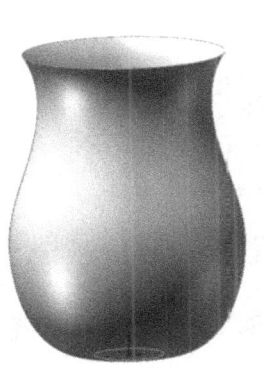

图9-1 旋转曲面特征　　图9-2 "延伸曲面"属性管理器

注意,在"延伸曲面"属性管理器的"延伸类型"区域提供了两种延伸类型:"同一曲面"单选按钮,选中表示沿着曲面的几何体延伸曲面;"线性"单选按钮,选中表示沿边线相切于原有曲面的方向来延伸曲面。不同的"延伸类型"会影响生成的延伸曲面的形状。完成结果见资源包文件"第9章\范例文件\9.1.1、9.1.2 和 9.1.3_Extension.SLDPRT"。

2. 使用面作为"延伸的边线/面"

使用曲面作为延伸对象,完成的延伸结果见资源包文件"第9章\范例文件\9.1.4、

9.1.5 和 9.1.6_Extension. SLDPRT"。注意,在"延伸曲面"属性管理器"终止条件"区域中的有 3 个选项按钮:"距离"单选按钮,选中表示按给定的距离来定义延伸长度;"成形到某一点"单选按钮,选中表示将曲面延伸到一个指定的点;"成形到某一面"单选按钮,选中表示将曲面延伸到一个指定的终止面。

## 9.2 曲面的剪裁

曲面的剪裁是指通过曲面、基准面或曲线等剪裁工具对相交的曲面进行剪切,它类似于实体的切除功能。

1. 使用"标准"剪裁类型

(1)创建好要用的剪裁工具和要被剪裁的曲面,见图 9-3。完成结果见资源包文件"第 9 章\范例文件\Tailoring_surface. SLDPRT"。

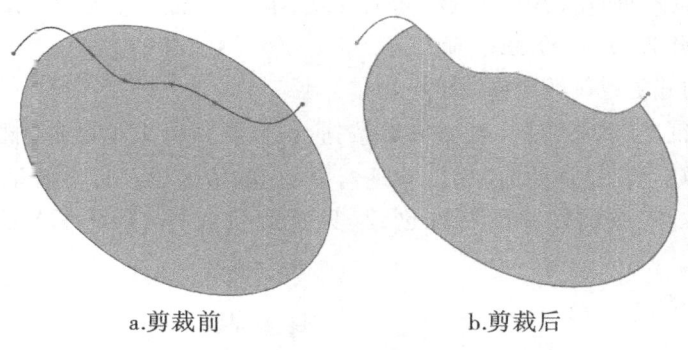

a.剪裁前　　　　　　b.剪裁后

图 9-3　剪裁曲面

(2)单击"特征"工具栏上的 剪裁曲面 按钮,或依次执行菜单命令"插入"→"曲面"→"剪裁曲面",弹出"剪裁曲面"属性管理器。在"剪裁曲面"属性管理器"剪裁类型"区域中选择"标准"单选按钮,在"剪裁工具"区域中选择绘制好的曲线,然后选择"移除选择"按钮,并选择需要移除的部分完成剪裁。完成结果见资源包文件"第 9 章\范例文件\9.2.1、9.2.2 和 9.2.3_Tailoring. SLDPRT"。

注意,选择"曲面分割"区域中的不同选项,会生成不同的剪裁效果,见图 9-4。

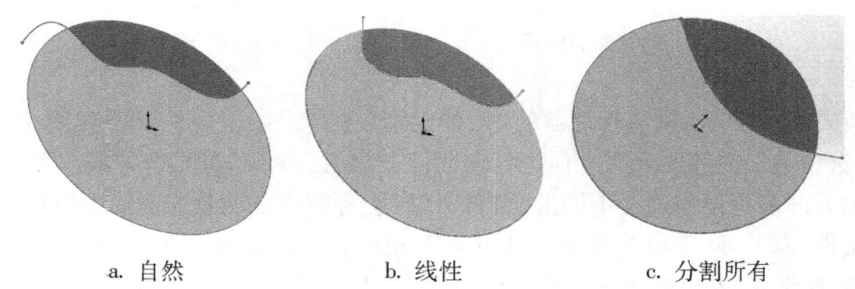

a. 自然　　　　　　b. 线性　　　　　　c. 分割所有

图 9-4　选择不同选项形成的不同剪裁效果

## 2. 使用"相互"剪裁类型

(1)创建两个相交的曲面,见图9-5。完成结果见资源包文件"第9章\范例文件\9.2.4、9.2.5_ Intersection_surface. SLDPRT"。

(2)单击"特征"工具栏上的 <sub>剪裁曲面</sub> 按钮,弹出"剪裁曲面"属性管理器。在其中的"剪裁类型"区域中选择"相互"单选按钮;在图形区域选择相交的两个曲面,选中"移除选择"单选按钮,并选择需要移除的部分完成剪裁,见图9-6。完成结果见资源包文件"第9章\范例文件\9.2.6_ Intersection_surface. SLDPRT"。

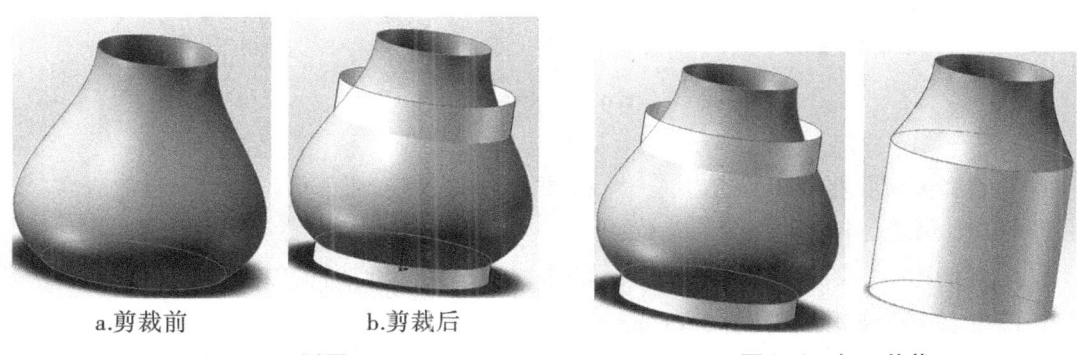

图9-5　原图　　　　　　　　　　　图9-6　相互剪裁

注意,"剪裁曲面"属性管理器的"剪裁类型"区域提供两种剪裁类型:"标准"单选按钮,选中表示使用曲面、草图、曲线和基准面等剪裁工具来剪裁曲面;"相互"单选按钮,选中表示使用相交曲面的交线来剪裁两个曲面。其中的"选择"区域包括:"剪裁工具"文本框,单击该文本框,可在图形区域选择曲面、草图、曲线或基准面作为裁剪其他曲面的工具;"保留选择"单选按钮,选中表示选择要保留的部分;"移除选择"单选按钮,选中表示选择要移除的部分。其中的"曲面分割"区域包括:"分割所有"复选框,勾选表示显示曲面中的所有分割;"自然"单选按钮,选中表示使边界边线随曲面形状变化;"线性"单选按钮,选中表示使边界边线随剪裁点的线性方向变化。

## 9.3　解除剪裁曲面

使用解除剪裁曲面工具,通过沿自然边界延伸现有曲面来修补曲面上的洞及外部边线,或按所给百分比来延伸曲面的自然达界,还可连接端点来填充曲面。解除剪裁曲面工具适用于所生成的任何输入曲面或曲面。注意,解除剪裁曲面用于延伸现有曲面;而曲面填充则用于生成不同的曲面,在多个面之间应用修补、使用约束曲线等。

(1)打开资源包文件"第9章\范例文件\ 9.3.1_Tailoring_surface. SLDPRT",单击要解除剪裁的曲面零件,见图9-7。

(2)单击"曲面"工具栏上的 <sub>解除剪裁曲面</sub> 按钮。完成结果见资源包文件"第9章\范例文件\9.3.2、9.3.3_ Tailoring_surface. SLDPRT"。

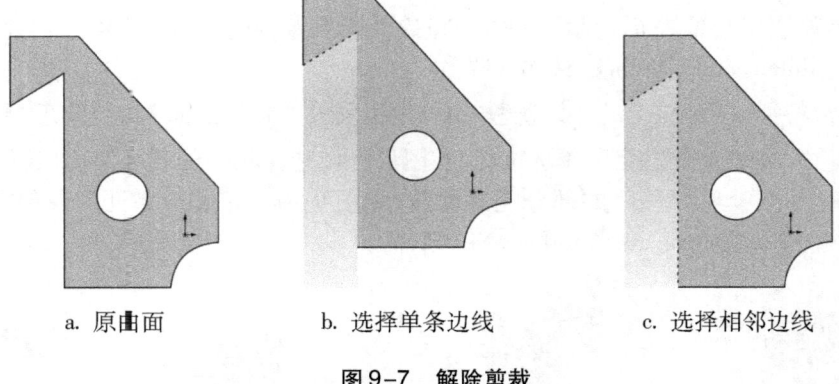

　　a. 原曲面　　　　　　b. 选择单条边线　　　　　c. 选择相邻边线

图 9-7　解除剪裁

　　(3)选择要解除剪裁的面或边线。注意,根据所选边线,曲面可延伸到其自然边界。若要约束边线,请选择相邻边线。

　　(4)延伸边线。如果选择图 9-8 所示的边线,曲面将延伸到其自然边界。同时调整 的值,即曲面延伸到其自然边界的百分比。

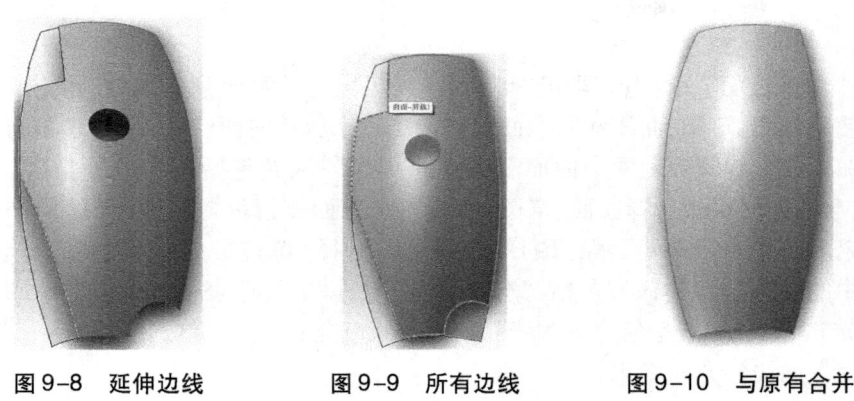

　　图 9-8　延伸边线　　　　图 9-9　所有边线　　　　图 9-10　与原有合并

　　(5)可接受默认的"延伸边线"为边线解除剪裁类型,将所有边线延伸到其自然边界。也可先选择两条边线后选择连接端点,见图 9-9。若想生成与原有曲面合并的曲面延伸,则应勾选"与原有合并"复选框,见图 9-10。若想生成新的单独曲面实体,取消勾选"与原有合并"复选框。原有曲面和新曲面实体均出现在 FeatureManager 设计树中。

　　(6)完成解除剪裁曲面,结果见资源包文件"第 9 章\范例文件\9.3.4、9.3.5、9.3.6_Tailoring_surface.SLDPRT"。

## 9.4　等距曲面

等距曲面是指将选定曲面沿其法线方向偏移给定距离后所生成的曲面,创建步骤如下:
(1)打开资源包文件"第 9 章\范例文件\9.4.1_Offset.SLDPRT"。

(2)依次执行菜单命令"插入"→"曲面"→"等距曲面",弹出"等距曲面"属性管理器(图9-11)。

(3)在已打开文件的曲面上点选若干曲面,并在"反向"按钮右侧的文本框中输入要偏移的距离,可单击"反向"按钮并观察不同的预览效果,见图9-12和图9-13。完成结果见资源包文件"第9章\范例文件\9.4.2、9.4.3_Offset.SLDPRT"。

(4)完成等距曲面特征的创建,结果见图9-14,注意完成后的曲面和预览曲面的区别。完成结果见资源包文件"第9章\9.4.4_fin.SLDPRT"。

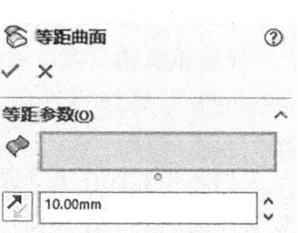

图9-11 属性管理器

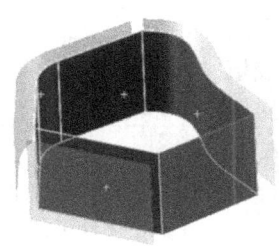  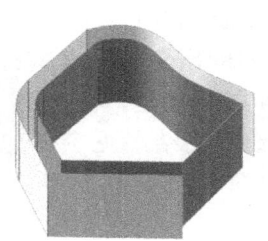

图9-12 预览效果1　　图9-13 预览效果2　　图9-14 完成图

## 9.5 平面区域

平面区域是指通过一个非相交、单一轮廓的封闭边界来生成平面。其中,单一轮廓是指组成轮廓的二维曲线是一个整体。平面区域曲面特征的创建步骤如下:

(1)打开资源包文件"第9章\范例文件\9.5.1_Plane.SLDPRT"。

(2)依次执行菜单命令"插入"→"曲面"→"平面区域",弹出"平面"属性管理器(图9-15)。

(3)单击选择已打开文件中的草绘曲线。

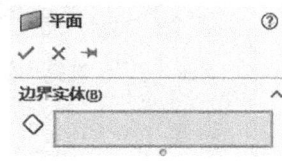

图9-15 "平面"属性管理器

(4)完成平面区域曲面特征的创建。创建好的文件见资源包文件"第9章\范例文件\9.5.2_fin.SLDPRT"。

## 9.6 填充曲面

填充曲面是指将现有模型的边线、草图或曲线定义为边界,在其内部构建任何边数的曲面修补。填充曲面特征的创建步骤如下:

(1) 打开资源包文件"第9章\范例文件\9.6.1_fill.SLDPRT"。

(2) 依次执行菜单命令"插入"→"曲面"→"填充曲面",弹出"填充曲面"属性管理器(图9-16)。曲面填充形式主要有如下两种:

1) 单一封闭图元。单击选中圆柱的内圆弧曲线(图9-17),完成填充曲面的创建,此时创建的填充曲面是个平面。也可在"边线设定"区域的下拉列表中选择"相切"选项,得到图9-18所示的预览效果,若方向不对,可单击"反转曲面"按钮切换预览曲面方向,进而完成填充曲面特征的创建。

2) 非单一封闭图元。依次点选空心圆柱的外圆曲线和实心圆柱的外圆曲线,并确保在上述下拉列表中选择"相切"选项,得到图9-19所示的预览效果(未勾选"预览网格"复选框),进而完成填充曲面特征的创建。

最终完成结果见资源包文件"第9章\范例文件\9.6.2、9.6.3、9.6.4_fin.SLDPRT"。

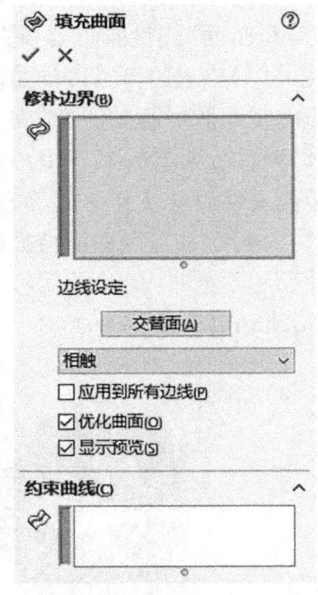

图9-16 "填充曲面"属性管理器

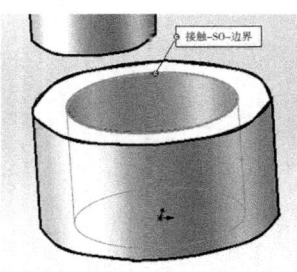

图9-17 选择内圆弧曲线

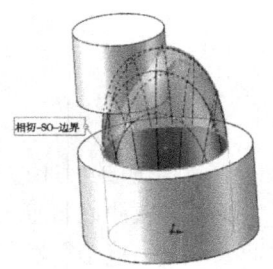

图9-18 预览效果(1)

图9-19 预览效果(2)

## 9.7 删除面与替换面

### 9.7.1 删除面

删除面是指从曲面实体删除面,或从实体中删除一个或多个面来生成曲面,并且可以在从曲面实体或实体中删除一个面的同时自动修补和剪裁实体。下面以实例来介绍删除面工具的用法。范例文件见资源包文件"第9章\范例文件\9.7.1.SLDPRT、9.7.2_Delete.SLDPRT"。

1. 从曲面实体删除面

单击"曲面"工具栏上的 ⊗ (删除面)按钮,或依次执行菜单命令"插入"→"面"→"删除",弹出"删除面"属性管理器。在图形区域,单击要删除的面,面的名称出现在 ▦ (要删除的面)按钮下,在"选项"区域单击"删除"按钮,完成面的删除,见图 9-20。

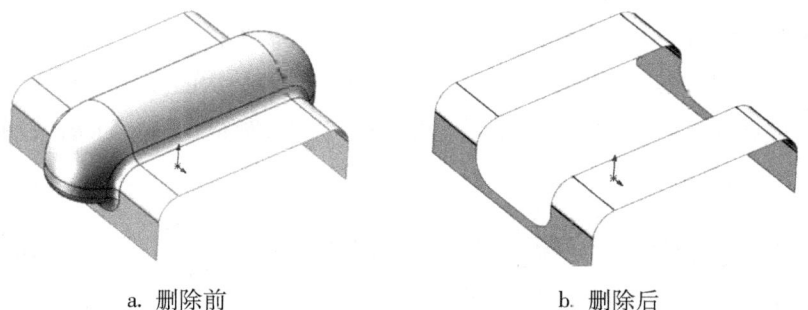

a. 删除前　　　　　　　　　b. 删除后

图 9-20　曲面实体删除面

2. 删除和修补曲面实体上的面

重复上面的特征创建步骤,在"选项"区域,单击"删除和修补"按钮,完成面的删除,要删除的面就会消失,相邻面延伸并生成一个完整曲面,见图 9-21。范例文件见资源包文件"第 9 章\范例文件\9.7.3.SLDPRT、9.7.4_Delete.SLDPRT"。

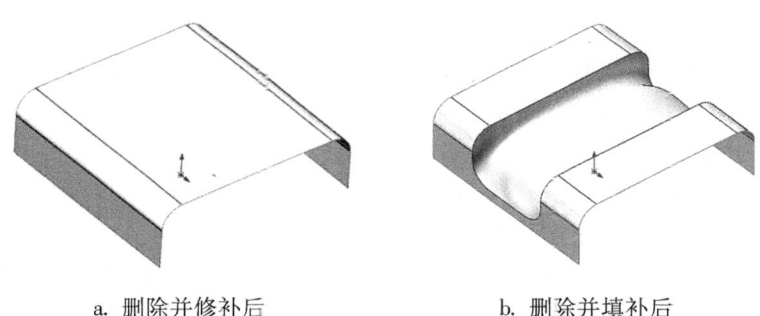

a. 删除并修补后　　　　　　b. 删除并填补后

图 9-21　修补和填补面

3. 删除并填充曲面

(1)重复上面的特征创建步骤,在"选项"区域,单击"删除和填充"按钮,系统将删除这些面,并用一个单一面来替换。

(2)完成面的删除,并被单一未扩断的曲面填充,见图 9-22。范例文件见资源包文件"第 9 章\范例文件\9.7.5.SLDPRT、9.7.6_Delete.SLDPRT"。

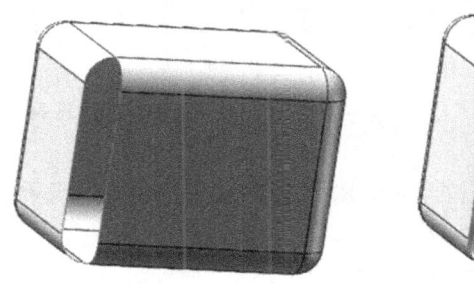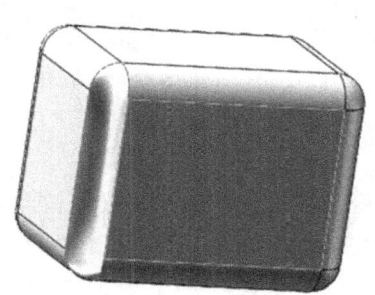

a. 删除和填充前　　　　　　b. 删除和填充后

图 9-22　删除和填充

#### 4. 从曲面实体删除面并生成曲面

（1）使用一实体，单击"曲面"工具栏上的"删除面"按钮，弹出"删除面"属性管理器。

（2）在图形区域，单击要删除的面，在"选项"区域单击"删除"按钮，完成面的删除，要删除的面消失，新的删除面1曲面实体被添加到 FeatureManager 设计树的曲面实体文件夹内，见图9-23。范例文件见资源包文件"第9章\范例文件\9.7.7. SLDPRT、9.7.8_Delete. SLDPRT"。

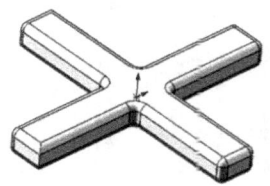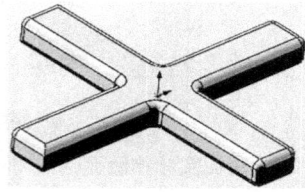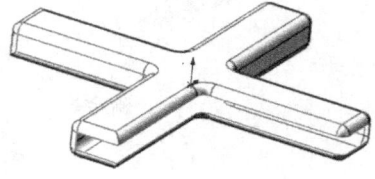

图9-23 从曲面实体删除面并生成曲面

### 9.7.2 替换面

使用 替换面 按钮，可以用新曲面实体替换曲面或实体中的面。替换曲面实体不必与旧的面具有相同的边界。替换面时，原来实体中的相邻面自动延伸并剪裁到替换曲面实体。下面以实例来介绍"替换面"按钮。范例文件见资源包文件"第9章\范例文件\ 9.7.9 和 9.7.10_Replace. SLDPRT"。

**1. 以一曲面实体替换一组相联的面**

（1）确认替换曲面实体比正替换的面要宽且长。

（2）单击"曲面"工具栏上的"替换面"按钮，或依次执行菜单命令"插入"→"面"→"替换"，弹出"替换面"属性管理器。在"目标面"区域中选择要替换的面。要替换的面必须相连，但不一定相切。在"替换曲面"区域中选择用来替换的曲面，完成特征创建，见图9-24。

（3）被选中的相邻面会被曲面替换，并被剪裁延伸以实现套合。新的面被剪裁以套合原来实体的相邻面，见图9-25。

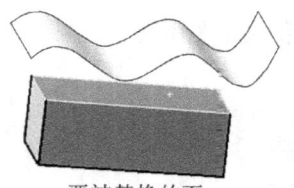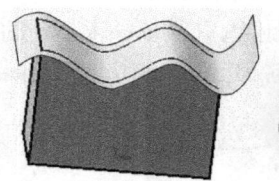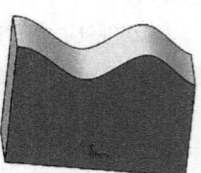

a.要被替换的面　　　b.用来替换的曲面　　　a.替换曲面后　　　b.隐藏替换面

图9-24 曲面的选取　　　　　　　图9-25 结果图

（4）如果替换曲面仍然可见，单击右键选择"隐藏"命令，将替换曲面隐藏。

**2. 以曲面实体替换一组以上相连的面**

（1）单击"曲面"工具栏上的"替换面"按钮，弹出"替换面"属性管理器后，在 （目标面）区域中依次选择要被替换的面组，见图9-26。范例文件见资源包文件"第9章\范例文件\ 9.7.11 和 9.7.12_Replace. SLDPRT"。

(2) 在 (替换曲面) 区域中按先后顺序为两组目标面选择替换曲面。注意,在替换一组以上相连的面时,必须按替换目标面的序选择替换曲面。

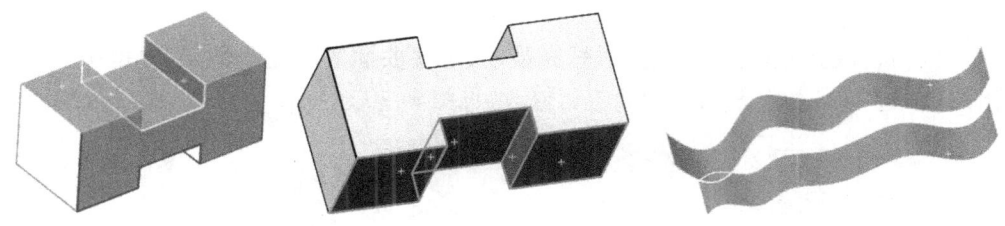

图 9-26　曲面选择

(3) 完成替换面特征创建。注意到面被替换,原来实体的相邻面被剪裁并延伸,以便套合。新的面被剪裁,以套合原来实体的相邻面,见图 9-27。

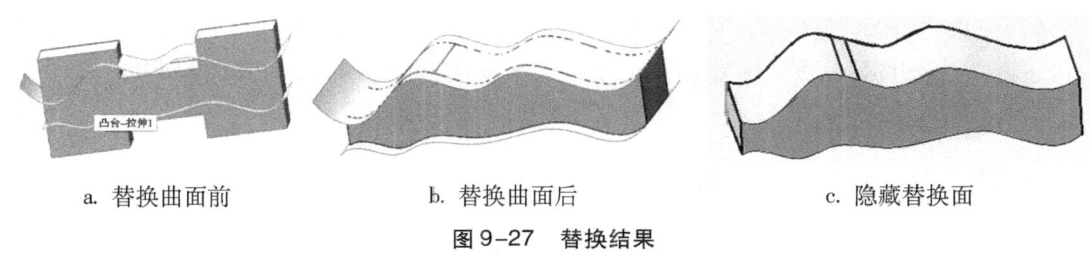

a. 替换曲面前　　　　　b. 替换曲面后　　　　　c. 隐藏替换面

图 9-27　替换结果

(4) 如果替换曲面仍然可见,可利用"隐藏"命令实现隐藏。

注意:①替换曲面实体可以是任何类型的曲面特征,如拉伸、放样、缝合曲面实体,或复杂的输入曲面实体。②通常替换曲面实体比要替换掉的面宽且长。然而,在某些情况下,当替换曲面实体小于要替换的面时,替换曲面实体会延伸,以与相邻面相遇。③替换的面必须相连,但不必相切。

## 9.8　自由面特征创建

自由面是对已有曲面进行再编辑的一种方式,通过在已有曲面上建立经纬网格线并依靠控制点实现对曲面的再编辑。自由面特征创建步骤如下:

(1) 打开资源包文件"第 9 章\范例文件\9.8.1_Free.SLDPRT"。

(2) 执行菜单命令"插入"→"曲面"→"自由形",弹出"自由形"属性管理器,在"面设置"区域中单击文本框并选中曲面,此时已选中要编辑的曲面且曲面上出现网格线,网格线的疏密度可通过"显示"区域中的"网格密度"来调整。

(3) 在"控制曲线"区域中单击"添加曲线"按钮,并将光移至曲面上,可见一绿色纵向线会跟随光标沿曲面移动,在任意位置单击,以确定该纵向线的位置。在该区域中单击"反向(标签)"按钮并把光标移至曲面上,可见一绿色环向线跟随光标并沿曲面移动,在任意位置单击,以确定该纵向线的位置。这两条相互交叉的绿线是后续建立控制点的轨迹,见图 9-

28。在"控制点"区域中单击"添加点"按钮,并将光标移至已创建的绿色线上,在任意位置单击,以确定控制点的具体位置,右击即可结束控制点的安放,见图9-29。若想继续安放控制点,则重复上述操作。

(4)此时选择已创建好的控制点并轻微拖动,观察曲面实时变化情况,也可拖拽由控制点发出的单一方向的控制箭头对曲面进行修改,见图9-30。

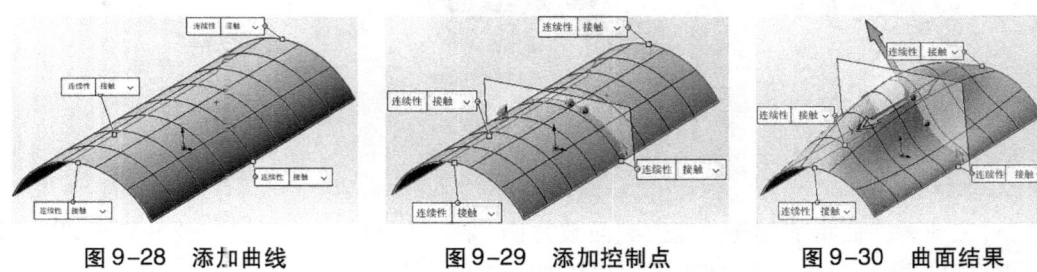

图9-28　添加曲线　　　　　图9-29　添加控制点　　　　　图9-30　曲面结果

(5)结束自由面特征创建。创建的自由面特征多种多样,读者可根据个人的意愿对曲面进行再编辑,完成的部分范例文件见资源包文件"第9章\范例文件\ 9.8.2_fin. SLDPRT"。

## 9.9　中面与分型面

### 9.9.1　中面

利用 ▣(中面)工具可以在所选双对面之间生成中面。合适的双对面应彼此等距且属于同一实体,如两个平行的基准面或两个同心圆柱面。中面工具对在有限元素造型中生成二维元素网格很有用。有关范例文件见资源包文件"第9章\范例文件\9.9.1. SLDPRT"。

1. 中面的类型

利用"中面"工具可生成多种类型的中面:①"单个"中面,从图形区域选择单对等距面;②"多个"中面,从图形区域选择多对等距面;③"所有"中面,单击查找双对面,让系统选择模型上所有合适的等距面。与任何在 SOLIDWORKS 中生成的曲面相同,利用"中面"工具生成的曲面包括所有的相同属性。

2. 创建中面特征的操作

(1)单击"曲面"工具栏上的"中面"按钮,或执行菜单命令"插入"→"曲面"→"中面",弹出"中面"属性管理器。

(2)在上述管理器的图形区域中,选择单对双对面、多对双对面,或从 Property Manager 中选择,查找双对面,让系统扫描模型上所有合适的双对面,自动滤除不合适的双对面,见图9-31。

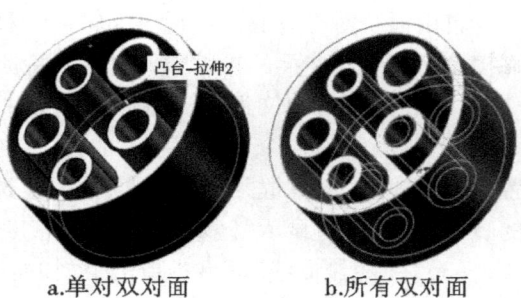

a.单对双对面　　　b.所有双对面

图9-31　中面

(3)使用定位功能将中面放置在双对面之间,默认为 50%,此位置为形成双对面的两个面的中间位置。也可以设置中面在双对面之间的其他位置,见图 9-32。

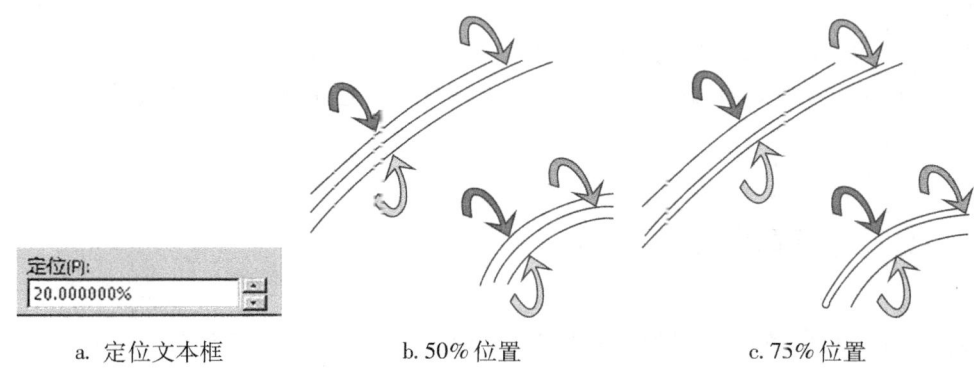

a. 定位文本框　　　　b. 50% 位置　　　　c. 75% 位置

图 9-32　按百分比设置中面的位置

(4)当查找双对面时,可以指定一个识别阈值来过滤查找结果。将阈值视为壁厚,如设置系统识别所有壁厚小于或等于 3mm 的合适双对面,则任何不符合此标准的双对面将不包括在结果中。

(5)选择"缝合曲面"选项生成缝合曲面,也可取消选择该选项来保留单个曲面。

(6)完成中面特征的创建。

3. 双对面的添加、删除、更新操作

(1)删除双对面。在双对面中选择其中的一面后按 Delete 键即可。

(2)添加双对面。其操作方法是:①在 PropertyManager 中选择"面 1",然后在图形区域中选择一个面作为"面 1";②选择一个等距面作为"面 2";③所选的等距面在图形区域高亮显示,并列举在双对面下。

(3)更新双对面。其操作方法是:①在双对面中选择一对;②所选面显示在面 1 和面 2 中;③从图形区域选择另一对等距面;④单击更新面来更新带有一对新面的双对面。

### 9.9.2　分型面

分型面从分型线开始拉伸,用来把模具型腔从模仁分离,若形成切削分割效果,需要至少三个曲面实体:一个型芯曲面实体、一个型腔曲面实体和一个分型面实体。下面以图 9-33 为例介绍分型面特征的创建。

(1)打开资源包文件"第 9 章\范例文件\9.9.2.SLDPRT"。

(2)选择命令。执行菜单命令"插入"→"曲面"→ 分型面(U)... ,打开"分型面"属性管理器。

(3)设置模具参数。在上述管理器的"模具参数"区域选择"面〈1〉"作为拔模方向,并选中"垂直于拔模"单选按钮。

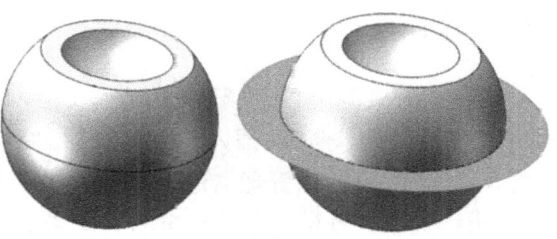

a. 创建前　　b. 创建后

图 9-33　分型面的创建

(4)定义分型线。在"分型线"选项栏中,从图形区选择模型的分型线。

(5)定义分型面的宽度值。在"分型面"栏中"双向"按钮后面的文本框中输入分型面宽度值"20.00mm"。

(6)在"选项"栏中选中"缝合所有曲面""显示预览"复选框。

(7)完成分型面特征的创建,完成的范例文件见资源包文件"第9章\范例文件\9.9.3_fin.SLDPRT"。

## 9.10 延展曲面

延展曲面是利用已有曲面的边线沿平行于指定参照平面的方向向外延伸得到的,创建步骤如下:

(1)打开资源包文件"第9章\范例文件\9.10.1.SLDPRT",执行菜单命令"插入"→"曲面"→"延展曲面",弹出"曲面-延展1"属性管理器(图9-34)。在该管理器的"延展参数"选项栏中的上、下两个收集框用来选取已有曲面的边线和方向参考平面,左侧"双向"按钮用来切换曲面的延展方向。

(2)依次选择方向参考平面(前视基准面)和要进行延展的曲面边线(半圆弧上任意一条直线边)。注意,延展曲面的方向与选择的方向参考平面平行。选中"沿切面延伸"复选框,并在其下方的文本框中输入延展的距离。

图9-34 "曲面-延展1"属性管理器

(3)完成延展曲面的创建,对应的范例文件见资源包文件"第9章\范例文件\9.10.2_fin.SLDPRT"。

延展曲面的创建结果多种多样,如读者可以选择上视基准平面为方向参考平面,选择半圆弧上的弧形边线为延展线,并设定延展方向和距离,完成的范例文件见资源包文件"第9章\范例文件\9.10.3_fin.SLDPRT"。

## 9.11 移动/复制实体

该工具用于对已有的实体特征进行移动、复制、约束等,操作步骤如下:

### 9.11.1 移动

(1)打开资源包文件"第9章\范例文件\9.11.1.SLDPRT"。

(2)执行菜单命令"插入"→"特征"→"移动/复制",弹出"移动/复制实体"属性管理器(图9-35),并单击该管理器最下方的"约束"按钮。该管理器中的"要移动实体"选项栏用于示出已选取的预进行移动编辑的实体,"配合设定"选项栏用于示出参与约束的参照物。

(3)通过把空心圆柱以"同心"的约束方法安置在三叉带孔的实体内的例子来介绍该命令。激活"要移动实体"选项栏并选中空心圆柱特征,选中"同心"按钮激活"配合设定"选项栏,依次选中空心圆柱的外圆面和另一实体上任意3个孔的内圆面,此时注意"配合设定"选项栏中示出的特征名称(应示出两个特征且此两个特征均为圆形),效果见图9-36,单击下方"添加"按钮完成本次同心约束的添加。

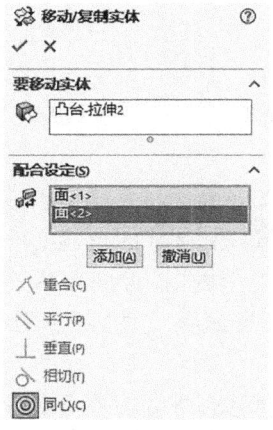 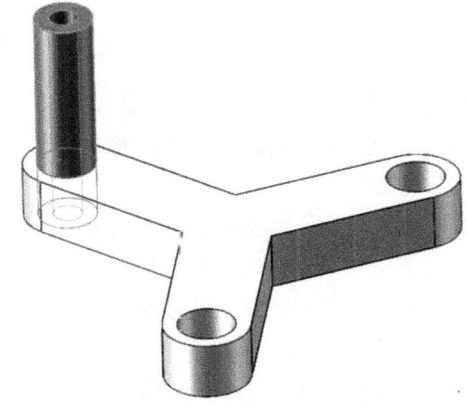

图9-35 "移动/复制实体"属性管理器　　　图9-36 效果图

(4)完成实体特征的移动,对应的范例文件见资源包文件"第9章\范例文件\9.11.3_fin. SLDPRT"。

### 9.11.2 复制

(1)打开资源包文件"第9章\范例文件\9.11.1. SLDPRT"。
(2)执行菜单命令"插入"→"特征"→"移动/复制",弹出"移动/复制"属性管理器(图9-37)。该管理器中的"要移动/复制的实体"选项栏用于示出已选取的实体,勾选"复制"复选框,在该复选框下方弹出的文本框中输入要复制实体的数量,即可对已选取的实体进行复制。
(3)选择空心圆柱实体,随机会出现三轴拖拽坐标,按住其中一根坐标轴并拖拽,观察复制出的实体,预览效果见图9-38。

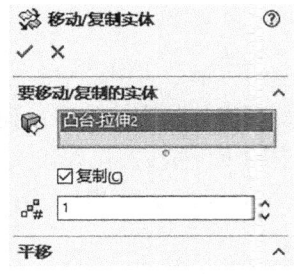 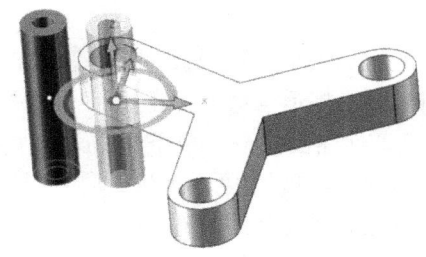

图9-37 "移动/复制"属性管理器(2)　　　图9-38 预览效果

(4)完成已有实体特征的复制,结果文件见资源包文件"第9章\范例文件\9.11.2_fin. SLDPRT"。

## 9.12 曲面的缝合

缝合曲面是指将两个或多个相邻曲面实体合成一个曲面,且不会对模型外观产生影响。下面用一个实例来对缝合曲面功能进行介绍。

(1)新建文件。

(2)拉伸曲面特征。选取前视基准面为草绘平面,绘制草图,完成的范例文件见资源包文件"第9章\范例文件\9.12.1.SLDPRT"。单击"特征"工具栏上的"拉伸曲面"按钮,设置参数见图9-39,完成拉伸曲面特征的创建,对应的范例文件见资源包文件"第9章\范例文件\9.12.2.SLDPRT"。

(3)裁剪曲面特征。选取上视基准面为草绘平面,绘制草图,对应的范例文件见资源包文件"第9章\范例文件\9.12.3.SLDPRT"。单击"特征"工具栏上的"剪裁曲面"按钮,将裁剪类型中设为"标准"(因为本例中以草图作为裁剪工具,并非两个相交曲面的交线),选择绘制好的草图,拾取要保留的区域,完成裁剪曲面特征的创建,见图9-40。对应的范例文件见资源包文件"第9章\范例文件\9.12.4.SLDPRT"。

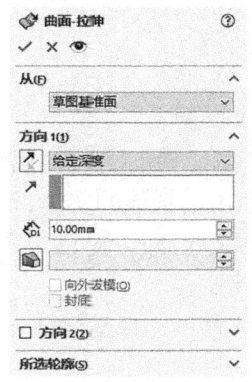

图9-39 "曲面-拉伸"属性管理器

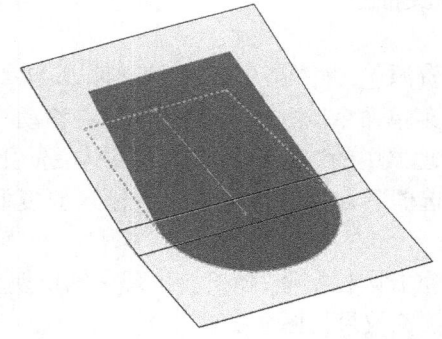

图9-40 剪裁结果图

(4)旋转曲面特征。选取前视基准面为草绘平面,绘制草图。单击"特征"工具栏上的"旋转"按钮,弹出提示信息后,在图形区域选择绘制好的草图的边线,完成旋转曲面特征创建。

(5)延伸曲面特征。单击"特征"工具栏上的"延伸曲面"按钮,在弹出的"延伸曲面"属性管理器的"拉伸的边线/面"选项栏中拾取旋转特征中直径较大的边线并设置参数(图9-41),完成延伸曲面特征(图9-42)。

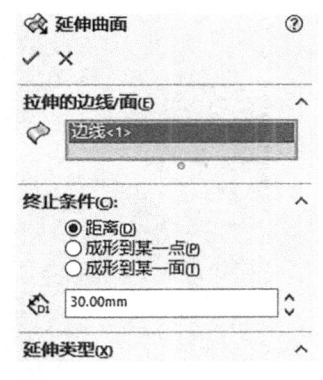

图9-41 "延伸曲面"
属性管理器

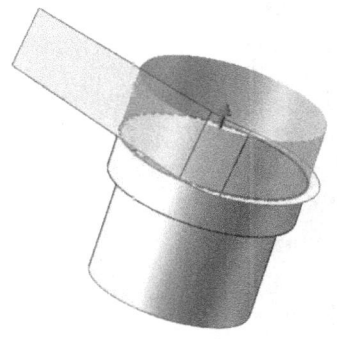

图9-42 延伸曲面特征

(6)裁剪曲面特征。单击"特征"工具栏上的"剪裁曲面"按钮,弹出"剪裁曲面"属性管理器(图9-42),将裁剪类型设为"相互",在"选择"选项栏的"曲面"选框中选择创建好的两个曲面,拾取要保留的区域,完成裁剪曲面特征创建(图9-43),完成的范例文件见资源包文件"第9章\范例文件\9.12.5.SLDPRT"。

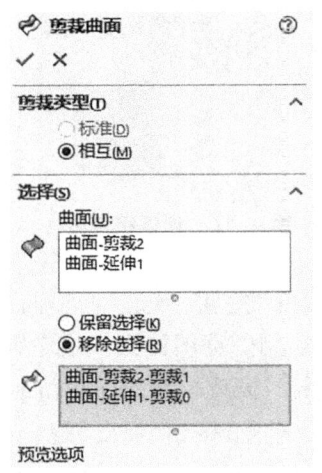

图9-42 "剪裁曲面"属性管理器

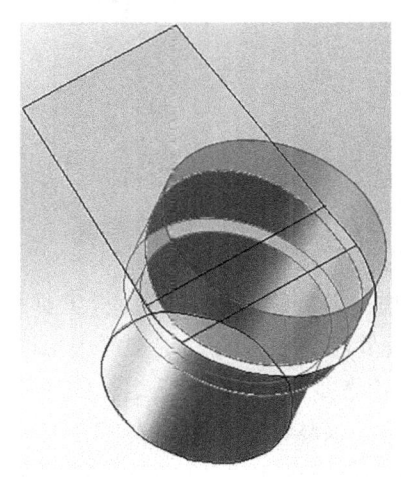

图9-43 剪裁曲面结果

(7)建立基准面。单击"特征"工具栏上的"参考几何体"按钮,在弹出的下拉菜单中选择"基准面"选项,弹出"基准面"属性管理器(图9-44)。拾取拉伸曲面的一个顶点作为第一参考,以过该顶点的边线为第二参考,并在第二参考中选择"垂直"关系,完成基准面的创建(图9-45)。

(8)草图绘制。以步骤(7)创建的基准面为草绘平面,绘制草图(图9-46)。

(9)创建组合曲线。单击"特征"工具栏上的 ⌒(曲线)按钮,在弹出的下拉菜单中选择"组合曲线"选项,在"要连接的实体"选项栏中拾取拉伸曲面的边线作为要转换的曲线,完成组合曲线的创建(图9-47)。

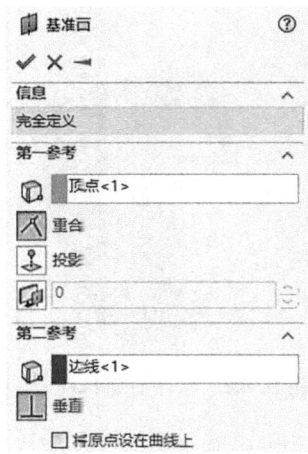 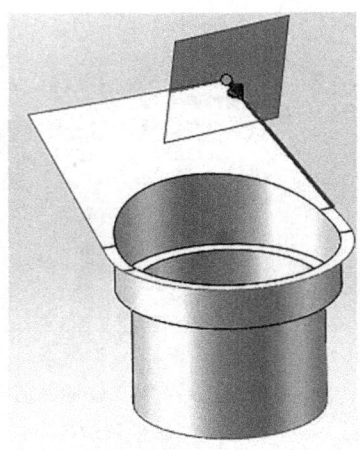

图 9-44 "基准面"属性管理器　　图 9-45 创建的基准面

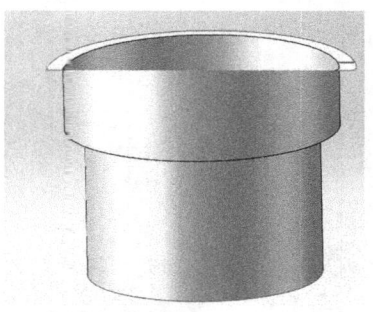 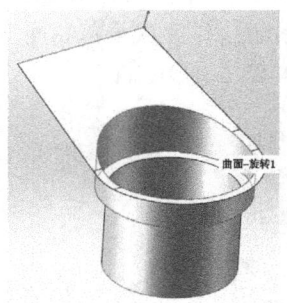

图 9-46 绘制的草图　　图 9-47 创建组合曲线

（10）扫描曲面特征。单击"特征"工具栏上的"扫描"按钮，弹出"扫描曲面"属性管理器。在该管理器的"扫描轮廓"选项栏中拾取步骤(8)绘制的草图作为扫描轮廓，在"扫描路径"选项栏中拾取步骤(9)创建的组合曲线作为扫描路径，完成组合曲面的扫描。

（11）缝合曲面特征。单击"特征"工具栏上的 按钮，弹出"缝合曲面"属性管理器。在该管理器的"选择"选项栏选择创建的扫描曲面、裁剪曲面，完成组合曲面的缝合。

完成的范例文件见资源包文件"第 9 章\范例文件\9.12.6.SLDPRT"。

## 9.13　曲面综合实例

花瓶范例实例主要运用了旋转曲面、填充曲面、裁剪曲面、缝合曲面和曲面加厚等特征创建命令，在设计过程中应注意基准面和约束几何的创建，便于特征截面草图的绘制。零件模型和设计树见图 9-48。

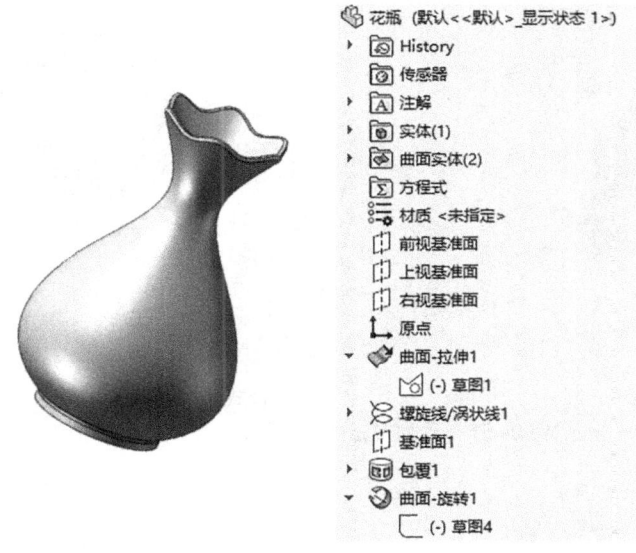

图 9-48　零件模型及设计树　　　　　花瓶模型

(1) 新建一个零件模型文件,进入建模环境。

(2) 创建草图 1。单击"  "(草图绘制) 按钮,选择上视基准面为草绘平面,绘制一个圆。执行菜单命令"工具"→"草图工具"→"分割实体",标注尺寸,完成草图 1 的绘制。

(3) 创建拉伸曲面。

(4) 创建草图 2。单击前视基准面,绘制圆,圆心与草图 1"穿透"。

(5) 单击圆,执行菜单命令"曲线"→"螺旋线/涡状线",弹出"螺旋线/涡状线 1"属性管理器 (图 9-49)。利用该管理器创建螺旋曲线 (图 9-50)。

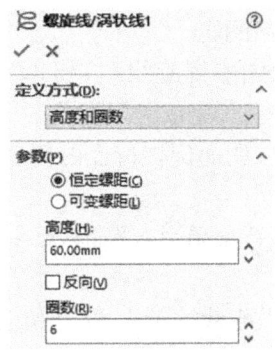

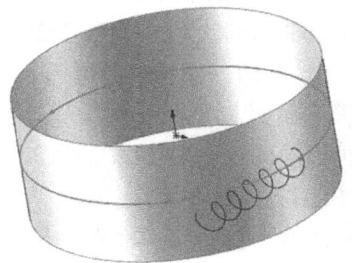

图 9-49　"螺旋线/涡状线 1"属性管理器　　　图 9-50　螺旋线

(6) 添加方程式。激活上述管理器的"方程式"选项栏,双击螺旋线,单击高度尺寸"60",激活"数字/方程式"选项栏,双击图 9-51a 所示的弧线,单击弧长尺寸,单击"确定"按钮 (图 9-52)。

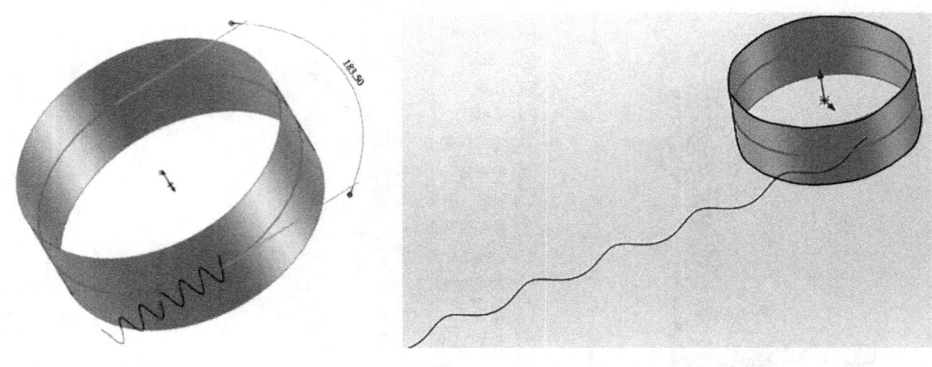

a. 方程式添加前　　　　　　　b. 方程式添加后

图 9-51　添加方程式

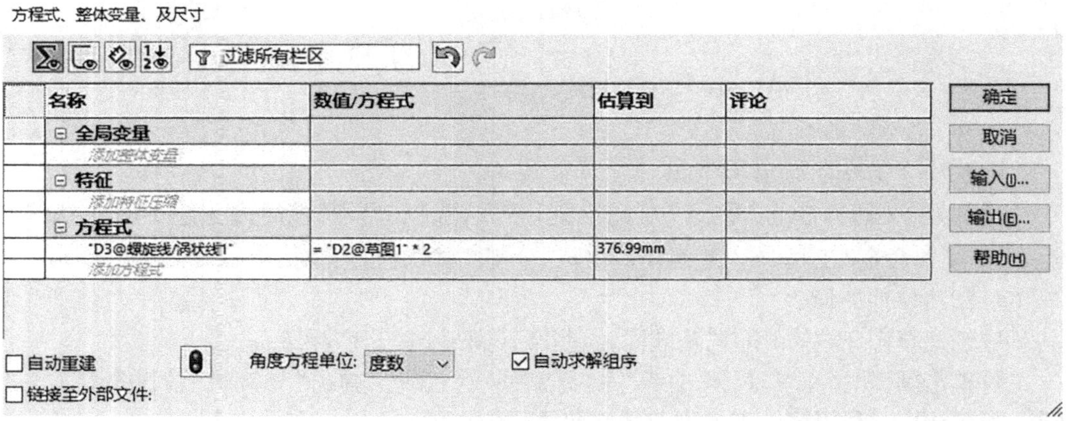

图 9-52　"方程式"属性管理器

（7）创建基准面1，通过螺旋线的端点，平行于右视基准面。

（8）创建包覆1。右击基准面1，单击"草绘"按钮，单击"螺旋线"按钮，单击"转换实体引用"按钮，完成草图的绘制。单击草图3，单击"包覆"按钮，完成包覆操作。

（9）创建旋转曲面。单击前视基准面，绘制草图，完成曲面旋转特征的创建，见图9-53。

（10）创建基准面3。

（11）创建扫描曲面。右击基准面2，绘制草图5。执行菜单命令"插入"→"曲面"→"扫描曲面"，设置有关参数，并完成扫描。

（12）曲面修剪。执行菜单命令"插入"→"曲面"→"剪裁曲面"，设置相关参数进行修剪，修剪前、后的效果分别见图9-54、图9-55。

（13）建立基准面4。以边界线建立基准面4，设置相关参数，创建边界曲面，见图9-56。

（14）隐藏扫描曲面，见图9-57。

（15）曲面缝合。执行菜单命令"插入"→"曲面"→"缝合曲面"，设置相关参数，完成曲面缝合。

（16）倒圆角。执行菜单命令"插入"→"曲面"→"圆角"，设置相关参数，完成花瓶底凸台的倒圆角，见图9-58。

(17) 曲面加厚。执行菜单命令"插入"→"凸台/基体"→"加厚",完成花瓶底凸台的加厚。

(18) 倒圆角。对花瓶口边沿倒圆角,结果见图 9-59。

 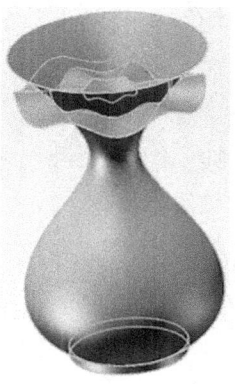 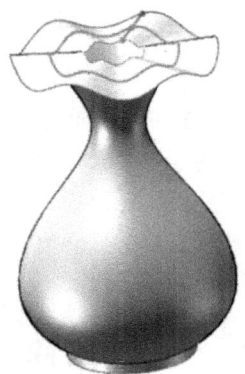

图 9-53　旋转曲面　　　图 9-54　曲面修剪前　　　图 9-55　曲面修剪后

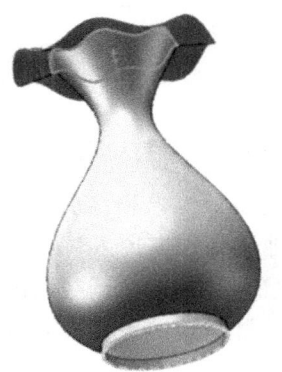 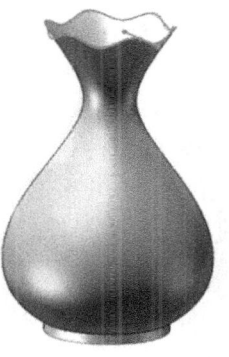  

图 9-56　边界曲面　　　图 9-57　隐藏　　　图 9-58　花瓶底凸　　　图 9-59　花瓶口
　　　　　　　　　　　　扫描曲面　　　　　台倒圆角后　　　　　边沿倒圆角

(19) 零件模型创建完毕,保存文件,命名为"花瓶"。完成的范例文件见资源包文件"第 9 章\范例文件\花瓶.SLDPRT"。

随堂练习 9　　　　　总结与回顾 9　　　　　思考与练习 9

# 第 10 章 装配体创建

第10章课件

**学习任务**：了解两种装配体创建方法；掌握自底向上装配设计的一般过程、零部件及子装配体的插入方法、新零件的创建方法；能够根据装配关系添加相应的配合；能熟练完成零部件的编辑、装配体的检查以及爆炸视图的生成。

**知 识 点**：自底向上和自顶向下的装配、配合关系、零部件编辑、装配检查。

## 10.1 装配体简介

在 SOLIDWORKS 环境下，装配体是由两个或两个以上零部件通过"配合"（装配关系）连接在一起，确定彼此的位置，并限制运动的。装配体既可以由已经存在的零部件装配而成，即采用自底向上的方法，也可以采用自顶向下的方法。

### 10.1.1 自底向上的装配方法

自底向上的装配方法与实际中先加工零件后装配零件相似。装配前需先设计并创建出组成装配体的零件模型，然后将其依次插入到装配体中，并根据产品的设计要求和零部件在装配体中的位置为其添加"配合"。除了添加的第一个零部件外，其他零部件在插入装配体之初均具有 6 个自由度。通过添加配合关系，限定零部件的某些或全部自由度，使其在装配体中具有正确的位置。在该装配方法中，组成装配体的元件是独立设计的，适用于装配体内组成零部件间相互结构关系和重建行为较简单的产品的设计。

### 10.1.2 自顶向下的装配方法

自顶向下的装配方法是一种先总体后局部的设计方法，先规划产品的整体结构，后建模各组成零件。该方法往往从创建装配体开始，在装配环境下创建出反映产品总体结构的主要结构件。组成装配体的零部件的形状、大小和位置在该装配体中进行设计。该方法更能体现设计意图，使产品设计具有更好的数据关联性，设计的变更会自动体现到各组成零件。因此，该方法多用于设计中需要频繁修改的产品、复杂产品或系列化产品的设计。在实际设计中，经常采用自底向上和自顶向下装配相结合的方法。

### 10.1.3 自底向上装配的一般过程

（1）新建装配类型的文件（扩展名为". SLDASM"）。

（2）在装配体中插入第一个组成元件。该元件为装配体的基础元件，可以是单个零件或子组件。一般选择装配体中最基础且和其他元件有较多配合关系的元件。在默认情况下，插入到装配体的第一个零部件的位置是固定的，不需要添加配合关系，其 6 个自由度均被限定。在装配体"Featuremanager 设计树"中可以看到该零部件名称前有"（固定）"两字，见图 10-1。如需解除零件的固定状态，可右击该零件，在弹出的快捷菜单中选择"浮动"选项。

（3）向装配体中插入下一个零件。

（4）为插入的新零件添加配合。一般情况下要将零件装配在正确的位置，需要添加多个配合。

（5）依次插入其他零部件，并为其添加配合。

（6）分析装配体，如碰撞测试、动态间隙显示、干涉检查、装配体统计等。

（7）生成爆炸视图。

（8）保存文件。

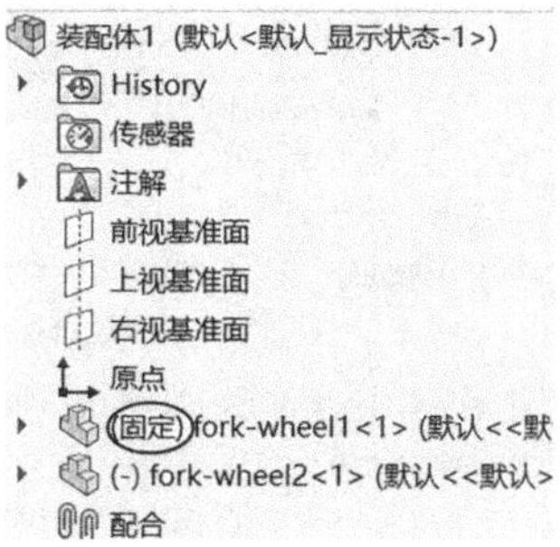

图 10-1　"Featuremanager"设计树

## 10.1.4　新建装配体文件

在"新建 SOLIDWORKS 文件"对话框中选择"装配体"图标，单击"确定"按钮，进入装配环境。此时将打开"开始装配体"属性管理器和"打开"对话框。在装配环境下，命令管理器见图 10-2，对其中的主要命令及其功能介绍如下：

（1）（编辑零件）命令。单击后可编辑选中的元件，再次单击退出编辑模式。注意：仅在选中装配体中某元件后，该图标按钮才可用。

（2）（插入零部件）命令。单击后可向装配体中插入已创建好的零部件。

（3）（新零件）命令。单击后可在组件模式下新建零件，并将该零件作为装配体的组成元件。

（4）（新装配体）命令。单击后可在组件模式下新建一个子装配件，并将其作为装配体的组成元件。

（5）（随配合复制）命令。单击后可在图形区域选取其元件，通过将该元件配合中的参照重新替换，或使用与该元件配合中相同的参照向装配体中复制该零件。

（6）（配合）命令。单击后可向装配体中添加配合。

（7）（零部件预览窗口）命令。选中零部件并单击此命令，可在预览窗口查看该零件。可单击"预览零部件"对话框中的"退出预览"按钮，关闭预览窗口。

（8）（线性零部件阵列）命令。在其下拉菜单中可选择不同的阵列方式对选定零部件进行复制。

1）（线性零部件阵列）命令。用线性阵列方式在装配体中复制出多个所选组成元件。

2）（圆周零部件阵列）命令。用圆周阵列方式在装配体中复制出多个所选组成元件。

3）（阵列驱动零部件阵列）命令。按已有阵列的阵列方式和参数在装配体中复制出多个所选组成元件。

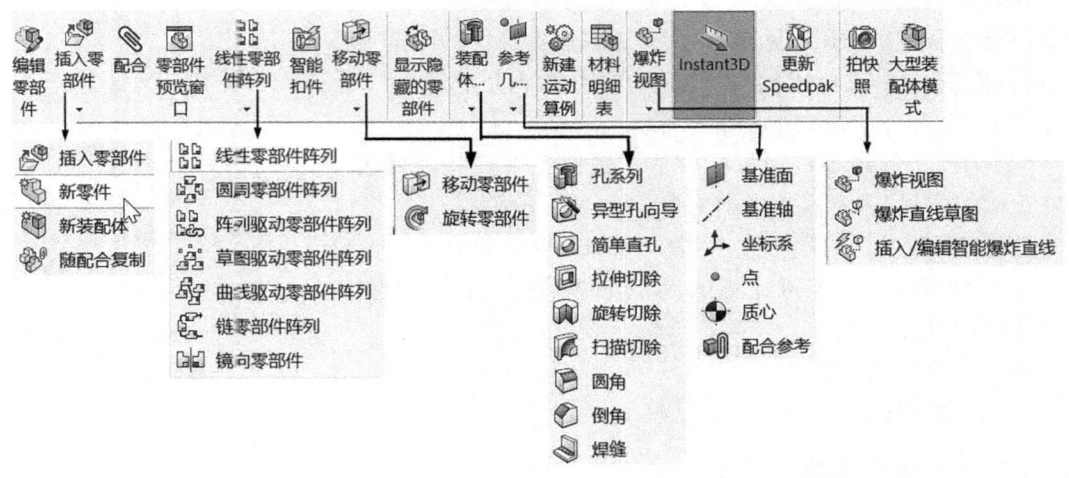

图 10-2 命令管理器

4) (草图驱动零部件阵列)命令。按草图中的位置点在装配体中复制出多个所选组成元件。

5) (曲线驱动零部件阵列)命令。按 2D 或 3D 曲线确定的方向在装配体中复制出多个所选组成元件。

6) (链零部件阵列)命令。沿着开环或闭环路径阵列零部件,从而对滚子链和动力传动零部件进行仿真。

7) (镜像零部件)命令。将所选元件以选定的基准面或实体面为对称中心在装配体中复制出与所选元件对称的元件。

(9) (智能扣件)命令。可在软件提供的扣件库中为孔特征选择相应的标准零部件,并自动装配至装配体中。

(10)"移动零部件"命令。单击"线性零部件阵列"下拉按钮,展开下拉菜单,对选定零部件进行平移或旋转(注意,在移动和旋转零部件命令下可对选定元件进行碰撞和动态间隙检验),包括:

1) (移动零部件)命令。选择合适的移动方式移动具有该方向自由度的组成元件。

2) (旋转零部件)命令。选择合适的旋转方式旋转具有转动自由度的组成元件。

(11) (显示隐藏的零部件)命令。将装配体中所有隐藏的零部件显示于窗口,并选取将要显示的隐藏零部件。

(12)"装配体特征"命令。在其下拉菜单中选择相应命令可在装配体中创建孔、切材料、倒角、圆角、焊缝等特征。其中的多数命令与零件模块下相同,在此仅介绍以下两个命令:

1) (孔系列)命令。在装配体环境下创建孔特征,定义孔的位置和开始孔、中间孔、结束孔的规格。在保存装配体文件后,孔特征将传递至特征所在各组成零件。

2) (焊缝)命令。在两个实体之间创建焊接路径。

(13)"参照几何体"命令。在其下拉菜单中选择相应命令可在装配体中创建基准面、基准轴、基准点、基准坐标系、质心等。创建方法与零件模块相同。

（14）（新建运动算例）命令。创建一个新运动算例（装配体模型运动的图形模拟），包括动画和基本运动两种模式。

（15）（材料明细表）命令。为装配体生成材料明细表。

（16）（爆炸视图）命令。在其下拉菜单中选择相应命令可在装配体中创建爆炸视图、爆炸直线图或插入智能爆炸直线。（如果装配体中尚未创建爆炸视图，则下拉菜单中只有"爆炸视图"命令）

1）（爆炸视图）命令。单击后打开"爆炸"属性管理器，可设置爆炸步骤将装配体中的组成零部件分离。

2）（爆炸直线图）命令。单击后打开"步路线"属性管理器，创建爆炸步路线，也可切换至"转折线"属性管理器为爆炸路线添加转折，最终生成爆炸直线图。

3）（插入/编辑智能爆炸直线）命令。单击后为选定零件生成智能爆炸直线。

（17）（Instant3D）命令。单击后通过拖动控标或标尺快速生成和修改模型几何体。

（18）（更新 Speedpak）命令。更新所有过期子装配体的 Speedpak 配置。Speedpak 在不丢失参照的情况下生成装配体的简化配置。操作大型复杂装配体时，使用 Speedpak 配置可以显著提高处理装配体及其工程图时的操作性能。

（19）（拍快照）命令。为装配体拍照，记录装配体当前在图形区域的显示情况与视角。

（20）（大型装配体模式）命令。单击后打开或关闭大型装配体模式（通过打开简化的装配体来改进装配体的性能）。

## 10.2　向装配体中添加零部件

添加组成零部件的方法包括直接插入零部件、在装配体中创建零部件、插入装配体和随配合复制。新建装配体类型文件后，系统自动打开"开始装配体"属性管理器（图10-3）和"打开"对话框，引导设计者完成第一个元件的添加。

### 10.2.1　"开始装配体"属性管理器主要选项栏的含义

（1）"信息"栏。显示提示信息，引导操作者添加元件。

（2）"要插入的零件/装配体"栏。在"打开"对话框中选择要装入的零件后，该零件名称出现在"打开文档"列表框中。

（3）"缩略图预览"栏。单击展开图形框，可预览要插入零部件的三维模型。

（4）"选项"栏。包括以下四个选项：

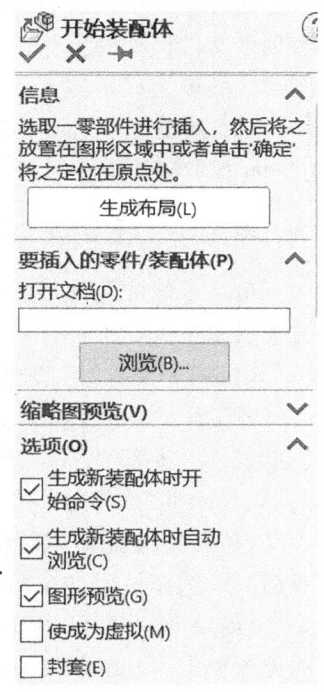

图10-3　"开始装配体"属性管理器

1)"生成新装配体时开始命令"复选框。勾选后,新建装配体时将直接打开"开始装配体"属性管理器。

2)"生成新装配体时自动浏览"复选框。勾选后,新建装配体时将直接打开"打开"对话框,可浏览并找到要装入的零件。

3)"图形预览"复选框。勾选后,在"打开"对话框中选择待装入的零部件后,可在处于图形区域的鼠标指针的下方看到所选文件模型的预览。

4)"使成为虚拟"复选框。勾选后,新插入的零部件将成为虚拟零件,即断开与外部源文件的关联关系。

5)"封套"复选框。勾选后,使新插入的零部件成为封套零件。封套零件在装配体中透明显示,在质量检查和生成材料明细时将不被包括在内,创建工程图时也会被隐藏。

6)"显示旋转菜单关联工具栏"复选框。勾选后,在图形区域出现旋转关联工具栏,单击其中的图标使待装入零件绕着 $X$、$Y$ 或 $Z$ 轴旋转一定角度(在文本框中指定)。

### 10.2.2 新建装配体文件并插入第一个组成元件

(1)新建装配体类型文件。

(2)插入第一个元件。在"打开"对话框中选择资源包文件"第 10 章\范例源文件\叉轮\fork-wheel1. SLDPRT",单击"打开"按钮。此时在图形区域可看到该文件模型的预览。在图形区域单击,完成第一个零件的添加。此时拨动滚轮调整在图形区域模型显示的大小,按下滚轮旋转模型,将模型调整至合适的视图方向。

(3)保存文件,命名为"luncha",完成的文件见资源包文件"第 10 章\范例结果文件\叉轮\luncha. SLDASM"。

### 10.2.3 直接插入零部件

第一个组成元件添加完成后,可采用直接插入零部件方法将其他零部件添加到装配体,具体操作方法如下:

(1)打开文件。打开保存过的"luncha. SLDASM"文件。

(2)插入零部件。单击"装配体"命令管理器中的"插入零部件"按钮,或执行菜单命令"插入"→"零部件"→"现有零件/装配体",打开"插入零部件"属性管理器,该管理器中各选项栏的含义与"开始装配体"属性管理器相同。在"打开"对话框中选择资源包文件"第 10 章\范例源文件\叉轮\fork-wheel2. SLDPRT"并打开,在图形区域合适位置单击,完成零件的添加,见图 10-4。

(3)另存文件,命名为"luncha1",完成的文件见资源包文件"第 10 章\范例结果文件\叉轮\luncha1. SLDASM"。

向装配体插入零部件后,该零部件在装配体中

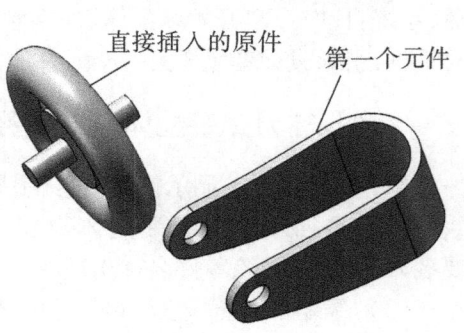

图 10-4 插入零部件

处于自由状态,需要通过添加配合来限定其自由度,从而将其装配在正确的位置上。

插入叉轮

### 10.2.4 在装配体中创建零部件

创建装配体时,也可以根据需要在装配环境下创建新零部件。新建零部件将作为装配体的一个组成元件显示在特征管理设计树中。创建新零部件时,可以使用装配体中的基准面或已装入零部件的基准面、基准轴、模型上的面等作为参照。在保存装配体时,可将新建零部件作为虚拟零部件仅保存在装配体文件内,也可选择将其保存为外部文件。

**1. 选择模板或使用默认模板**

在装配体中创建新零部件前,需要选择模板或使用系统默认模板,操作方法如下:

(1)打开"选项"对话框。单击窗口上方快捷工具栏上的 ⚙ (选项)按钮,在图10-5所示"系统选项-默认模板"对话框的"系统选项"选项卡列表中选择"默认模板"选项。

图10-5 "系统选项"选项卡

(2)选择模板。在"系统选项"选项卡中单击"零件""装配体""工程图"栏后的"浏览"按钮,为相应环境选择默认模板。例如,单击"零件"栏后的"浏览"按钮,弹出图10-6所示"新建 SOLIDWORKS 文件"对话框,选择"gb_part"模板,单击"确定"按钮。

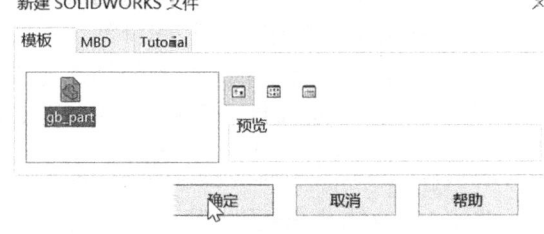

图10-6 选取模板

**2. 新建零部件**

下面在"heye.SLDASM"装配体中创建一个新零件"xiaozhou",操作方法如下:

(1)打开文件。打开资源包文件"第10章\范例源文件\合页\hinge.SLDASM"。

(2)在装配体中插入新零件。在"装配体"命令管理器"插入零部件"下拉菜单中选取"新零件"选项,在特征管理设计树中选取"上视基准面",以此为草图放置面。此时工作区域装配体模型透明显示且在设计树中出现自动命名的新零件 [零件1^hinge]<1> (默认<<默认>_显示状态 1>)。

（3）为新插入零件添加第一个特征。在上视基准面上绘制图 10-7 所示的直径为 3mm 的圆。在"特征"工具栏中单击"拉伸凸台/基体"按钮，根据提示选取绘制的圆截面作为拉伸截面，"方向 1"拉伸深度为 40mm，"方向 2"拉伸深度为 45mm，完成拉伸凸台特征的创建，见图 10-8。

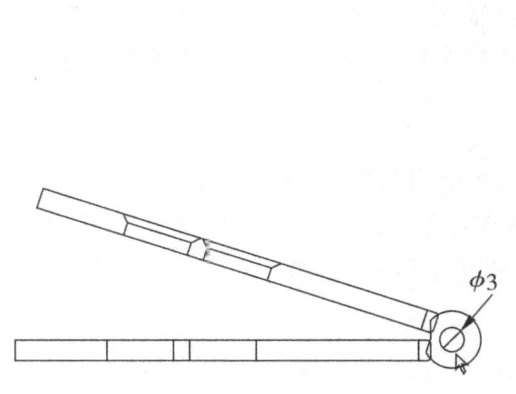
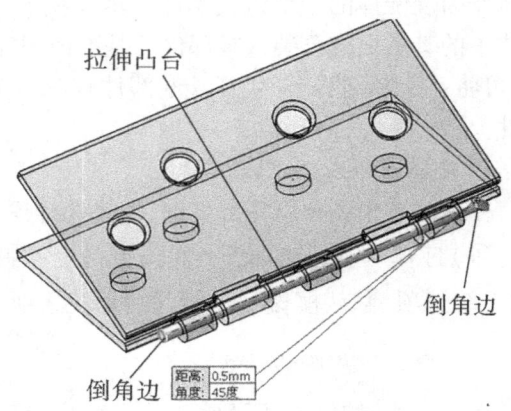

图 10-7　拉伸凸台截面　　　　图 10-8　拉伸凸台及倒角边

（4）创建倒角特征。在图形区域选取拉伸凸台两端圆形边线为倒角边，设定倒角参数为"0.5mm"和"45 度"，创建倒角特征。

（5）返回主装配体环境。单击"特征"工具栏中的"编辑零部件"按钮，或单击图形区域右上角的 (返回)按钮，完成新零件创建并返回主装配体环境。

（6）保存装配体文件，另存文件为"hinge-完成"。在"另存为"对话框中选中"外部保存（指定路径）"单选按钮（注意，可将新零件保存于"合页"文件夹内；若选择"内部保存（在装配体内）"单选按钮，仅保存在装配体内），在文件列表框中双击文件名称"零件 1"将其修改为"xiaozhou"，完成装配体的保存和新插入零件的外部保存。完成的文件见资源包文件"第 10 章\范例结果文件\合页\hinge-完成.SLDASM"。

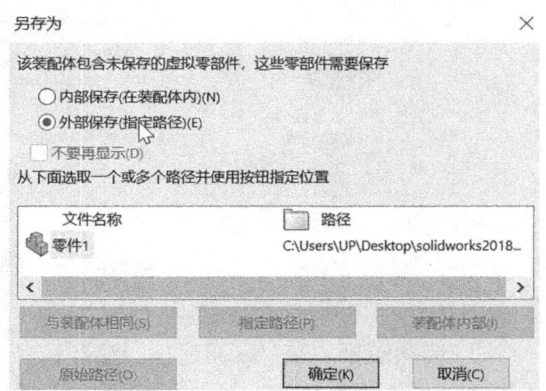

图 10-9　"另存为"对话框

## 10.2.5　插入子装配体

对于结构复杂的产品，往往将其中一部分零部件组装成子装配体。这样一个产品就由多个独立零件和子装配体组成。而子装配体又可能包含多个独立零件和子装配体。在 SOLIDWORKS 环境下可将已有的装配体文件插入到当前装配体中，成为当前装配体的子装配体，也可在创建装配体过程中直接创建子装配体，具体操作步骤如下：

创建新零件

(1)插入新装配体。在"装配体"命令管理器"插入零部件"下拉菜单中选取"新装配体"命令,在特征管理设计树中出现新装配体名称(由系统自动命名),双击新装配体名称,可重命名该装配体。

(2)激活子装配体。在特征管理设计树中选取子装配体,在"装配体"命令管理器中单击"编辑零部件"按钮,激活子装配体。在特征管理设计树中子装配体的名称呈蓝色,在图形区域已装入的零部件则透明显示。

(3)向子装配体中添加零部件。采用前文所述方法向子装配体中添加零部件,并添加配合,完成子装配体的创建。

(4)返回主装配环境。再次单击"装配体"命令管理器中的"编辑零部件"按钮,或在图形区域右上方单击"返回"按钮,返回到主装配体环境。

### 10.2.6 随配合复制

利用"随配合复制"工具可替换已装入元件的配合中的参照,或使用与该元件配合中相同的参照向装配体中复制零件,实现重复装配。见图10-10,已装入的螺钉与底座间的正确位置是通过螺钉和底座孔的轴线重合和端面重合实现的。若复制出另外3个螺钉并装入底座中的另外3个孔,同样需要轴线重合和端面重合两个配合。其中,端面重合配合的参照不需要替换,需要替换的只是轴线重合配合中的参照,具体操作步骤如下:

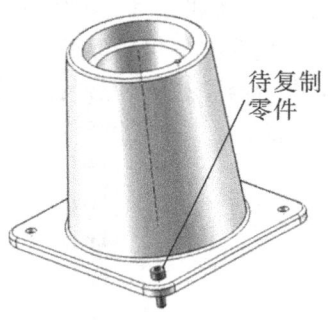

图 10-10 千斤顶

(1)打开文件。打开资源包文件"第10章\范例源文件\随配合复制\千斤顶.SLDASM"。

(2)选择待复制零件。在"装配体"命令管理器"插入零部件"下拉菜单中选取"随配合复制"选项,按照"随配合复制"属性管理器"步骤1:选择零部件(1)"栏的提示信息,选取图10-10所示千斤顶的螺钉。

随配合复制千斤顶螺钉

(3)选择不需要替换的配合。在"随配合复制"属性管理器中勾选"重合2"栏中的"重合"复选框,即端面重合配合,见图10-11。

(4)完成3个螺钉的复制。在图形区选取图10-12所示轴线,完成第一个螺钉的复制。继续在图形区选取其他两孔的轴线,完成另两个螺钉的复制。完成随配合复制的效果见图10-13。

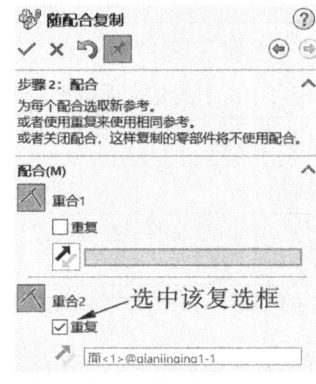

图 10-11 "随配合复制"属性管理器

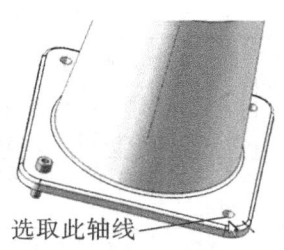

图 10-12 选取轴线

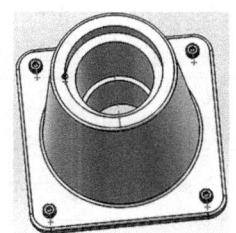

图 10-13 随配合复制后的效果

## 10.3 配合零部件

### 10.3.1 配合简介

将零部件添加至装配体后,除第一个添加的零部件外,其他零部件的放置位置均需通过添加配合来实现。配合关系是限制零部件自由度的约束关系。在添加配合前零部件具有6个自由度。添加配合可限制零部件某个或某些方向的自由度。配合在装配体中是整体求解的,与配合添加的先后顺序无关。添加配合时需要选择配合类型、配合参照。添加配合时可直接选取参照,系统自动匹配两个参照间的配合类型,当自动匹配的配合类型不符合设计意图时,可在属性管理器中或关联工具栏中选取其他配合。

配合类型包括标准配合、高级配合和机械配合,见图10-14。其中,标准配合是最常用的配合类型;高级配合各配合子项的含义见表10-1;机械配合各配合子项的含义见表10-2。

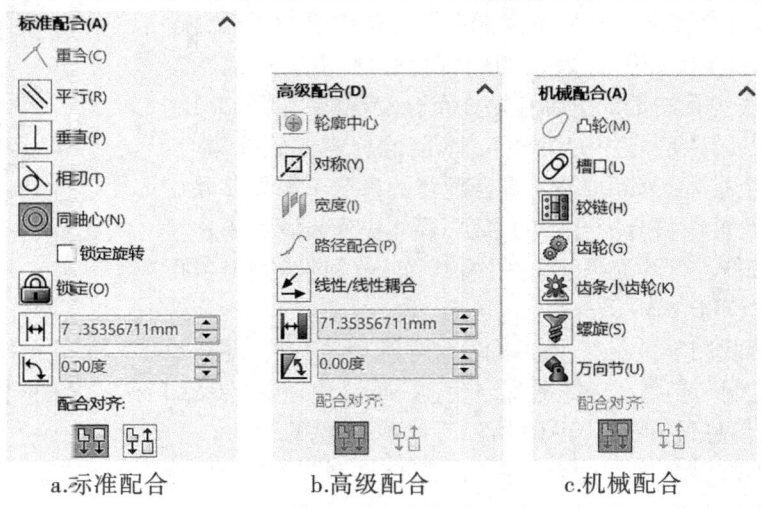

a.标准配合    b.高级配合    c.机械配合

图 10-14  配合的类型

表 10-1  高级配合各配合子项的含义

| 配合类型 | | | 含义 |
|---|---|---|---|
| 高级配合 | 轮廓中心 | 轮廓中心 | 将几何轮廓的中心相互对齐并完全定义零部件 |
| | 对称 | 对称(Y) | 使所选参照所在两相似实体相对于选定的基准面或平面对称分布 |
| | 宽度 | 宽度(I) | 使"标签"参照和"宽度"参照中心对齐 |
| | 路径配合 | 路径配合(P) | 将零部件上所选的点约束到路径 |
| | 线性/线性耦合 | 线性/线性耦合 | 使一个零部件的平移运动和另一个零部件的平移运动之间产生关联,按一定的线性关系运动 |
| | 距离 | 1.00mm | 可设定最小、最大距离值,使两零部件参照间的距离位于一定范围内 |
| | 角度 | 30.00度 | 可设定最小和最大角度值,从而使两零部件绕参照旋转角度位于一定范围内 |

表10-2 机械配合各配合子项的含义

| 配合类型 | | | 含义 |
|---|---|---|---|
| 机械配合 | 凸轮 | 凸轮(M) | 使两参照相切,在两零部件间建立凸轮副 |
| | 槽口 | 槽口(L) | 使圆柱面在槽内移动 |
| | 铰链 | 铰链(H) | 通过定义同轴心配合和面重合配合使两零部件间具有相对转动,并可限定相对转动角度的范围 |
| | 齿轮 | 齿轮(G) | 使两零件间产生相对回转,建立齿轮传动或滑轮传动关系 |
| | 齿条小齿轮 | 齿条小齿轮(K) | 使某个零部件的线性平移运动带动另一零部件圆周旋转,或相反,从而在两零件间添加齿轮齿条运动副 |
| | 螺旋 | 螺旋(S) | 将两个零部件约束为同心,并在一个零部件的旋转和另一个零部件的平移之间添加运动关联关系 |
| | 万向节 | 万向节(U) | 使一个零部件(输入轴)绕自身轴线的旋转运动驱动另一个零部件(输出轴),使其绕自身轴线也产生旋转运动 |

配合参照包括零件参照和部件参照,两者可以是零部件中的点、线和面等。注意,系统只允许一次添加一个配合。如果需要将零部件放置在装配体的正确位置,往往需要分次添加多个配合。

## 10.3.2 标准配合类型

标准配合包括重合、平行、垂直、相切、同轴心、锁定、距离、角度等类型,各配合子项的含义见表10-3。

表10-3 标准配合及其含义

| 配合类型 | | 常用参照类型 | 含义 |
|---|---|---|---|
| 标准配合 | 重合 | 点、线、平面 | 使两个零件上的点、直线或平面处于同一点、直线或平面内 |
| | 平行 | 直线、平面 | 使两个零件上的直线或面彼此平行 |
| | 垂直 | 直线、平面 | 使所选直线或平面之间彼此垂直,成90°角放置 |
| | 相切 | 平面、圆柱面、圆锥面或球面 | 使所选参照与另一参照(其中之一必须是圆柱、圆锥或球面)呈相切状态 |
| | 同轴心 | 圆柱面、圆锥面 | 使所选参照的轴线重合 |
| | 锁定 | 任意 | 使所选参照所属两个零部件间的相对位置和方向保持不变 |
| | 距离 | 点、线、面 | 使两个零部件的所选参照间具有一定距离 |
| | 角度 | 线、面 | 使两个零部件的所选参照成一定角度放置 |

**1. 重合配合**

重合配合的参照可以是零部件上的点、直线或平面。添加重合配合后可使选取的参照重合,并可根据情况单击图10-14a所示标准配合工具条"配合对齐"栏的 (同向对齐)、

（反向对齐）按钮反转配合方向。也可在选取参照后在图形区域出现的关联工具栏中单击（反向）按钮改变配合方向。图10-15a、b、c所示分别为在轴承内、外圈端面添加重合配合前、后，改变两参照配合方向后两模型的位置情况。

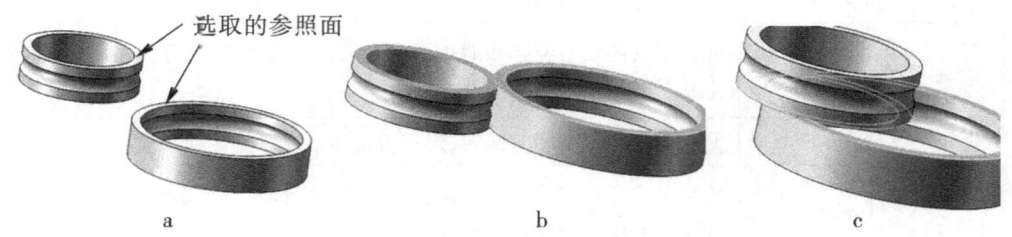

图10-15　重合配合

### 2. 平行配合

平行配合的参照可以是零部件上的直线或平面。平行配合添加后可使选取的参照相互平行，并可反转配合方向。图10-16a、b、c所示分别为在零件两端面添加平行配合前、后，改变两参照配合方向后两模型的位置情况。

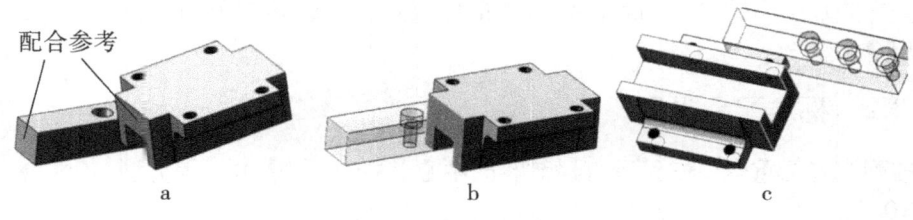

图10-16　平行配合

### 3. 垂直配合

垂直配合的参照可以是零部件上的直线或平面。垂直配合添加后可使选定的参照相互垂直。图10-17a、b所示分别为在两参照面间添加垂直配合前、后两模型的位置情况。

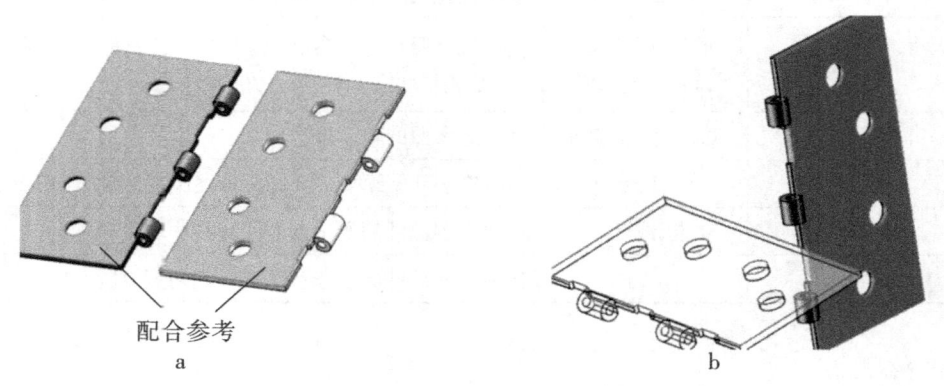

图10-17　垂直配合

**4. 相切配合**

相切配合的参照可以是零部件上的平面、圆柱面、圆锥面或球面,但至少其中一个参照必须是圆柱面、圆锥面或球面。相切配合可使两个零部件上的参照相切,通过改变配合方向,可使两参照内切或外切。图10-18a、b、c所示分别为在两参照面添加相切配合前、后,改变配合方向后两模型的位置情况。

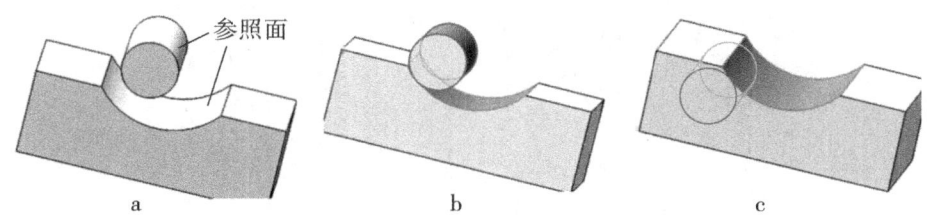

图10-18 相切配合

**5. 同轴心配合**

同轴心配合的参照可以是零部件上的点、直线、弧线、圆柱面、圆锥面或球面,但至少其中一个参照必须是圆柱面、圆锥面或球面。同轴心配合可使两个零部件参照的轴线或直线处于重合状态。图10-19a、b、c所示分别为在两圆柱面参照间添加同轴心配合前、后,改变配合方向后两模型的位置情况。

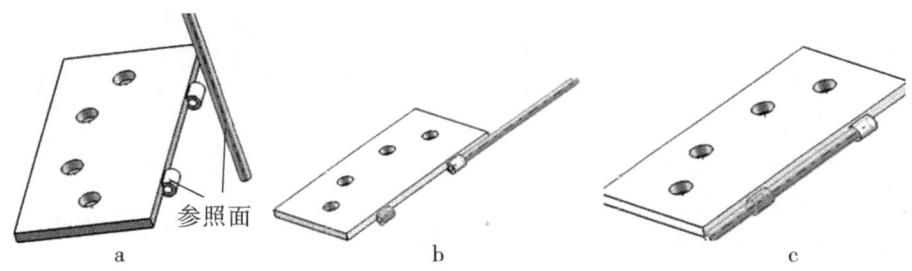

图10-19 同轴心配合

**6. 锁定配合**

锁定配合的参照为零部件,可使选定的两个零部件之间的相对位置和方向保持不变。锁定的两实体间没有相对运动自由度。

**7. 距离配合**

距离配合方式的参照可以是零部件上的点、线或面。距离配合可使两个零部件参照间具有一定的距离。图10-20a、b、c所示分别为在两参照平面间添加距离配合后、勾选"反转尺寸"复选框后、改变配合方向后两模型的位置情况。

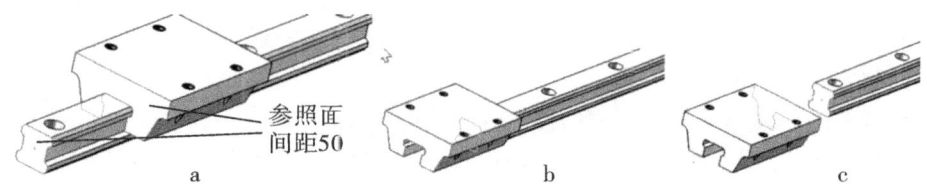

图10-20 距离配合

### 8. 角度配合

角度配合的参照可以是零部件上的直线或平面。角度配合可使两参照间具有特定的夹角。图 10-21a、b 所示分别为在"角度配合"文本框中输入角度值"30"后在两参照平面间添加角度配合前、后两模型的位置情况。

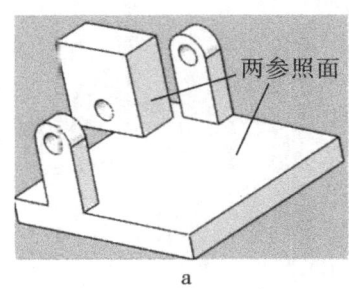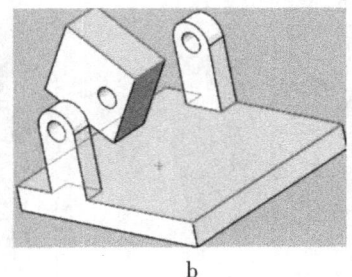

图 10-21　角度配合

### 10.3.3　添加配合

**1. 添加配合的一般步骤**

（1）在"装配体"命令管理器中单击 ⌘（配合）按钮。

（2）为新装入零部件添加第一个配合。

（3）根据设计意图依次添加其他配合，直到将新装入零部件放置在正确位置。

（4）完成所有配合的添加。

**2. 添加配合实例操作**

（1）打开文件。打开资源包文件"第 10 章\范例源文件\叉轮\luncha1.SLDASM"。

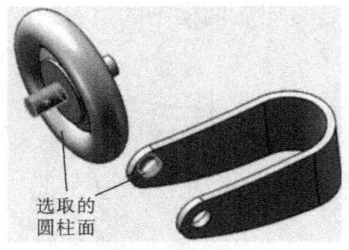

图 10-22　选取的圆柱面参照

（2）添加第一个配合。单击"装配体"命令管理器中的"配合"按钮，在图形区域选取图 10-22 所示的两圆柱面，系统自动匹配配合类型，如果该配合与设计意图不一致，可在关联工具栏或"配合"属性管理器中选择其他配合类型。本例中系统自动选取了"同轴心"配合类型。完成第一个配合的添加。此时模型见图 10-23a。如果需要取消选取的配合参照，可在"配合"属性管理器"配合选择"栏的列表框中右击，在弹出的快捷菜单中选择"消除选择"选项。若选择其中的"删除"选项，则会删除选取的参照。注意，此时如果在关联工具栏中勾选了"锁定旋转"复选框，则新装入零件的旋转自由度也被限制。

（3）添加第二个配合。重复步骤（2），在图形区域选取图 10-23a 所示两参照面，系统自动选择"重合"配合，完成第二个配合的添加。此时在屏幕下方状态栏中显示目前零件为"完全定义"状态。如果在步骤（2）中未勾选"锁定旋转"复选框，则零件仍有旋转自由度，其状态则为"欠定义"状态。

（4）完成配合。完成所有配合添加，完成的装配体见图 10-23b。

（5）保存文件，命名为"luncha2.SLDASM"。完成的文件见资源包文件"第 10 章\范例结果文件\叉轮\luncha2.SLDASM"。

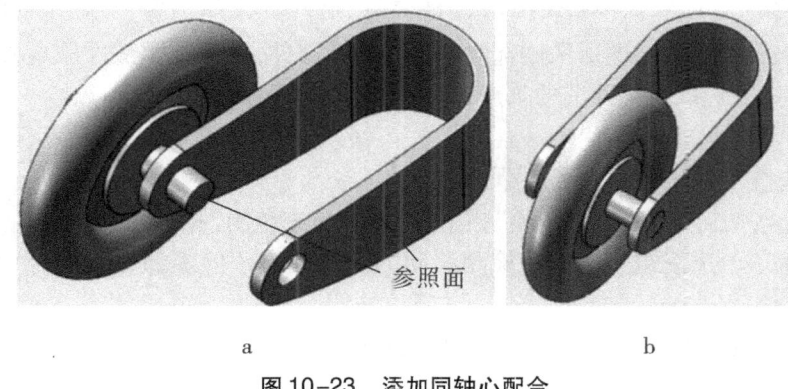

图 10-23　添加同轴心配合　　　　　　添加配合实例

## 10.4　编辑零部件

### 10.4.1　零部件移动与旋转

**1. 移动零部件**

单击"装配体"命令管理器中的"移动零部件"按钮,打开"移动零部件"属性管理器(图10-24)。对其中的主要选项介绍如下:

(1)"移动"栏。"移动"方式下拉菜单中提供了以下几种移动方式:

1)"自由拖动"选项。选取零部件后,可在图形区域沿着任意方向拖动零部件。

2)"沿装配体 XYZ"选项。选取零部件后,可在图形区拖动零部件沿坐标轴方向移动。

3)"沿实体"选项。选取该移动类型,在"移动"栏下方出现"所选项目"列表框,选取一条直线、边线、轴或平面作为"所选项目"参照,可沿参照确定的方向移动零部件。

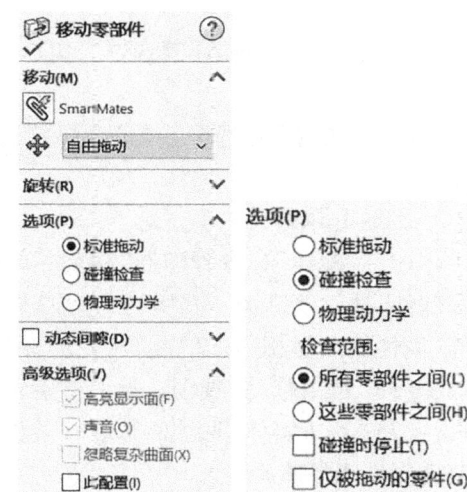

图 10-24　"移动零部件"属性管理器

4)"由 Delta XYZ"选项。选取该移动类型,在"移动"栏下方出现ΔX、ΔY和ΔZ文本框。可在这些文本框中输入值,并在图形区域选取要移动的零部件,使该零部件在 X、Y、Z 方向上按照指定距离移动。

5)"到 XYZ 位置"选项。选取该移动类型,在"移动"栏下方出现 $°_X$、$°_Y$ 和 $°_Z$ 文本框。可在这些文本框中输入坐标值,并在图形区域选取要移动的零部件,可使该零部件原点移动到该坐标点。或在图形区域选取零部件上的某点,此时选定的点将移动到该坐标点。

(2)"选项"栏。

1)"标准拖动"单选按钮。此项无特殊设置。

2)"碰撞检查"单选按钮。选中后在"选项"栏下方出现"检查范围"栏。

A."所有零部件之间"单选按钮。选中后检测移动的零部件与任何零部件间是否发生碰撞。

B."这些零部件之间"单选按钮。选中后选择要做碰撞检查的零部件,移动时仅检测这些零部件之间发生的碰撞。

C."碰撞时停止"复选框。勾选后,一旦发生碰撞则无法移动。

D."仅被拖动的零件"复选框。勾选后,只检查与选择移动的零部件的碰撞。

(3)"动态间隙"栏。勾选"动态间隙"复选框,激活该选项栏,单击其中的"检查间隙范围"文本框,在图形区域选取两零部件,然后单击"恢复拖动"按钮并在图形区域拖动零部件,可在图形区域观察选定两零部件间的动态距离。若在该栏下的 文本框中输入最小间隙值,则在拖动零部件达到该值时拖动停止。

(4)"高级选项"栏。

1)"高亮显示面"复选框。勾选后,被选择的零部件高亮显示。

2)"声音"复选框。勾选后,当被移动零部件被移至指定最小距离时,计算机发出响声。

3)"忽略复杂曲面"复选框。勾选后,间隙检查仅在平面、圆柱面、圆锥面等简单曲面上进行。

4)"此配置"复选框。勾选后,仅适用于移动或旋转零部件,不适合碰撞检查、动态间隙等。

2. 旋转零部件

在"装配体"命令管理器"移动零部件"下拉菜单中选择"旋转零部件"选项,打开"旋转零部件"属性管理器。其中的"选项""动态间隙"、"高级选项"栏的设置方法与"移动零部件"属性管理器相同,仅"旋转"栏的旋转方式不同。

(1)"自由拖动"选项。选取待旋转零部件后,可用左键控制选定零部件的旋转。

(2)"对于实体"选项。选取一条直线、边线或轴线作为"所选项目"参照,用左键控制选定零部件绕参照旋转。

(3)"由 Delta XYZ 选项"。在"旋转"栏下方 $\Delta X$、$\Delta Y$、$\Delta Z$ 文本框中输入绕各轴旋转的角度值,单击"应用"按钮,使零部件绕相应轴转过指定角度。

此外,可用"以三重轴移动"方式或使用左、右键移动或旋转零部件。选取待移动或旋转零部件后,在右键快捷菜单中选择"以三重轴移动"选项,在图形区域选定的零部件上出现显示6个自由度的坐标系,拖动箭头形臂杆可沿3个臂杆轴移动零部件,而拖动圆形侧翼则可沿3个侧翼平面旋转零部件。在图形区域任意位置单击可退出"三重轴移动"方式。

在图形区域左键选取待移动或旋转零部件,按下左键拖动鼠标可移动零部件,按下右键并拖动鼠标可旋转零部件。注意,移动或旋转零部件时,零部件必须具有该方向的自由度。

### 10.4.2 零部件阵列和镜像

在装配模式下也可对装入零部件进行阵列或镜像复制。单击"装配体"命令管理器中的 (线性零部件阵列)按钮后的"浏览"按钮,打开下拉菜单,其中包括五种阵列方式和镜像工具。

1. 线性阵列

线性阵列方式可将零部件沿指定的一个或两个方向快速复制出多个零部件,下面通过实例说明其创建过程。

(1)打开文件。打开资源包文件"第 10 章\范例源文件\线性阵列\线性阵列1.SLDASM",装配体模型见图10-25a。

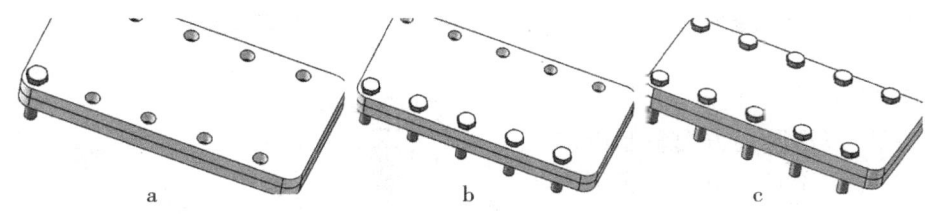

图 10-25 线性阵列

(2)设置线性阵列参数。在"装配体"命令管理器中单击"线性零部件阵列"按钮,打开"线性阵列"属性管理器(图10-26)。在其中的图形区域选取图10-27所示"方向1参照",并在"方向1"栏"间距"文本框中输入间距值"40",在"实例数目"文本框中输入阵列特征数目"5",完成阵列参数设置。

(3)选择待阵列零件并完成阵列。在"要阵列的零部件"栏的列表框中单击,在图形区域选取图10-27所示螺栓为待阵列零件。完成螺栓的线性阵列,得到图10-25b所示的一维阵列。

(4)重定义线性阵列。在特征管理设计树中选中"局部线性阵列1",在关联工具栏中单击"编辑零部件"按钮,按照步骤(2)方法在"线性阵列"属性管理器中选取图10-27所示"方向2参照",单击"反向"按钮将阵列调整在正确方向。输入"方向2"间距值"80"、阵列特征数目"2",完成螺栓的线性阵列,得到图10-25c所示的二维阵列。

(5)保存文件。另存文件,命名为"线性阵列

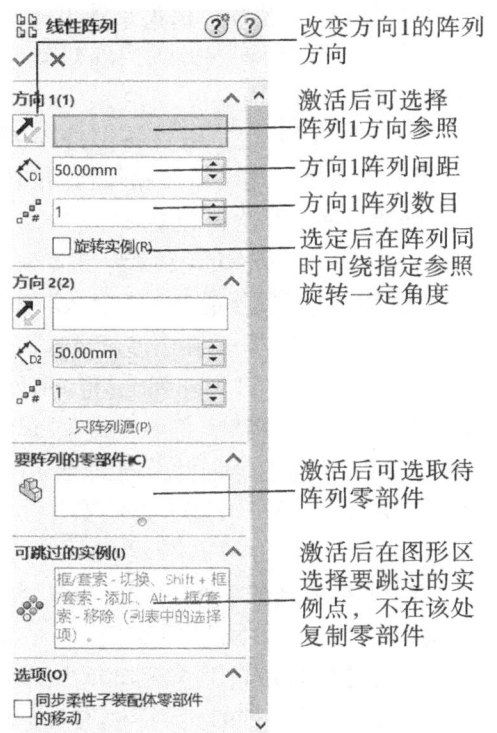

图 10-26 "线性阵列"属性管理器

2. SLDASM"。完成的文件见资源包文件"第 10 章\范例源文件\线性阵列\线性阵列 2. SLDASM"。若在上述"线性阵列"属性管理器"方向 2"栏勾选"只阵列源"复选框,得到的二维阵列见图 10-28。

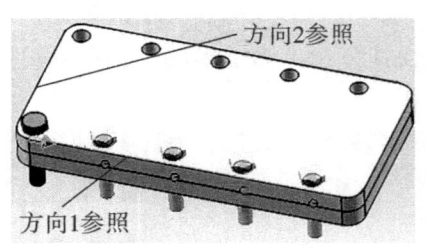

图 10-27　方向参照

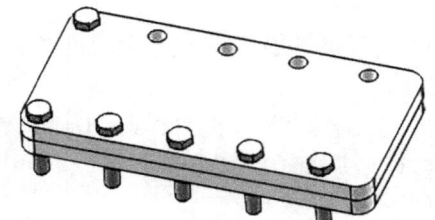

图 10-28　"只阵列源"二维阵列

螺栓线性阵列

**2. 圆周阵列**

该方式可以沿圆周方向复制出多个均匀分布的零部件。下面用实例说明圆周阵列的创建过程。

(1)打开文件。打开资源包文件"第 10 章\范例源文件\圆周阵列\圆周阵列 1.SLDASM",装配体模型见图 10-29a。下面通过圆周阵列方式实现如图 10-29b 所示阵列。

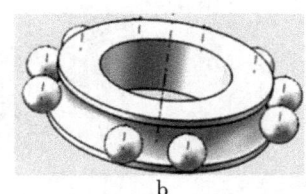

图 10-29　圆周阵列

(2)圆周阵列。在"线性零部件阵列"下拉菜单中选择"圆周零部件阵列"按钮,打开"圆周阵列"属性管理器(图 10-30)。选取图 10-29a 所示"滚动体"为待阵列零件,在"圆周阵列"属性管理器"参数"栏中激活"阵列轴"收集器,并在图形区域选取图 10-29a 所示"轴参照"为阵列轴,将"角度"间距值设为"30",将"实例数"设为"12"。(或在"参数"栏勾选"等间距"复选框,并将"角度"值设为"360",将"实例数"设为"12")

(3)设置跳过的实例。激活"圆周阵列"属性管理器"可跳过的实例"栏收集器,在图形区域选取阵列实例 2、5 所在位置点。此时,"可跳过的实例"栏列表框中列出跳过的实例(D1,2)和(D1,5)。完成

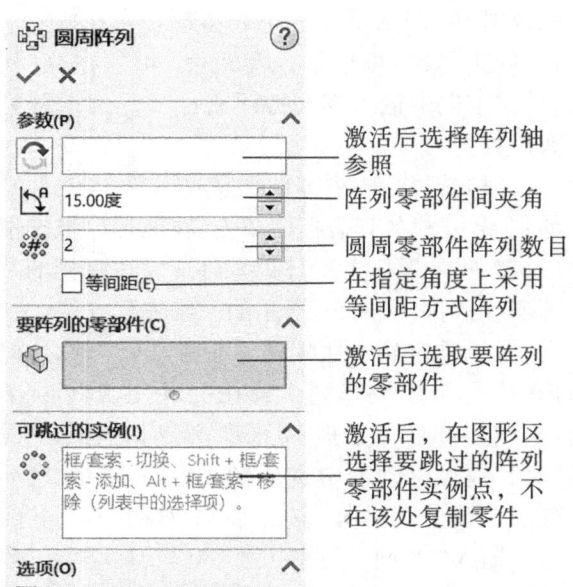

图 10-30　"圆周阵列"属性管理器

圆周阵列的创建,见图 10-29b。

(4)保存文件。将装配体文件另存为"圆周阵列 2.SLDASM"。完成的文件参见资源包文件"第 10 章\范例源文件\圆周阵列\圆周阵列 2 SLDASM"。

滚动体
圆周阵列

3. **阵列驱动零部件阵列**

用该方式可按装配体中阵列零部件或已装入零部件中其阵列特征的阵列方式与参数将所选零部件进行同样的阵列复制。下面通过实例说明其创建过程。

(1)打开文件。打开资源包文件"第 10 章\范例源文件\阵列驱动零部件阵列\阵列驱动 1.SLDASM",装配体模型见图 10-31a。下面通过阵列驱动零部件阵列方式实现图 10-31b 所示阵列。

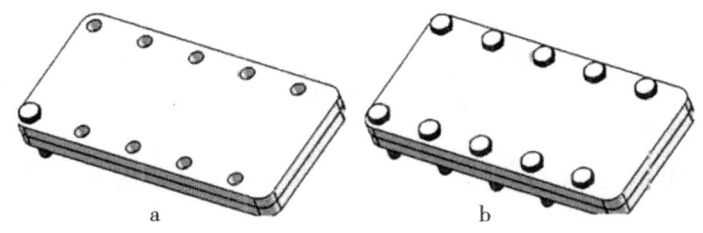

图 10-31 阵列驱动零部件阵列

(2)完成阵列。选择"阵列驱动零部件阵列"选项,打开"阵列驱动"属性管理器(图 10-32),选取图 10-31a 中的螺栓为待阵列零件,激活"驱动特征或零部件"栏收集器,并在图形区域选取图 10-33 所示"驱动特征"(孔特征),单击"阵列驱动"属性管理器中的"确定"按钮,得到图 10-31b 所示装配体。注意:也可选择图 10-33 所示除"孔阵列原始特征"外的任何阵列特征为驱动特征。

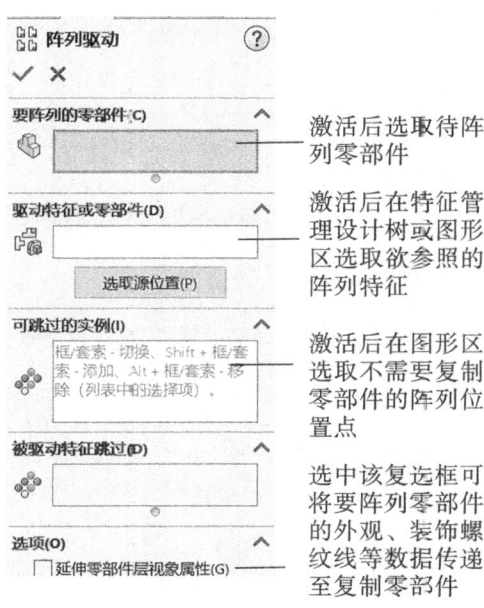

图 10-32 "阵列驱动"属性管理器

(3)保存文件。将装配体文件另存为"阵列驱动 2.SLDASM"。完成的文件见资源包文件"第 10 章\范例源文件\阵列驱动零部件阵列\阵列驱动2.SLDASM"。

阵列驱动零部件阵列

4. 草图驱动零部件阵列

用该阵列方式可将零部件复制到草图中绘制的草绘点处。下面通过实例说明其创建过程。

(1)打开文件。打开资源包文件"第 10 章\范例源文件\草图驱动零部件阵列\草图驱动1.SLDASM",装配体模型见图 10-34a。下面通过草图驱动零部件阵列方式实现图 10-35b 所示阵列。

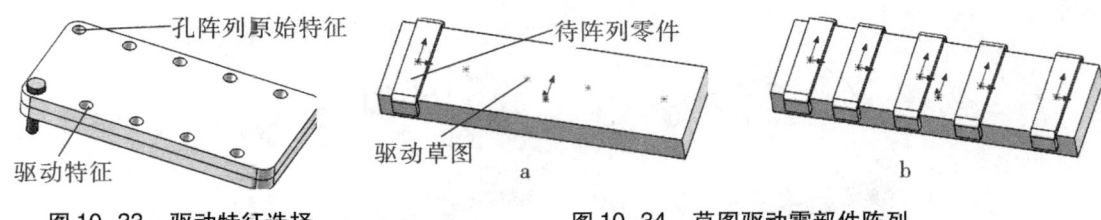

图 10-33  驱动特征选择　　　　　图 10-34  草图驱动零部件阵列

(2)创建草图驱动零部件阵列。选择"草图驱动零部件阵列"选项,打开"由草图驱动的阵列"属性管理器(图 10-35),选取图 10-34a 所示"驱动草图",在上述属性管理器"参考点"栏中单击"零部件原点"单选按钮,并在图形区域选取图 10-34a 所示"待阵列零件"。单击上述属性管理器中的"确定"按钮,得到图 10-34b 所示装配体。

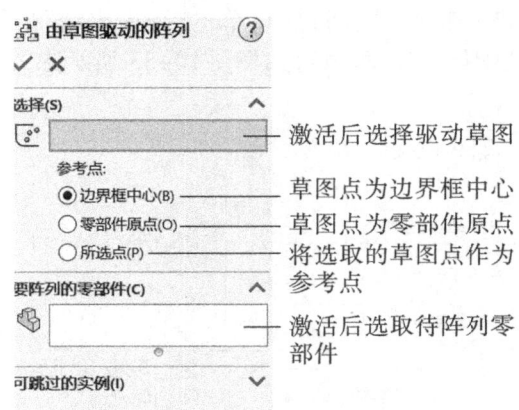

图 10-35  "由草图驱动的阵列"属性管理器

(3)保存文件。将文件另存为"草图驱动 2.SLDASM"。完成的文件见资源包文件"第 10 章\范例源文件\草图驱动零部件阵列\草图驱动2.SLDASM"。

草图驱动零部件阵列

5. 曲线驱动零部件阵列

用该阵列方式可将绘制的连续草图曲线作为驱动曲线实现零部件的阵列。注意,驱动曲线必须是连续相切的曲线。对于分段连续草图曲线,必须先将其组合成一条完整的曲线,才能作为阵列的驱动曲线。下面通过实例说明其创建过程。

(1)打开文件。打开资源包文件"第10章\范例源文件\曲线驱动零部件阵列\曲线驱动1.SLDASM",装配体模型见图10-36a。下面通过曲线驱动零部件阵列方式实现图10-36b所示阵列。

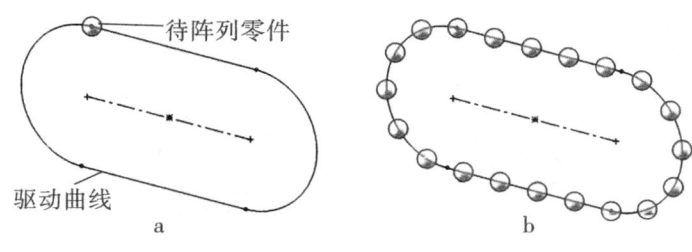

图10-36 曲线驱动零部件阵列

曲线驱动零部件阵列

(2)完成曲线驱动阵列。选择"曲线驱动零部件阵列"选项,打开"曲线驱动的阵列"属性管理器(图10-37),选取图10-36a所示"驱动曲线",将"方向1"栏"实例数"设为"20",勾选"等间距"复选框,并选取图10-36a所示球体为待阵列零件。单击上述属性管理器中的"确定"按钮,得到图10-36b所示装配体。

(3)保存文件。另存文件为"曲线驱动2.SLDASM"。完成的文件见资源包文件"第10章\范例源文件\曲线驱动零部件阵列\曲线驱动2.SLDASM"。

**6. 链零部件阵列**

用链零部件阵列工具可沿着开环或闭环路径阵列零部件,从而对滚柱链、能量链和动力传动零部件进行仿真。可创建三种类型的链阵列:① (距离)阵列。沿链路径将零部件与单一链接阵列,用于不需要转向的单个零部件的链阵列。② (距离链接)矩阵。沿链路径将零部件与两个不相连的零件阵列,用于需转向的单个零部件阵列。③ (相连链接)阵列。沿链路径将一个或两个相连的零部件阵列,用于两个零部件的链阵列。

图10-37 "曲线驱动的阵列"属性管理器

(1)通过实例说明以"距离"方式创建链零部件阵列的过程。

1)打开文件。打开资源包文件"第10章\范例源文件\链零部件阵列\链阵列-距离1.SLDASM",装配体模型见图10-38a。下面通过链零部件阵列方式实现图10-38b所示阵列。

2)选取搭接方式和链路径。选择"链零部件阵列"选项,打开"链阵列"属性管理器(图10-39)。在该属性管理器"搭接方式"栏选择"距离"方式,在"链路径"栏单击

"SelectionManager"按钮,在打开的选择管理器中单击 ▭ (闭环)按钮,在图形区域选取图10 -38a 所示的"链路径"为链路径,右击,并在上述属性管理器中将"实例数"设为"10"。

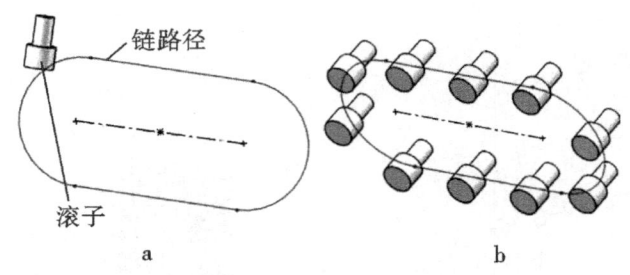

图10-38 距离链零部件阵列　　　　　　　　"距离"创建链零部件阵列

3)设置"链组1(1)"栏。激活"链组1(1)"栏"要阵列的零部件"收集器,选取图10-38a所示"滚子"零件,选取其圆柱面(大、小圆柱面均可)作为"路径链接"参照,展开图形区域左上角"链阵列-距离1"装配树,选择"滚子"零件的前视基准面为"路径对齐平面"参照,单击"等间距"按钮使阵列特征在链路径上均匀分布。

4)完成阵列并保存文件。在"选项"栏选取"动态"单选按钮,单击上述属性管理器中的"确定"按钮,完成阵列特征创建。另存文件,命名为"链阵列-距离2"。完成的文件见资源包文件"第10章\范例源文件\链零部件阵列\链阵列-距离2.SLDASM"。

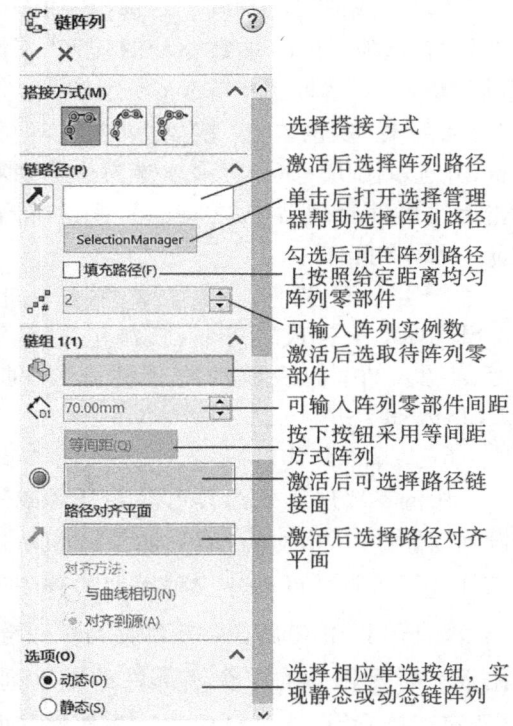

图10-39 "链阵列"属性管理器

(2)通过实例说明采用"距离链接"方式创建链零部件阵列的过程。

1)打开文件。打开资源包文件"第10章\范例源文件\链零部件阵列\链阵列-距离链接1.SLDASM",装配体模型见图10-40a。下面通过链零部件阵列方式实现图10-40b所示阵列。

2)选取搭接方式和链路径。选择"链零部件阵列"选项,打开"链零部件阵列"属性管理器,在其中的"搭接方式"栏选择"距离链接"方式,使用选择管理器,在图形区域选取图10-40a所示闭环曲线为"链路径",将阵列数目设为"20"。

3)设置"链组1(1)"栏。单击其中的"要阵列的零部件"收集器,选取图10-40a所示"链板"为待阵列零部件,选取图10-40a所示圆柱面1和圆柱面2分别为"路径链接1""路径链接2"参照,展开"链阵列-距离链接1"装配树,选取"链板"零件的上视基准面作为"路径对齐平面"参照,单击"等间距"按钮。

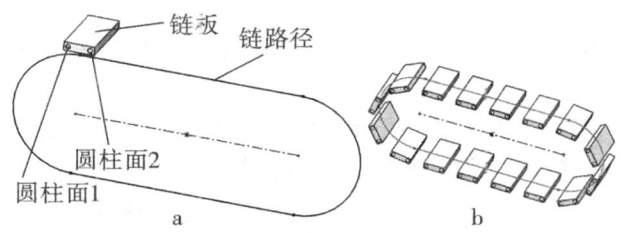

图 10-40 距离链接链零部件阵列

4)完成阵列并保存文件。在"选项"栏选取"动态"单选按钮,单击上述属性管理器中的"确定"按钮,完成距离链接链阵列特征创建。另存文件,命名为"链阵列-距离链接2"。完成的文件见资源包文件"第 10 章\范例源文件\链零部件阵列\链阵列-距离链接 2. SLDASM"。

(3)通过实例说明采用"相连链接"方式创建链零部件阵列的过程。

1)打开文件。打开资源包文件"第 10 章\范例源文件\链零部件阵列\链阵列-相连链接 1. SLDASM"。下面通过"相连链接"方式实现图 10-41 所示阵列。

2)选取搭接方式和链路径。选择"链零部件阵列"选项,打开"链零部件阵列"属性管理器,在其中的"搭接方式"栏选择"相连链接"方式,选取闭环曲线为"链路径",选中"填充路径"复选框。

"距离链接"创建链零部件阵列

3)设置"链组 1(1)"栏。选取图 10-42 所示"链节 1"为待阵列零部件,并选取图 10-42 所示内圆柱面 1 和内圆柱面 2 分别为"路径链接 1""路径链接 2"参照,选取"链节 1"零件的上视基准面为"路径对齐平面"参照。

4)设置"链组 2(1)"栏。选中"链组 2(2)"栏中的"链组 2(2)"复选框,选取图 10-43 所示"链节 2"零件为待阵列零部件,并选取图 10-43 所示外圆柱面 1 和外圆柱面 2 分别为"路径链接 1""路径链接 2"参照,选取"链节 2"零件的上视基准面作为"路径对齐平面"参照。

"相连链接"创建链零部件阵列

5)完成阵列并保存文件。在"选项"栏单击"动态"单选按钮,单击该属性管理器中的"确定"按钮,完成"相连链接"方式的链阵列创建。另存文件,命名为"链阵列-相连链接 2"。完成的文件见资源包文件"第 10 章\范例源文件\链零部件阵列\链阵列-相连链接 2. SLDASM"。

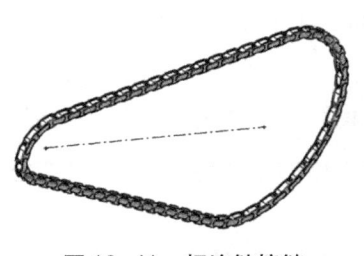

图 10-41 相连链接链零部件阵列

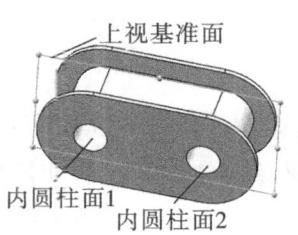

图 10-42 链节 1

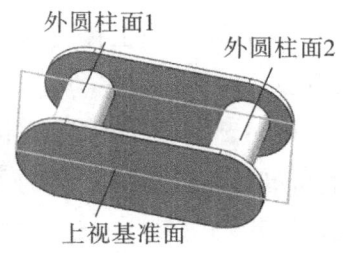

图 10-43 链节 2

### 7. 镜像零部件

用镜像零部件工具可将已装入的零部件复制到相对于某一平面对称的位置处,下面通过实例说明其创建过程。

(1)打开文件。打开资源包文件"第 10 章\范例源文件\镜像零部件\镜像 1. SLDASM",显示装配体模型。下面通过"镜像零部件"方式得到装配体。

(2)进行第一次镜像。在"装配体"属性管理器"阵列"方式下拉菜单中选择 镜向零部件选项,在图形区域选取"右视基准面"为镜像平面,选取螺钉为待镜像零件,单击该属性管理器中的"确定"按钮。

(3)完成第二次镜像。重复步骤(2),在图形区域选取"前视基准面"为镜像平面,选取已装入的两个螺钉为待镜像零件,单击上述属性管理器中的"确定"按钮,得到装配体图形。

(4)保存文件。另存文件,命名为"镜像 2"。完成的文件见资源包文件"第 10 章\范例源文件\镜像零部件\镜像 2. SLDASM"。

## 10.4.3 装配体编辑与修改

### 1. 删除零部件

(1)在图形区域或特征管理设计树中选取待删除零部件。

(2)在主菜单中执行菜单命令"编辑"→"删除"(或在右键快捷菜单中选择"删除"选项),在弹出的"确认删除"对话框中列出了与此零件相关的所有项目,包括配合关系、阵列镜像零部件等。

(3)在上述对话框中单击"是"按钮确认删除。

### 2. 查看、编辑零部件

对于已装入的零部件,可在必要情况下对其进行查看、编辑、压缩、隐藏和透明化等。选取已装入的零部件,弹出图 10-44 所示关联工具栏,选择相应命令可进行以下操作:

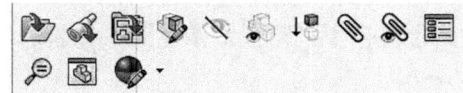

图 10-44 关联工具栏

(1) (打开零件)按钮。用于在新窗口中打开零部件,并对其进行编辑。

(2) (在当前位置打开零件)按钮。用于以和装配体同样视角打开零部件。

(3) (打开工程图)按钮。单击后弹出"打开"对话框,用其选择零部件工程图并打开。

(4) (编辑)按钮。单击后可在当前窗口编辑零部件,其他零部件则透明显示。编辑后,可单击图形区域右上角的 按钮,或单击"特征"属性管理器中的 (编辑零部件)按钮,退出编辑模式。

(5) (隐藏零部件)、 (显示零部件)按钮。用于使选中的零部件处于隐藏或显示状态。

（6）（更改透明度）按钮。用于改变所选零部件的透明度。

（7）（压缩零部件）按钮。单击后可使零部件暂时从装配体中移除，在图形区域隐藏所压缩的零部件。被压缩零部件不占用内存，与其相关的配合关系也不再显示。需要解除压缩时，可选取被压缩的零部件，在关联工具栏中单击（解除压缩）按钮。

（8）（配合）按钮。单击后弹出"配合"属性管理器，可查看、编辑与零部件相关的配合关系。

（9）（查看配合）按钮。仅用于查看选定零部件相关的配合关系。

（10）（零部件属性）按钮。单击后弹出"零部件属性"对话框，从中可查看零部件信息、设定压缩状态、设定部件为刚性或柔性结构等。选择该对话框中"压缩状态"栏的"轻化"单选按钮，可将选定零部件设为轻化状态。轻化零部件可显著提高大型装配体的性能。轻化状态下的零部件只有部分装入内存，其余的模型数据将根据需要装入，因此可使装配速度更高。需要取消轻化状态时，可在该对话框中选择"还原"单选按钮。

（11）（放大所选范围）按钮。用于可放大所选零部件。

（12）（预览）按钮。用于分屏预览选定零部件。单击"预览零部件"窗口的"退出预览"按钮可退出预览模式。

（13）（外观）按钮。单击后弹出"颜色"属性管理器，从中编辑所选零部件的外观和纹理。

3. 替换零部件

（1）选择命令。选取需要替换的零部件，在右键快捷菜单中选择"替换零部件"选项，弹出"替换"属性管理器（图10-45）。

（2）设置属性管理器。单击"使用此项替换"栏下的"浏览"按钮，在"打开"对话框中选择替换零部件，单击该对话框中的"打开"按钮，此时该零部件显示在列表框中。

（3）完成替换。单击"替换"属性管理器中的"确定"按钮，完成零件替换。注意：替换后常常需要重新添加合适的配合关系。

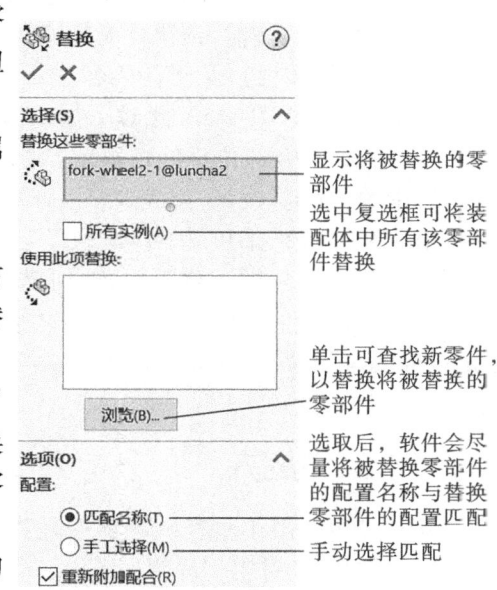

图10-45 "替换"属性管理器

## 10.5 装配检查

装配体创建后，可对装配体中的零部件进行干涉检查、间隙验证、孔对齐检验等。

### 10.5.1 干涉检查

**1. 干涉检查的功能**

干涉检查功能用于检验零部件间是否存在干涉,具体包括:①检查是否存在干涉;②将干涉体积着色显示;③设定干涉和不干涉零部件的显示,便于查看干涉部位及干涉程度;④选择可忽略的干涉,如过盈配合、螺纹扣件干涉等;⑤可将实体间的干涉包括在多实体零件内;⑥可将子装配体作为单一零部件处理;⑦将重合干涉和标准干涉区分开来。

**2. 干涉检查的一般过程(实例说明)**

(1)打开文件。打开资源包文件"第 10 章\范例源文件\干涉检查\干涉检查.SLDASM"。

(2)选择干涉检查命令。在"评估"命令管理器中单击 (干涉检查)按钮,打开"干涉检查"属性管理器(图 10-46),系统自动选择"干涉检查.SLDASM"为所选零部件。

(3)计算干涉。单击上述属性管理器"所选零部件"栏下的"计算"按钮,系统自动计算装配体中存在的干涉,并将干涉项目及干涉体积显示在"结果"栏的列表框中,见图 10-46。此时单击干涉结果项,在图形区域看到干涉部位呈红色显示。单击上述属性管理器中的"确定"按钮,完成干涉检查。

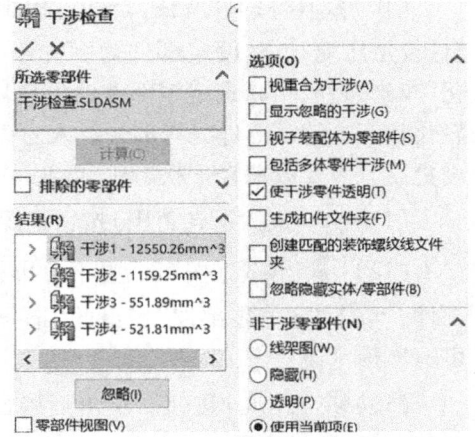

图 10-46 "干涉检查"属性管理器

由干涉检查结果可知,干涉 2、干涉 3 和干涉 4 均为螺纹部分产生的干涉。为此,可选中该属性管理器中的"排除的零部件"复选框,在图形中分别选取存在干涉的含螺纹特征零部件"qianjinding4"和"qianjinding5"两个零件,并再次单击"计算"按钮,此时可看到"结果"列表框中仅存在干涉 1。

### 10.5.2 孔对齐

孔对齐功能用于检查装配体中是否存在轴线未对齐的孔,通过实例说明如下:

(1)打开文件。打开资源包文件"第 10 章\范例源文件\孔对齐\孔对齐.SLDASM"。

(2)孔对齐检查。在"评估"命令管理器中单击 (孔对齐)按钮,打开"孔对齐"属性管理器(图 10-47),系统自动选择"孔对齐.SLDASM"为所选零部件。将"孔中心误差"文本框中的误差值修改为"8.00mm",则轴线不重合误差值在 8mm 以内的孔组将出现在"结果"栏的列表框中,见图 10-47。单击上述属性管理器中的"确定"按钮,完

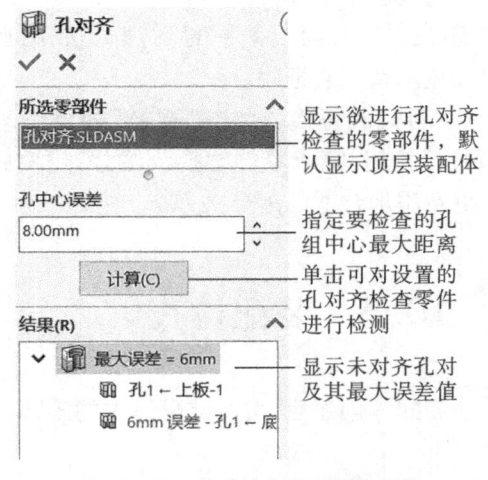

图 10-47 "孔对齐"属性管理器

成孔对齐检查。

### 10.5.3 装配体测量

装配体创建过程中,有时需要对零部件间或零件自身结构间的距离、角度、面积等进行测量。在"评估"命令管理器中单击 ◎ (测量)按钮,打开"测量"对话框(图10-48),对其中主要按钮的功能介绍如下:

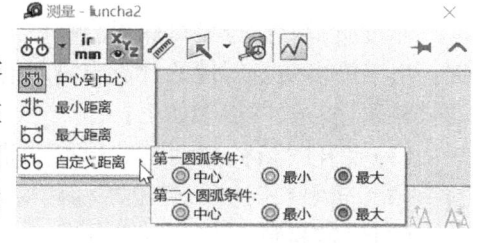

图 10-48 "测量"对话框

(1) ⚬⚬ (中心到中心)按钮。用于测量圆或圆弧间中心到中心的距离。

(2) ⌀ (最小距离)按钮。用于测量圆或圆弧间的最小距离。

(3) ⌀ (最大距离)按钮。用于测量圆或圆弧间的最大距离。

(4) ⚬⚬ (自定义距离)按钮。测量圆或圆弧间距离时,可单击右侧的倒三角形按钮,分别指定两个对象的测量条件。

(5) in/mm 按钮。单击后打开"测量单位/精度"对话框(图10-49),从中设置测量单位和显示精度。

(6) XYZ 按钮。用于控制是否在图形区域显示所选实体间 Delta X、Delta Y 和 Delta Z 的测量值。

(7) 📏 按钮。用于点到点的测量。

(8) ◨ 按钮。单击其后的倒三角形按钮,可在下拉菜单中选择将测量数据不投影、投影到屏幕或投影到指定的面上。

(9) ⟲ 按钮。用于显示测量历史数据。

(10) 📊 按钮。单击后打开"传感器"属性管理器。

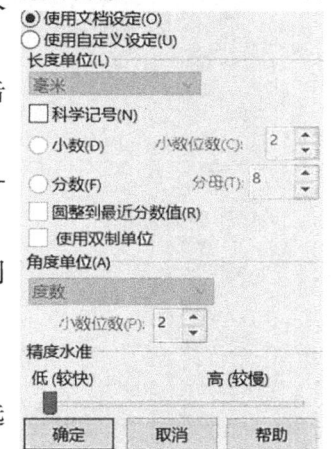

图 10-49 "测量单位/精度"对话框

打开"测量"对话框,在图形区域选取测量对象,测量对象出现在该对话框上部的列表框中,同时在该对话框下部显示相应的测量信息。图 10-50 所示为测量时选取的参照,图 10-51 所示为测量结果。

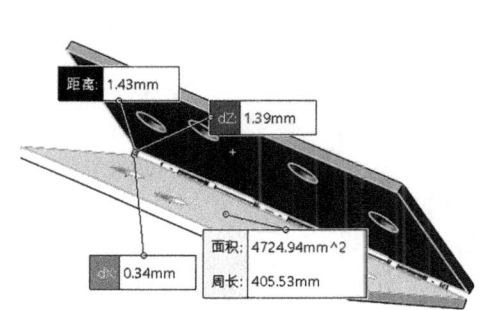

图 10-50 测量参照

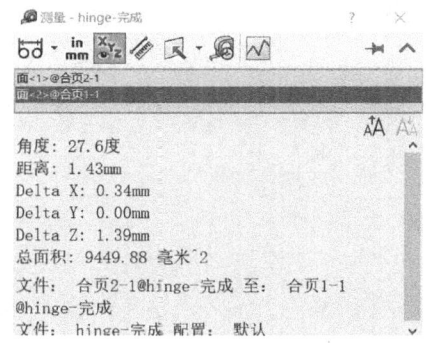

图 10-51 测量结果

### 10.5.4 质量计算

通过质量属性分析可获得装配体的体积、表面积、质量、重心、惯性力矩和惯性张量等数据。由于许多质量属性的计算与材料有关，因此在质量分析前需要设定装配体中各零部件的材料属性。具体步骤如下：

(1)打开"材料"对话框。选取欲指定材料的零部件，在右键快捷菜单中依次选择"材料"→"编辑材料"选项，弹出"材料"对话框(图10-52)。

(2)设定材料。在"材料"对话框左侧"solidworks materials"栏中选择相应材料，如钢、合金钢等，在右侧显示该材料的属性信息，见图10-53。在"材料"对话框中单击"应用"按钮完成材料设定。

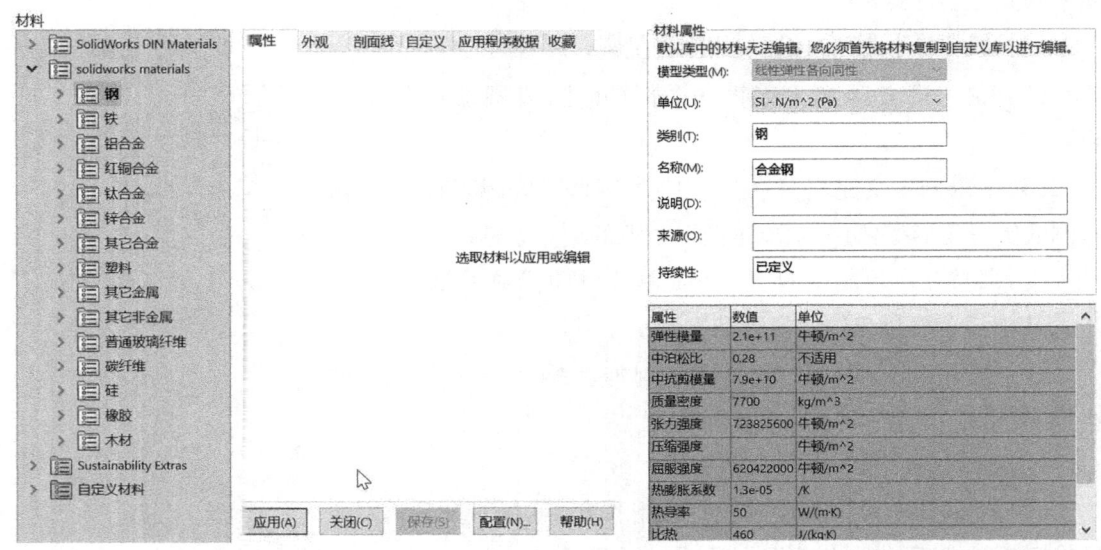

图10-52　"材料"对话框　　　　　图10-53　合金钢属性信息

在"评估"命令管理器中单击 (测量)按钮，打开"质量属性"对话框(图10-54)，其上部文本框中显示要进行质量分析的零部件。默认情况下，系统自动选择顶级装配体。其下部消息框中显示模型的质量、体积、表面积、重心和惯性矩等信息。单击该对话框的"选项"按钮，打开"质量/剖面属性选项"对话框(图10-55)，从中可查看或修改分析的单位、材料属性、精确度等信息。

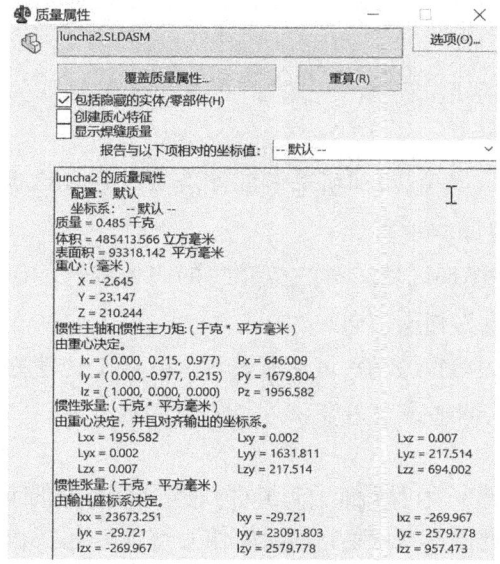

图10-54 "质量属性"对话框

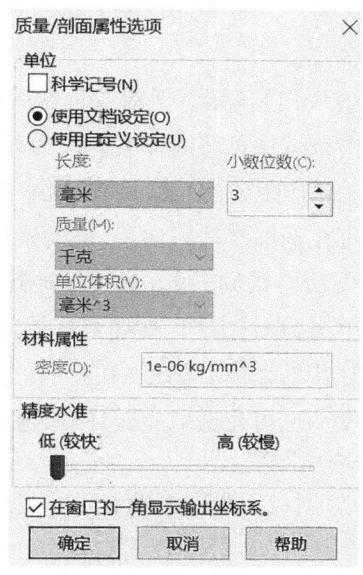

图10-55 "质量/剖面属性选项"对话框

## 10.6 爆炸视图

爆炸视图用于将装配体中的各组成零部件分解开来,以便了解装配体的组成、各组成零部件的相对位置和装配过程。爆炸视图可用于演示产品构成、制作产品说明书,并可用直观、清晰的形式指导产品装配过程。

### 10.6.1 创建爆炸视图

1. "爆炸"属性管理器主要栏目简介

在"装配体"命令管理器中单击 (爆炸视图)按钮,打开"爆炸"属性管理器(图10-56),对其中主要栏目的意义介绍如下:

(1)"爆炸步骤类型"栏。

1) (常规步骤)按钮。选中后通过平移和旋转方式爆炸各组成零部件。

2) (径向步骤)按钮。选中后可在一个步骤中围绕一个轴,按径向对齐或圆周对齐方式爆炸组成零部件。

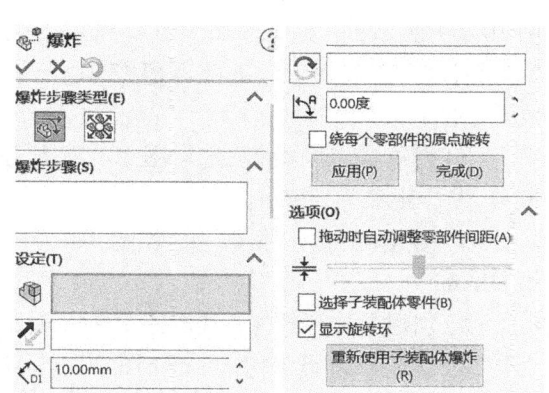

图10-56 "爆炸"属性管理器

(2)"爆炸步骤"栏。在该栏的列表框中将列出爆炸视图的创建步骤。选取某爆炸步骤类型后可在图形区域观察到该步骤的零部件和爆炸方向。

(3)"设定"栏。在该栏中设定本爆炸步骤的零部件、爆炸方向和爆炸距离。

1) 🔧（爆炸步骤零部件）按钮。用于选取待分解零部件，按下 Ctrl 键可同时分解多个零件。

2) ↗（反向）按钮。激活收集器后可在图形区域选择"三重轴"的一个坐标轴作为爆炸方向。单击该按钮可将爆炸方向设为相反方向。

3) ↔（爆炸距离）按钮。在其文本框中输入数值，可使所选零部件沿爆炸方向移动相应距离。也可在选取爆炸方向后，拖动鼠标、调整爆炸距离。

4) ↻（旋转轴）按钮。激活收集器后可在图形区域选择"三重轴"的一个旋转环作为爆炸方向。单击"爆炸方向"按钮可将旋转方向设为相反方向。

5) ↺（旋转角度）按钮。在其后的文本框中输入数值，可使所选零部件沿旋转轴方向转动相应角度。也可在选取旋转环后，拖动鼠标、调整爆炸角度。

(4)"选项"栏。

1)"拖动时自动调整零部件间距"复选框。选中后可沿轴心自动均匀地分布实体间的距离。

2)"选择子装配体零件"复选框。不选中此复选框，对子装配体作为整体一起操作。选中此复选框，对子装配体的组成零部件单独操作，为每个组成零件设定爆炸位置和爆炸距离。

3)"显示旋转环"复选框。选中后待分解零部件上显示代表旋转轴的旋转环。

2. 爆炸视图创建的一般过程

(1) 打开文件。打开资源包文件"第 10 章\范例源文件\爆炸视图\装配体 1.SLDASM"，装配体模型见图 10-57。

(2) 创建爆炸步骤 1。在"装配体"命令管理器中单击"爆炸视图"按钮，选取"常规步骤"类型，按下 Ctrl 键选取图 10-58 所示零件 1 和 1′作为"爆炸步骤零部件"。在出现三重轴时，选取图 10-59 所示的"Y"轴。单击"反向"按钮改变爆炸方向。在"爆炸距离"文本框中输入距离值"350"。依次单击"应用""完成"按钮。

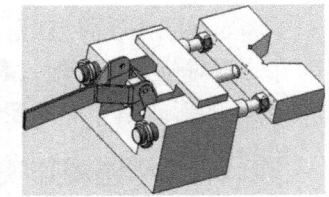

图 10-57　装配体 1

(3) 创建爆炸步骤 2。选取图 10-58 所示零件 2，设定沿 $-Z$ 方向，爆炸距离为 80mm。

(4) 创建爆炸步骤 3。选取图 10-58 零件 3 和 3′，设定沿着 $-Z$ 方向，爆炸距离为 200mm。

(5) 创建爆炸步骤 4。选取图 10-58 所示零件 4，设定沿着 $-Z$ 方向，爆炸距离为 80mm。

(6) 创建爆炸步骤 5。选取图 10-58 所示零件 4，爆炸方向为 $-Y$ 方向，爆炸距离为 120mm。

(7) 创建爆炸步骤 6。选取图 10-58 所示零件 5，爆炸方向为 $-Z$ 方向，爆炸距离为 150mm。

(8) 创建爆炸步骤 7。选取图 10-58 所示零件 5，爆炸方向为 $Y$ 轴，爆炸距离为 150mm。

(9) 创建爆炸步骤 8。选取图 10-58 所示零件 7，爆炸方向为 $-Y$ 方向，爆炸距离为 20mm。旋转轴设为 $ZX$ 方向，旋转角度为"720"。

(10) 创建爆炸步骤 9。选取图 10-58 所示零件 7′，重复步骤(9)。

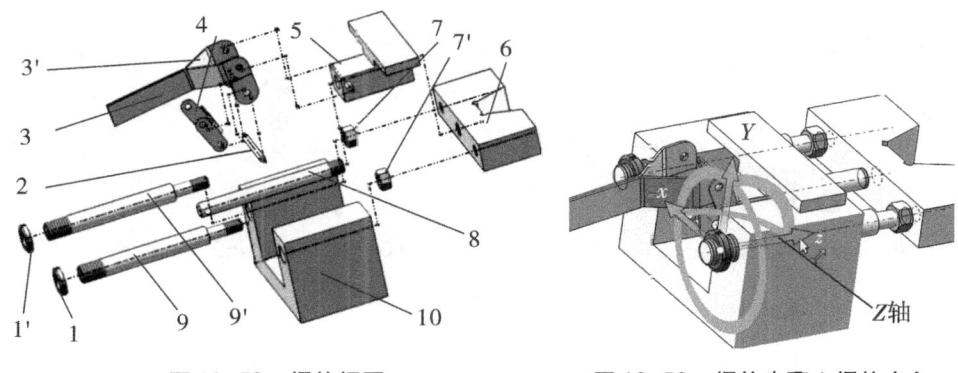

图 10-58 爆炸视图　　　　图 10-59 爆炸步骤 1 爆炸方向

（11）创建爆炸步骤 10。选取图 10-58 所示零件 8，爆炸方向为 $-Y$ 方向，爆炸距离设为 100mm，旋转轴为 $ZX$ 方向，旋转角度为"720"。

（12）创建爆炸步骤 11。选取图 10-58 所示零件 6，爆炸方向为 $Y$ 轴，爆炸距离为 120mm。

（13）创建爆炸步骤 12。选取图 10-58 所示零件 9 和 9′，爆炸方向为 $-Y$ 方向，爆炸距离设为 300mm。

（14）创建爆炸步骤 13。选取图 10-58 所示零件 10，爆炸方向为 $Z$ 轴，爆炸距离为 80mm。

（15）完成爆炸视图。单击"爆炸"属性管理器中的 ✓ 按钮，完成爆炸视图的创建。

3. 在爆炸视图中添加爆炸直线草图，显示零部件间的装配位置关系

（1）打开"步路线"属性管理器。在"装配体"命令管理器"爆炸视图"下拉菜单中选择"爆炸直线草图"选项，打开"步路线"属性管理器。

创建爆炸视图

（2）创建第一条步路线。依次选取如图 10-60 所示轴线 1、2、3、4、5，注意箭头指向，如果选择某轴后，方向不同，可选中"反转"复选框或单击图形区域的箭头，改变步路线方向。选中"选项"栏"沿 XYZ"复选框，单击"步路线"属性管理器中的 ✓ 按钮，完成第一条步路线的创建。

（3）创建第 2 条步路线。重复步骤（2），依次选取图 10-60 所示轴线 1′2′、3′、4′、5′，完成第 2 条步路线的创建。

（4）创建第 3 条步路线。依次选取图 10-61 所示轴线 1、2、3、4、5（注意调整箭头指向），完成第 3 条步路线的创建。

（5）创建第 4 条步路线。依次选取图 10-62 所示轴线 1、2、3、4（注意调整箭头指向），完成第 4 条步路线的创建。

（6）创建第 5 条步路线。在图形区域依次选取图 10-63 所示轴线 1、2、3（注意调整箭头指向），完成第 5 条步路线的创建。

（7）完成爆炸直线草图的创建，见图 10-64。

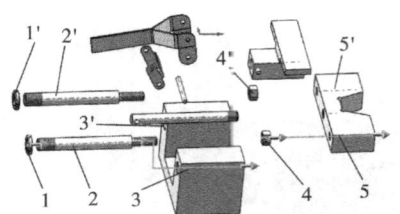 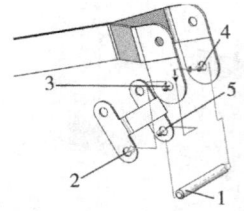 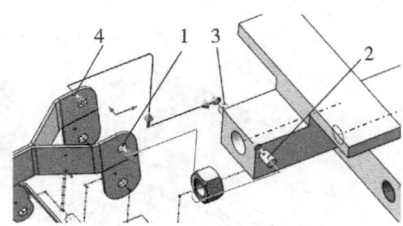

图 10-60　步路线 1 参照选取　　图 10-61　步路线 3 参照选取　　图 10-62　步路线 4 参照选取

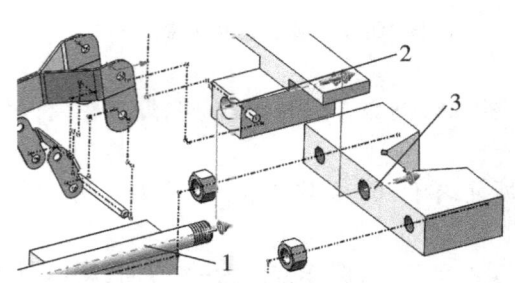 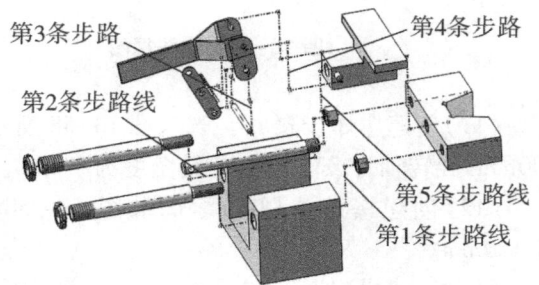

图 10-63　步路线 5 参照选取　　　　　图 10-64　完成的爆炸直线图

（8）保存装配体。完成的文件参见资源包文件"第 10 章\范例结果文件\爆炸视图\装配体 2.SLDASM"。

### 10.6.2　编辑爆炸视图和爆炸直线图

创建爆炸
直线草图

可编辑爆炸视图和爆炸直线图，以添加、修改和删除爆炸步骤和爆炸直线，具体操作步骤如下：

1. 展开配置

单击设计树中的 按钮，切换至"配置管理器"选项卡，从中单击 ▸ 按钮展开装配体配置。

2. 编辑爆炸视图

选取需要编辑的爆炸视图，在右键快捷菜单中选择"编辑特征"选项，切换至"爆炸"属性管理器，在"爆炸步骤"栏中选择需要修改的爆炸步骤，在右键快捷菜单中选择"编辑步骤"选项，可编辑爆炸步骤，进而编辑爆炸视图。

3. 编辑爆炸直线图

如需修改爆炸直线图，可继续展开爆炸视图，选择 (-) 3D爆炸1 按钮，并在右键快捷菜单中选择"编辑草图"选项，可在图形区域编辑爆炸直线图。也可单击 （步路线）按钮添加步路线。或者单击 （转折线）按钮，在图形区域拖动草图线条，为爆炸直线添加转折。在编辑步路线状态下，在图形区域选取步路线并按下 Delete 键可删除步路线。

### 10.6.3 解除爆炸视图

在"配置"管理器中选中爆炸视图,在右键快捷菜单中选择"解除爆炸"选项,可取消爆炸视图。

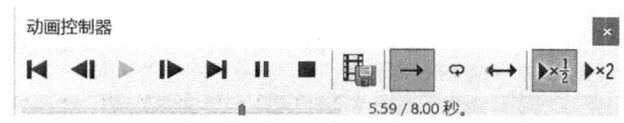

图 10-65 动画控制器

在右键快捷菜单中选择"动画解除爆炸"选项,打开图 10-65 所示"动画控制器"工具栏,同时在图形区域以动画形式展示解除爆炸过程。在"动画控制器"工具栏中单击 (保存动画)按钮,打开"保存动画到文件"对话框。在该对话框中选取合适的保存路径,单击"保存"按钮,打开"视频压缩"对话框,在该对话框中完成压缩设定后,单击"确定"按钮,可将爆炸解除过程保存为视频文件。

## 10.7 夹具装配实例

### 10.7.1 夹具装配设计分析

夹具装配过程是:①装入夹具体作为基础元件;②依次装入右侧支架、左侧支架,插入翻转钻模板子装配体,接着依次插入转动压板、支撑块、V形夹滑座、V形块、削边销、工件,新建支撑钉、V形块销轴零件;③装入螺钉等标准件。装配完成的夹具模型见图 10-66。装配过程见图 10-69。

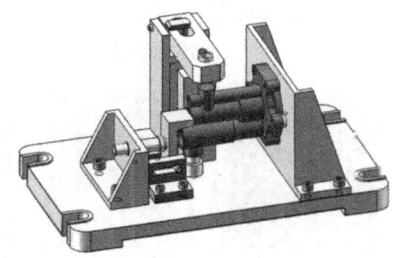

图 10-66 钻孔夹具

### 10.7.2 夹具装配过程

**1. 新建装配体类型文件并装入基础元件**

(1)新建文件。新建装配体类型文件。

(2)装入基础元件。在"打开"对话框中找到资源包文件"第 10 章\范例源文件\夹具\夹具体.SLDPRT",单击"打开"按钮,移动光标至图形区域合适位置后单击。

**2. 装入右侧支架**

(1)插入"右侧支架"。插入资源包文件"第 10 章\范例源文件\夹具\右侧支架.SLDPRT"零件。

(2)添加配合。选取图 10-68 所示的"第 1 组参照"(孔圆柱面)为配合参照,添加"同轴心"配合,完成第 1 组配合的添加;选取图 10-68 所示"第 2 组参照"(孔圆柱面)为配合参照,添加"同轴心"配合,完成第 2 组配合的添加;选取图 10-68 所示"第 3 组参照"(夹具体上表面和右侧支架底面)为配合参照,添加"重合"配合,完成第 3 组配合的添加。此时的装配体见图 10-69。

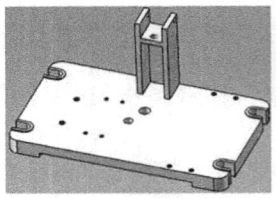 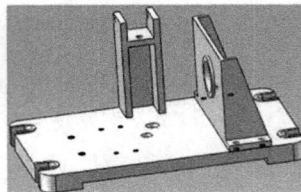 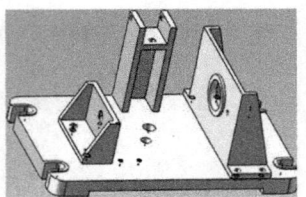

a.并装入基础元件　　　b.装入右侧支架　　　c.装入左侧支架

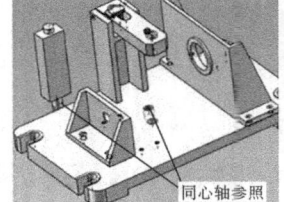 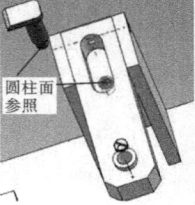 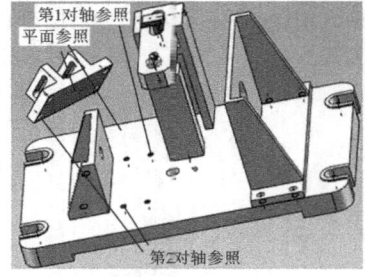 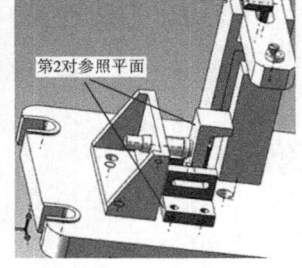 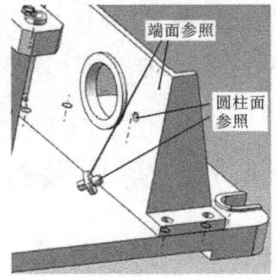

d.装入支撑块　　　e.装入转动压板　　　f.插入翻转钻模板子装配体

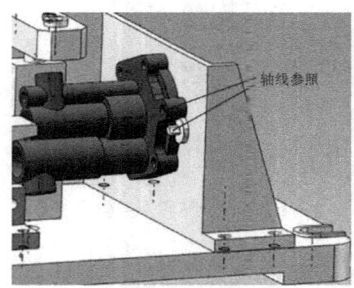 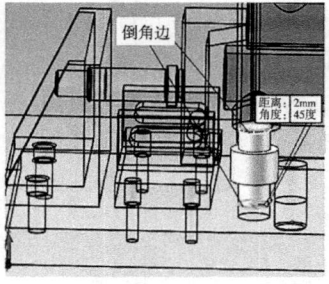 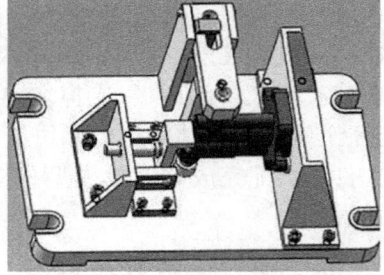

g.装入V形块支座　　　h.装入V形块　　　i.装入削边销

j.新建零件支撑钉新建V形块销轴　　　k.插入销轴、螺钉等标准件　　　l.装入工件

图 10-67　夹具装配过程

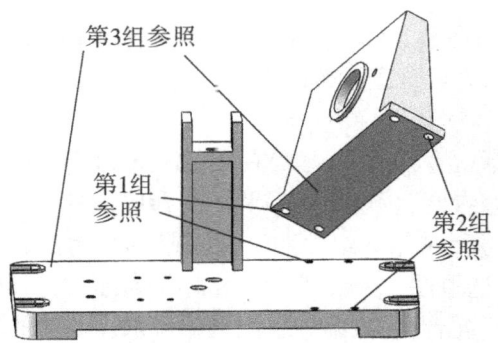 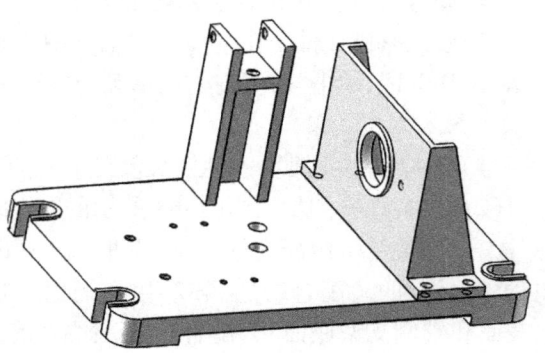

图 10-68　同轴心配合参照　　　　图 10-69　装入右侧支架

### 3. 装入左侧支架

(1) 装左侧支架。插入资源包文件"第 10 章\范例源文件\夹具\左侧支架.SLDPRT"零件。

(2) 添加配合。选取图 10-70 所示"第 1 组参照"(夹具体顶面和左侧支架底面)为配合参照,添加"重合"配合,完成第 1 组配合的添加;显示零部件轴线后选取图 10-70 所示"第 2 组参照"(两轴线),添加"重合"配合,完成第 2 组配合的添加;选取图 10-70 所示"第 3 组参照"(两轴线),添加"重合"配合,完成第 3 组配合的添加。此时的装配体见图 10-71。

### 4. 插入翻转钻模板子装配体

(1) 插入子装配体并激活。插入新装配体,在设计树中的新装配体名称上双击,将其重命名为"翻转钻模板";选取"翻转钻模板"子装配体,在"装配体"命令管理器中单击"编辑零部件"按钮,使其处于可编辑状态,则后续操作均为子装配体环境下的操作。

(2) 向子装配装入第 1 个零部件。插入资源包文件"第 10 章\范例源文件\夹具\压板.SLDPRT"零件,由于压板为子装配体的第 1 个零件,其状态为"固定",即 6 个自由度均被完全限定。

(3) 向子装配插入第 2 个零部件并添加配合。插入资源包文件"第 10 章\范例源文件\夹具\钻套.SLDPRT"零件,选取图 10-72 所示"第 1 组参照"(压板孔轴线和钻套孔轴线),以"重合"方式完成第 1 个配合的添加。选取如图 10-72 所示"第 2 组参照"(压板顶面和钻套凸缘下端面)为配合参照,以"重合"方式完成第 2 个配合的添加。选取图 10-73 所示"第 3 组参照"(压板前面和钻套缺口侧面)为配合参照,以"平行"方式完成第 3 个配合的添加。

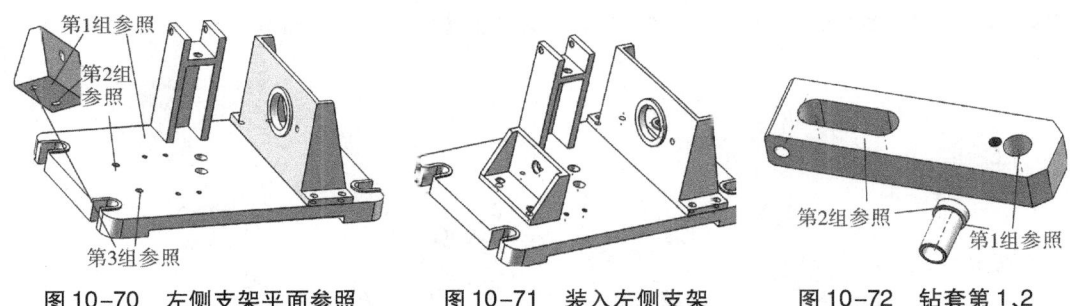

图 10-70 左侧支架平面参照　　图 10-71 装入左侧支架　　图 10-72 钻套第 1、2 组参照

(4) 从设计库调入 M8×12 螺钉。单击图 10-74 所示浮动工具栏的 (设计库)按钮,依次展开"Toolbox""GB""Scews""机械螺钉"。在"机械螺钉"中找到"开槽圆柱头螺钉",将该螺钉拖动至图形区域,在"配置零部件"属性管理器"属性"栏"大小"下拉类别中选择螺钉大小为"M8",在"长度"下拉列表中选择螺钉长度为"12",完成螺钉的添加。按下 Esc 键,退出继续插入标准件模式。

(5) 为 M8×12 螺钉添加配合。选取图 10-75 所示"第 1 组参照"(压板螺纹孔轴线与螺钉轴线)为配合参照,以"重合"方式完成第 1 个配合的添加(注意:添加配合时,可根据配合要求,单击弹出工具条中的"反转配合对齐"按钮改变配合方向,将螺钉安装在预期位置处)。选取图 10-75 所示"第 2 组参照"(钻套缺口上部小平面和螺钉端面)为配合参照,采用"重合"方式完成第 2 个配合的添加。注意选中"允许假设"复选框,使螺钉处于完全定义状态。

(6)退出子装配体模式。单击图形区域右上方的 按钮。此时的子装配体在总装配体中处于自由状态,可移动并旋转子装配体使其处于合适位置以便装配。

(7)为子装配体添加配合。选取图 10-76 所示"第 1 组参照"(压板销孔轴线和夹具体销孔轴线)为配合参照,以"重合"方式完成第 1 个配合的添加;选取"第 2 组参照"(压板侧面和夹具体安装压板槽侧面)为配合参照,采用"重合"方式完成第 2 个配合的添加;选取图 10-77 所示"第 3 组参照"(压板顶面和夹具体装压板支架前面)为配合参照,展开"高级配合",选取"角度"方式,在"角度"文本框中输入"90",在 文本框中输入"180",在 文本框中输入"90",使两面之间的夹角为 90°～180°,设置好的属性管理器见图 10-78。添加配合后,在图形区域拖动翻转钻模板子组件时,可使其绕轴线在 90°～180°范围内回转。

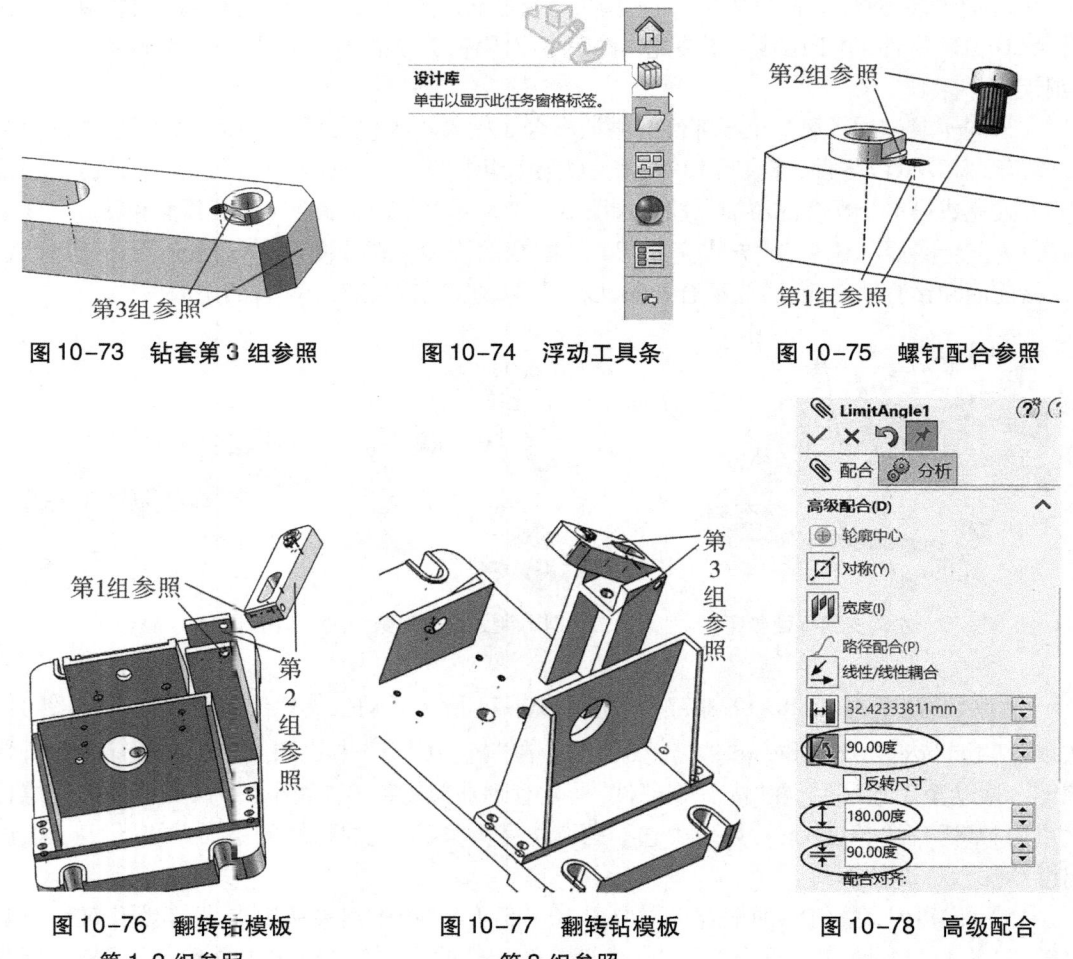

图 10-73　钻套第 3 组参照　　图 10-74　浮动工具条　　图 10-75　螺钉配合参照

图 10-76　翻转钻模板
第 1、2 组参照

图 10-77　翻转钻模板
第 3 组参照

图 10-78　高级配合

5. 装入转动压板并添加配合

(1)装入转动压板。插入资源包文件"第 10 章\范例源文件\夹具\转动压板.SLDPRT"零件。

(2)添加配合。选取图10-79所示"第1组参照"(转动压板外圆柱面和夹具体支架上螺纹孔面)为配合参照,采用"同轴心"方式添加第1组配合;选取图10-79所示"第2组参照"(转动压板压头底面和压板顶面)为参照,采用"重合"方式 为添加第2个配合;选取图10-80所示"第3组参照"(转动压板压头前面和夹具体支承架侧面)为参照,采用"平行"方式添加第3个配合,完成转动压板的装配。

注意:此处转动压板的位置是翻转钻模板翻转到位,准备加工时的位置。由于转动压板零件限制了翻转钻模板的旋转自由度,此时不能拖动翻转钻模板翻转。

6. 装入支撑块并添加配合

(1)装入支撑块。插入资源包文件"第10章\范例源文件\夹具\支撑块.SLDPRT"零件。

(2)添加配合。选取图10-81所示"第1组参照"(支撑块下部圆柱面和夹具体孔表面)为参照,采用"同轴心"方式添加第1个配合;选取图10-81所示"第2组参照"(支撑块端面和夹具体上表面)为参照,采用"重合"方式添加第2个配合;选取图10-81所示"第3组参照"(支撑块前面和夹具体前面)为参照,采用"重合"方式添加第3个配合,完成支撑块的装配。

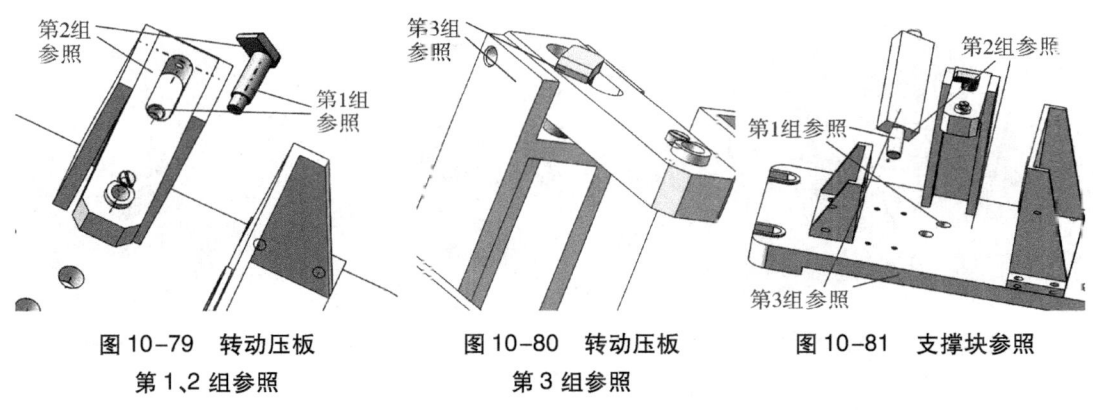

图10-79 转动压板第1、2组参照　　图10-80 转动压板第3组参照　　图10-81 支撑块参照

7. 装入V形块滑座并添加配合

(1)装入V形块滑座。插入资源包文件"第10章\范例源文件\夹具\V形块滑座.SLDPRT"零件。

(2)添加配合。选取图10-82所示"第1组参照"(V形块滑座孔圆柱面和夹具体底板螺纹孔面)为参照,采用"重合"方式添加第1个配合;选取图10-82所示"第2组参照"(V形块滑座孔圆柱面和夹具体底板螺纹孔面)为参照,采用"重合"方式添加第2个配合。选取图10-82所示"第3组参照"(V形块滑座底面和夹具体底板上表面)为配合参照,采用"重合"方式添加第3个配合。

8. 装入V形块并添加配合

(1)装入V形块。插入资源包文件"第10章\范例源文件\夹具\V形块.SLDPRT"零件。

(2)添加配合。选取图10-83所示"第2组参照"(V形块圆柱面和左侧支架孔圆柱面)为参照,采用"同轴心"方式添加第1个配合(必要时单击"反转配合对齐"按钮调整配合方向);选取图10-83所示"第1组参照"(V形块头部窄端底面和V形块滑座槽底面)为配合参照,采用"重合"方式添加第2个配合;选取图10-84所示"第3组参照"(V形块小孔轴线和 V 形块滑座槽右侧轴线)为配合参照,采用"距离"配合方式,输入当前距离为"0",最大、最小距离分别为"30"和"0",将两轴线间距限定为 0～30mm。此时,在图形区域选取并拖动 V 形块,可使其在 V 形块滑座槽内往复移动。

9. 装入削边销并添加配合

(1)装入削边销。插入资源包文件"第 10 章\范例源文件\夹具\削边销.SLDPRT"零件。

(2)添加配合。

1)添加第 1、2 组配合。选取图 10-85 所示"第 1 组参照"(削边销圆柱面和右侧支架孔圆柱面)为参照,采用"同轴心"方式添加第 1 个配合;选取图 10-85 所示"第 2 组参照"(削边销装配端面和右侧支架侧壁)为参照,采用"重合"方式添加第 2 个配合。

2)添加第 3 组配合。在"前视工具栏"中单击 (观阅基准面)按钮,使显示基准面显示,在特征管理器设计树中展开削边销,单击"前视基准面"按钮,在关联工具中选取"显示"选项使其显示;选取图 10-86 所示"第 3 组参照"(削边销前视基准面和右侧支架顶面)为参照,采用"平行"方式添加第 3 个配合。

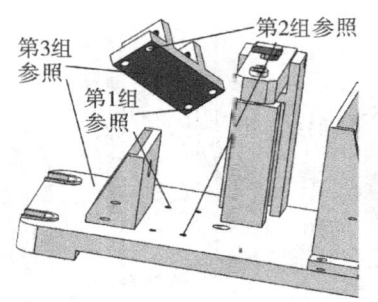
图 10-82　V 形块滑座参照

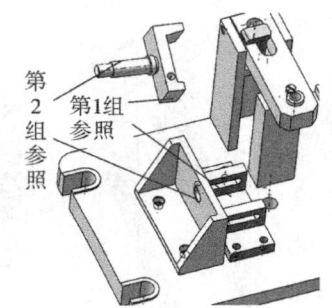
图 10-83　V 形块第 1、2 组参照

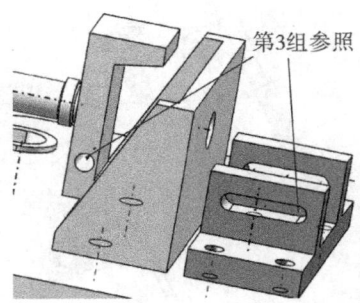
图 10-84　V 形块第 3 组参照

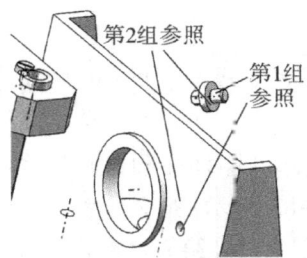
图 10-85　削边销第 1、2 组参照

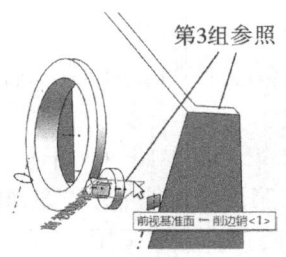
图 10-86　削边销第 3 组参照

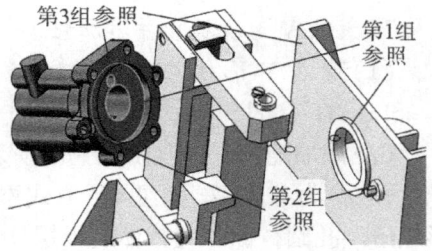
图 10-87　工件参照

10. 装入工件并添加配合

(1)装入工件。插入资源包文件"第 10 章\范例源文件\夹具\工件.SLDPRT"零件。

(2)添加配合。选取图 10-87 所示"第 1 组参照"(工件圆柱面和右侧支架定位圆柱面)为参照,采用"同轴心"方式添加第 1 个配合。选取图 10-87 所示"第 2 组参照"(工件凸缘孔面和削边销圆柱面)为参照,采用"同轴心"方式添加第 2 个配合。选取图 10-87 所示"第 3 组参照"(工件底面和右侧支架侧面)为参照,采用"重合"方式添加第 3 个配合。此时的装配体见图 10-88。

**11. 新建支撑钉零件**

（1）插入新零件。插入新零件,选取夹具体底板上表面为草绘平面。

（2）创建第 1 个拉伸特征。使月 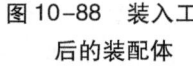（转换实体引用）按钮,选取图 10-89 所示孔边线为草图截面绘制草图；以该草图为拉伸截面,以"指定深度"方式拉伸 30mm,创建拉伸凸台/基体特征（注意拉伸方向向下）。

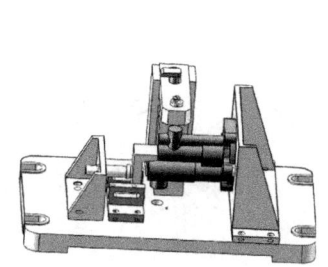
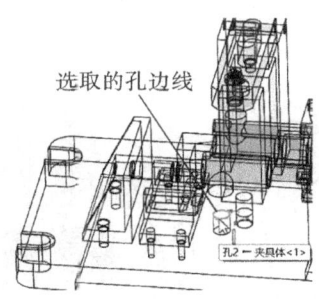
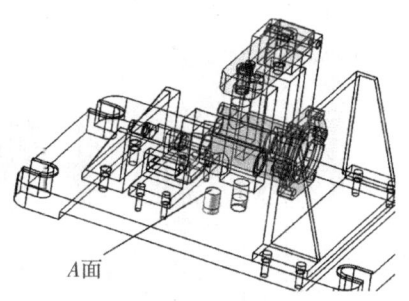

图 10-88　装入工件后的装配体　　图 10-89　孔边线　　图 10-90　参照面

（3）创建第 2 个拉伸特征。选取图 10-90 所示 A 面为草图平面,绘制和第 1 个草图截面同心且直径为 30mm 的圆；以该圆为草图截面,以"拉伸到一面"深度方式,选取图 10-91 所示 B 面为深度参照创建第 2 个拉伸特征。

（4）创建倒角特征。选取图 10-92 所示边线 1 和边线 2 为倒角边,创建 2×45° 倒角特征。

（5）退出零件编辑模式并重命名零件。单击"退出"按钮,退出新零件编辑模式并回到主装配体；在特征管理设计树中选取新建零件,重命名该零件为"支撑钉"。

**12. 新建 V 形块销轴零件**

（1）插入新零件并创建第 1 个特征。插入新零件,选取图 10-93 所示 A 面（V 形块支座侧面）为草图放置面,以"转换实体引用"方式选取图 10-94 所示孔边线为草图截面；在"方向 1"上拉伸 5mm,在"方向 2"上拉伸 85mm 创建拉伸凸台特征。

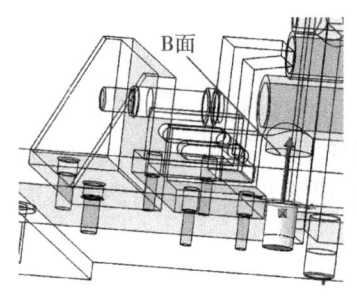
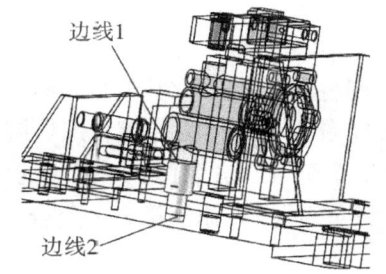
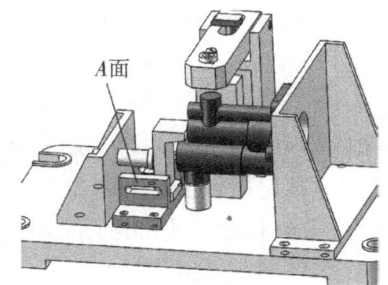

图 10-91　深度参照　　图 10-92　倒角参照　　图 10-93　选择的草图平面

（2）倒角特征。选取图 10-95 所示拉伸圆柱体边线为倒角参照,创建 1×45° 倒角。

（3）退出零件编辑模式并重命名零件。退出零件编辑模式,在特征管理设计树中重命名新建零件为"V 形块销轴"。

13. 插入销轴并添加配合

(1) 插入销轴。打开"设计库",依次展开"Toolbox""GB""销和键""销轴",选择"销轴 GB/T882-1986"并将其拖至图形区域,设定销轴"大小"为"10"和"长度"为"80",完成销轴的添加。

(2) 添加配合。选取图 10-96 所示"第 1 组参照"(夹具体孔圆柱面和销轴圆柱面)为配合参照,采用"同轴心"方式,选中"锁定旋转"复选框,添加第 1 个配合。选取图 10-96 所示"第 2 组参照"(夹具体压板支撑架侧面和销轴头部端面),采用"距离"配合,将距离值设为"3",添加第 2 个配合。

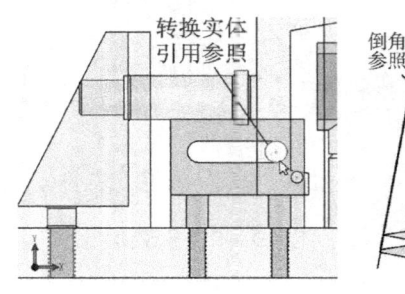 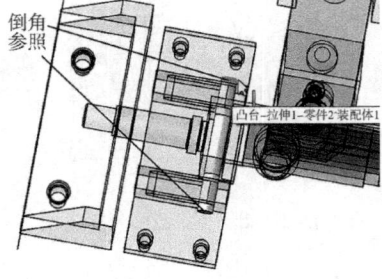 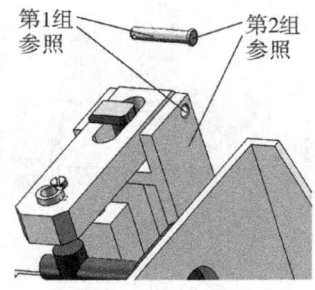

图 10-94　转换实体引用参照　　　图 10-95　倒角参照　　　图 10-96　销轴配合参照

14. 插入 M12 螺钉并添加配合

(1) 插入螺钉。打开"设计库",依次展开"Toolbox""GB""Screws""凹头螺钉",将"内六角圆柱头螺钉 GB/T70.1-2000"添加至装配体,设定螺钉为"M12"、长度为"20"。

(2) 添加配合。选取如图 10-97 所示"第 1 组参照"(左侧支架孔圆柱面和螺钉圆柱面),采用"同轴心"方式(必要时单击"反转配合对齐"按钮使螺钉头朝上),选中"锁定旋转"复选框,添加第 1 个配合。选取图 10-97 所示"第 2 组参照"(左侧支架底板上平面和螺钉头部端面),采用"重合"方式添加第 2 个配合。

15. 镜像 M12 螺钉

选取左侧支架零件的上视基准面为镜像平面,选取已装入的 M12 螺钉为要镜像的零部件,完成 M12 螺钉的镜像。

16. 插入 M10 螺钉

从"设计库"中调入"内六角圆柱头螺钉 GB/T70.1-2000",设定螺钉规格为 M10×30。选取图 10-98 所示"第 1 组参照"(右侧支架孔圆柱面和螺钉圆柱面),采用"同轴心"方式,选中"锁定旋转"复选框,添加第 1 个配合。选取图 10-98 所示"第 2 组参照"(右侧支架底板上平面和螺钉头部端面),采用"重合"方式添加第 2 个配合。

17. 阵列 M10 螺钉

选取已装入的 M10 螺钉为要阵列的零部件,以"阵列驱动的零部件"方式,以图 10-99 所示孔特征为驱动特征,完成螺钉的阵列。

18. 插入 M8 螺钉

从"设计库"中调入内六角圆柱头螺钉 GB/T70.1-2000",设定规格为 M8×25。选取图 10-100 所示"第 1 组参照"(V 形块支座孔圆柱面和螺钉圆柱面),采用"同轴心"方式,选中

"锁定旋转"复选框,完成第 1 个配合。选取图 10-100 所示"第 2 组参照"(V 形块支座底板上平面和螺钉头部端面),采用"重合"方式,添加第 2 个配合。

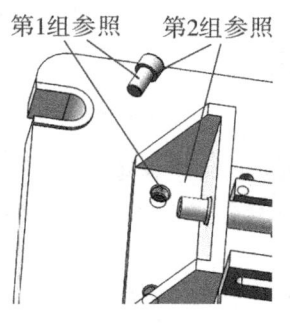

图 10-97　M12 螺钉
配合参照

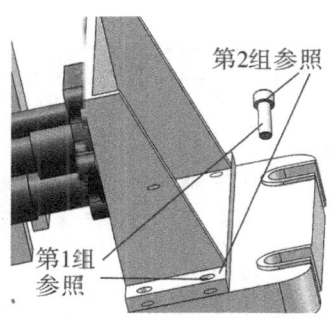

图 10-98　M10 螺钉
配合参照

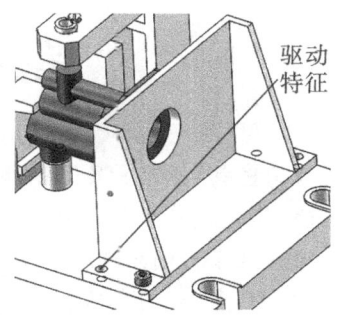

图 10-99　驱动特征

19. 复制 M8 螺钉

启动"随配合复制"命令,选取已装入的 M8 螺钉为要复制的零部件,右击,选中"配合"栏中的"重复"复选框,在图形区域依次选取图 10-101 所示 3 个孔的圆柱面为复制时的替换参照。注意:每选取一个圆柱面均需右击,以确认参照选取,再选取下一圆柱面。完成的装配体见图 10-102。

20. 保存装配体

采用外部保存方式保存文件。完成的文件见资源包文件"第 10 章\范例源文件\夹具\夹具.SLDASM"。

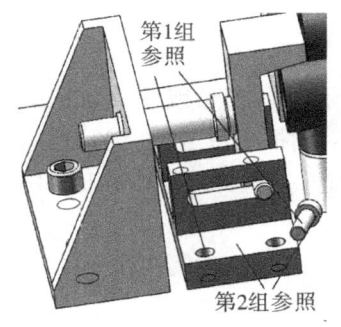

图 10-100　M8 螺钉参照

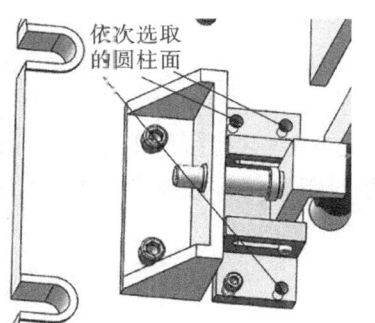

图 10-101　替换参考

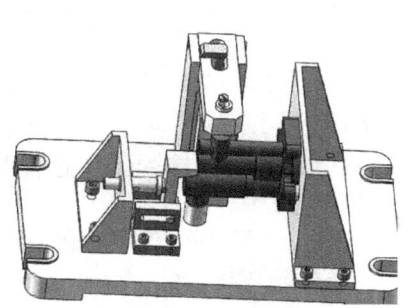

图 10-102　最终装配体模型

装配步骤 1

装配步骤 2

装配步骤 3

装配步骤 4

装配步骤 5

随堂练习 10

总结与回顾 10

思考与练习 10

# 第 11 章  工程图创建

**学习任务**：学习 SOLIDWORKS 2018 环境下工程图创建的一般过程，掌握各种视图的创建方法，能完成尺寸及其公差、基准及几何公差、表面粗糙度、注释信息等的添加，以及视图的编辑和显示控制方法等。

**知 识 点**：视图表达、工程图模板、工程图视图的创建、各种注释信息的添加等。

## 11.1 工程图简介

零件或产品的三维模型可形象、直观地表达其外形及结构，但存在不能清楚表达内部结构和某些设计参数及要求的缺点。仅使用三维模型会使用户在生产中对零件或产品的理解产生歧意，因此需要创建模型的二维工程图。

利用 SOLIDWCRKS 工程图环境下的工具可创建三维模型的工程图。默认情况下零件或装配体的工程图与三维模型是全相关的，对三维模型的修改会自动反映到二维工程图中，反之亦然。

### 11.1.1 创建工程图文件

执行菜单命令"文件"→"新建"，或单击"文件"工具栏的"新建"按钮，或使用快捷键 Ctrl+N，弹出"新建 SOLIDWORKS 文件"对话框（图 11-1）。在该对话框中单击"高级"按钮，在其中的"模板"选项卡中选择相应工程图模板文件，单击"确定"按钮，即可创建工程图文件。

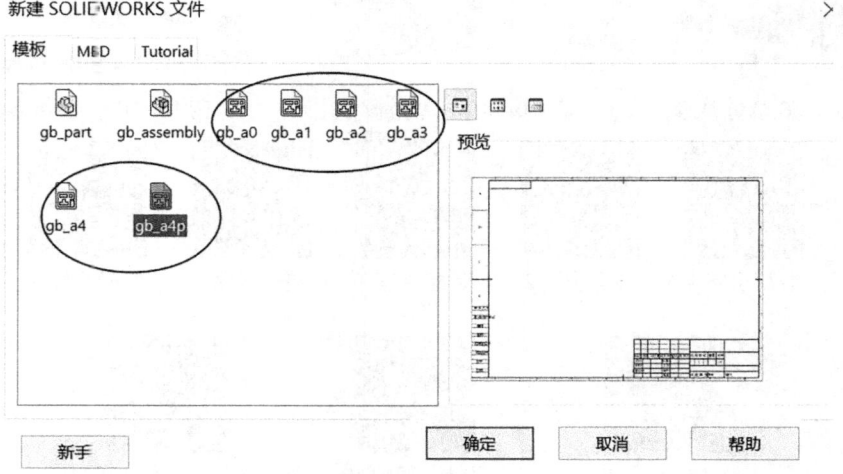

图 11-1 "新建 SOLIDWORKS 文件"对话框

注意：图 11-1 所示为默认的工程图模板文件。可定制新的工程图模板文件（后缀名为". DRWDOT"），并将其放在 "C：\ProgramData\SOLIDWORKS\SOLIDWORKS 2018\templates"（若软件安装在 C 盘）文件夹下，则该模板会呈现在图 11-1 所示模板列表中。

在学习本章内容前可将资源包文件 "第 11 章\新 A3. DRWDOT" 文件复制到上述 templates 文件夹下，以备学习使用。

### 11.1.2 工程图选项设置

（1）进入工程图环境，在常用工具栏中单击 ❂（选项）按钮，打开"系统选项"对话框。

（2）在上述对话框"系统选项"选项卡（图 11-2）中，选择"工程图"项下的子项"显示类型"或"区域剖面线/填充"，可在上述对话框右侧对显示样式、切边显示与否、线框和隐藏视图的边缘品质，以及剖面线的显示类型、样式、比例角度等进行设置。

选择上述对话框的"文档属性"选项卡，展开"注解"项，可在右侧窗格中对采用的绘图标准（默认采用 GB）、文本的字体、引线长度、引头和尾随零的显示方式等进行设置。选择"注解"项的子项可设置零件序号、基准点、形位公差、注释、表面粗糙度、焊接符号等。如选择"尺寸"子项，可详细设置尺寸文本、精度、箭头、角度、弧长、直径、半径、孔标注、尺寸链等。

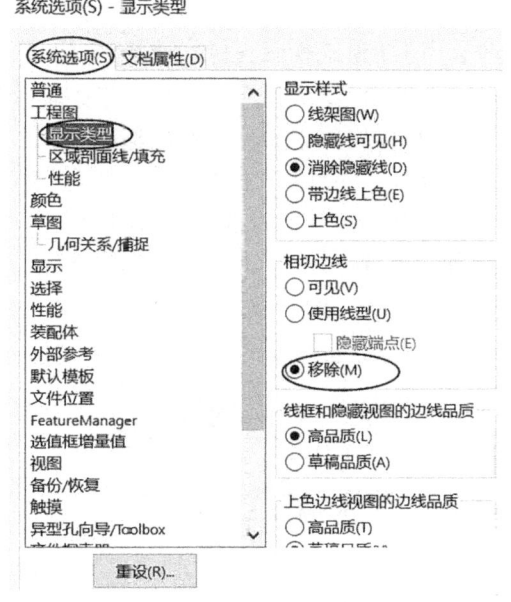

图 11-2 "系统选项"选项卡

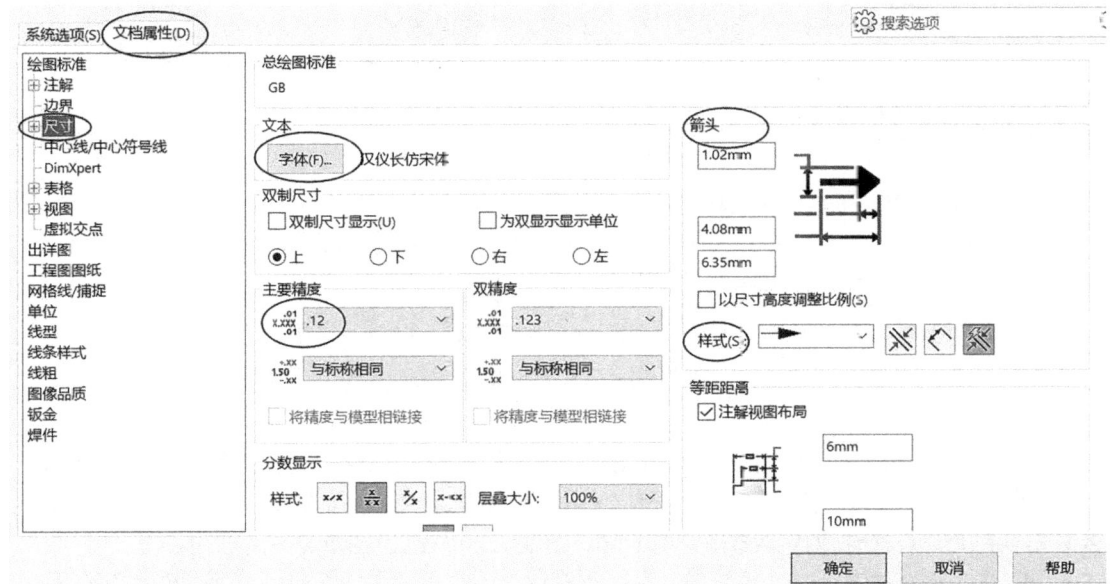

图 11-3 "文档属性"选项卡

## 11.1.3 图纸格式及模板

图纸格式包括图纸页面大小、标题栏格式等。图纸模板则还包括了字体、线条等文档属性。创建工程图时,除了使用默认图纸格式和模板外,还可新建图纸格式和模板,或编辑默认的图纸模板,获得定制的图纸格式或模板。下面以 A4 图纸模板的创建为例介绍图纸格式和模板的一般创建过程。

(1)新建工程图文件。选择 gb_a4p 模板(A4 竖放),进入工程图环境。单击"模型视图"属性管理器中的✗(取消)按钮,关闭该属性管理器。

(2)编辑图纸属性。在图形区域右击,在弹出的右键快捷菜单中选择"属性"选项,打开"图纸属性"对话框(图 11-4)。在"名称"文本框中输入图纸格式名"新 A4",选中"自定义图纸大小"单选按钮,接受默认图纸大小(宽 210.00mm,高 297.00mm)、比例(1∶2)和投影类型(第一视角),单击"应用更改"按钮。

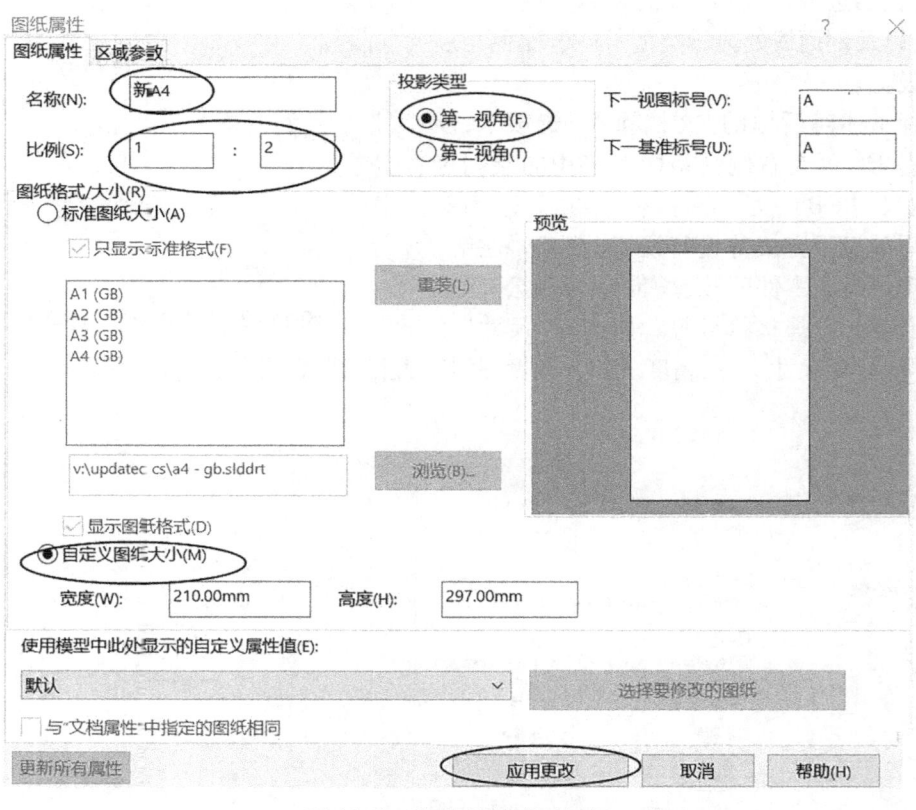

图 11-4 "图纸属性"对话框

(3)编辑图纸格式。在图形区域右击,在弹出的右键快捷菜单中选择"编辑图纸格式"选项,进入编辑图纸格式环境。选择图纸内边框外线条及文本,按 Delete 键删除。在图形区域右击,在弹出的右键快捷菜单中选择"编辑图纸"选项,退出图纸格式编辑模式。

(4)修改系统选项。在"系统选项"对话框的"文档属性"选项卡中选择"尺寸"子项,在右侧"文本"栏中将"字体"设为"仿宋",将"引线长度"设为"3.5mm",将"尾随零值"设为

"消除",见图11-5。

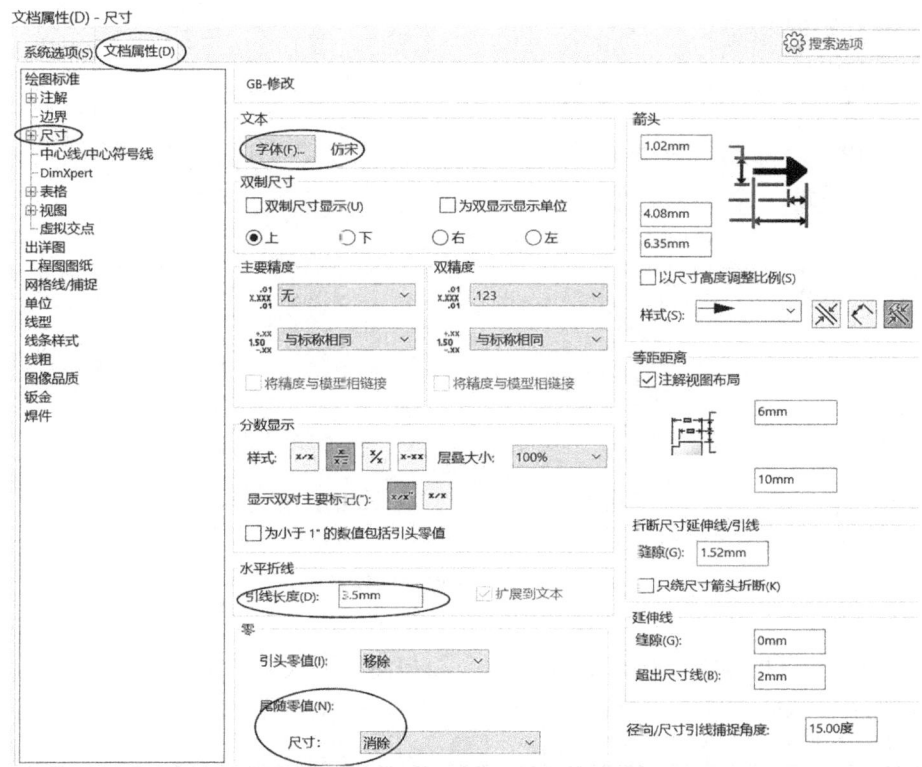

图11-5 修改尺寸选项

(5) 保存图纸格式。执行菜单命令"文件"→"保存图纸格式",选择保存路径"C:\ProgramData\SOLIDWORKS\SOLIDWORKS 2018\lang\Chinese-Simplified\sheetformat"(安装目录为C盘),图纸格式命名为"新A4"。

(6) 保存图纸模板。另存文件,文件名称为"新A4",保存类型为"工程图模板(*.drwdot)",接受默认保存路径,完成图纸模板的保存。创建的"新A4"图纸格式文件和工程图模板文件见资源包文件"第11章\新A4.SLDDRT"和"第11章\新A4.DRWDOT"。

工程图模板文件创建

### 11.1.4 工程图界面

默认情况下工程图环境下的工作界面包括设计树、下拉主菜单、工具栏按钮区、前导视图工具栏、任务窗格、状态栏和图形区域,见图11-6。

(1) 设计树。设计树中列出了当前工程图的所有视图和参考模型。通过设计树可查看和修改视图及其子项目。在设计树中展开图纸,选取"图纸格式1"格式,可在右键快捷菜单中定义图纸标题块、编辑图纸格式、添加图纸、定义图纸属性等。在设计树中选取某个视图后,在右键快捷菜单中可打开零件模型、编辑视图特征、设置视图的相切边显示方式、替换模型等。

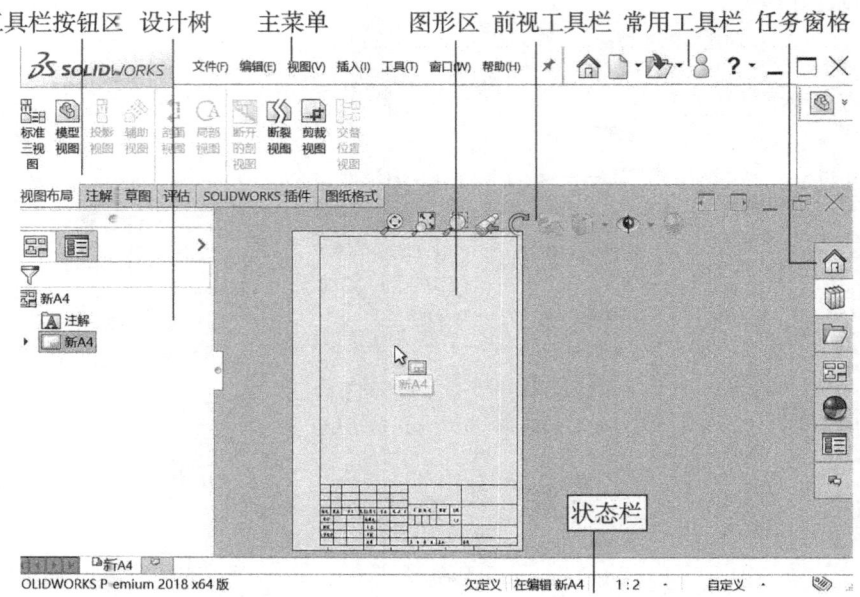

图 11-6　工程图工作界面

（2）工具栏。可根据需要自行定制工具栏，以提高绘图效率。在图形区域上方命令区右击，在弹出的右键快捷菜单中选择相应的工具栏名称，并将工具栏定制至屏幕。为了使用方便，可在"工具栏"选项卡中选择 工程图(D)、注解(N) 和 线型(L) 选项，将图 11-7 所示工具条添加至工程图工作界面。

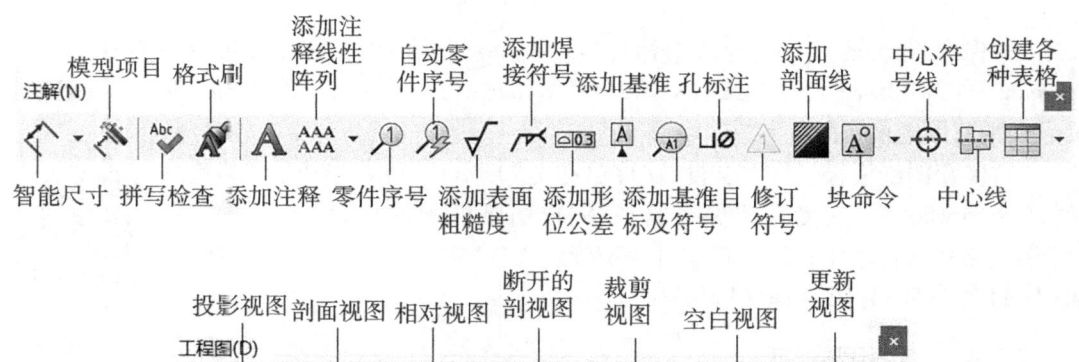

图 11-7　"工程图"工具栏及"注解"工具栏

（3）前导视图。该工具栏提供了常用的视图操作工具，见图 11-8。
（4）任务窗格。单击其中的按钮，可展开相应的选项卡，见图 11-9。

(5)状态栏。位于窗口下方,实时显示当前的操作、状态、相关提示信息等,引导设计者完成设计。

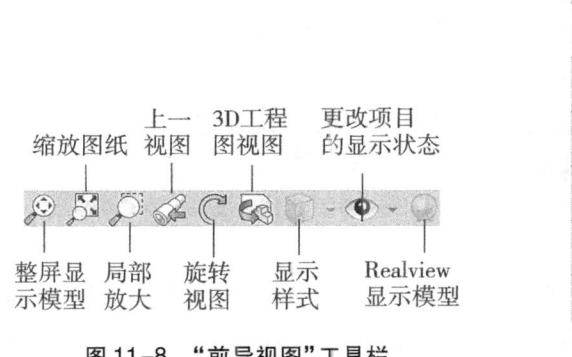

图 11-8 "前导视图"工具栏

图 11-9 任务窗格

## 11.2 创建标准视图

工程图中的视图是将三维模型按一定的正交投影关系投影获得的,主要用于表达模型的形状与结构。SOLIDWORKS 中的工程图视图包括标准视图和派生视图。标准视图创建工具包括标准三视图、模型视图、相对视图和预定义视图。派生视图包括投影视图、辅助视图、局部视图、预定义视图、断开的剖视图、断裂视图、剖面视图、旋转剖视图和交替位置视图。

### 11.2.1 标准三视图

1. 激活标准三视图命令

激活标准三视图命令有三种方式:①执行菜单命令"插入"→"工程图视图"→"标准三视图";②在"视图布局"命令管理器中单击 ▦ (标准三视图)按钮;③在定制的"工程图"工具栏中单击"标准三视图"按钮。

2. 标准三视图的一般创建方法

(1)新建工程图文件。新建工程图类型文件,选择"新 A4"模板,进入工程图环境。单击"模型视图"属性管理器中的"取消"按钮,关闭该属性管理器。

(2)激活标准三视图命令。在"视图布局"命令管理器中选择"标准三视图"按钮,打开"标准三视图"属性管理器。

(3)选择零件模型。单击上述属性管理器中的"浏览"按钮,在弹出的"打开"对话框中选择资源包文件"第 11 章\范例源文件\标准三视图\后固定板 . SLDPRT",单击"打开"按钮,自动生成标准三视图(图 11-10)。

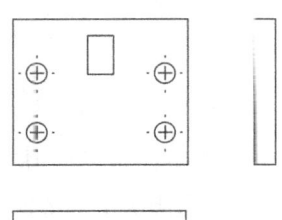

图 11-10 标准三视图

(4)保存文件。另存文件,命名为"后固定板-标准三视图"。完成的文件见资源包文件"第 11 章\范例结果文件\标准三视图\后固定板-标准三视图.SLDDRW"。

### 11.2.2 模型视图

标准三视图

模型视图工具可为零件或装配体添加正交或命名视图。默认情况下,当新建一个工程图文件时,系统将自动选取"模型视图"选项,并打开"模型视图"属性管理器。当然,也可在"视图布局"命令管理器中单击 ⑨(模型视图)按钮,激活模型视图命令。下面通过实例介绍模型视图的一般创建方法。

(1)新建文件。新建工程图类型文件,选择"新 A4"模板。

(2)选择模型。选择资源包文件"第 11 章\范例源文件\模型视图\后固定板.SLDPRT",为待生成工程图的零件。

(3)设置属性管理器。在"模型视图"属性管理器"方向"栏中单击 Ⓐ(前视)按钮,选中"预览"复选框,此时光标位置处出现该视图的预览。在"选项"栏取消勾选"自动开始投影视图"复选框,则在生成一个视图后不会自动生成模型的投影视图。设置后的"模型视图"属性管理器见图 11-11。

(4)放置视图并保存。光标移至图纸合适位置处单击,生成模型视图(主视图)(图 11-12)。另存文件,命名为"后固定板-模型视图"。完成的文件见资源包文件"第 11 章\范例结果文件\模型视图\后固定板-模型视图.SLDDRW"。

图 11-11 "模型视图"属性管理器    图 11-12 生成的模型视图

### 11.2.3 相对视图

相对视图工具用于默认的标准视图方向不能够满足表达要求的场合。创建相对视图时,首先在模型中选取两个正交的表面或基准面获得自定义视图方向,然后以该视图方向为投影视角得到模型的特殊视角视图。下面通过实例介绍相对视图的一般创建方法。

(1)新建文件。新建工程图类型文件,选择"新 A4"模板,关闭"模型视图"属性管理器。

(2)激活相对视图命令并选择模型。执行菜单命令"插入"→"工程图视图"→"相对于模型"(默认情况下"视图布局"命令管理器中无此命令),打开"相对视图"属性管理器。在图形区域右击,在右键快捷菜单中选择"从文件中插入"选项,选择资源包文件"第11章\范例源文件\相对视图\模型零件.SLDPRT",打开"模型零件"的三维零件模型。

(3)选择视图参照。在图形区域选取图11-13所示 $A$ 面为前导视图参照(第一方向),在"第二方向"栏的下拉列表框中选择"上视"选项,选取图11-13所示 $B$ 面为上导视图参照。

(4)放置视图。将光标移至图形区域合适位置,单击放置相对视图,完成图11-14所示相对视图的创建。

(5)保存文件。另存文件,命名为"模型零件-相对视图",完成的文件见资源包文件"第11章\范例结果文件\相对视图\模型零件-相对视图.SLDDRW"。

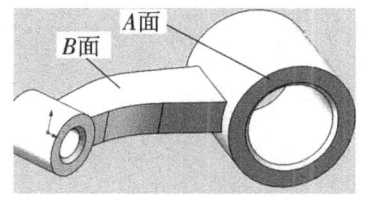
图11-13 相对视图参考选取

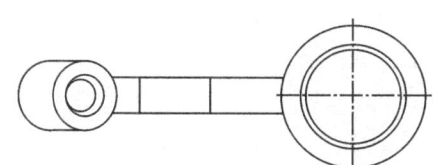
图11-14 相对视图

### 11.2.4 预定义视图

预定义视图可为视图预先设定好视图方向、位置和比例,并保存为工程图模板文件。随后使用该模板创建工程图时,只需在视图属性管理器中插入模型即可。下面通过实例介绍预定义视图的一般创建过程。

(1)新建文件。新建工程图类型文件,选择"新A4"模板。

(2)激活预定义视图命令并放置视图。执行菜单命令"插入"→"工程图视图"→"预定义的视图"(默认情况下"视图布局"命令管理器中无此命令),在图形区域合适位置放置视图(可采用11.3.1节所讲方法创建该预定义视图的俯视图和左视图,则在图形区域出现3个虚线框表示的、具有投影关系的预定义视图)。

(3)保存预定义视图为模板。另存文件,接受默认保存路径,命名为"A4-预定义",保存类型为"工程图模板(*.drwdot)"。

(4)关闭窗口。关闭模板文件窗口。

(5)使用预定义视图模板。新建工程图类型文件,模板选用"A4-预定义.DRWDOT",关闭"模型视图"属性管理器。在图形区域选取步骤(2)创建的第一个预定义视图,打开"工程图视图1"属性管理器。在该属性管理器"插入模型"栏单击"浏览"按钮,找到资源包文件"第11章\范例源文件\预定义视图\压板.SLDPRT"并打开。在该属性管理器中单击"确定"按钮,在图形区域出现压板零件三视图(图11-15),三个视图的位置、视图方向和比例均与模板中预定义视图相同。

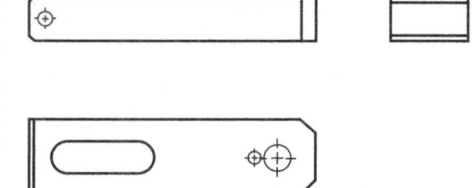
图11-15 压板三视图

（6）保存文件。另存文件，命名为"压板–预定义视图"。完成的文件见资源包文件"第 11 章\范例结果文件\预定义视图\压板–预定义视图.SLDDRW"。

预定义视图

### 11.2.5 空白视图

使用空白视图可向工程图中添加与其他视图独立的空白视图。设计者可在空白视图中绘制图形、标注尺寸、添加注解并填充剖面线等。空白视图的比例可与图纸比例相同，也可自定义视图比例。空白视图可用于表达不被零件或几何体显示但与工程图相关的几何体。下面通过实例介绍空白视图的一般创建方法。

（1）打开文件。打开资源包文件"第 11 章\范例源文件\空白视图\烟斗.SLDDRW"，工程图见图 11-16，为了表达其中 A、B、C 处的横截面形状，向工程图中添 3 个空白视图，并绘制相应的横截面图。

（2）生成空白视图。执行菜单命令"插入"→"工程图视图"→"空白视图"（"视图布局"命令管理器中无此命令），在图形区域合适位置放置空白视图。在"模型视图"属性管理器"比例"栏中选中"使用自定义比例"单选按钮，并将比例设为"2∶1"，完成空白视图的设置。

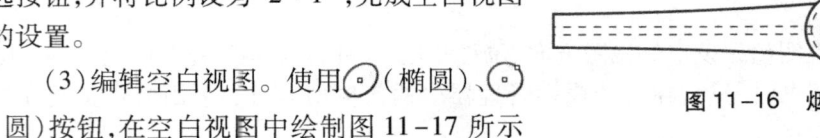

图 11-16 烟斗三视图

（3）编辑空白视图。使用 ⊙（椭圆）、⊙（圆）按钮，在空白视图中绘制图 11-17 所示草图并标注尺寸，完成 A 截面的绘制。

（4）创建第 2 个空白视图。创建第 2 个空白视图，在空白视图中绘制图 11-18 所示 B 截面。

（5）创建第 2 个空白视图。创建第 3 个空白视图，在空白视图中绘制并标注图 11-19 所示 C 截面。最后的工程图见图 11-20。

烟斗

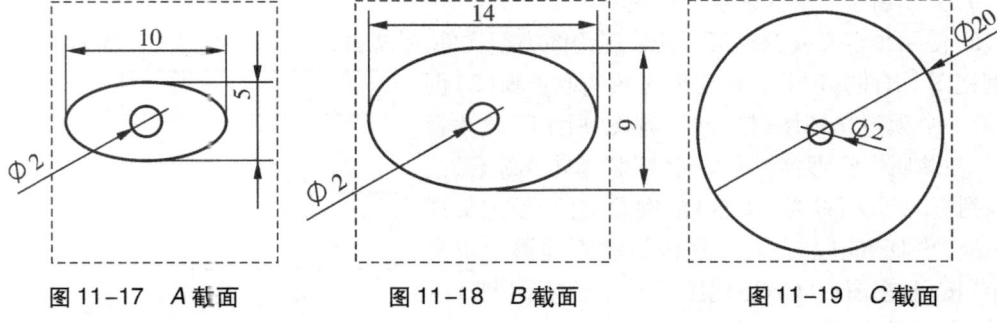

图 11-17 A 截面    图 11-18 B 截面    图 11-19 C 截面

第 11 章 工程图创建 247

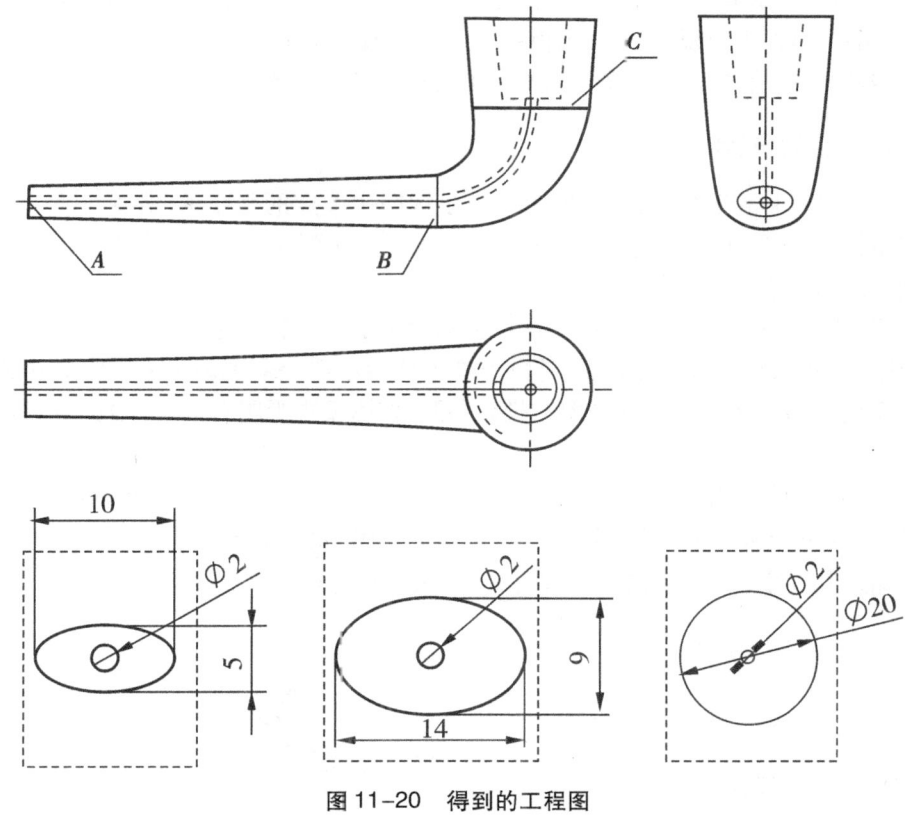

图 11-20 得到的工程图

（6）保存文件。另存文件，命名为"烟斗-空白"。完成的文件见资源包文件"第 11 章\范例结果文件\空白视图\烟斗-空白 . SLDDRW"。

## 11.3 派生工程视图

### 11.3.1 投影视图

投影视图是在已有视图基础上，通过在 4 个正交投影方向和 45°方向进行投影建立的视图。下面通过实例介绍投影视图的一般创建方法。

（1）打开文件。打开资源包文件"第 11 章\范例源文件\投影视图\后固定板 . SLDDRW"。

（2）生成投影视图。在"视图布局"命令管理器中单击"投影视图"按钮，弹出"投影视图"属性管理器。在已创建的主视图下方单击，生成俯视图（若在主视图右侧单击，则生成左视图）。完成的投影视图见图 11-21。

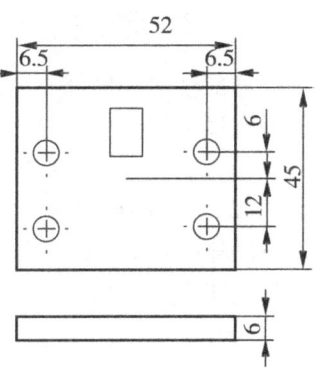

图 11-21 投影视图

(3)保存文件。另存文件,命名为"后固定板-投影视图"。完成的文件见资源包文件"第11章\范例结果文件\投影视图\后固定板-投影视图.SLDDRW"。

注意:若图纸中有多个视图,则步骤(2)中需在图形区域选取生成投影视图的父视图。

### 11.3.2 辅助视图

辅助视图是一种特殊的投影视图,是垂直于视图中选定的面或轴(投影方向参照)投影得到的视图,相当于向视图。创建辅助视图时选取的投影方向参照必须垂直于屏幕。下面通过实例介绍辅助视图的一般创建方法。

(1)打开文件。打开资源包文件"第11章\范例源文件\辅助视图\支架板.SLDDRW"。

(2)生成辅助视图。在"视图布局"命令管理器中单击"辅助视图"按钮,在主视图中选取图11-22所示参照边线为辅助视图的投影参照,在图纸主视图右下方合适位置单击,得到辅助视图。

(3)调整投影符号及箭头。选取主视图中表示投影方向的箭头,将其拖动至合适位置(默认投影方向符号从字母"A"开始,也可在"辅助视图"属性管理器"箭头"栏的"标号" ![图标] 文本框中输入其他字母、数字或文字符号作为投影方向符号。),完成辅助视图的创建(图11-23)。

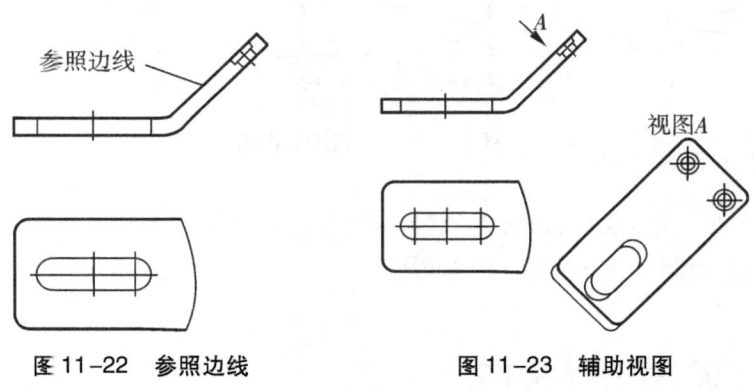

图 11-22 参照边线　　　　图 11-23 辅助视图

(4)保存文件。另存文件,命名为"支架板-辅助视图"。完成的文件见资源包文件"第11章\范例结果文件\辅助视图\支架板-辅助视图.SLDDRW"。

### 11.3.3 局部视图

局部视图即局部放大图,是将现有视图的某个部位单独放大后的新视图。下面通过实例介绍局部视图的一般创建方法。

(1)打开文件。打开资源包文件"第11章\范例源文件\局部视图\V形块轴.SLDDRW"。

(2)创建局部视图。在"视图布局"命令管理器中单击"局部视图"按钮,在图11-24所示需要局部放大位置处单击,拖动光标绘制圆形轮廓作为放大区域,光标移至合适位置处单击,得到局部视图(图11-25)。

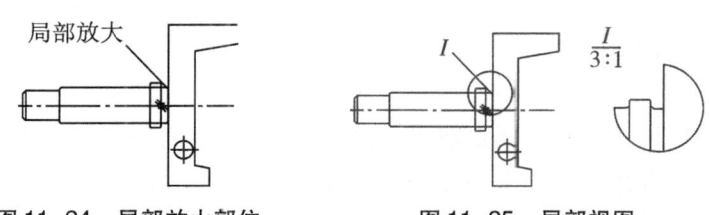

图 11-24　局部放大部位　　　图 11-25　局部视图

(3) 保存文件。另存文件,命名为"V 形块轴-局部视图"。完成的文件见资源包文件"第 11 章\范例结果文件\局部视图\V 形块轴-局部视图.SLDDRW"。(当需要更改局部视图比例时,可选取局部视图,并在"局部视图"属性管理器"比例"栏"使用自定义比例"下拉列表中选取其他比例)

### 11.3.4　断开的剖视图

使用断开的剖视图工具可创建局部剖视图。局部剖视图是用剖切面局部剖开零件或装配体后得到的视图。在正交视图和轴测图中均可创建断开的剖视图。下面通过实例介绍断开的剖视图的一般创建方法。

(1) 打开文件。打开资源包文件"第 11 章\范例源文件\断开的剖视图\支座套.SLDDRW"。

(2) 创建断开的剖视图。在"视图布局"命令管理器中单击 按钮,此时光标呈 状。在图 11-26 所示主视图需要局部剖的部位绘制一条封闭的样条曲线(直接绘制,不需要选择样条曲线工具),该样条曲线范围内的部分将作为局部剖的剖切范围,将剖切深度设为"10.00mm",选中"预览"复选框,可在图形区域看到局部剖视图的预览。完成的断开剖视图见图 11-27。

(3) 在轴测图中创建断开的剖视图。重复步骤(2),在图形区域轴测图需要局部剖切的部位绘制图 11-28 所示封闭样条曲线,将剖切深度设为"15.00mm",得到轴测图局部剖视图(图 11-29)。

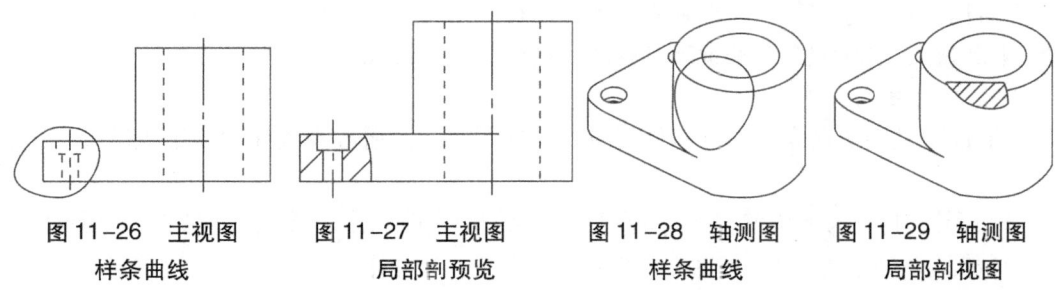

图 11-26　主视图　　图 11-27　主视图　　图 11-28　轴测图　　图 11-29　轴测图
　　样条曲线　　　　局部剖预览　　　　样条曲线　　　　局部剖视图

(4) 保存文件。另存文件,命名为"支座套-断开的剖视图"。完成的文件见资源包文件"第 11 章\范例结果文件\断开的剖视图\支座套-断开的剖视图.SLDDRW"。(注意:剖切深度的方向和视图平面垂直)

### 11.3.5 断裂视图

断裂视图是从视图中删除选定两位置之间的部分,将余下两部分合并成一个带有折断线的视图。断裂视图既能反映出零件的实际形状和尺寸,又可减小图纸幅面,主要用于长度长且中间部分没有结构变化的零件的表达。下面通过实例介绍断裂视图的一般创建方法。

(1)打开文件。打开资源包文件"第11章\范例源文件\断裂视图\长轴.SLDDRW"。

(2)插入断裂视图。在"视图布局"命令管理器中单击 (断裂视图)按钮,单击主视图作为要断开的视图。在"断裂视图"属性管理器"断裂视图设置"栏中,选择 (添加竖直折断线)切除方向,在"缝隙大小"文本框中输入"5mm",在"折断线样式"栏的列表中选择"直线切断"选项。在图11-30所示两条折断线位置处单击,则两位置中间部分线条自动消失,剩余两部分的距离为5mm。完成的断裂视图见图11-31。

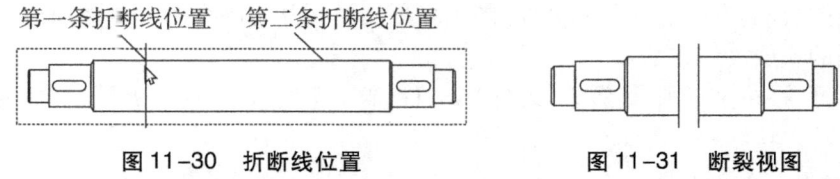

图 11-30　折断线位置　　　图 11-31　断裂视图

(4)保存文件。另存文件,命名为"长轴-断裂视图"。完成的文件见资源包文件"第11章\范例结果文件\断裂视图\长轴-断裂视图.SLDDRW"。(如果需要在竖直方向断开视图,可在"断裂视图设置"栏下,选择 (添加水平折断线)切除方向。折断线样式可是直线、曲线、锯齿线和小锯齿线等)

### 11.3.6 剖面视图

剖面视图是通过用剖切面剖开零件模型后得到的视图。使用剖面视图工具可创建全剖视图、半剖视图、阶梯剖视图和旋转剖视图。新建剖视图自动与父视图对齐。

**1. 全剖视图**

全剖视图是剖切面完全剖开零件后得到的视图。下面通过实例介绍全剖视图的一般创建方法。

(1)打开文件。打开资源包文件"第11章\范例源文件\剖面视图\全剖视图.SLDDRW"。

(2)插入全剖视图。在"视图布局"命令管理器中单击 (剖面视图)按钮,在弹出的"剖面视图辅助"属性管理器中选择"剖面视图"选项卡,在"切割线"栏选择 (水平切割线方式)按钮。在图11-32所示位置单击,放置切割线。在主视图上方合适位置单击,放置全剖视图。完成的全剖视图见图11-33。

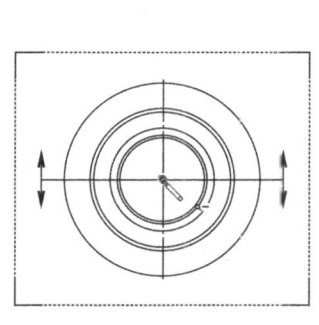
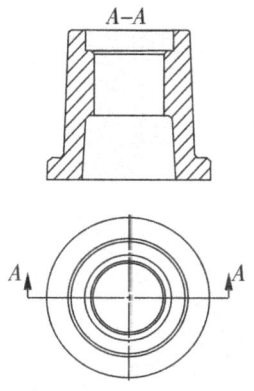

图 11-32　切割线位置　　　　图 11-33　完成的全剖视图

（3）保存文件。另存文件，命名为"全剖视图-完成"。完成的文件见资源包文件"第 11 章\范例结果文件\剖面视图\全剖视图-完成.SLDDRW"。注意：如果要更改剖视图中箭头方向和剖面符号，可在图 11-34 所示属性管理器的"切除线"栏单击"反转方向"按钮，并在"标号"文本框中输入新符号，在"剖面视图"栏选中"横截剖面"复选框，可创建图 11-35 所示横截面。

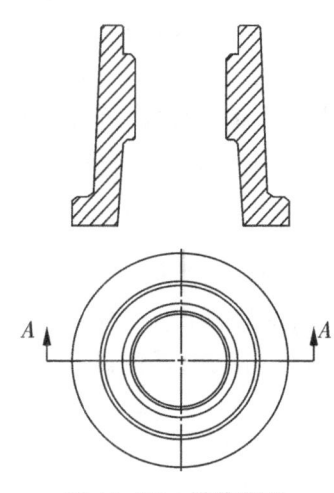

图 11-34　"剖面视图 A-A"属性管理器　　　　图 11-35　横截剖面

2. 半剖视图

半剖视图既充分表达了零部件的内部形状，又保留其外部形状，常用来表达内、外部形状都比较复杂的对称零部件结构。下面通过实例介绍半剖视图的一般创建方法。

（1）打开文件。打开资源包文件"第 11 章\范例源文件\剖面视图\半剖视图.SLDDRW"。

（2）插入半剖视图。单击"剖面视图"按钮，在弹出的"剖面视图辅助"属性管理器的"半剖面"选项卡的"半剖面"栏中选择 （右侧向上半剖方式）按钮。在图形区域单击图 11-36 所示位置确定半剖位置，在视图上方单击放置半剖视图。完成的半剖视图见图 11-37。

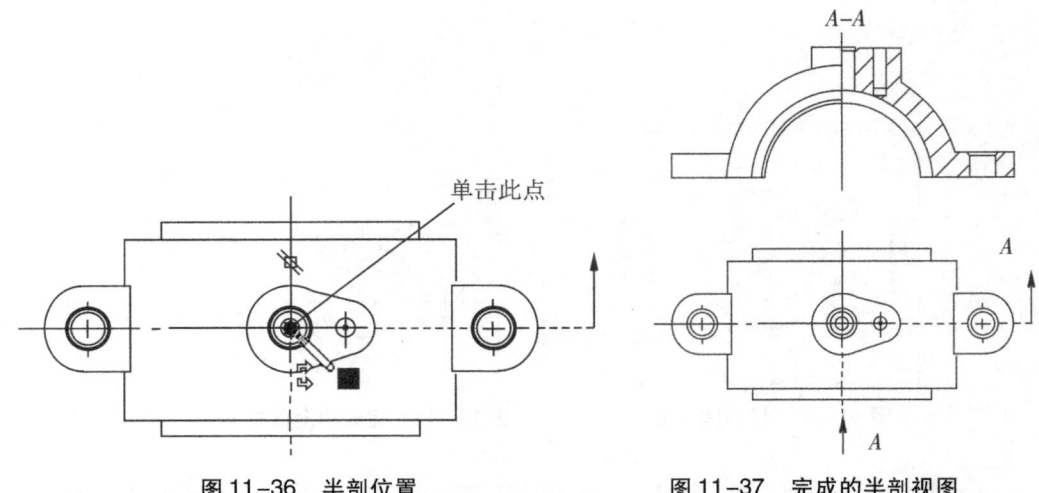

图 11-36 半剖位置　　　　　图 11-37 完成的半剖视图

（3）保存文件。另存文件，命名为"半剖视图-完成"。完成的文件见资源包文件"第 11 章\范例结果文件\剖面视图\半剖视图-完成.SLDDRW"。

3. 阶梯剖视图

零件上若有多种类型的孔，仅用单一面剖切不能完全表达，可用一组相互平行的剖切平面依次将它们剖开，得到阶梯剖视图。下面通过实例介绍阶梯剖视图的一般创建方法。

（1）打开文件。打开资源包文件"第 11 章\范例源文件\剖面视图\阶梯剖视图.SLDDRW"。

（2）生成阶梯剖视图。单击"剖面视图"按钮，在弹出的"剖面视图辅助"属性管理器的"剖面视图"选项卡的"切割线"栏中单击 按钮，取消勾选"自动启动剖面实体"复选框，选取图 11-38 所示点 1，在弹出的工具条 （只有在取消勾选上述复选框后才弹出）中单击 （单偏移）按钮，并依次选取图 11-38 所示点 2、点 3，再次单击"单偏移"按钮，并依次选取图 11-38 所示点 4、点 5，在弹出的工具条中单击"确定"按钮，确认剖切线的设置，在视图上方合适位置单击放置阶梯剖视图。完成的阶梯剖视图见图 11-39。

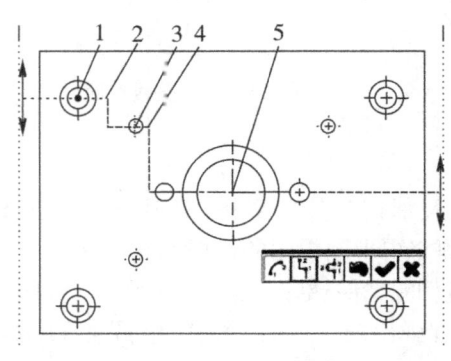
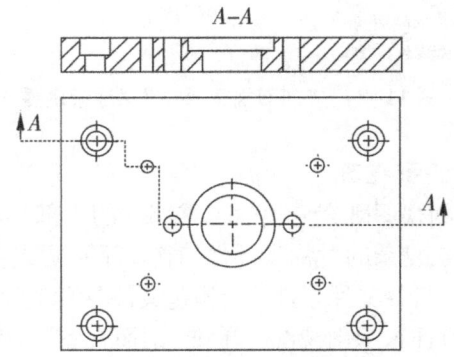

图 11-38 剖切线参考点选择　　　　　图 11-39 完成的阶梯剖视图

(3)保存文件。另存文件,命名为"阶梯剖视图-完成"。完成的文件见资源包文件"第 11 章\范例结果文件\剖面视图\阶梯剖视图-完成.SLDDRW"。

阶梯剖视图

4. 旋转剖视图

用两个相交的剖切平面剖开零件,将剖面的倾斜部分旋转到与基本投影面平行,这样得到的视图称为旋转剖视图。下面通过实例介绍旋转剖视图的一般创建方法。

(1)打开文件。打开资源包文件"第 11 章\范例源文件\剖面视图\旋转剖视图.SLDDRW"。

(2)生成旋转剖视图。单击"剖面视图"按钮,在"剖面视图"属性管理器"剖面视图"选项卡的"切割线"栏中单击 (对齐切割线方式)按钮。在图形区域依次单击图 11-40 所示点 1、2、3,在弹出的工具条中单击"确定"按钮确认剖切线的位置,在视图右方合适位置单击,放置旋转剖视图。完成的旋转剖视图见图 11-41。

(3)保存文件。另存文件,命名为"旋转剖视图-完成"。完成的文件见资源包文件"第 11 章\范例结果文件\剖面视图\旋转剖视图-完成.SLDDRW"。

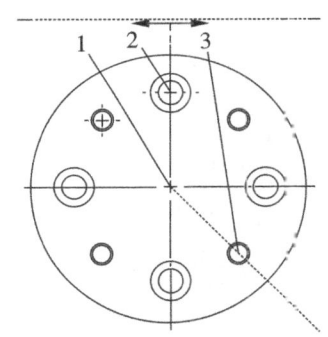  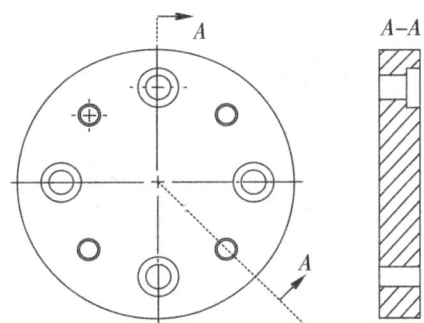

图 11-40　剖切线参考点选择　　　图 11-41　完成的旋转剖视图

## 11.3.7　交替位置视图

利用交替位置视图工具可显示运动机构中运动零部件的运动范围。创建的交替位置视图将重叠在原始视图上,以双点画线显示。下面通过实例介绍交替位置视图的一般创建方法。

(1)打开文件。打开资源包文件"第 11 章\范例源文件\交替位置视图\交替位置视图.SLDDRW"。

(2)激活交替位置视图。在"视图布局"命令管理器中单击 (交替位置视图)按钮,并在图形区域单击主视图。

(3)设置交替位置 1。在弹出的属性管理器的"配置"栏的"新配置"文本框中输入第 1 个位置名称"位置 1",单击"确定"按钮确认位置 1 的生成。系统自动打开装配体三维模型,并打开"移动零部件"属性管理器。在图形区域选取装配体模型中的手柄并将其拖至图 11-42 所示位置,单击"确定"按钮完成移动。系统自动切换回工程图状态,见图 11-43。

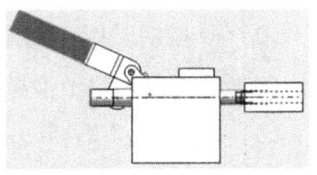

图 11-42　移动手柄至位置 1

(4)设置交替位置2。重复步骤(2)、(3),在三维状态下选取模型中的手柄,将其拖动至图11-44所示位置。完成的视图见图11-45。

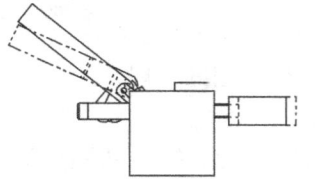
图11-43 两个位置图

图11-44 移动手柄至位置2

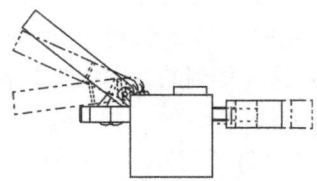
图11-45 完成的视图

(5)保存文件。另存文件,命名为"交替位置视图-完成"。完成的文件见资源包文件"第11章\范例结果文件\交替位置视图\交替位置视图-完成.SLDDRW"。

交替位置视图

## 11.4 编辑工程视图

### 11.4.1 工程视图属性

"工程视图"属性管理器提供了关于工程图视图及其相关模型的信息。新建工程视图时,系统自动打开"工程视图"属性管理器。该属性管理器中常用栏及其含义如下:

1. "方向"栏

该栏提供了9种标准视图方向(图11-46),设计者可根据需要使用更多的视图方向。

2. "镜向"栏

选中图11-47所示"镜像视图"复选框后,通过选择"水平"或"竖直"单选按钮,在水平或竖直方向创建视图的镜像,见图11-48。

图11-47 "镜向"栏

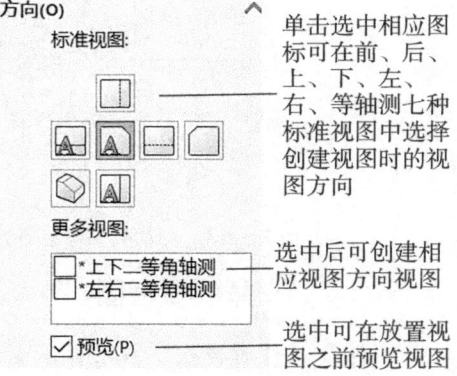
图11-46 "方向"栏

3. "显示样式"栏(提供5种显示方式)

(1) 按钮。用于隐藏线可见的线框显示。
(2) 按钮。用于隐藏线为虚线的线框显示。
(3) 按钮。用于不显示隐藏线的线框显示。
(4) 按钮。用于带边线的着色显示。
(5) 按钮。用于不带边线的着色显示。

4. "比例"栏

"比例"栏项目见图11-49。选取"使用图纸比例"单选按钮,视图将采用和图纸相同的比例。选取"使用自定

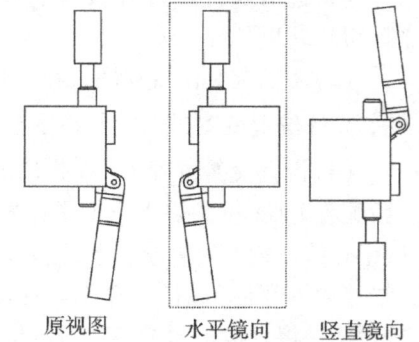
图11-48 镜向示例

义比例"单选按钮,可在下拉列表中选择常用的比例,从而使视图采用和整幅图纸不同的比例。

单击"工程视图"属性管理器最下方的"更多属性"按钮打开"工程视图属性"对话框(图11-50)。在该对话框"视图属性"选项卡中可查看视图的属性信息。在"显示隐藏的边线"选项卡在视图显示方式为无隐藏线显示时,专门定义某个特征或零件的隐藏线作为特殊情况而显示在视图中。其方法是:在图形区域选择欲显示隐藏线的特征或零件,单击上述对话框中的"应用"按钮。在"隐藏/显示实体"选项卡中可使选中的实体在视图中隐藏或显示。

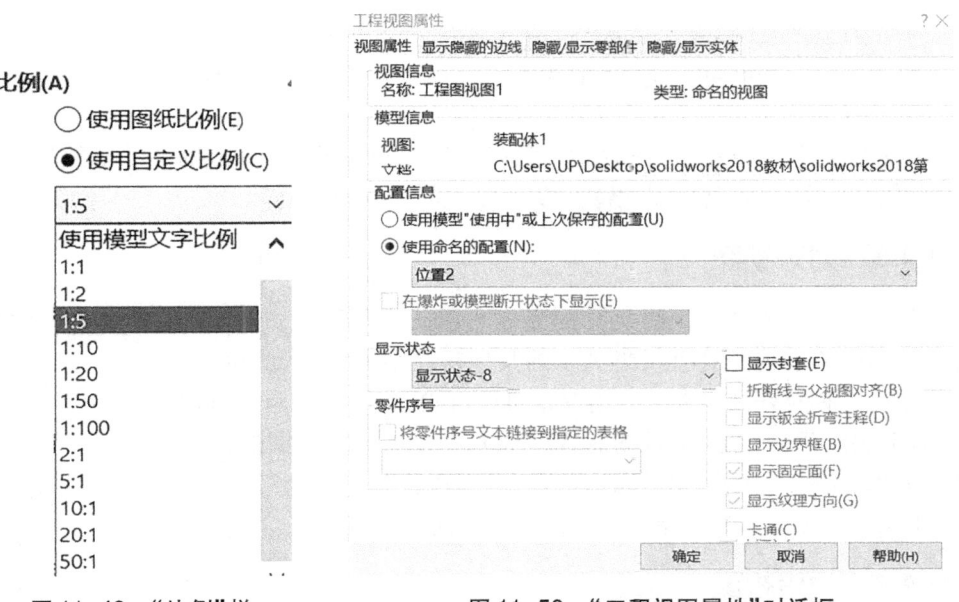

图 11-49 "比例"栏　　　　图 11-50 "工程视图属性"对话框

注意:当生成工程图的模型是装配体时,"工程视图属性"对话框中才会出现"隐藏/显示零部件"选项卡。

## 11.4.2 移动和锁定视图

移动视图时需保证视图不能处于锁定状态。默认情况下,所有视图均处于未锁定状态。当视图移动至合适位置后,为了防止误操作使视图位置发生改变,可对视图进行锁定。下面通过实例说明视图的移动和锁定的一般方法。

(1)打开文件。打开资源包文件"第 11 章\范例源文件\移动视图\槽块.SLDDRW",其视图放置见图 11-51。

(2)移动主视图。将光标放在主视图上,主视图周围出现虚线框,即视图界限。移动光标至视图界限边缘处(上、下、左、右均可),当指针呈　状时,单击并向上拖动主视图。此时左视图因为需要和主视图具有正确的投影关系,会随主视图一起移动。当移动至合适位置后,松开左键。移动后的视图见图 11-52。

(3)锁定视图。选取主视图,在右键快捷菜单中选择"锁住视图位置"选项。采用同样方式依次锁定左视图和俯视图。当需要解除视图锁定状态时,选取视图后在右键快捷菜单中选择"解除锁住视图位置"选项即可。

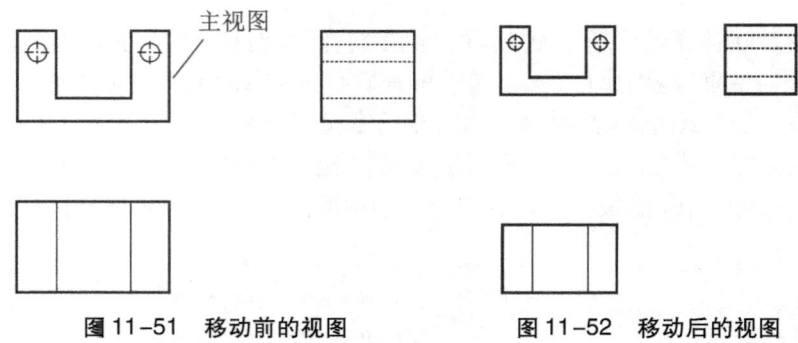

图 11-51　移动前的视图　　　　　图 11-52　移动后的视图

（4）保存文件。另存文件,命名为"槽块-移动锁定视图"。完成的文件见资源包文件"第 11 章\范例结果文件\移动视图\槽块-移动锁定视图.SLDDRW"。

### 11.4.3　对齐视图

默认情况下生成的主视图及其投影视图遵从投影原则。因此,移动视图时与被移动视图具有投影关系的其他视图会同时移动,以保证对齐关系。这种对齐关系在某些情况下可以解除,具体方法是:选取视图,在右键快捷菜单中选择"视图对齐"选项,并在下级菜单中选择"解除对其关系"选项。此外,也可在选取视图后,执行菜单命令"工具"→"对齐工程图视图",并在下级菜单中选择相应选项实现对齐。

### 11.4.4　旋转视图

下面通过实例说明旋转视图的操作步骤。

（1）打开文件。打开资源包文件"第 11 章\范例源文件\旋转视图\夹具模型.SLDDRW",视图见图 11-53。

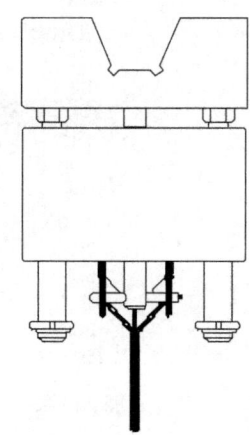

图 11-53　"夹具模型"视图

（2）将视图水平放置。选取视图,在右键快捷菜单中选取"缩放/平移/旋转"选项,在下级菜单中选择"旋转视图"选项[也可直接单击"前视"工具栏中的 按钮],在图 11-54 所示"旋转工程视图"对话框"工程视图角度"文本框中输入旋转角度"270",单击的"应用"按钮后关闭该对话框。图形区域视图放置见图 11-55。

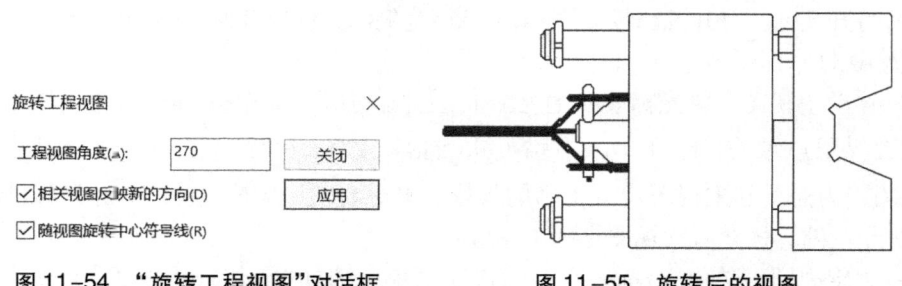

图 11-54　"旋转工程视图"对话框　　　　图 11-55　旋转后的视图

(3)保存文件。另存文件,命名为"夹具模型-旋转"。完成的文件见资源包文件"第11章\范例结果文件\移动视图\夹具模型-旋转.SLDDRW"。

## 11.5 视图显示控制

### 11.5.1 隐藏与显示视图

在工程图环境下可隐藏已创建的视图,具体方法是:选择视图,在右键快捷菜单"查看(工程图视图)"栏中选择"隐藏"选项。隐藏后的视图只有虚线边框表示视图的边界,见图11-56。

需要显示隐藏视图时,在图形区域选取已被隐藏的视图,在右键快捷菜单"查看(工程图视图)"栏中选择"显示"选项,则被隐藏的视图重新显示在图纸中。

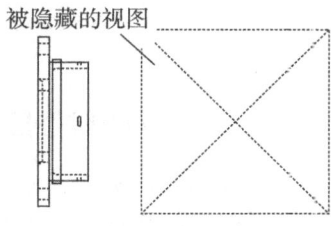

图11-56 隐藏后的视图

注意,在右键快捷菜单中若未出现"隐藏"或"显示"选项,可单击菜单下方的 ⌄ 按钮,以便展开所有的菜单项。

### 11.5.2 边线的显示与隐藏

**1. 切边显示**

切边是指模型或零件中相切部分的过渡边线。在正交投影视图中切边一般不显示;而在轴测图中需要显示切边,以利于对模型的理解。下面通过实例说明切边的显示与隐藏方法。

(1)打开文件。打开资源包文件"第11章\范例源文件\切边显示\减速箱下箱体.SLDDRW",视图为等轴测视图,其切边为可见状态。

(2)隐藏视图中的切边。选取视图,在右键快捷菜单中依次选取"切边"→"切边不可见",则视图中的切边将不再显示,见图11-57。

(3)切边显示为双点画线。选取视图,在右键快捷菜单中依次选取"切边"→"带线型显示切边"选项,则切边为双点画线显示。

**2. 隐藏/显示边线**

在工程图环境下可通过手动方式隐藏或显示模型的边线。下面通过实例说明边线的显示与隐藏方法。

(1)打开文件。打开资源包文件"第11章\范例源文件\隐藏与显示边线\边线.SLDDRW"。

(2)隐藏边线。选取主视图,在弹出的工具栏 中选择 (隐藏/显示边线)按钮。在图形区域选择图11-58所示边线,完成边线的隐藏(图11-59)。

(3)显示隐藏的边线。选取主视图,在弹出的工具栏中单击"隐藏/显示边线"按钮,在图形区域选择红色边线,完成边线的显示。也可在视图中选取待隐藏的边线,在弹出的工具栏中单击"隐藏/显示边线"按钮,将选中的线条隐藏。

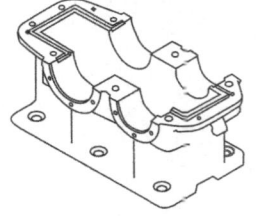 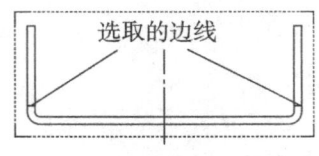 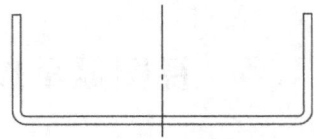

图 11-57　不显示切边　　图 11-58　选取的边线　　图 11-59　隐藏切边后的视图

### 11.5.3　视图线型控制

可对工程图视图中线条的线型、线条的颜色、线宽等进行设置。默认环境下,"线型"工具栏不显示在界面上。可在命令管理器区右击,在右键快捷菜单中选择"线型"选项,定制出"线型"工具栏。"线型"工具栏及其功能见图11-60。

1. 修改线色

(1)打开文件。打开资源包文件"第 11 章\范例源文件\线型操作\线型.SLDDRW"。

(2)设置线条颜色。按下 Ctrl 键选取图 11-61 所示边线,在"线型"工具栏中单击"线色"按钮,在"编辑线色"对话框中选择相应颜色后,单击"确定"按钮,完成线条颜色设置。

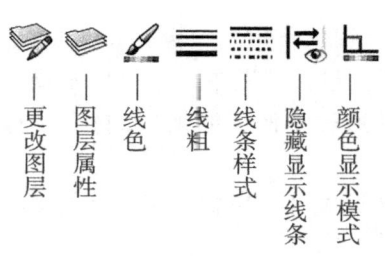 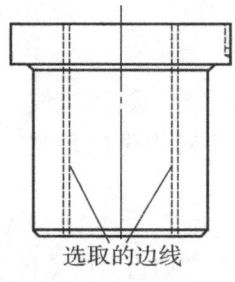 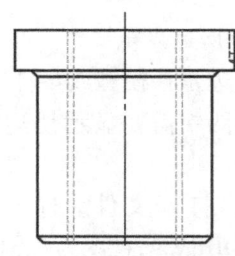

图 11-60　"线型"工具条　　图 11-61　选取的边线　　图 11-62　完成的视图

2. 修改线宽

设置线宽后,按下 Ctrl 键在主视图中选取所有外轮廓线,在"线型"工具栏中单击▆(线粗)按钮,在列表框中选择线宽"0.7mm",得到图 11-62 所示视图。

3. 修改线型

设置线型后,在主视图中选取中心线,在"线型"工具栏中单击▦(线条样式)按钮,在图 11-63 所示列表框中选择"双点画线"选项,则主视图中心线线型显示为双点画线。

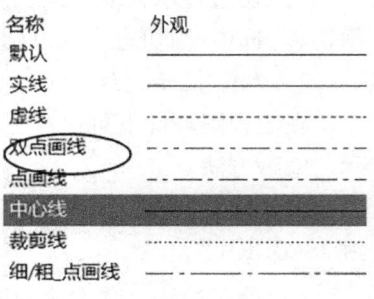

图 11-63　"线条样式"列表框

4. 保存文件

另存文件,命名为"线型-完成.SLDDRW"。完成的文件见资源包文件"第 11 章\范例结果文件\线型操作\线型-完成.SLDDRW"。

## 11.6 工程图标注

工程图标注包括尺寸、基准、公差、表面粗糙度、注释、焊接符号等。执行菜单命令"插入"→"注解",弹出"注解"菜单。该菜单提供了工程图的标注工具,可以选择相应选项添加尺寸、基准、公差、粗糙度等注释信息。为了便于在工程图中添加标注,可将"注解"工具条定制在屏幕上,见图 11-64。默认情况下,定制出的工具栏位于窗口的左侧,可将其拖动至窗口上方或置于图形区域成为浮动工具栏。此外,也可从"注解"命令管理器选取相应命令。本节中的命令选取均采用此方式。

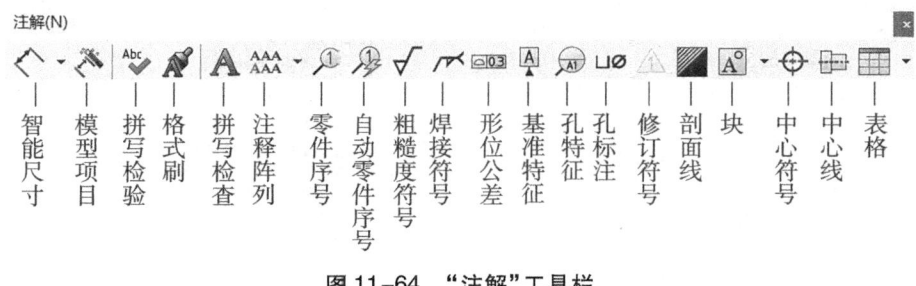

图 11-64 "注解"工具栏

### 11.6.1 中心线及中心符号线

中心线和中心符号线用于表明视图的对称中心线及圆心位置,也可作为尺寸标注参照线。

1. 创建中心线

(1) 自动添加中心线。具体方法如下:

1) 自动添加中心线的步骤。

2) 打开"系统选项"对话框,打开"系统选项-普通"对话框。

3) 设置属性。切换至"文档属性"选项卡,见图 11-65,选择列表框中的"出详图"选项,在右侧"视图生成时自动插入"栏中选取"中心线"复选框,单击"确定"按钮关闭该对话框。

使用该方法创建的中心线会比较杂乱,设计者根据需要删除视图中自动显示出的多余中心线。若取消勾选上述对话框中的"中心线"复选框,则需要手动添加中心线。

(2) 手动添加中心线。具体方法如下:

1) 选取中心线命令。在"注解"命令管理器中单击 中心线(中心线)按钮,打开"中心线"属性管理器。

图 11-65 "文档属性"选项卡的设定

2)选取参考。在视图中选取要添加中心线的两直线(图 11-66 所示边 1、2),或直接选取圆柱面、圆锥面等回转面(图 11-66 所示圆柱面 1、2),则在视图中两条直线对称中心位置或在回转面中心创建中心线,见图 11-67。

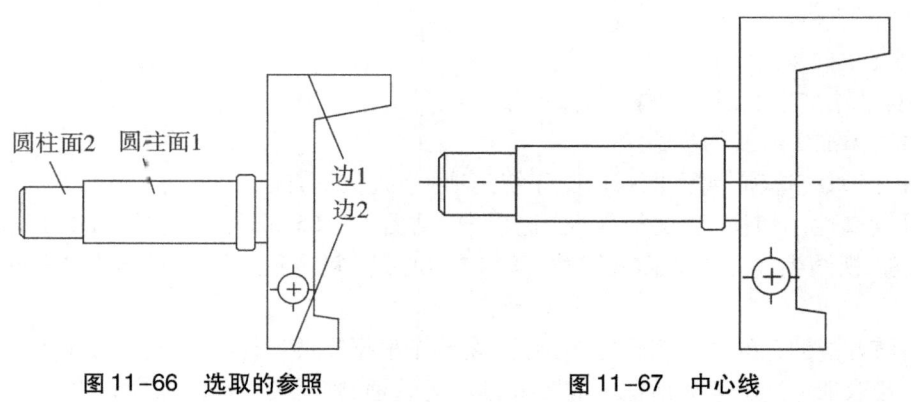

图 11-66 选取的参照　　　　图 11-67 中心线

## 2. 创建中心符号线

中心符号线是指圆或圆弧的中心线,可用手动或自动方式创建。自动创建中心符号线的方法与自动创建中心线方法相似,需要在图 11-65 所示"视图生成时自动插入"栏中勾选"中心符号-孔-零件"复选框。手动创建中心符号线的具体方法如下:

(1)选取命令。在"注解"命令管理器中单击 ⊕ (中心符号线)按钮。

(2)选取参考。依次选取要添加中心符号线的圆或圆弧,单击上述属性管理器中的"确定"按钮,完成中心符号线的添加。

在"中心符号线"属性管理器的"手工插入选项"栏中可选择中心符号线的类型。选取 ✢ (单一中心符号线)按钮,在图形区域选取单一圆或圆弧创建中心符号线,见图11-68。选取 (线性中心符号线)按钮,在图形区域选取两个或两个以上圆或圆弧,创建图11-69所示线性中心符号线。选取 (圆形中心符号线)按钮,在图形区域选取3个圆或圆弧,创建图11-70所示圆形中心符号线。

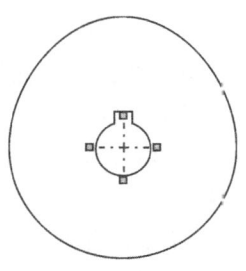

图11-68　单一符号线

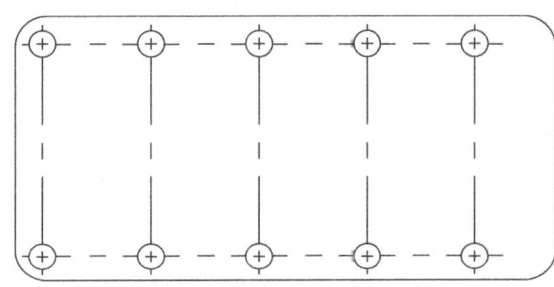

图11-69　线性符号线

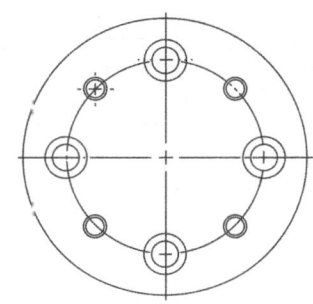

图11-70　圆形符号线

## 11.6.2　尺寸标注

SOLIDWORKS环境下各功能模块中的尺寸都是相关的。由于三维模型中零件尺寸均已定义,因此工程图环境下标注尺寸时可将模型中的尺寸显示出来,当在三维模型中修改尺寸时修改结果会体现在工程图中。当然,也可隔断模型和工程图的这种关联,具体方法是:在保存工程图时,将工程图的"保存类型"设置为"分离的工程图"类型。工程图中的尺寸包括模型尺寸和参考尺寸两类。模型尺寸是存储在软件数据库中的尺寸,即三维模型中的尺寸。参考尺寸是使用者根据需要手动标注的尺寸。

1. 模型尺寸标注

模型尺寸是零件建模时标注的驱动尺寸。下面通过实例说明模型尺寸的标注过程。

(1)打开文件。打开资源包文件"第11章\范例源文件\模型尺寸\凹块.SLDDRW"。

(2)标注尺寸。在"注解"命令管理器中单击 (模型项目)图标按钮,在"模型项目"属性管理器"来源/目标"栏的"来源"下拉列表中选择"整个模型"选项,选中"将项目输入到所有视图"复选框,在"尺寸"栏中单击 (为工程图标注)按钮,并选中"消除重复"复选框,见图11-71。在图形区域选取视图,出现图11-72所示自动标注尺寸。

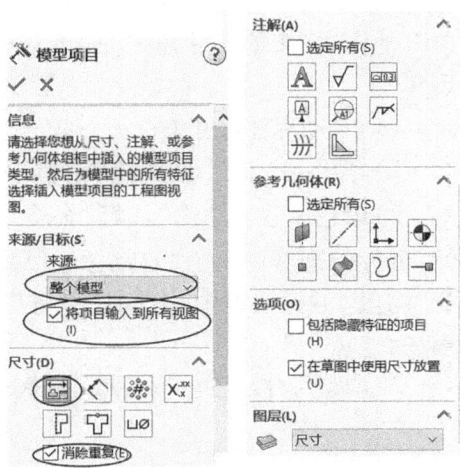

图11-71　"模型项目"属性管理器

(3) 隐藏尺寸并调整位置。将光标移至图 11-72 所示需隐藏尺寸位置(尺寸呈红色,右击即可将该尺寸隐藏。选取需要调整位置的尺寸,将其拖动到合适位置。完成的尺寸标注见图 11-73。

(4) 保存文件。另存文件,命名为"凹块-完成.SLDDRW"。完成的文件见资源包文件"第 11 章\范例结果文件\参考尺寸\模型尺寸\凹块-完成.SLDDRW"。

注意:也可在步骤(3)中完成尺寸添加后选取需要隐藏的尺寸,在右键快捷菜单中选择"隐藏"选项,隐藏该项目尺寸。

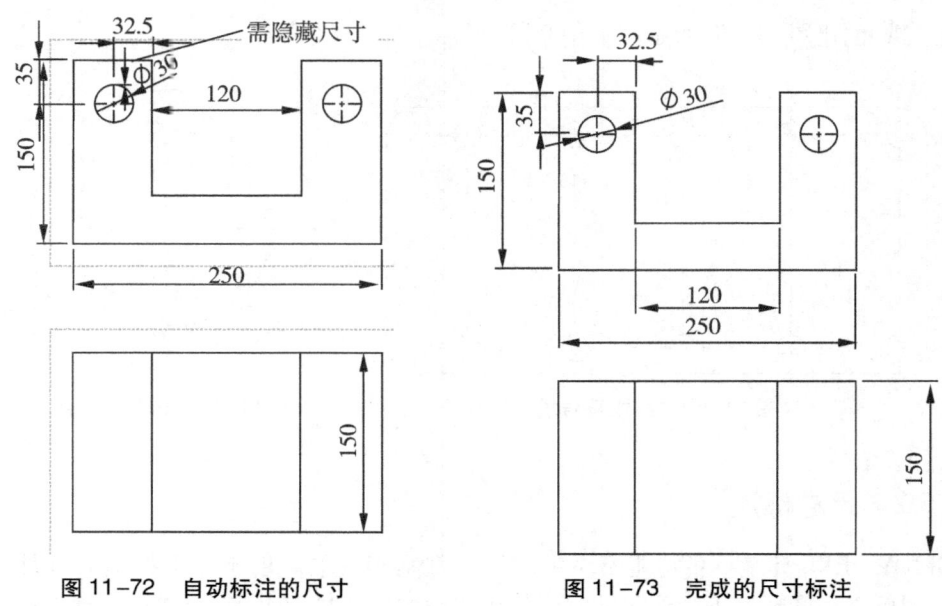

图 11-72 自动标注的尺寸      图 11-73 完成的尺寸标注

2. 参考尺寸标注

参考尺寸是在工程图中创建的尺寸,其值不能被修改。当在零件模式下修改模型尺寸时,参考尺寸会随之改变,与零件模型具有单向关联性,故称为从动尺寸。参考尺寸可以自动标注(智能尺寸模式)或手动标注。自动标注尺寸是指采用"智能尺寸"命令标注尺寸。

(1) 自动标注尺寸方法。

1) 打开文件。打开资源包文件"第 11 章\范例源文件\参考尺寸\下底板.SLDDRW"。

2) 标注尺寸。单击"注解"命令管理器中的 ◇ (智能尺寸)按钮,在弹出的"智能尺寸"属性管理器中单击"自动标注尺寸"选项卡,在其"水平尺寸"栏"略图"和"竖直尺寸"栏"略图"下拉列表中均选取"基准"选项,见图 11-74,单击"确定"按钮,完成自动尺寸标注。

3) 调整尺寸位置。拖动尺寸,将尺寸调整至合适位置,见图 11-75。

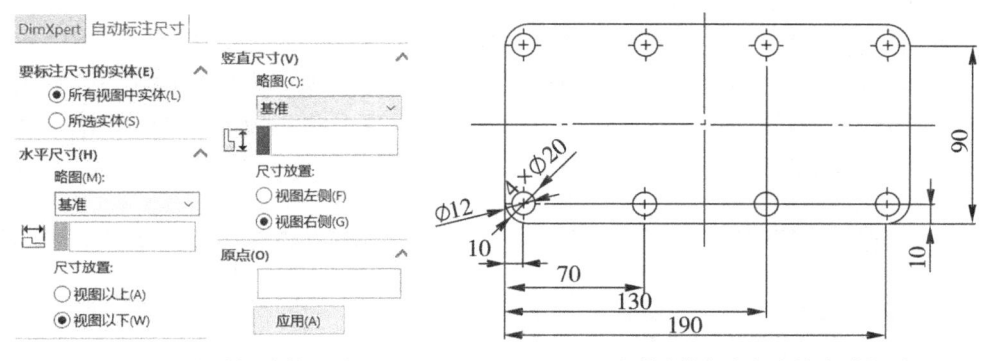

图 11-74 自动标注的尺寸　　　　图 11-75 "基准"方式完成的自动标注

4）保存文件。另存文件，命名为"下底板-自动标注尺寸.SLDDRW"。完成的文件见资源包文件"第11章\范例结果文件\参考尺寸\下底板-自动标注尺寸.SLDDRW"。

若在步骤2）"水平尺寸"和"竖直尺寸"栏"略图"下的下拉列表中选取"链"选项，则得到图11-76所示效果。选取"尺寸链"选项，则得到图11-80所示效果。

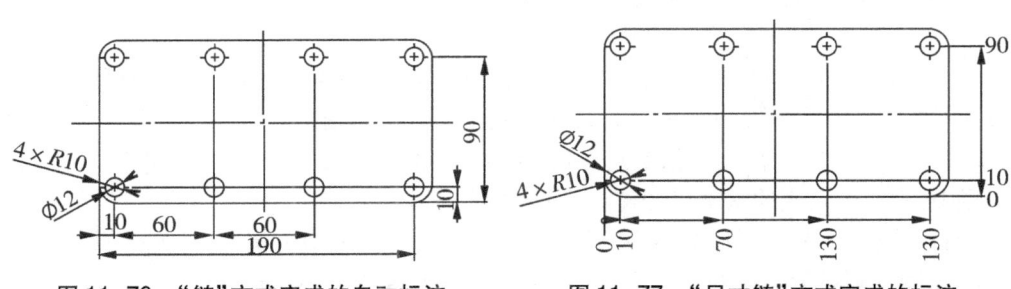

图 11-76 "链"方式完成的自动标注　　　　图 11-77 "尺寸链"方式完成的标注

"水平尺寸"栏的"尺寸放置"方式有两种："视图以上"和"视图以下"。默认情况下采用"视图以下"方式。可选取相应单选按钮，将水平尺寸放置在视图的上方或下方。同样，"竖直尺寸"栏的"尺寸放置"方式也有两种："视图左侧"和"视图右侧"。默认情况下采用"视图右侧"方式，可选取相应单选按钮，将竖直尺寸放置在视图左侧或右侧。

（2）手动标注尺方法。该方法用于当自动标注方式不能全面表达零件的结构和尺寸，以及需要添加某些特殊标注的场合。手动标注的尺寸与模型单向关联，模型的改变影响到这些尺寸，但这些尺寸的数值在工程图中是不可修改的。执行菜单命令"工具"→"尺寸"，选择下级菜单中的各命令可进行相应尺寸的手动标注，或在"注解"工具栏上的"智能尺寸"下拉菜单中选取相应选项进行标注。

（3）智能标注尺寸。该方式是常用的标注方式，可根据对象、光标所在位置智能地判断尺寸类型并标注。"水平和竖直标注"方式可以标注水平及竖直方向的尺寸。"基准尺寸"为工程图的参考尺寸，标注完成的数值不能被更改。"尺寸链"方式能创建尺寸链方式的标注格式，可以是水平或竖直尺寸链，具体取决于所选点的位置。"角度运行尺寸"可在工程图中从零度开始标注角度尺寸。"倒角尺寸"用于标注倒角。"路径长度尺寸"可标注曲线路径总长。

1）实例说明基准尺寸的标注方法。

A. 打开文件。打开资源包文件"第 11 章\范例源文件\参考尺寸\下底板.SLDDRW"。

B. 选取命令。单击"注解"命令管理器"智能尺寸"下拉菜单中的"基准尺寸"选项。

C. 完成标注。在图形区域依次选取图 11-78 所示边 1、圆 2，则系统自动标注圆心到边的尺寸，依次选择圆 3、圆 4 和圆 5，得到图 11-79 所示基准标注。

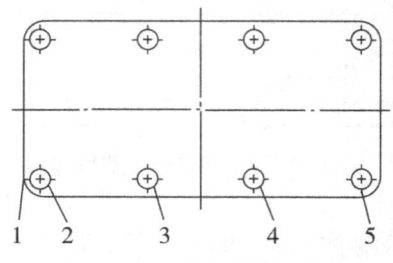 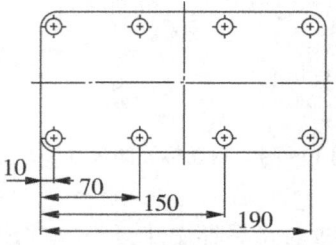

图 11-78　选取的标注参照　　　　图 11-79　完成的基准尺寸标注

D. 保存文件。另存文件，命名为"下底板-基准尺寸.SLDDRW"。完成的文件见资源包文件"第 11 章\范例结果文件\参考尺寸\下底板-基准尺寸.SLDDRW"。

2）实例说明水平尺寸链的标注方法。

A. 打开文件。打开资源包文件"第 11 章\范例源文件\参考尺寸\下底板.SLDDRW"。

B. 选取命令。单击"注解"命令管理器"智能尺寸"下拉菜单中的"水平尺寸链"选项。

C. 完成标注。在图形区域依次选取图 11-78 所示边 1、圆 2、圆 3、圆 4 和圆 5，并拖动尺寸链至视图下方。完成的水平尺寸链标注见图 11-80。

D. 保存文件。另存文件，命名为"下底板-水平尺寸链.SLDDRW"。完成的文件见资源包文件"第 11 章\范例结果文件\参考尺寸\下底板-水平尺寸链.SLDDRW"。

3）实例说明竖直尺寸链的标注方法。

A. 打开文件。打开资源包文件"第 11 章\范例源文件\参考尺寸\下底板.SLDDRW"。

B. 选取命令。单击"注解"命令管理器"智能尺寸"下拉菜单中的"竖直尺寸链"选项。

C. 完成标注。在图形区域依次选取图 11-81 所示边 1、圆 2、圆 3，拖动尺寸链至视图右侧，得到图 11-85 所示竖直尺寸链标注。

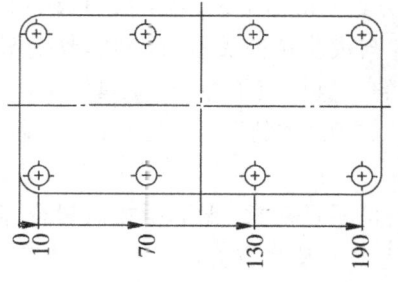 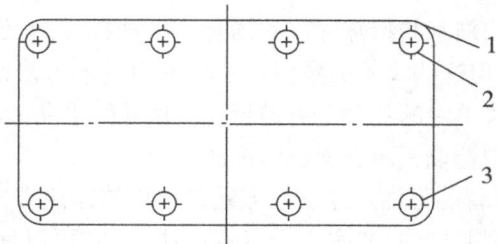

图 11-80　完成的水平尺寸链标注　　　　图 11-81　选取的标注参照

D. 保存文件。另存文件，命名为"下底板-竖直尺寸链.SLDDRW"。完成的文件见资源包文件"第 11 章\范例结果文件\参考尺寸\下底板-竖直尺寸链.SLDDRW"。

4）实例说明倒角尺寸的标注方法。

A. 打开文件。打开资源包文件"第 11 章\范例源文件\参考尺寸\压板.SLDDRW"。

B. 选择命令。单击"注解"命令管理器"智能尺寸"下拉菜单中的"倒角尺寸"选项。

C. 完成第一个倒角标注。在图形区域依次选取图 11-83 所示边 2、边 1，拖至合适位置后单击，完成第一个倒角尺寸的标注。

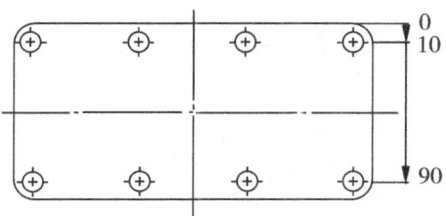

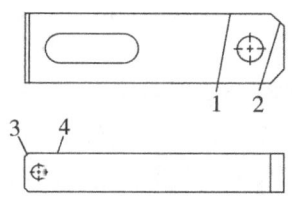

图 11-82　完成的竖直尺寸链标注　　　　图 11-83　倒角参照选取

D. 完第二个倒角标注。依次选取图 11-83 所示边 3、边 4，拖至合适位置后单击。在属性管理器"数值"选项卡"标注尺寸文字(1)"栏的最下方单击1x45°按钮，见图 11-84。在"引线"选项卡中选中"自定义文字位置"复选框，展开该栏，选取 ╚（水平、下划线文字标注样式）按钮（图 11-85），完成第二个倒角尺寸的标注，见图 11-86。

E. 保存文件。另存文件，命名为"压板-倒角尺寸.SLDDRW"。完成的文件见资源包文件"第 11 章\范例结果文件\参考尺寸\压板-倒角尺寸.SLDDRW"。

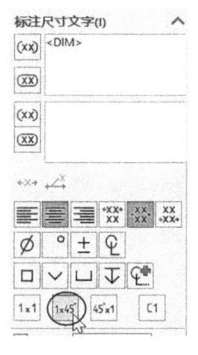

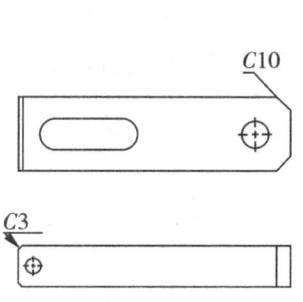

图 11-84　"标注尺寸文字"栏　　图 11-85　"引线"选项卡　　图 11-86　倒角标注

5）实例说明角度运行尺寸的标注方法。

A. 打开文件。打开资源包文件"第 11 章\范例源文件\参考尺寸\孔板.SLDDRW"。

B. 选取命令。单击"注解"命令管理器"智能尺寸"下拉菜单中的"角度运行尺寸"选项。

C. 标注尺寸。选取图 11-87 所示中心线，拖至视图上方合适位置单击，则在中心线上方标注角度"0°"。在图形区域依次选取图 11-87 所示圆 1、2、3，每选取一个参照圆，系统自动标注该圆心所在位置的角度尺寸。完成的角度尺寸标注见图 11-88。

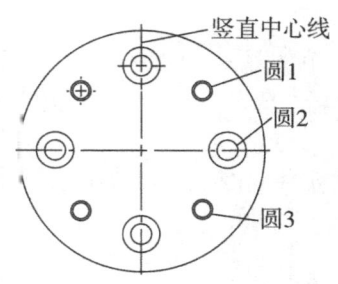
图11-87 "角度运行尺寸"参照

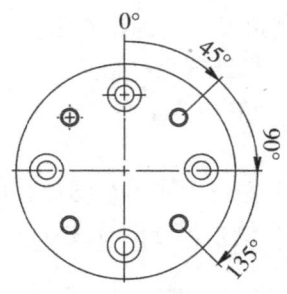
图11-88 标注结果

D. 保存文件。另存文件,命名为"孔板-角度运行尺寸.SLDDRW"。完成的文件见资源包文件"第11章\范例结果文件\参考尺寸\孔板-角度运行尺寸.SLDDRW"。

6) 直径尺寸的标注。直径可以通过"智能尺寸"方式或孔标注方式进行标注。下面用实例说明"智能尺寸"方式标注直径尺寸的方法。

A. 打开文件。打开资源包文件"第11章\范例源文件\参考尺寸\下底板.SLDDRW"。

B. 选取命令并完成标注。采用"智能尺寸"方式,选取图11-89所示孔,拖至视图上方合适位置处单击放置尺寸。在"尺寸"属性管理器"数值"选项卡的"标注文字尺寸"栏文本框中的"<MOD-DIAM><DIM>"前输入"8×",见图11-90。选择"引线"选项卡,设置"尺寸界线/引线显示"栏和"自定义文字位置"栏,见图11-91,完成的尺寸标注见图11-92。

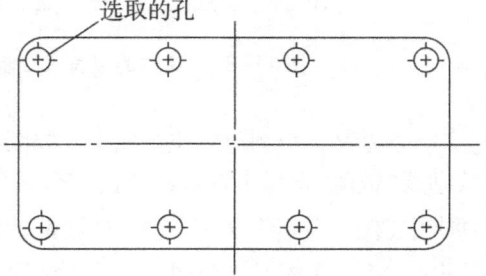
图11-89 选取的孔

C. 保存文件。另存文件,命名为"下底板-直径标注.SLDDRW"。完成的文件见资源包文件"第11章\范例结果文件\参考尺寸\下底板-直径标注.SLDDRW"。

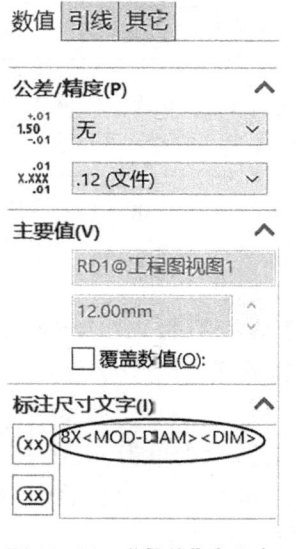
图11-90 "数值"选项卡

图11-91 "引线"选项卡

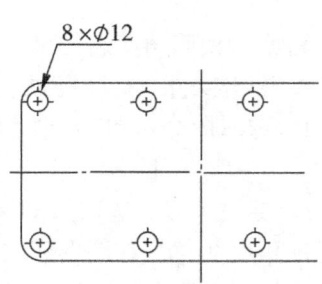
图11-92 完成的直径标注

### 11.6.3 尺寸编辑

采用尺寸标注工具标注尺寸后,还需要对杂乱的尺寸进行移动、隐藏、删除、修改尺寸线等编辑操作。

1. 移动尺寸及其文本(三种方式)

(1)按下左键拖动待移动的尺寸文本,在视图内部移动尺寸及其文本。

(2)同时按下 Shift 键和左键拖动尺寸至另一视图,可将待移动的尺寸移至该视图。

(3)同时按下 Ctrl 键和左键拖动尺寸至另一视图,可将选定尺寸复制至另一个视图。

2. 整理尺寸

(1)选中待整理的尺寸文字,按下左键拖动至与参照尺寸对正位置处,松开左键,可将待整理尺寸与参照尺寸对齐。

(2)按下 Ctrl 键依次选取需要对齐的多个尺寸(也可框选),选择"工具"主菜单中的"对齐"选项,在图 11-93 所示下级菜单中选择相应选项对齐尺寸。也可在选取尺寸后,在右键快捷菜单中选择相应选项整理尺寸。

3. 隐藏与显示尺寸

对于暂时不需要的尺寸可将其隐藏。隐藏尺寸的方法是:打开文件,执行菜单命令"视图"→"隐藏/显示"→"注解",在图形区域的视图中选取需要

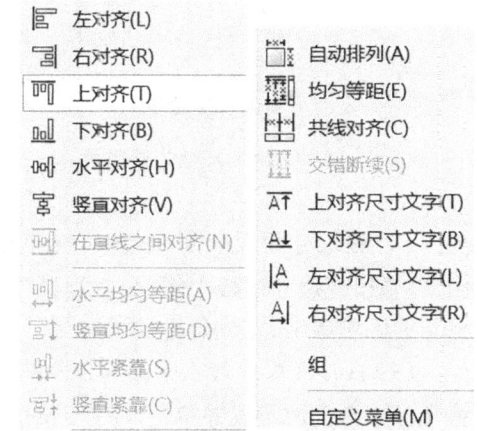

图 11-93 下级菜单

隐藏的尺寸,则尺寸呈浅灰色显示。也可以在选取尺寸后,在右键快捷菜单中选择"隐藏"选项,完成尺寸的隐藏。显示尺寸的方法是:执行菜单命令"视图"→"隐藏/显示"→"注解",在视图中选取灰色的隐藏尺寸,显示被隐藏的尺寸。

4. 删除尺寸

删除尺寸与隐藏尺寸不同,隐藏尺寸仍存在于视图中,可根据需要再次显示。而删除的尺寸将从视图中消失,不能被显示,只有重新标注才可出现在视图中。删除尺寸的方法是:在视图中选取要删除的尺寸,在"编辑"主菜单中选择"删除"选项或按下 Delete 键。

### 11.6.4 公差标注

默认情况下标注的尺寸数值仅包含公称值。用户可为尺寸添加公差。公差的形式见图 11-94。需要添加尺寸公差的,可在标注尺寸时直接添加,也可以在标注完成后添加。下面通过实例说明添加尺寸公差的方法。

(1)打开文件。打开资源包文件"第 11 章\范例源文件\公差标注\V 形块滑座. SLDDRW",视图见图 11-95。

(2)使用属性管理器添加公差。在剖视图中选取图 11-95 所示要添加公差的"尺寸 1"(35),在属性管理器"公差/精度"栏 (公差类型)下拉列表中选择"双边"选项,在 +(最大变量)和 −(最小变量)文本框中分别输入值"0.03"和"0.02"(完成的"公差/精度"栏见图 11-

96),完成公差的添加。

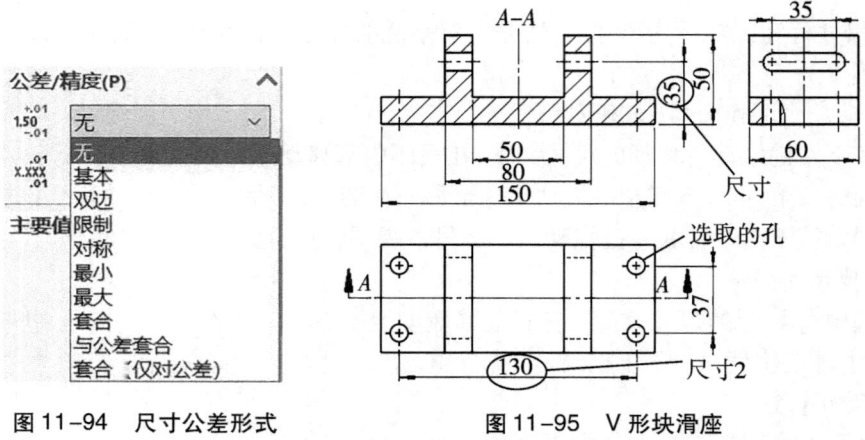

图 11-94 尺寸公差形式　　　　图 11-95 V 形块滑座

(3)在尺寸面板中添加公差。在剖视图中选取图 11-95 所示"尺寸 2"(130),选择按钮,在弹出的尺寸面板中将"公差类型"设为"对称",将"最大变量"值设为"0.15"(图 11-97),在图形区域单击,完成公差的添加。

(4)在标注尺寸过程中添加公差。使用"智能尺寸"工具,选取图 11-95 所示"选取的孔",将光标移至合适位置并单击,在弹出的"尺寸"属性管理器的"公差/精度"栏(公差类型)下拉列表框中选择"套合"选项,在(分类)下拉列表框中选择"过渡"选项,在(孔套合)和(轴套合)下拉列表框中分别选取"H7"和"k6",并选取(以直线显示层叠)公差标注形式按钮,设置完成的'公差/精度"栏见图 11-98。打开"引线"选项卡,在"尺寸界线/引线显示"栏选取(外面)按钮。展开"自定义文字位置"栏,选取(折断引线)按钮。设定完成的"引线"选项卡见图 11-99。最后完成的工程图见图 11-100。

(5)保存文件。另存文件,命名为"V 形块滑座-公差"。完成的文件见资源包文件"第 11 章\范例结果文件\公差标注\V 形块滑座-公差.SLDDRW"。

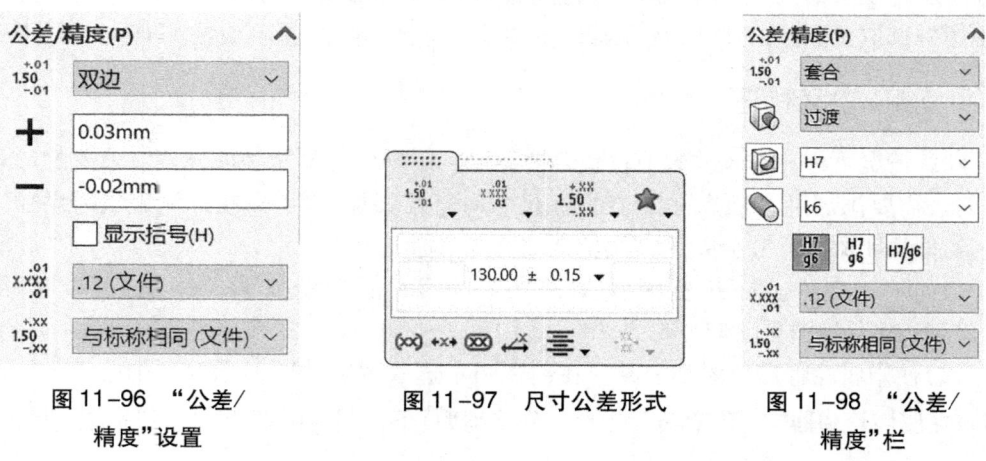

图 11-96 "公差/精度"设置　　　　图 11-97 尺寸公差形式　　　　图 11-98 "公差/精度"栏

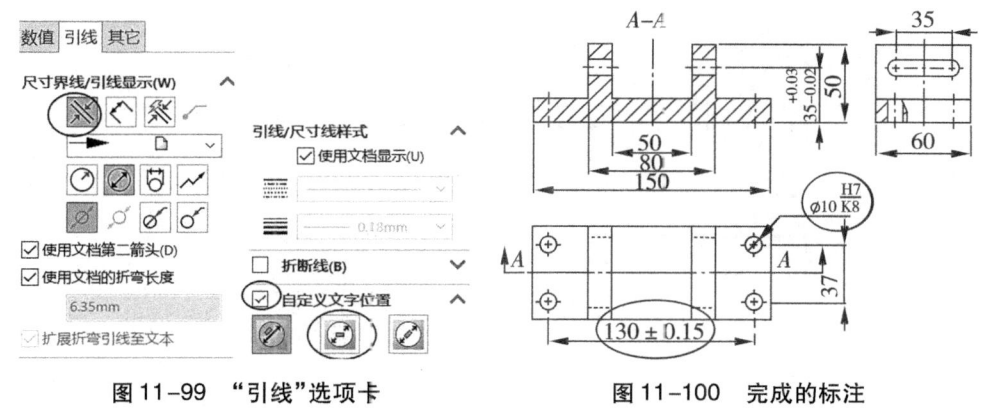

图 11-99　"引线"选项卡　　　　　图 11-100　完成的标注

### 11.6.5　基准和几何公差的标注

几何公差包括形状公差和位置公差，是为了限制零件几何特征的实际形状或相互位置与理想形状和相互位置之间的差异而规定的公差。下面通过实例介绍基准标注和几何公差标注的方法。

（1）打开文件。打开资源包文件"第 11 章\范例源文件\基准和几何公差标注\V 形块滑座.SLDDRW"。

（2）添加基准符号。在"注解"命令管理器中单击 基准特征（基准特征）按钮，在弹出的属性管理器"标号设定"栏 A（标号）文本框中输入字母 B，在图 11-101 所示位置 1 处单击，接着向下移动光标至位置 2 处再次单击，放置基准符号。完成的基准符号见图 11-102。

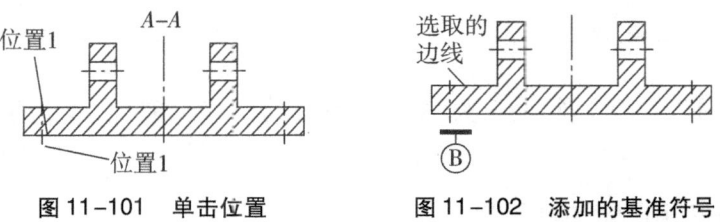

图 11-101　单击位置　　　　　图 11-102　添加的基准符号

（3）添加公差。在"注解"命令管理器中单击的 形位公差（形位公差）按钮，在"属性"对话框"符号"下拉列表框中选择 ∥（平行）选项，在"公差 1"文本框中输入值"0.15"，在"主要"文本框中输入字母 B，完成的设置见图 11-103。在左侧属性管理器"引线"栏选取 （引线）、（折弯引线）、（引线靠左）按钮，完成的"形位公差"属性管理器见图 11-104。在图形区域选取图 11-102 所示边线，接着在合适位置单击，放置形位公差。完成的形位公差见图 11-105。

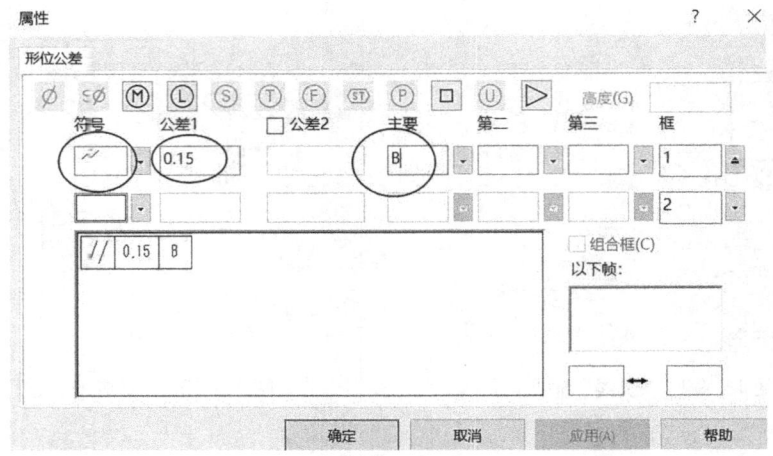

图 11-103 "属性"对话框

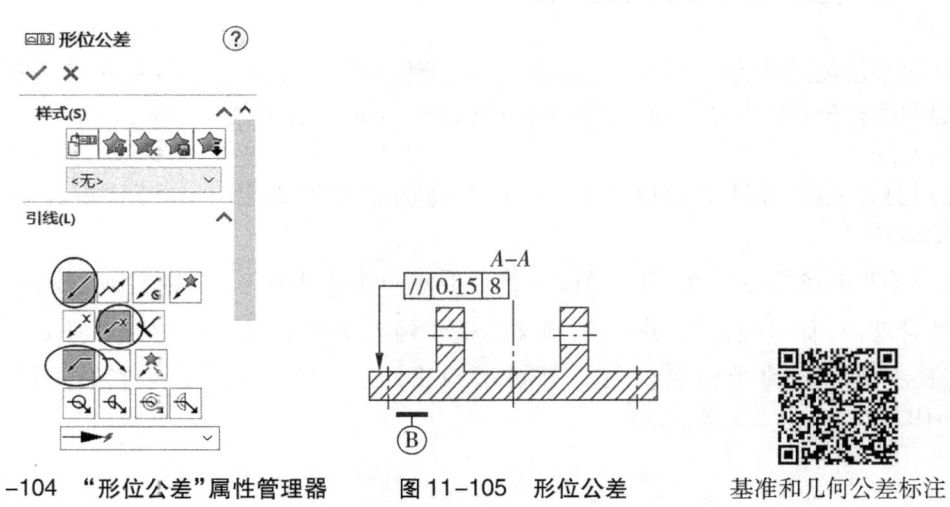

图 11-104 "形位公差"属性管理器　　图 11-105 形位公差　　基准和几何公差标注

(4) 保存文件。另存文件,命名为"V 形块滑座-公差"。完成的文件见资源包文件"第 11 章\范例结果文件\基准和几何公差标注\V 形块滑座-形位公差.SLDDRW"。

## 11.6.6　表面粗糙度的标注

表面粗糙度是指加工表面具有的较小间距和微小峰谷的不平度。下面通过实例介绍表面粗糙度的添加方法。

(1) 打开文件。打开资源包文件"第 11 章\范例源文件\表面粗糙度\V 形块滑座.SLDDRW"。

(2) 添加粗糙度符号。在"注解"命令管理器中选择"表面粗糙度符号"按钮,在弹出的属性管理器"符号"栏选择 √ (要求切削加工)按钮,在"符号布局"栏输入粗糙度类型、粗糙度值分别为"Ra"和"3.2",在"引线"栏选择 (无引线)按钮,设置完成的属性管理器见图 11-106。在图形区域的主视图中依次选取图 11-107 所示边线,完成粗糙度符号的添加。

第 11 章 工程图创建 271

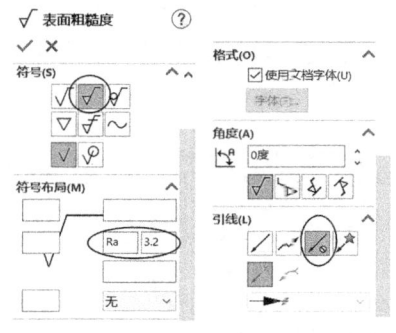

图 11-106 "表面粗糙度"属性管理器

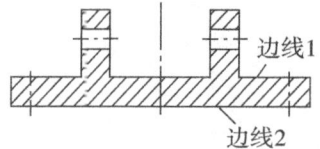

图 11-107 选取的边线

（3）添加其余面粗糙度要求。在上述属性管理器中将"符号布局"栏粗糙度值修改为"6.3"，在图形区域右下角单击放置粗糙度符号。再次修改"符号"栏，并在图形区域右下角单击放置粗糙度符号，按下 Esc 键结束粗糙度的添加。在"注解"命令管理器中单击 A（注释）按钮，在图形区域单击放置文本框，输入符号"（ ）"，调整注解位置，完成图 11-108 所示粗糙度符号的添加。

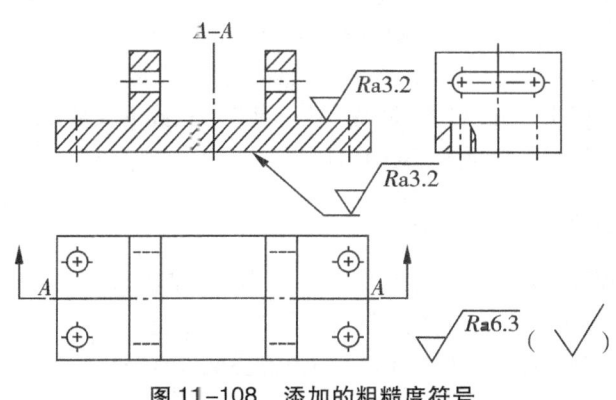

图 11-108 添加的粗糙度符号

（4）保存文件。另存文件，命名为"V 形块滑座-粗糙度符号"。完成的文件见资源包文件"第 11 章\范例结果文件\表面粗糙度\V 形块滑座-粗糙度符号.SLDDRW"。

## 11.6.7 孔标注

在工程图中可使用孔标注工具标注各类孔。当标注孔为使用异型孔向导创建的孔时，异型孔信息将显示在标注中。下面通过实例介绍孔标注的使用方法。

（1）打开文件。打开资源包文件"第 11 章\范例源文件\孔标注\圆盘.SLDDRW"。

（2）添加第 1 个孔标注。在"注解"命令管理器中选择 ⌴⌀ 孔标注（孔标注）按钮，在图形区域选取图 11-109 所示孔 1，移动光标至视图左下角合适位置并单击放置尺寸。在"尺寸"属性管理器中选择"引线"选项卡，完成"尺寸界线/引线显示""自定义文字位置"栏的设置。

（3）添加第 2 个孔标注。选取图 11-109 所示孔 2，移动光标至视图左上方合适位置并单击放置尺寸。在"尺寸"属性管理器"引线"选项卡的"尺寸界线/引线显示"栏选择 ╳（外面）按钮,在"自定义文字位置"栏选择 ⊘（折断引线,水平文字）按钮,完成螺纹孔的标注。

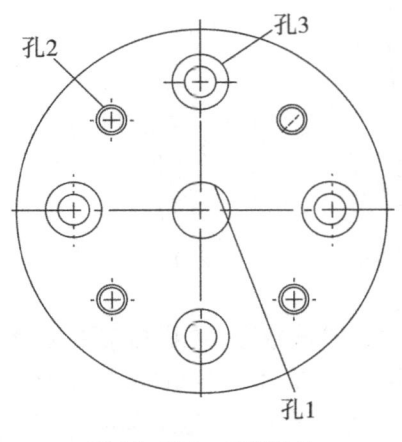

图 11-109  选取的孔

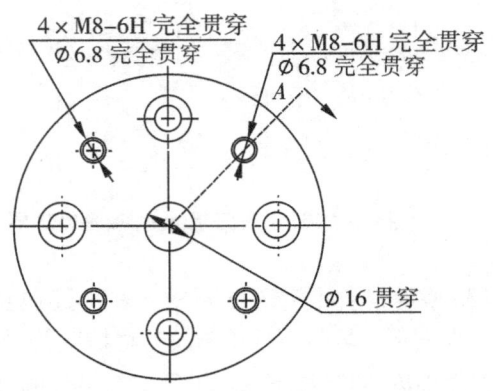

图 11-110  完成的孔标注

(4) 添加第 3 个孔标注。在图形区域选取图 11-109 所示孔 3,移动光标至视图右上方合适位置并单击放置尺寸。完成"尺寸"属性管理器"引线"选项卡的设置,完成沉孔的标注。最后完成的孔标注见图 11-110。

(5) 保存文件。另存文件,命名为"圆盘-孔标注"。完成的文件见资源包文件"第 11 章\范例结果文件\孔标注\圆盘-孔标注.SLDDRW"。

### 11.6.8 插入注释

创建工程图时经常需要添加如技术要求等注释,添加的注释可以带引线或不带引线。下面通过实例介绍注释的添加过程。

(1) 打开文件。打开资源包文件"第 11 章\范例源文件\注释\V 形块轴.SLDDRW"。

(2) 添加带引线注释。在"注解"命令管理器中选择 A（注释）按钮,完成"注释"属性管理器"引线"栏的设置（图 11-111）。在图形区域的俯视图中选取图 11-112 所示边线作为注释参考,并在合适位置单击放置注释。在弹出的"格式化"对话框中将文本字号设为"14",并在注释文本框中输入文字"此面淬火处理",完成带引线注释的添加。

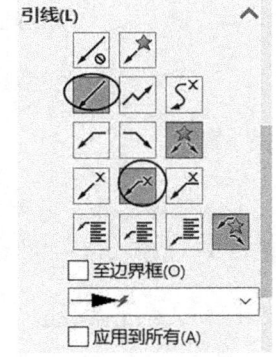

图 11-111  "引线"栏

(3) 添加无引线注释。重复步骤(2),在"注释"属性管理器"引线"栏选择 ╱（无引线）按钮,在图形区域右下角合适位置单击,在"格式化"对话框中将字号修改为"16",在"注释"文本框中输入文字"技术要求"并单击,完成注释添加。在"技术要求"注释下方再次单击,并将放置的注释文本修改为"未注倒角 1×45°。"。注意,可以在"注释"属性管理器"文字格式"栏下单击 ⊞（添加符号）按钮,并选取角度符

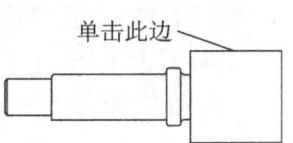

图 11-112  选取的边

号。完成的注释见图11-113。按Esc键退出添加注释模式。

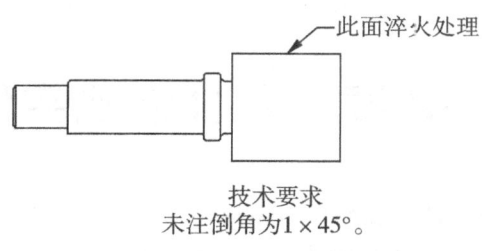

图 11-113　完成的注释

（4）保存文件。另存文件,命名为"V形块轴-注释"。完成的文件见资源包文件"第11章\范例结果文件\注释\V形块轴-注释.SLDDRW"。

随堂练习11　　　总结与回顾11　　　思考与练习11

第12章课件

# 第 12 章 零件创建实例

**学习任务**:主要学习绘制减速器箱体的详细过程。由于减速器箱体结构很复杂,用到的特征较多,希望读者在学习完本章后能灵活运用各种常用特征的创建方法。掌握箱体类零件的结构特点、设计注意事项、建模分析,箱体类零件常用特征中的抽壳特征、筋和孔特征。

**知 识 点**:草图绘制、拉伸凸台/基体、抽壳、拉伸切除、异型孔向导、镜向、陈列(线性阵列和圆周阵列)、相交、筋和倒角等。

## 12.1 减速器上箱盖造型实例

### 12.1.1 减速器上箱盖工程图

下面以图 12-1 所示零件图为例说明减速器上箱盖实体特征创建的一般方法与技巧。

图 12-1 减速箱上箱盖零件图    上箱盖创建步骤1    上箱盖创建步骤2    上箱盖创建步骤3

### 12.1.2 减速器上箱盖的详细设计过程

(1)新建类型文件。

(2)创建上箱盖壳体。

1)设置草绘基准。单击"FeatureManager 设计树"中的"前视基准面",绘制草图。

2)创建拉伸凸台/基体。在"方向(1)1"栏中,将"终止条件"设为"两侧对称",将"深度"值设为102mm,其他选项由系统默认,见图 12-2。单击"确定"按钮,完成上箱盖实体特征的创建。

3)创建"圆角"。在"圆角"属性管理器中将"圆角类型"选为"恒定大小",选择"上箱盖实体的边线"作为"要圆角化的项目",将"半径"值设为14mm,其他选项由系统默认,见图 12-3,单击"确定"按钮,完成上箱盖圆角特征的创建。

4)抽壳。设置"厚度"值为 8mm,选择"上箱盖底面"作为"移除的面",其他选项由系统默认,见图 12-4,单击"确定"按钮,完成上箱盖壳体特征的创建。注意:抽壳操作在完成上箱盖内部材料去除的同时,很好地进行了内部角点的倒圆角。它不是通过"圆角"命令完成的,因为"抽壳"操作实质上是一种在所选实体内部处处保持同一壁厚的去除材料操作。

创建上箱盖壳体

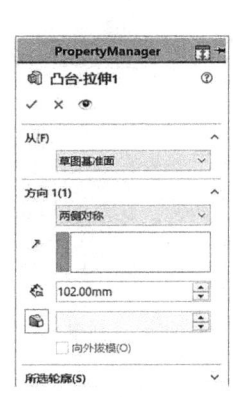 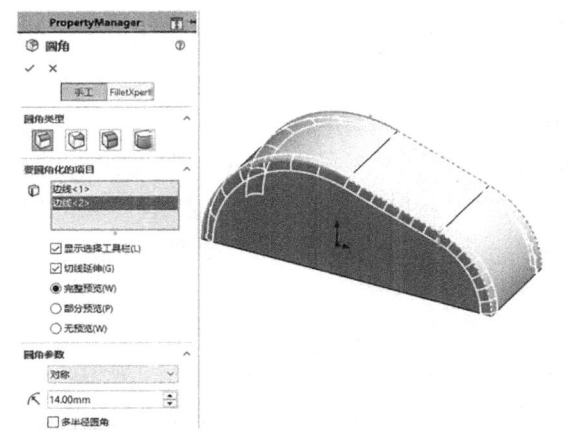 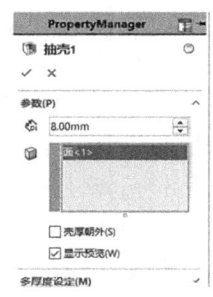

图 12-2　"凸台-拉伸"　　　　图 12-3　"圆角"属性设置　　　　图 12-4　"抽壳 1"
　　　　属性设置　　　　　　　　　　　　　　　　　　　　　　　　　　属性设置

（3）创建上箱盖凸缘。这是一个典型的拉伸特征，用于和减速器下箱体的装配。其创建方法如下：

1）选择上箱盖壳体底面为草绘基准面，绘制草图。

2）凸台-拉伸。拉伸方向指向上箱盖内部，将"终止条件"设为"给定深度"，将"深度"值设为 12mm，选择两条封闭曲线所围中间部分进行拉伸特征创建，其他选项由系统默认，见图 12-5a，单击"确定"按钮，完成上箱盖凸缘特征的创建（图 12-5b）。

创建上箱盖
凸缘

 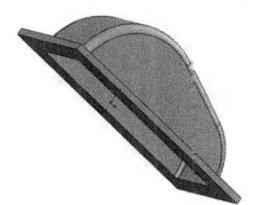

a. "凸台-拉伸"属性设置　　　b. 创建的拉伸实体特征

图 12-5　"凸台-拉伸"属性设置和拉伸凸缘特征

（4）创建上箱盖凸台。

1）绘制凸台草图。选择"上视基准面"为草绘基准面，绘制用于装配的上箱盖凸台草图。

2）拉伸凸台/基体。将"终止条件"设为"给定深度"，将"深度"值设为 56mm，其他选项由系统默认，单击"确定"按钮，完成上箱盖凸台的创建。

创建上箱盖
凸台

（5）创建上箱盖凸缘圆角（可用"切除拉伸"特征创建凸缘圆角，首先要选择草绘基准面，可选择"上视基准面"或凸缘的上下表面）。

1)选择"上视基准面"为草绘基准面,绘制凸缘草图。

2)拉伸切除。在"方向(1)1"栏中,将"终止条件"设为"完全贯穿",其他选项由系统默认,单击"确定"按钮,完成上箱盖凸缘圆角特征的创建(图12-6)。

创建上箱盖凸缘圆角

(6)创建大、小轴承座。

1)选择"上箱盖壳体外侧平面"为草绘基准面,绘制大、小轴承座草图。

2)拉伸凸台/基体。在"方向(1)1"栏中,将"终止条件"设为"成形到下一面",其他选项由系统默认,见图12-7,单击"确定"按钮,完成上箱盖轴承座拉伸特征的创建。

创建大、小轴承座

3)选择轴承座外端面为草绘基准面,绘制大、小轴承孔草图。

4)拉伸切除。在"方向(1)1"栏中,将"终止条件"设为"成形到下一面",其他选项由系统默认,见图12-8,单击"确定"按钮,完成上箱盖凸缘圆角特征的创建。

(7)创建上箱盖镜向特征。单击"特征"工具栏上的"镜向"按钮,弹出"镜向"属性管理器,在"镜向面/基准面"栏中选择"前视基准面"镜像面,选取设计树中的"凸台-拉伸3"(凸台)、"切除-拉伸1"(凸缘圆角)、"凸台-拉伸4"(轴承座)和"切除-拉伸2"(轴承孔)为"要镜向的特征",其他选项由系统默认,单击"确定"按钮,完成上箱盖镜向特征的创建。

创建上箱盖镜向特征

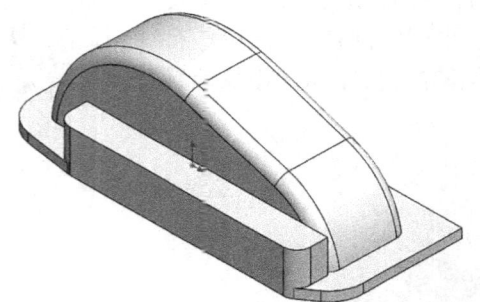

图12-6 上箱盖凸缘圆角特征

图12-7 "凸台-拉伸"属性设置

图12-8 "切除-拉伸"属性设置

(8)创建上箱盖加强筋。

1)绘制左侧加强筋。选择"前视基准面"为草绘基准面,绘制左侧加强筋草图(图12-9)。注意:筋特征的截面草图必须是不封闭的,如果在绘制截面图时为了定位的需要形成了封闭曲线,可单击不需要的内轮廓线(转换实体引用线),在弹出的"筋1"属性管理器中勾选"作为构造线"复选框,使其转换成构造线,不会影响加强筋生成。

2)创建筋。在"参数"栏中,将"筋厚度"值设为15mm,单击"拔模开/关"按钮,将"拔模角度"值设为2.86°,勾选"反转材料方向"复选框,其他选项由系统默认,见图12-10a,单击"确定"按钮,完成上箱盖左侧加强筋的创建(图12-10b)。

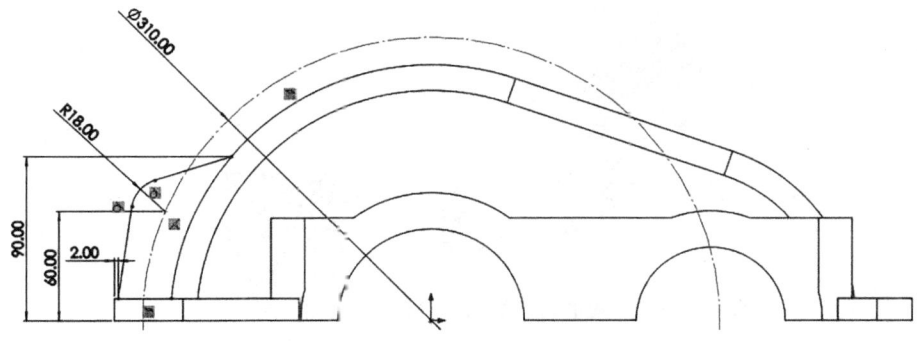

图 12-9 绘制上箱盖左侧加强筋草图

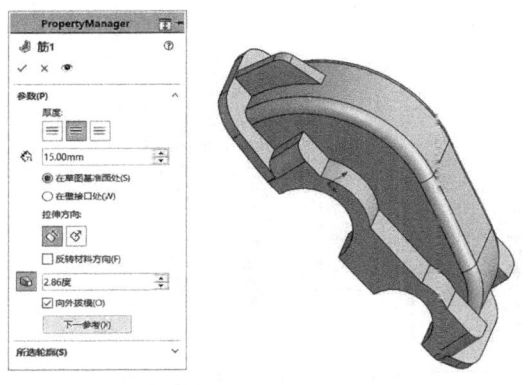

a. "筋1"属性设置　　　b. 创建的筋特征

图 12-10 "筋1"属性管理器和左侧加强筋特征

3) 绘制右侧加强筋。选择"前视基准面"为草绘基准面,绘制右侧加强筋草图(图 12-11)。

4) 创建筋。在"参数"栏中,将"筋厚度"值设为 15mm,单击"拔模开/关"按钮,将"拔模角度"值设为 2.86°,勾选"反转材料方向"复选框,其他选项由系统默认,单击"确定"按钮,完成上箱盖右侧加强筋的创建(图 12-12)。

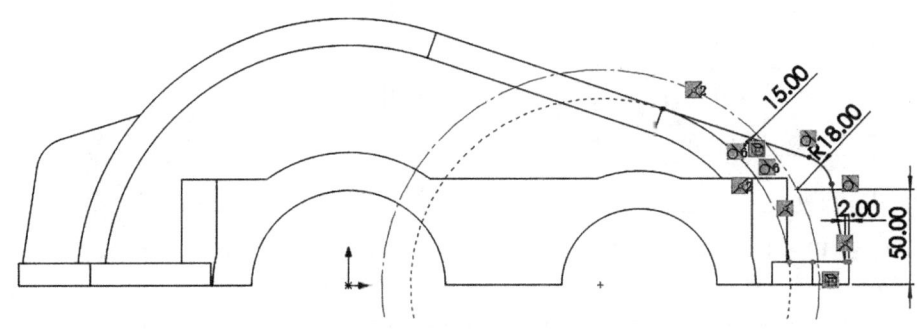

图 12-11 绘制上箱盖右侧加强筋草图

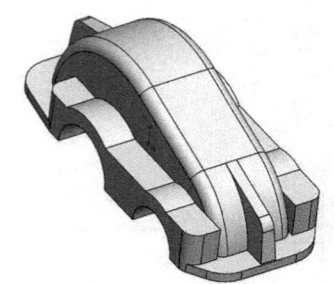

图 12-12　创建的右侧加强筋特征

创建上箱盖
加强筋

(9) 创建上箱盖窥视窗。窥视孔在减速器上部,用来观察传动零件啮合处,以便检查齿面接触斑点和齿侧间隙,了解啮合情况。润滑油也由此注入机体内。

1) 选择"上箱盖顶端的斜平面"为草绘基准面,绘制窥视窗草图圆角特征(图 12-13)。

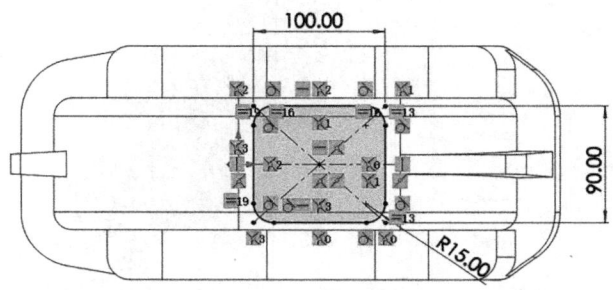

图 12-13　创建窥视窗圆角

2) 拉伸凸台/基体。在"方向(1)1"栏中,将"终止条件"设为"给定深度",将"深度"值设为 5mm,勾选"方向(2)2"复选框,将"终止条件"设为"成形到下一面",其他选项由系统默认,单击"确定"按钮,完成上箱盖窥视窗凸台特征的创建。

3) 创建窥视孔。选择窥视孔凸台上表面为草绘基准面,绘制上箱盖窥视孔草图,见图 12-14。

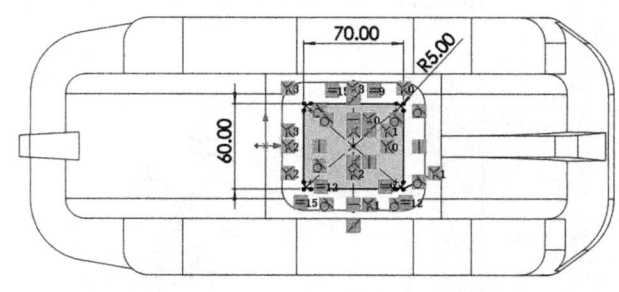

图 12-14　绘制上箱盖窥视孔草图

创建上箱盖窥视窗

4) 拉伸切除。在"方向(1)1"栏中,设置"终止条件"为"完全贯穿",其他选项由系统默认,单击"确定"按钮,完成上箱盖窥视窗孔特征的创建。

(10) 创建窥视窗螺纹孔。

1) 异型孔创建。设置"类型"选项卡,在"孔类型"中,单击 ■(直螺纹孔)按钮,将"标准"选为"GB",将"类型"选为"螺纹孔",在"孔规格"栏中将"大小"设为"M6",在"终止条件"栏中将"终止条件"设为"完全贯穿",其他选项由系统默认。

2) 单击"孔规格"属性管理器中的"位置"选项卡,弹出"孔位置"属性管理器,提示输入"孔位置"信息。单击窥视窗上表面,当光标变成 ✎ 形状时,单击"正视于"按钮;单击窥视窗上表面相应的位置,初定孔的位置;单击 ✎(智能尺寸)按钮,标注尺寸,精确定位孔的位置,见图 12-15a,孔中心距离两侧边线距离都为 10mm。单击"确定"按钮,完成上箱盖窥视窗螺纹孔一个实体特征的创建。

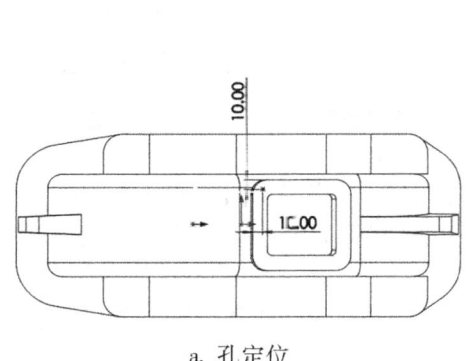

a. 孔定位　　　　　　　　　　b. "线性阵列"属性设置

图 12-15　创建的窥视窗螺纹孔实体特征

3) 单击"特征"工具栏上的"线性阵列"按钮,在勾选"特征和面"复选框后选择"设计树"中上一步生成的"M6 螺纹孔1"特征,在"方向(1)1"栏中单击窥视窗长边线,将"间距"设为 80mm,将"实例数"设为 2,在"方向(2)2"栏中单击窥视窗短边线,将"间距"设为 70mm,将"实例数"设为 2,其他选项由系统默认,见图 12-15b,单击"确定"按钮,完成窥视窗螺纹孔的创建。

创建窥视窗
螺纹孔

(11) 创建上箱盖安装孔。

1) 异型孔创建。设置"类型"选项卡,在"孔类型"栏中单击 ■(旧制孔)按钮,将"类型"选为"柱形沉头孔",设置孔的"截面尺寸";在"终止条件"栏中,将"终止条件"设为"完全贯穿";在"截面尺寸"栏中,设置上箱盖安装孔的尺寸属性,见图 12-16a。

2) 单击"孔规格"属性管理器中的"位置"选项卡,弹出"孔位置"属性管理器;单击上箱盖凸缘上表面,当光标变成 ✎ 形状时,单击"正视于"按钮;单击窥视窗上表面相应的位置,初定孔的位置;单击"智能尺寸"按钮,标注尺寸,精确定位孔的位置。单击"确定"按钮,完成上箱盖安装孔一个实体特征的创建,结果见图 12-16b。

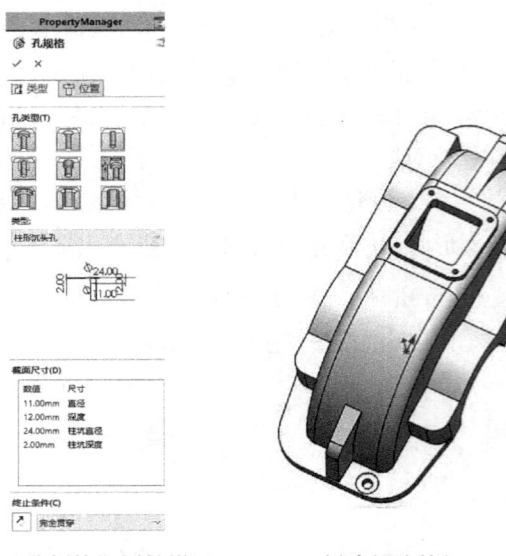

a. "孔规格"属性设置　　　　b. 创建的孔特征

图 12-16　上箱盖凸缘一个安装孔实体特征的创建　　　　创建上箱盖安装孔

3)异型孔创建。设置"类型"选项卡,在"孔类型"栏中,单击"旧制孔"按钮,将"类型"设为"柱形沉头孔";在"终止条件"栏中,将"终止条件"设为"完全贯穿";在"截面尺寸"栏中,设置上箱盖安装孔的尺寸属性,见图 12-17a。

4)单击"孔规格"属性管理器中的"位置"选项卡,弹出"孔位置"属性管理器;单击上箱盖凸台上表面,当光标变成形状时,单击"正视于"按钮;单击凸台上表面相应的位置,初定 3 个孔的位置;建立水平约束;单击"智能尺寸"按钮,标注尺寸,精确定位孔的位置。单击"确定"按钮,完成上箱盖安装孔实体特征的创建,结果见图 12-17b。

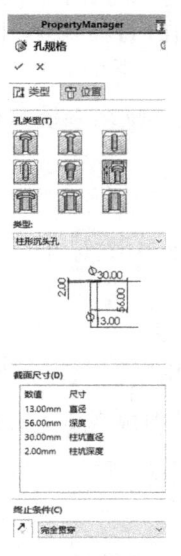 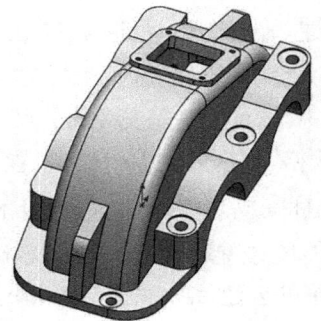

a. "孔规格"属性设置　　　　b. 创建的孔特征

图 12-17　上箱盖凸台一侧安装孔实体特征

(12)创建轴承端盖安装孔。

1)异型孔向导创建。在"类型"选项卡的"孔类型"栏中单击"直螺纹孔"按钮,将"标准"设为"GB",将"类型"设为"螺纹孔",将"孔规格"设为"M8",将"终止条件"设为"给定深度",将"深度"值设为15mm。

2)单击"孔规格"属性管理器的"位置"选项卡,出现"孔位置"属性管理器;单击轴承座前端面,当光标变成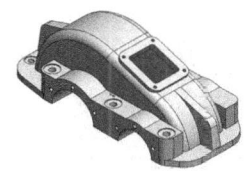形状时,单击大轴承座前端面相应的位置,初定孔的位置,再精确定位孔的位置。单击"确定"按钮,完成上箱盖大端轴承端盖安装孔单个实体特征的创建。

3)执行菜单命令"视图"→"隐藏/显示"→"临时轴",显示临时轴。单击"特征"工具栏上的"圆周阵列"按钮,弹出"阵列(圆周)"属性管理器,单击"大端轴承座中心轴",在"参数"栏中将"角度"设为60°,将"实例数"设为3。勾选"特征和面"复选框后,在(要阵列的特征)后面的文本框中选取"设计树"中的"M8 螺纹孔1"。此时会在模型上出现预览的阵列孔特征,如果阵列方向不正确,单击"参数"栏中的"反向"按钮。其他选项由系统默认。单击"确定"按钮,完成孔阵列实体特征的创建。

4)重复步骤1)~3),完成小端轴承端盖安装孔"M8 螺纹孔2"实体特征的创建,见图12-18。

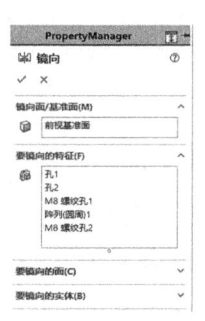

图12-18 创建的上箱盖轴承端盖安装孔特征

创建轴承端盖安装孔

5)单击"特征"工具栏上的"镜向"按钮,弹出"镜向"属性管理器。在Feature Manager设计树中将"前视基准面"设为"镜向面/基准面",将"孔1"(凸缘安装孔)、"孔2"(凸台安装孔)作为"要镜向的特征",其他选项由系统默认,见图12-19a。单击"确定"按钮,完成上箱盖安装孔实体镜向特征的创建(图12-19b)。

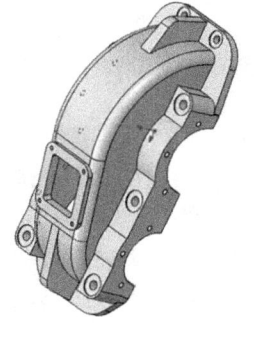

a."镜向"属性设置　　b.镜向的实体特征

图12-19 "镜向"属性管理器设置和上箱盖安装孔特征

创建上箱盖锥销孔

(13)创建上箱盖锥销孔特征。为保证轴承座孔的安装精度,在用螺栓连接机盖和机座后,镗孔前装上两个定位销,距离孔的位置尽量远些。如机体结构对称,销孔位置不应对称布置。

1)创建异型孔。设置"类型"选项卡,在"孔类型"栏中,单击"旧制孔"按钮将"类型"选为"推拔孔",在"终止条件"栏中将"终止条件"设为"给定深度",在"截面尺寸"栏中设置上箱盖安装孔的尺寸属性,见图12-20a。

2)单击"孔规格"属性管理器的"位置"选项卡,弹出"孔位置"属性管理器;单击上箱盖凸缘上表面,当光标变成形状时,单击"正视于"按钮;单击凸台上表面相应的位置,初定孔的位置;单击"智能尺寸"按钮,标注尺寸,精确定位孔的位置。单击"确定"按钮完成上箱盖锥销孔实体特征的创建,结果见图12-20b。

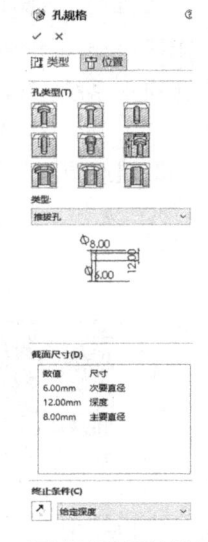
a."孔规格"属性设置

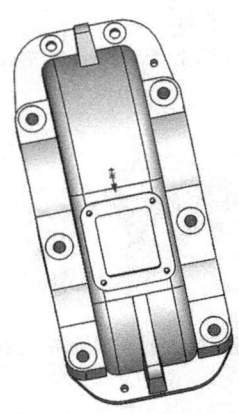
b. 创建的推拔孔特征

图12-20 创建上箱盖锥销孔实体特征

(14)创建上箱盖起盖螺钉孔特征。箱盖与机座结合面上常涂有水玻璃或密封胶,连接后结合较紧、不易分开。为便于取盖,在机盖凸缘上常装有1个或2个启盖螺钉,在启盖时可先拧动此螺钉顶起机盖。为了便于揭开箱盖,常在箱盖凸缘上装有起盖螺钉。

1)创建异型孔。设置"类型"选项卡,在"孔类型"栏中,单击"直螺纹孔"按钮,将"标准"设为"GB",将"类型"设为"螺纹孔";在"孔规格"栏中,将"大小"设为"M10";在"终止条件"栏中,将"终止条件"设为"完全贯穿";其他选项由系统默认。

2)单击"孔规格"属性管理器的"位置"选项卡,弹出"孔位置"属性管理器;单击上箱盖凸缘上表面,当光标变成形状时,单击"正视于"按钮;单击凸台上表面相应的位置,初定孔的位置;单击"智能尺寸"按钮,标注尺寸,精确定位孔的位置。单击"确定"按钮,完成上箱盖起盖螺钉孔实体特征的创建。

(15)创建加强筋孔(用以搬运或拆卸机盖)。

1)选择"前视基准面"为草绘基准面,绘制两个与加强筋圆弧部分同心的

创建上箱盖起盖螺钉孔

创建加强筋孔

圆,其直径为 18mm。

2)拉伸切除。在"方向(1)1"栏中,将"终止条件"设为"成形到下一面";在"方向(2)2"栏中,设置"终止条件"为"成形到下一面";其他选项由系统默认。单击"确定"按钮,完成上箱盖凸圆圆角特征的创建。

(16)创建倒角特征。轴承端盖外端面内侧倒角为 C2。在"倒角参数"栏中,选取"轴承孔内圆外边线"作为要倒角的"边线和面或顶点";将倒角类型设为为"角度距离",将倒角"距离"设为为 2mm,将"角度"设为 45°,其他选项由系统默认,见图 12-21a。单击"确定"按钮,完成"角度距离"倒角特征的创建(图 12-21b)。

创建倒角

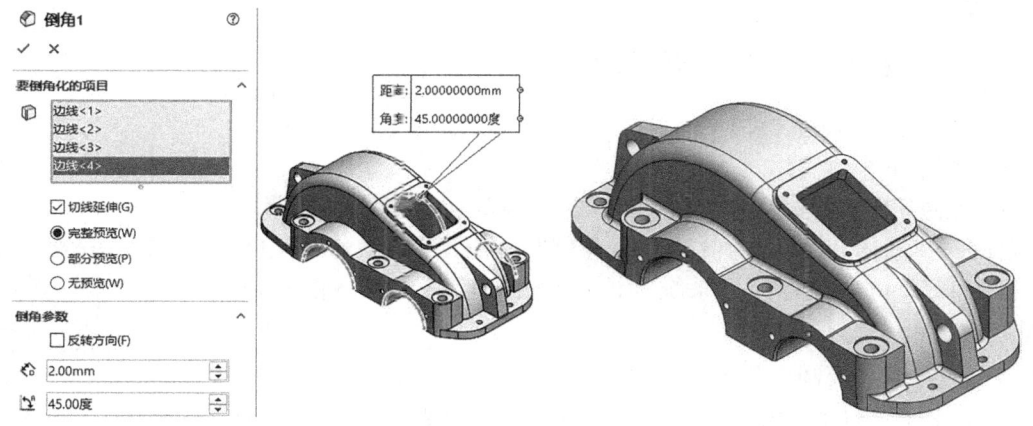

a. "倒角"属性设置　　　　　　　b. 创建倒角特征

图 12-21　创建的倒角特征

(17)创建圆角(铸造圆角为 R3～R5)。

1)圆角。选取要倒角的棱边,在"圆角参数"栏中,根据需要设置"半径"为 3mm 或 5mm,其他选项由系统默认。单击"确定"按钮,完成多半径圆角特征的创建。可分多次完成圆角特征的创建。

2)最终的结果见图 12-22。完成的文件见资源包文件"第 12 章\范例文件\减速器_上箱体-完成.SLDPRT"。

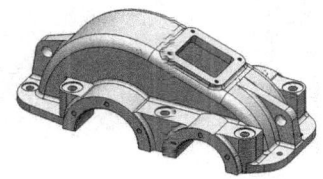

图 12-22　创建完成的减速器上箱盖实体特征

圆角的创建

## 12.2 减速箱下箱体造型实例

下面以减速器下箱体为例,说明减速器下箱体实体特征创建的一般方法与技巧。

### 12.2.1 设计思路及实现方法

减速器下箱体是另一种典型的箱体类零件,用于保护箱体内的零件。下箱体的设计综合了拉伸、抽壳、切除-拉伸、切除-扫描、钻孔、圆周阵列等特征和制作加强筋、倒圆角等多项特征方法。

### 12.2.2 减速器下箱体设计过程

(1)新建工程类型文件。

(2)创建下箱体实体。

1)创建下箱体壳体。选择"上视基准面"为草绘基准面,绘制草图。

2)拉伸凸台/基体。在"方向(1)1"中,将"终止条件"设为"给定深度",将"深度"设为165mm,其他选项由系统默认。单击"确定"按钮,完成拉伸特征的创建。

创建下箱体壳体

3)圆角。在"要圆角化的项目"栏中激活 ⬚(边线、面、特征和环)文本框,单击拉伸实体底面任一边线,在"圆角参数"栏中将"半径"设为14mm,其他选项由系统默认,见图12-23a,单击"确定"按钮,完成圆角特征的创建(图12-23b)。

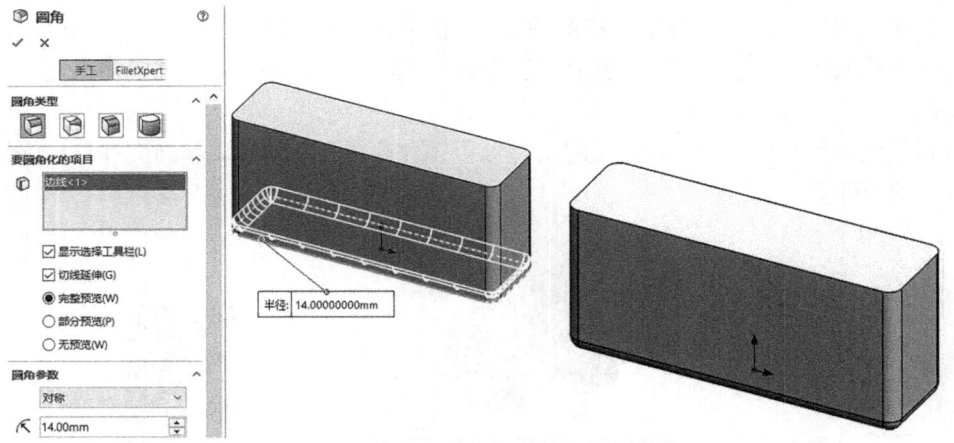

a. "圆角"属性设置　　　　　　b. 创建的圆角特征

图12-23 创建圆角特征1

4)抽壳。在"参数"栏中将"厚度"设为8mm,激活 ▯(移除的面)文本框并选择上箱盖底面,其他选项由系统默认,见图12-24a,单击"确定"按钮,完成下箱体壳体的创建(图12-24b)。

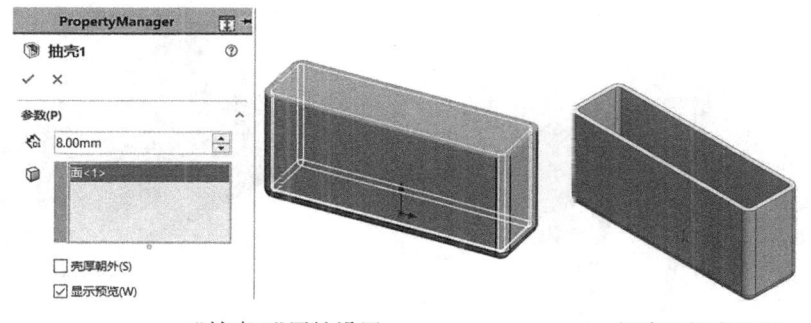

a. "抽壳1"属性设置　　　b. 创建的抽壳特征

**图12-24　创建抽壳特征1**

(3)创建下箱体底座。

1)选择下箱体的右侧面为草绘基准面,绘制底座草图。

2)拉伸凸台/基体。在"方向(1)1"中,将"终止条件"设为"成形到一面",激活 ▯(面/平面)文本框并选中下箱体的左侧面,取消勾选"合并结果"复选框,其他选项由系统默认,单击"确定"按钮完成下箱体一侧底座特征的创建(图12-25)。

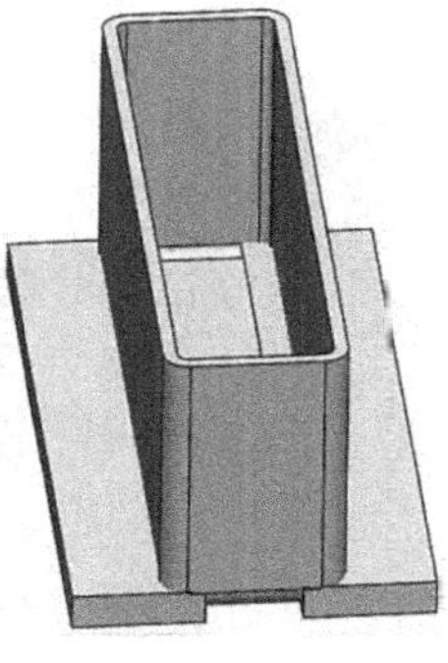

3)执行菜单命令"插入"→"特征"→"相交",弹出"相交1"属性管理器。在"选择"栏中,单击左侧"Feature Manager设计树"中的"抽壳1"(下箱体壳体)和"凸台-拉伸2"(底座可在绘图区选择),单击"相交"按钮;在"要排除的区域"栏中,勾选"区域5"和"区域6"前的复选框;勾选"合并结果"复选框;其他选项由系统默认,见图12-26。单击"确定"按钮,完成底座与壳体多余部分的切除操作。

**图12-25　创建下箱体底座特征**

4)创建底座圆角特征。单击"特征"工具栏上的"圆角"按钮,分别创建下箱体底座的两个棱角(圆角半径为20mm)和内侧面进行倒圆角(半径为5mm),见图12-27。

(4)创建下箱体顶面凸缘。

1)选择下箱体壳体上表面为草绘基准面,绘制下箱体顶面凸缘草图(注意草图中间箱体边缘也要绘制)。

2)拉伸凸台/基体。在"方向(1)1"栏中设置拉伸"方向",使其指向下箱体下侧,将拉伸"深度"设为12mm,其他选项由系统默认。单击"确定"按钮,完成下箱体凸缘特征的创建。

创建下箱体底座

创建下箱体顶面凸缘

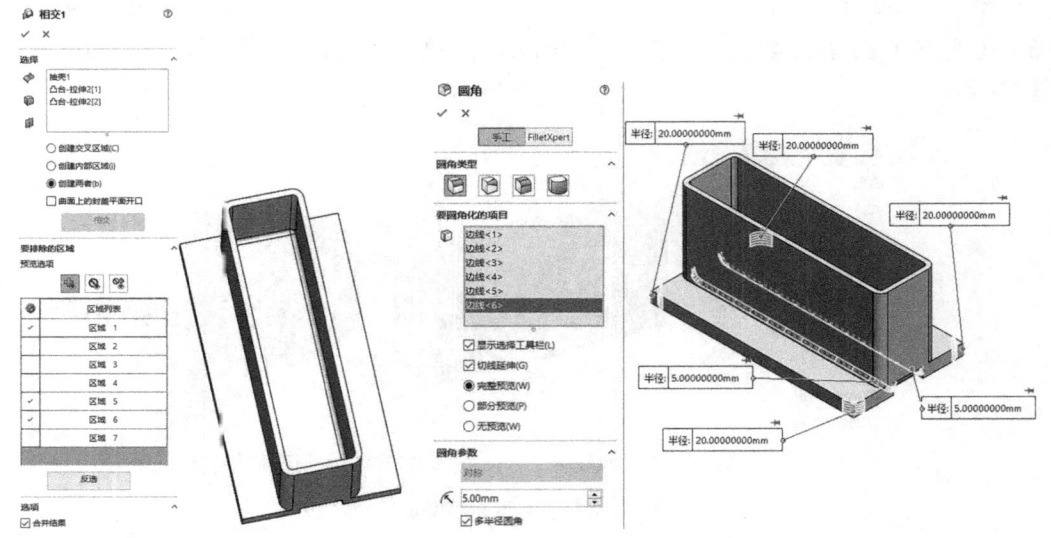

图 12-26　"相交 1"属性设置　　　　　图 12-27　"圆角"属性设置

创建下箱体
装配凸台

（5）创建下箱体装配凸台。

1）选择凸缘上表面为草绘基准面，沿下箱体外侧边线，绘制装配凸台。

2）拉伸凸台/基体。在"方向(1)1"栏中，将"终止条件"设为"给定深度"，将拉伸"深度"设为 56mm，其他选项由系统默认。单击"确定"按钮，完成下箱体一侧装配凸台的创建（图 12-28）。

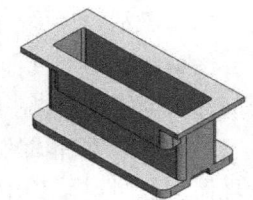

图 12-28　创建下箱体
凸缘特征

（6）创建下箱盖凸缘圆角。

1）选择凸缘上表面为草绘基准面，绘制草图凸缘。

2）拉伸切除。在"方向(1)1"栏中将"终止条件"设为"成形到下一面"，其他选项由系统默认。单击"确定"按钮，完成上箱盖凸缘圆角的创建。

（7）创建轴承座。

1）选择下箱体壳体外侧平面为草绘基准面，绘制轴承座草图。

2）拉伸凸台/基体。在"方向(1)1"栏中将"终止条件"设为"给定深度"，将拉伸"深度"设为 47mm，其他选项由系统默认，见图 12-29a。单击"确定"按钮，完成下箱体轴承座的创建（图 12-29b）。

创建下箱盖
凸缘圆角

3）单击轴承座外端面，绘制轴承孔草图。

4）拉伸切除。在"方向(1)1"栏中，将"终止条件"设为"成形到下一面"，其他选项由系统默认，见图 12-30a。单击"确定"按钮，完成上箱盖凸圆圆角特征的创建（图 12-30b）。

创建轴承座

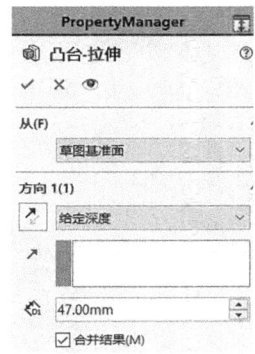
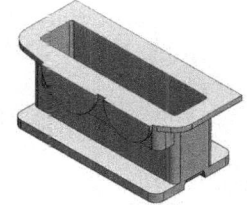

a. "凸台-拉伸"属性设置　　　　　b. 创建的拉伸特征

图 12-29　创建下箱体轴承座拉伸特征

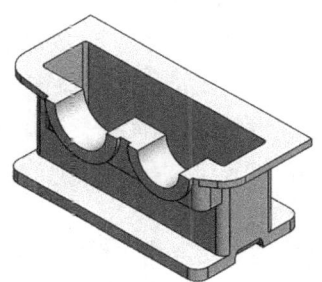

a. "切除-拉伸"属性设置　　　　b. 创建切除-拉伸特征

图 12-30　创建下箱体轴承孔

(8) 创建加强筋。

1) 添加基准面。执行菜单命令"视图"→"隐藏/显示"→"临时轴",显示孔的中心轴。以"大轴承孔"和"小轴承孔"的中心轴为"第一参考",以"右视基准面"为"第二参考",分别创建基准面 1 和基准面 2。

创建轴承座加强筋

2) 选择"基准面 1"为草绘基准面 绘制草图。在"参数"栏中,将"筋厚度"设为 11.2mm,单击"拔模开/关"按钮,将"拔模角度"设为 2.00°,其他选项由系统默认。单击"确定"按钮,完成下箱体大轴承座加强筋的创建。

3) 重复步骤 2) 的操作,完成小轴承座加强筋的创建,见图 12-31。

(9) 镜向另一侧,复制多个特征。选择"前视基准面"作为"镜向面/基准面",选取设计树中的"凸台-拉伸 4"(装配凸台)、"切除-拉伸 1"(凸缘圆角)、"凸台-拉伸 5"(轴承座)、"切除-拉伸 2"(轴承孔)、"筋 1"(大轴承座加强筋)和"筋 2"(小轴承座加强筋)为"要镜向的特征",其他选项由系统默认,见图 12-32a。单击"确定"按钮,完成上箱盖安装孔实体特征的创建

图 12-31　创建的轴承座加强筋

(图 12-32b)。

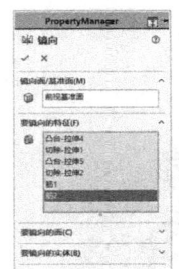
a. "镜向"属性设置

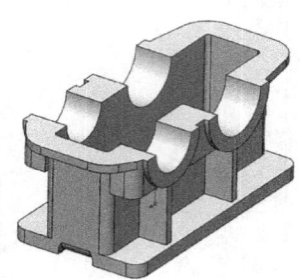
b. 镜向后的特征

图 12-32　创建镜向特征

创建镜向特征

（10）创建轴承端盖安装孔。

1）异型孔创建。在"孔规格"属性管理器的"类型"选项卡中,将"孔类型"选为"直螺纹孔",将"标准"选为"GB",将"类型"选为"螺纹孔",将"孔规格"大小设为 M8,将"终止条件"设为"给定深度",将"深度"设为 15mm。

2）选择"孔规格"属性管理器中的"位置"选项卡,出现"孔位置"属性管理器;单击轴承座前端面,当光标变成 形状时,单击大轴承座前端面相应的位置,初定孔的位置,精确定位孔的位置。单击"确定"按钮,完成下箱体轴承端盖安装孔的创建（图 12-33）。

创建轴承端盖安装孔

（11）创建底座固定孔。在"类型"选项卡中,将"孔类型"选为"旧制孔",将"类型"设为"柱形沉头孔",将"终止条件"设为"完全贯穿",在"截面尺寸"列表框中设置下箱体底座固定孔的尺寸属性。选择"孔规格"属性管理器的"位置"选项卡,弹出"孔位置"属性管理器,完成孔位置的属性设置。单击下箱体底座上表面,再次单击上表面 3 个位置放置孔,精确定位孔的位置。单击"确定"按钮,完成下箱体底座固定孔的创建（图 12-34）。

创建底座固定孔

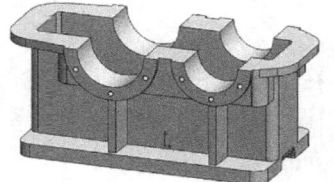
图 12-33　创建轴承端盖安装孔

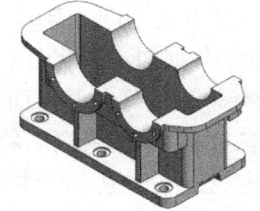
图 12-34　创建底座单侧固定孔

（12）创建下箱体安装孔。

1）创建凸台上的安装孔。在"类型"选项卡中,将"孔类型"选为"旧制孔",将"类型"选为"柱形沉头孔",将"终止条件"设为"完全贯穿",在"截面尺寸"列表框中设置下箱体凸台安装孔的尺寸属性。选择"位置"选项卡,弹出"孔位置"属性管理器,完成孔位置的属性设置;单击下箱体凸台下表面,光标变成孔形状;单击上表面 3 个位置放置孔,再精确定位孔的位置。单击"确定"按钮,完成下箱体凸台安装孔的创建（图 12-35）。

2)创建凸缘上的安装孔。在"类型"选项卡中,将"孔类型"选为"旧制孔",将"类型"选为"柱形沉头孔",将"终止条件"设为"完全贯穿",在"截面尺寸"列表框中设置下箱体凸缘安装孔的尺寸属性。选择"位置"选项卡,弹出"孔位置"属性管理器,完成孔位置的属性设置;单击下箱体凸缘下表面,光标变成孔形状;单击上表面相应位置放置孔,再精确定位孔的位置。单击"确定"按钮,完成下箱体凸缘安装孔的创建(图 12-36)。

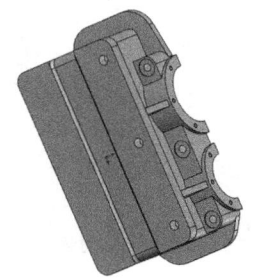  

图 12-35　创建凸台单侧安装孔　　图 12-36　创建凸缘单侧安装孔　　创建下箱体安装孔

3)镜向特征。在 Feature Manager 设计树中选择"前视基准面"作为"镜向面/基准面",选取设计树中的"M8 螺纹孔 1""孔 1""孔 2""孔 3"作为"要镜向的特征",其他选项由系统默认,见图 12-37a。单击"确定"按钮,完成上箱盖安装孔实体特征的创建(图 12-37b)。

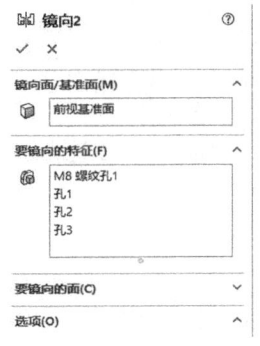 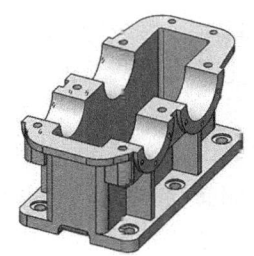

a. "镜向"属性设置　　　　b. 镜向后的特征

图 12-37　创建镜向特征

创建下箱体
锥销孔

(13)创建下箱体锥销孔。在"类型"选项卡中,将"孔类型"选为"旧制孔",将"类型"选为"推拔孔",将"终止条件"设为"给定深度",在"截面尺寸"列表框中设置主要直径为 6mm、次要直径为 4mm、孔深度为 12mm。选择"位置"选项卡,弹出"孔位置"属性管理器,完成孔位置属性设置。单击下箱体凸缘上表面,光标变成孔形状;单击凸缘上表面 2 个位置放置孔,再精确定位孔的位置。单击"确定"按钮,完成下箱体凸锥销孔的创建(图 12-38)。

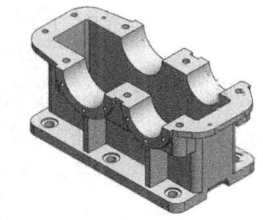

图 12-38　创建锥销孔

(14)创建加油口。

1)创建基准面3。选择"下箱体底面"为参考面,向上方偏移99.5mm,创建基准面3。

2)创建基准轴1。选择"基准面3"为第一参考面,选择"下箱体左侧平面"为第二参考面,创建基准轴1(图12-39)。

3)创建基准面4。选择"基准轴1"为第一参考面,选择"上视基准面"为第二参考面,将两面夹角"角度"设为45°,创建基准面4。

4)选择"基准面4",绘制草图。

5)拉伸凸台/基体。在"方向(1)1"栏中,将"终止条件"设为"成形到一面",单击下箱体的左侧面,其他选项由系统默认。单击"确定"按钮,完成下箱体加油口凸台的创建。

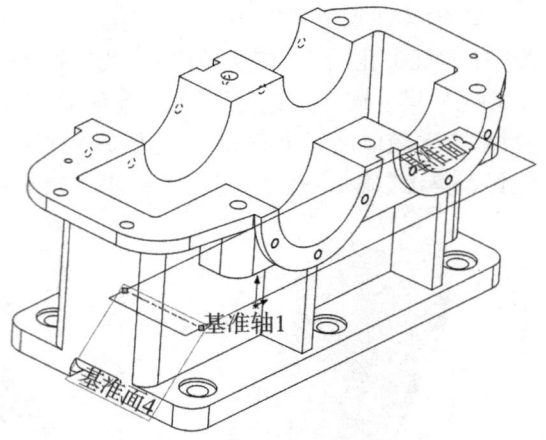

图12-39 创建的参考几何体

6)创建加油口沉孔。选择加油口平面,单击"草图绘制"按钮,单击"草图"工具栏中"圆"按钮,绘制直径为30mm的圆,其圆心与加油口圆弧同心。单击"特征"工具栏中 (拉伸切除)按钮,弹出"切除-拉伸"属性管理器,在其中的"方向(1)1"栏中,将"终止条件"设为"给定深度",将"深度"设为3mm,其他选项由系统默认。单击"确定"按钮,完成下箱体加油口沉孔的创建。

创建加油口

7)异型孔创建。在"类型"选项卡中,将"孔类型"选为"直螺纹孔",将"标准"选为"GB",将"类型"选为"螺纹孔",将"孔规格""大小"设为M12,将"终止条件"设为"成形到下一面",其他选项由系统默认。选择"位置"选项卡,弹出"孔位置"属性管理器,将螺纹孔置于加油口沉孔圆心处。单击"确定"按钮,完成下箱体加油口螺纹孔的创建(图12-40)。

创建放油口

(15)创建放油口。

1)选择下箱体左侧面,绘制放油口草图。

2)拉伸凸台/基体。在"方向(1)1"栏中将"终止条件"设为"给定深度",将"拉伸深度"设为5mm;勾选"方向2(2)"复选框,将"终止条件"设为"成形到下一面";其他选项由系统默认。单击"确定"按钮,完成下箱体放油口凸台的创建。

3)异型孔创建。在"类型"选项卡中,将"孔类型"选为"直螺纹孔",将"标准"选为"GB",将"类型"选为"螺纹孔",将"孔规格""大小"设为"M16×1.5",将"终止条件"设为"给定深度",将"深度"设为19mm,其他选项由系统默认。选择"位置"选项卡,弹出"孔位置"属性管理器,完成孔位置属性设置;单击加油口沉孔底面,光标变成孔形式;单击放油口凸台侧面,添加"孔圆心"与"凸台外圆"的"同心"约束进行孔定位,单击"确定"按钮完成下箱体加油口螺纹孔的创建(图12-41)。

(16)创建起重吊钩。

1)选择"上视基准面",绘制草图。

2)拉伸凸台/基本。在"方向(1)1"栏中将"终止条件"设为"两侧对称",

创建起重吊钩

将"拉伸深度"设为22mm,其他选项由系统默认。单击"确定"按钮,完成下箱体起重吊钩的创建(图12-42)。

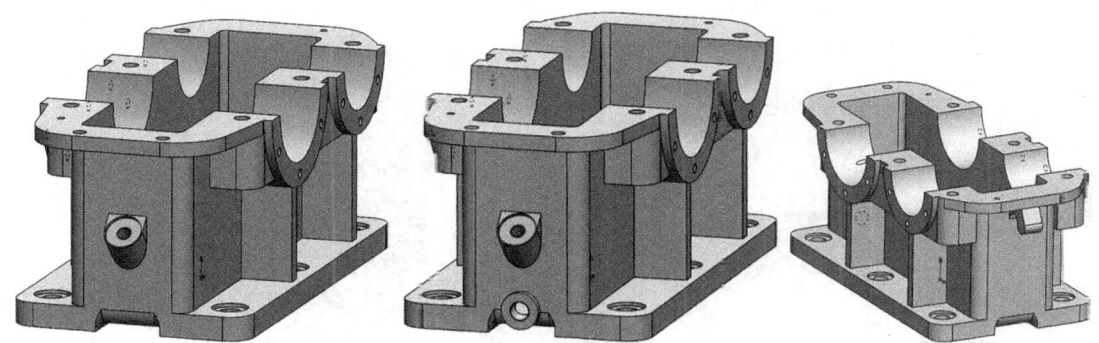

图12-40 创建下箱体加油口特征　　图12-41 创建下箱体放油口特征　　图12-42 创建下箱体起重吊钩特征

(17)创建油槽。

1)选择下箱体凸缘上表面,绘制图12-43所示草图。

2)拉伸切除。在"方向(1)1"栏中,将"终止条件"设为"给定深度",将"深度"设为5mm,其他选项由系统默认。单击"确定"按钮,完成下箱体油槽的创建。

创建油槽

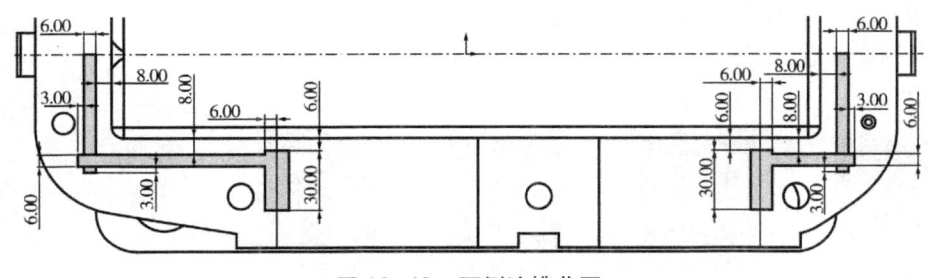

图12-43 两侧油槽草图

3)镜向特征。在Feature Manager设计树中选择"前视基准面"为"镜向面/基准面",选择设计树中的"切除-拉伸4"(油槽)为"要镜向的特征",其他选项由系统默认。单击"确定"按钮,完成上箱盖安装孔的创建(图12-44b)。

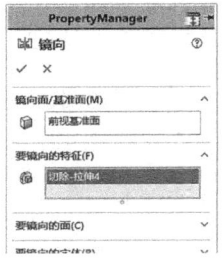

a."镜向"属性设置

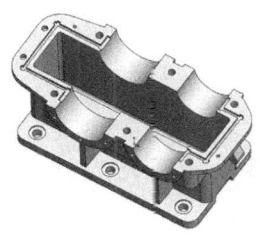

b. 镜向的油槽特征

图12-44 镜向3

(18)创建倒角。在"倒角参数"栏中,选取"轴承孔内圆外边线"作为"要倒角化的项目",将倒角类型设为"角度距离",将倒角距离设为 2mm,将"角度"设为 45°,其他选项由系统默认,见图 12-45a。单击"确定"按钮,完成轴承孔倒角的创建(图 12-45b)。

创建倒角

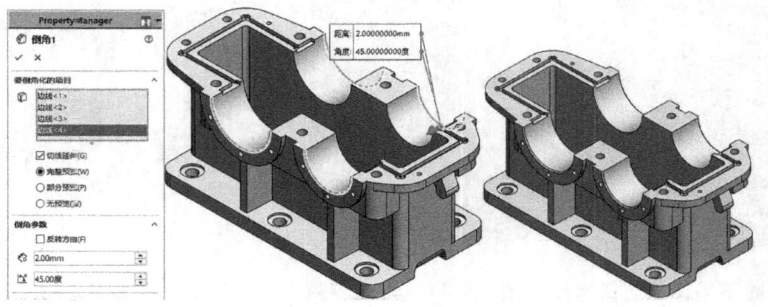

a."倒角 1"属性设置　　　b. 创建的倒角特征

图 12-45　创建倒角

(19)创建圆角(铸造圆角半径为 3~5mm)。

1)圆角。选取要倒角的棱边,在"圆角参数"栏中,根据需要将"半径"设为 3mm 或 5mm,其他选项由系统默认。单击"确定"按钮,完成多半径圆角特征的创建。圆角特征创建可分多次完成。

创建圆角

2)重复步骤 1)操作,为其他部位倒圆角,最终结果见图 12-46。操作结果见资源包文件"第 12 章\范例文件\减速器_下箱体-完成.SLDPRT"。

下箱体创建步骤 1

下箱体创建步骤 2

下箱体创建步骤 3

下箱体创建步骤 4

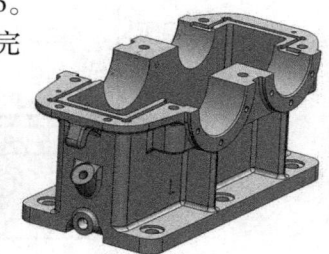

图 12-46　完成的下箱体

总结与回顾 12

思考与练习 12

# 第 13 章　曲面创建实例

第 13 章课件

**教学任务**：通过几个曲面造型方面的例子，巩固前面介绍的一些基本知识点，让读者能在应用中深入了解它们的使用方法，进而能用软件表达自己的创意。

**知　识　点**：曲面填充、剪裁曲面、缝合曲面、放样曲面和加厚曲面。

## 13.1　三通管曲面创建实例

下面利用拉伸曲面、裁剪曲面等工具来创建一个三通管，最终要得到的模型以及渲染效果分别见图 13-1 和图 13-2，具体步骤如下：

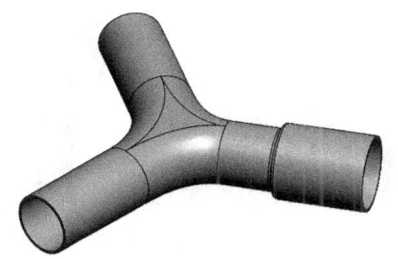
图 13-1　创建的模型

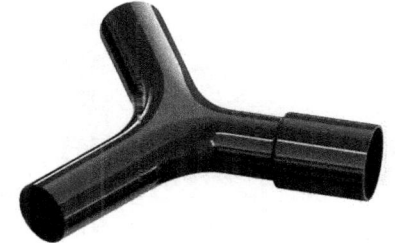
图 13-2　渲染图

（1）新建零件。

（2）绘制草图。选择上视基准面为草绘平面，绘制草图。绘制完成后退出草绘模式。

（3）建立基准面。新建第一个基准面，拾取端点 1 为第一参考，拾取过端点 1 的构造线为第二参考，并选择"垂直"属性，单击"确定"按钮完成基准面 1 的创建。重复步骤（1）、（2），然后拾取端点 2 为第一参考，拾取过端点 2 的构造线为第二参考，并选择"垂直"属性，单击"确定"按钮完成基准面 2 的创建。再以相同步骤拾取端点 3 为第一参考，拾取过端点 3 的构造线为第二参考，并选择"垂直"属性，创建基准面 3。最后，选择基准面 1 为第一参考，偏移距离为 5mm，创建基准面 4。

（4）拉伸曲面_1。选取基准面 1 为草绘平面，绘制草图，绘制完成后退出草绘模式。单击"特征"工具栏上的 （拉伸曲面）按钮，选择刚才绘制的草图为拉伸对象，在"方向 1"栏中选择"给定深度"选项，并输入拉伸距离为 50mm，单击"确定"按钮完成拉伸曲面_1 的创建。

（5）拉伸曲面_2。选取基准面 2 为草绘平面，绘制草图，绘制完成后退出草绘模式。单击"特征"工具栏上的"拉伸曲面"按钮，选择刚才绘制的草图为拉伸对象，在"方向 1"栏中选择"给定深度"选项，并输入拉伸距离为 100mm，单击"确定"按钮完成拉伸曲面_2 的创建。

（6）拉伸曲面_3。选取基准面 3 为草绘平面，绘制草图，绘制完成后退出草绘模式。单击特征工具栏上的"拉伸曲面"按钮,选择刚才绘制的草图为拉伸对象,在"方向1"栏中选择"给定深度"选项,并输入拉伸距离为100mm,单击"确定"完成拉伸曲面_3的创建。

(7)剪裁曲面。选取上视基准面为草绘平面,绘制图13-3所示草图,绘制完成后退出草绘模式。单击"特征"工具栏上的 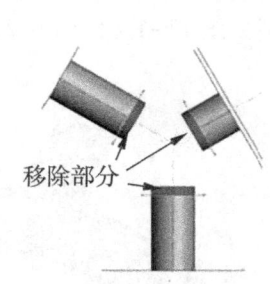(剪裁曲面)按钮,将"剪裁类型"选为"标准",在"裁剪工具"选项中分别选择刚才绘制的草图,选择"移除选择"选项后,拾取需要移除的部分完成剪裁,见图13-4。(注意:绘制图13-3所示草图时,应先绘制成六段线段,后设置约束。如果直接绘制成三段直线,会影响放样特征的创建)

(8)放样特征_1。分别选取曲面拉伸1和曲面拉伸2上的半圆弧为轮廓线,并在"开始约束"和"结束约束"中选择"垂直于轮廓"选项,单击"确定"按钮完成放样曲面_1的创建。

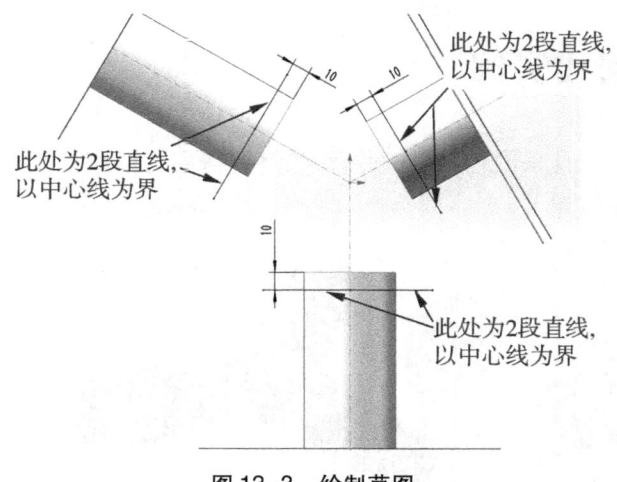

图13-3 绘制草图　　　　　图13-4 剪裁曲面

(9)以同样的方法分别选取曲面拉伸_1和曲面拉伸_3,曲面拉伸_2和曲面拉伸_3上的半圆弧为轮廓线,并在"开始约束"和"结束约束"中选择"垂直于轮廓"选项,创建放样特征_2和放样特征_3。

(10)平面区域特征_1。在"边界实体"中选择边界,单击"确定"按钮,完成平面区域_1的创建。

(11)平面区域特征_2。以同样的方法,将模型另一侧的缺口形成平面。

(12)缝合曲面特征。在"选择"区域选择刚才创建的放样曲面以及平面区域,并勾选"合并实体"复选框,单击"确定"按钮完成组合曲面的缝合。

(13)加厚特征_1。单击"特征"工具栏上的 加厚 按钮(注意默认的"加厚"按钮不在特征工具栏上,需要定制),弹出"特征"属性管理器后在"要加厚的曲面"栏中选择图13-5所示曲面,在"厚度"栏中选择"加厚侧边1"选项,厚度为2mm,单击"确定"按钮,完成加厚特征_1的创建。

(14)加厚特征_2。在"要加厚的曲面"栏中选择图13-6所示曲面,参数设置同上,单击"确定"按钮,完成加

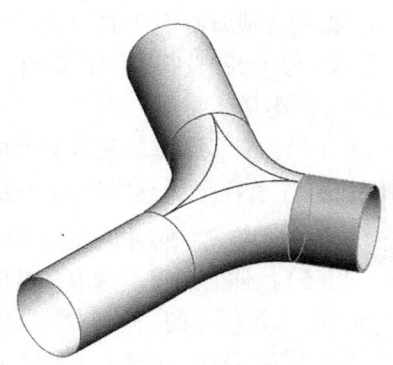

图13-5 要加厚的曲面1

厚特征_2 的创建。

(15) 加厚特征_3。在"要加厚的曲面"栏中选择图 13-7 所示曲面,在"厚度"栏中选择"加厚侧边 1"选项,厚度为 2mm,并勾选"合并结果"复选框。在"特征范围"栏中勾选"所选实体"复选框,并取消选择"自动选择"选项,然后在图形区域域选取要合并的特征,单击"确定"按钮,完成加厚特征_3 创建。

(16) 加厚特征_4。在"要加厚的曲面"栏中选择图 13-8 所示曲面,在"厚度"栏中选择"加厚侧边 1"选项,厚度为 2mm,并勾选"合并结果"复选框,单击"确定"按钮,完成加厚特征_4 创建。

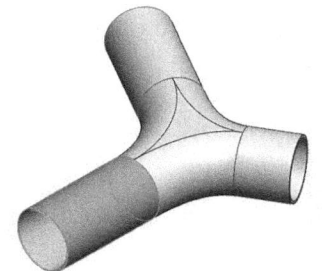
图 13-6　加厚曲面 2

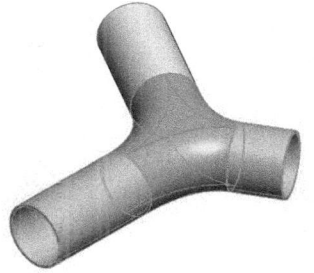
图 13-7　加厚曲面 3

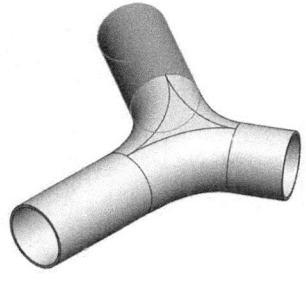
图 13-8　加厚曲面 4

(17) 拉伸曲面特征。选取基准面 4 为草绘平面,绘制草图,绘制完成后退出草绘模式。选择刚才绘制的草图为拉伸对象,在"方向 1"栏中选择"给定深度"选项,并输入拉伸距离为 70mm,单击"确定"按钮,完成拉伸曲面特征的创建。

(18) 加厚特征_5。在"要加厚的曲面"栏中选择图 13-9 所示曲面,在"厚度"栏中选择"加厚侧边 1"选项,厚度为 2mm,单击"确定"按钮完成加厚特征_5 的创建。

(19) 放样特征。分别选取图 13-10 所示边线为轮廓线,并在"开始约束"和"结束约束"栏中选择"垂直于轮廓"选项,单击"确定"按钮,完成放样曲面特征的创建。

(20) 加厚特征_6。在"要加厚的曲面"栏中选择图 13-11 所示曲面,在"厚度"栏中选择"加厚侧边 2"选项,厚度为 2mm,并勾选"合并结果"复选框。在"特征范围"栏中勾选"所选实体"复选框,并取消"自动选择"选项,然后在图形区域或选取要合并的特征,单击"确定"按钮完成加厚特征_6 创建示。

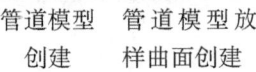
管道模型创建　　管道模型放样曲面创建

创建好的文件见资源包文件"第 13 章\Y Pipe. SLDPRT"。最终完成的造型见图 13-1。您可以根据自己的喜好为它选择相应的材质并设置灯光和相机进行渲染输出,请自行练习。

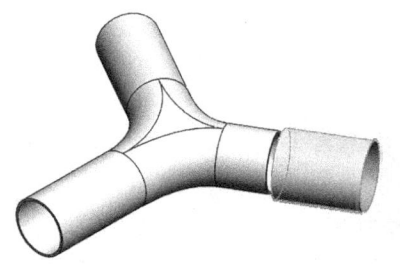
图 13-9　加厚曲面_5

图 13-10　放样轮廓线

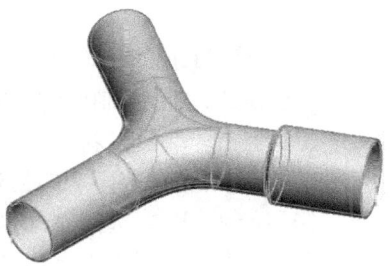
图 13-11　选取曲面

## 13.2 花瓶曲面创建实例

下面利用旋转曲面、放样曲面以及弯曲等工具来创建一个花瓶,最终得到的模型以及渲染效果分别见图 13-12 和图 13-13。

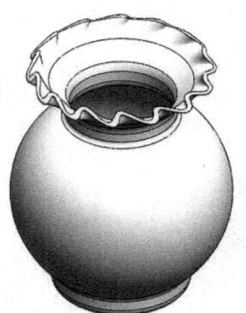 

图 13-12　花瓶模型　　　　图 13-13　花瓶渲染效果

(1)旋转曲面特征_1。选取前视基准面为草绘平面,绘制图 13-14 所示草图,绘制完成后退出草绘模式。在图形区域单击刚才绘制的草图的中心线,单击"确定"按钮,完成旋转曲面特征创建(图 13-15)。

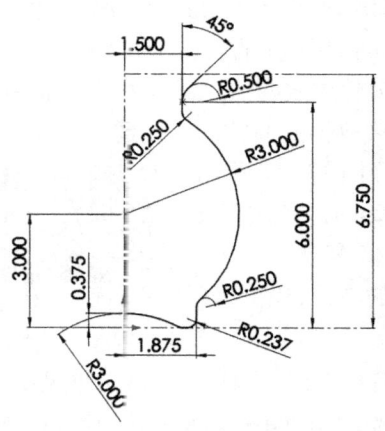 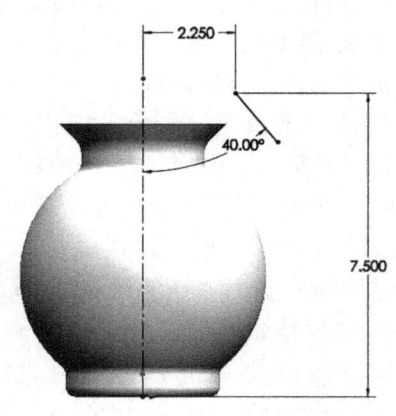

图 13-14　绘制花瓶本体草图　　　　图 13-15　花瓶本体曲面创建

(2)旋转曲面特征_2。选取前视基准面为草绘平面,绘制图 13-15 所示草图,绘制完成后退出草绘模式,旋转绘制好的草图形成曲面(图 13-16)。

(3)建立基准面。新建一个基准面,拾取上视基准面为第一参考,偏移距离 8mm,单击"确定"按钮完成基准面 1 的创建。

(4)绘制草图。选择刚才创建的基准面 1 为草绘平面,绘制图 13-17 所示的草图。绘制完成后退出草绘模式(注意,角度 25.71428°和 12.857142°分别对应 360°/14 和 360°/28,小数点后至少保留 5 位小数,否则图 13-17 中采用阵列草图时会出现累积误差)。

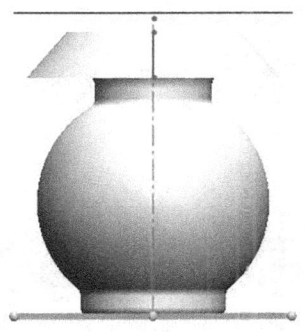 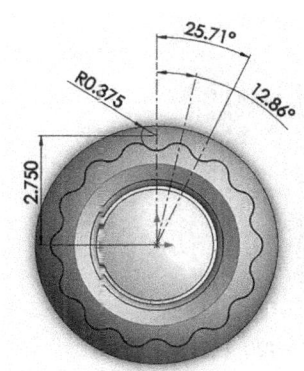

图 13-16　旋转曲面及基准面 1　　　图 13-17　草图绘制

(5) 创建投影曲线。在"要投影的草图"栏中拾取步骤(4)创建的草图,在"投影面"栏中选择旋转曲面特征_2 并勾选"反转投影"选项,单击"确定"按钮,完成投影曲线的创建(图 13-18)。

(6) 放样特征。分别选取旋转曲面特征_1 的顶部边线和刚才创建的投影曲线为轮廓线,并将"开始约束"选为"于面相切",将"结束约束"设为"无",单击"确定"按钮,完成放样曲面特征创建(图 13-19)。

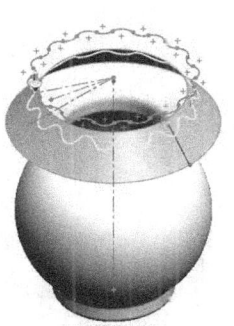 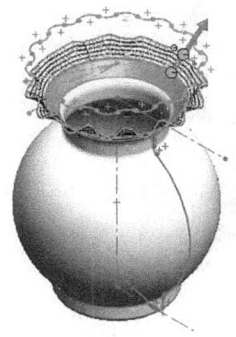

图 13-18　投影曲线　　　图 13-19　放样曲面

(7) 缝合曲面特征。在"选择"栏选择前几个步骤创建的旋转曲面_1、放样曲面,单击"确定"按钮,完成组合曲面的缝合(图 13-20)。

(8) 加厚特征。在"要加厚的曲面"栏中选择步骤(7)创建的缝合曲面,在"厚度"栏中选择"加厚侧边 1"选项,将"厚度"设为为 0.06mm,单击"确定"按钮,完成加厚特征_4 的创建(图 13-21)。

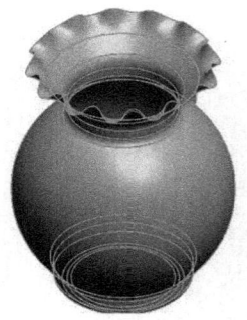
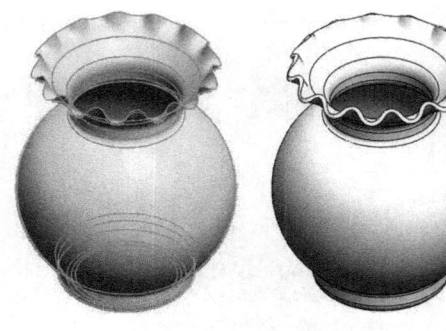

图 13-20　缝合　　　　　图 13-21　加厚曲面

(10) 圆角特征。在"圆角类型"栏选择"完整圆角"选项,并选取"面组 1""中间平面"和"面组 2",单击"确定"按钮完成圆角特征的创建(图 13-22)。

(10) 弯曲特征。单击"特征"工具栏上的"弯曲"按钮(默认该按钮不在"特征"工具栏上,需要定制),弹出"特征"属性管理器后,在"弯曲输入"栏中选择花瓶顶部的放样曲面,并选择"扭曲"选项,将"角度"设为"-150",单击"确定"按钮,完成弯曲特征的创建(图 13-23)。创建好的文件见资源包文件"第 13 章\vase.SLDPRT。

创建花瓶模型

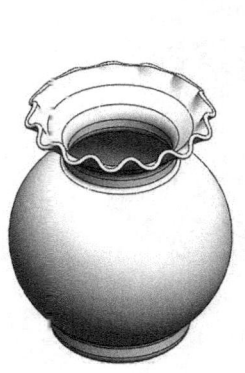
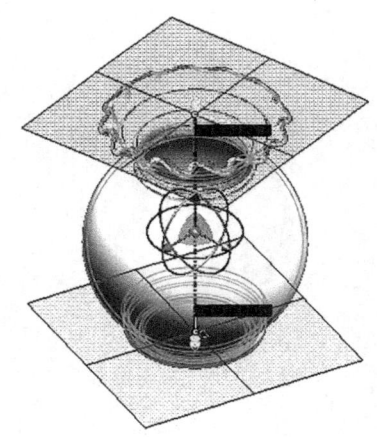

图 13-22　圆角　　　　　图 13-23　弯曲特征创建

最终完成的模型见图 13-28,您可以根据自己的喜好为它选择相应的材质并设置灯光和相机来渲染输出。

总结与回顾 13　　思考与练习 13

# 第14章 装配体创建实例

**学习任务**：通过两个装配实例，学习创建装配体的方法和技巧。
**知 识 点**：配合关系（同轴心、重合）、装配体中阵列。

## 14.1 转子泵装配体创建

本节所用到的文件在资源包文件"第14章\转子泵装配"文件夹中。注意：为了装配方便，可以先装配轴、挡圈、转子、叶片、键4×32共5个零件，生成一个子装配体，然后将其作为整体与泵体进行配合，这样更简洁，也不容易出错。在创建装配体前，一定要清楚知道零件之间的装配关系。装配关系参考转子泵爆炸图（图14-30）。

### 14.1.1 创建子装配体

（1）新建文件。
（2）插入轴。打开"资源包\第14章\转子泵装配"文件夹，选择"轴.SLDPRT"文件，完成轴的插入。（3）插入挡圈。选择"挡圈.SLDPRT"文件，完成挡圈的插入（图14-1）。
（4）添加轴与挡圈的配合关系。选择挡圈内孔的一条边线及轴第一个凹槽右端面内圆边线，系统自动配置同轴心关系，见图14-2；选择挡圈内孔右端面与轴第一个凹槽右端面，使其重合，完成轴与挡圈配合关系的添加。

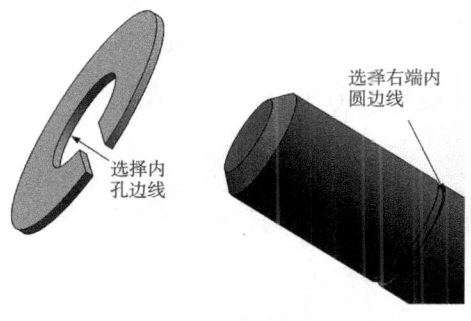
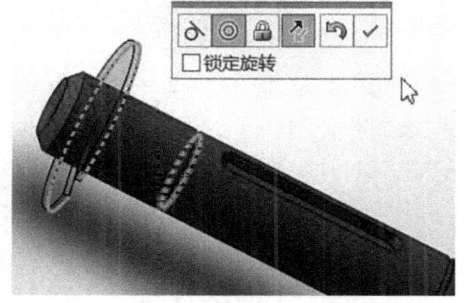

图14-1 选取挡圈与轴的配合位置　　图14-2 轴与挡圈和同轴心关系的添加

（5）插入键4×32。选择"键4×32.SLDPRT"文件，完成键4×32的插入。
（6）添加键4×32与轴的配合关系。先让键的下底面与轴上端的键槽下表面重合。先选取键的下底面与轴上端的键槽下表面，完成重合约束；再用相同方法添加键与键槽侧面重合；最后添加键端面半圆表面（圆弧面）与键槽端面半圆表面（圆弧面）的同轴心约束（图14-3）。
（7）插入转子。选择"转子.SLDPRT"文件，完成转子的插入。
（8）添加转子与轴的配合关系。

1)添加转子内表面与轴的圆柱面同轴心约束,见图14-4。

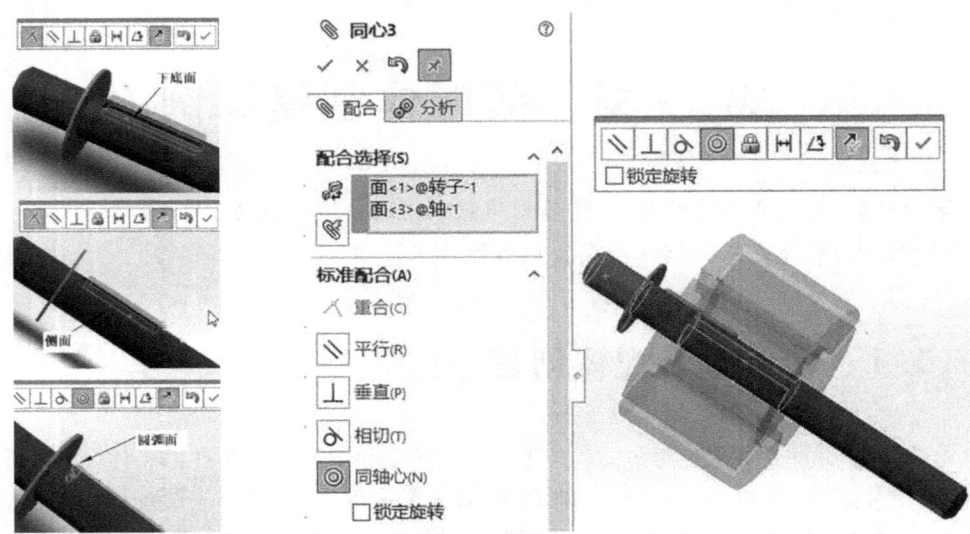

图14-3 轴键约束关系的添加　　　　图14-4 转子与轴的同轴心约束

2)添加转子与键4×32的配合关系(图14-5)。

3)添加转子与挡圈的配合关系。选取转子左端的凹槽表面与挡圈的相对面添加配合关系(图14-6)。

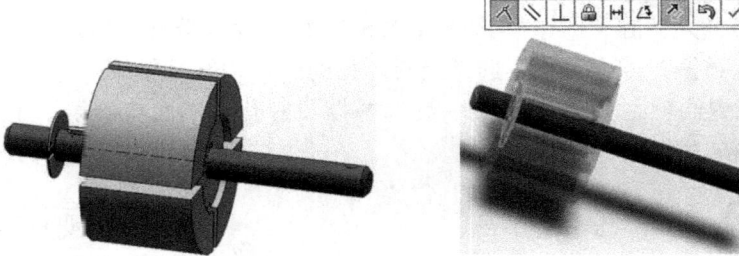

图14-5 键4×32与转子键槽的约束　　图14-6 挡圈与转子的约束

(9)添加叶片与转子的约束关系。

1)选择"叶片.SLDPRT"文件。

2)叶片与转子用3个重合约束,叶片与转子的底面、任意一个侧面和端面分别重合(图14-7)。

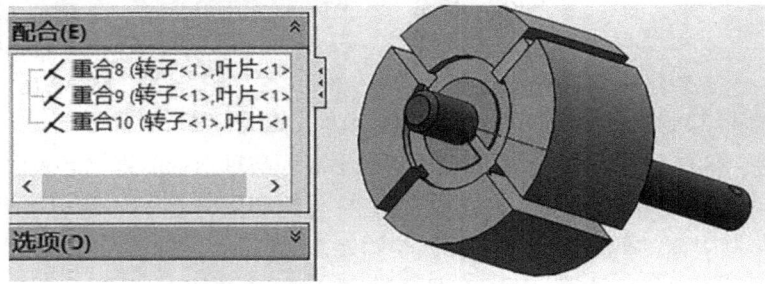

图14-7 叶片与转子的约束关系

(10)线性阵列挡圈。子装配体中挡圈数量为2,相距45mm,安装在轴上1×0.5的凹槽中,起到固定转子轴向运动的作用。采用线性阵列的方法捕入到子装配体中。单击图形区域 按钮右边的三角形"浏览"按钮,选择 (观阅临时轴)按钮,显示轴线,如果已显示,可不进行此操作。

单击"装配体"工具栏上的"线性阵列"按钮,按图14-8进行设置,将阵列方向设为轴中心线,如果方向不对,单击"反向"按钮改变阵列方向。单击"确定"按钮,完成线性阵列操作。

(11)圆周阵列叶片。单击"装配体"工具栏上"线性阵列"按钮右边的"浏览"按钮,选择"圆周零部件阵列"按钮,按图14-9进行设置,将阵列直线设为轴中心线,单击"确定"按钮,完成圆周阵列操作。

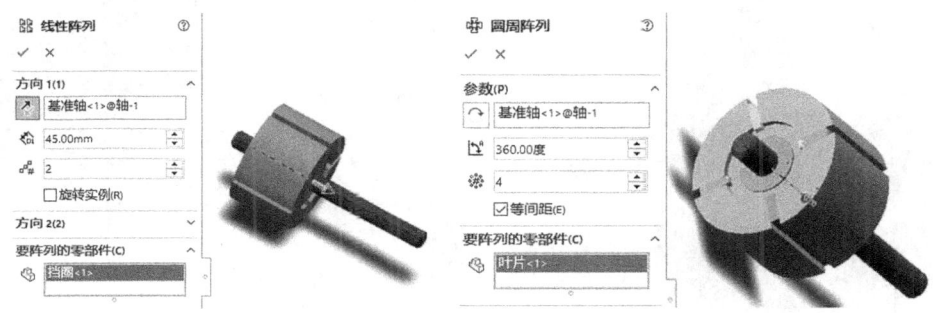

图14-8 挡圈线性阵列　　　图14-9 圆周阵列

(12)保存文件,命名为"配套光盘\第14章\转子泵装配\转子泵子装配体.SLDASM"。

## 14.1.2 整体装配

(1)新建装配文件。
(2)插入泵体。选择"泵体.SLDPRT"文件,完成泵体的插入。
(3)添加衬套。选择"衬套.SLDPRT"文件,在图形区域中合适位置单击放置衬套。
(4)添加衬套与泵体的配合关系。选择衬套基准轴与泵体偏心孔的基准轴,配置重合关系(图14-10);选取衬套圆周孔的基准轴与泵体上端左凸台管螺纹G3/8基准轴,系统自动配置重合关系(图14-11)。

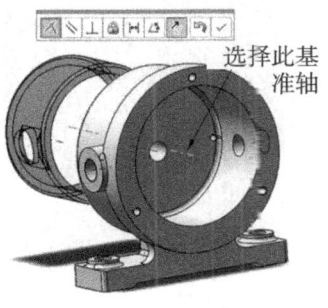 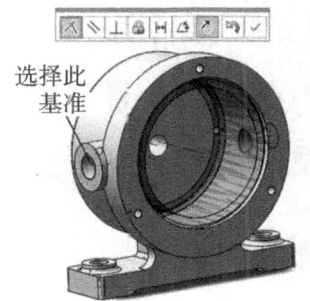

图14-10 衬套的重合约束　　图14-11 衬套的另一个重合约束

(5)插入转子泵子装配体。选择"转子泵子装配体.SLDASM"文件,在图形区域中合适位置单击放置转子泵子装配体。

(6)添加转子泵子装配体与泵体的配合关系。选取轴的基准轴与泵体偏心孔的基准轴,系统自动配置重合关系(图14-12);选取转子左端面与泵体左侧内表面,系统自动配置重合关系(图14-13)。

图14-12 泵体轴线与转子轴线重合

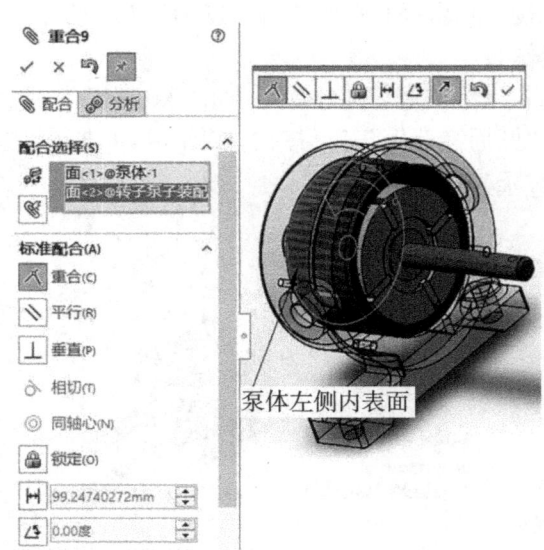

图14-13 转子端面与泵体重合约束

(7)插入垫片。选择"垫片.SLDPRT"文件,在图形区域中合适位置单击放置垫片。

(8)添加垫片与泵体的配合关系。选择垫片左端面偏心孔边线与泵体外表面偏心孔边线,系统自动配置重合关系(图14-14);选择垫片最上端孔的基准轴与泵体最上端孔基准轴,系统自动配置重合关系(图14-15)。完成垫片与泵体配合关系的添加。

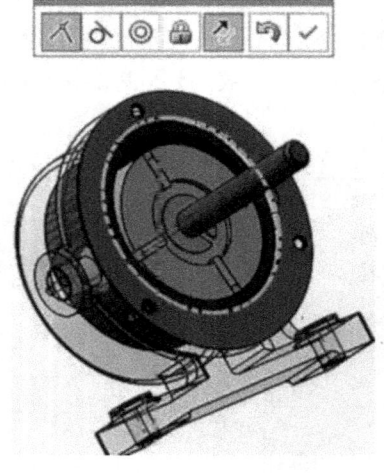

图14-14 添加垫片、泵体重合关系

图14-15 添加垫片孔、泵体孔轴线重合关系

(9)插入泵盖。选择"泵盖.SLDPRT"文件,完成的泵盖插入。

(10)添加泵盖与垫片的配合关系。选择泵盖中心线与轴中心线,添加重合关系;选择泵盖最上端左边孔边线与垫片最上端右边孔边线,系统配置同轴心关系(图 14-16);选择泵盖左端面圆柱与大圆根部边线与垫片右端面内圆边线,系统配置重合关系(图 14-17)。完成垫片与泵盖配合关系的添加。

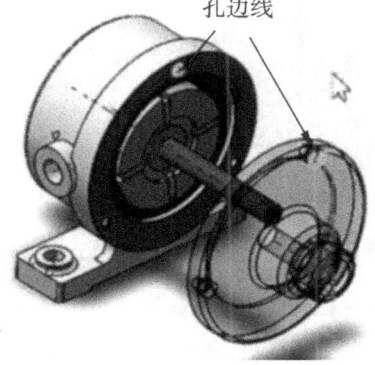

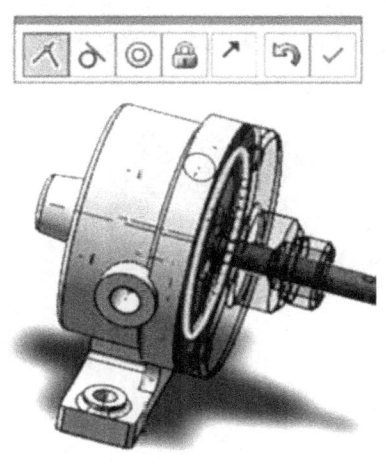

图 14-16 添加泵盖、垫片同轴心关系

图 14-17 添加泵盖与垫片边线重合关系

(11)插入螺钉 M6×16。选择"螺钉 M6×16.SLDPRT"文件,完成螺钉的插入。

(12)添加螺钉 M6×16 与泵盖的配合关系。

1)调整螺钉方向。通过旋转,调整螺钉方向。

2)选择螺钉 M6×16 基准轴与泵盖上端螺纹孔基准轴,系统配置重合关系(图 14-18)。选择螺钉 M6×16 锥形端面与泵盖阶梯孔内交线,系统配置重合关系(图 14-19)。完成螺钉 M6×16 与泵盖配合关系的添加。

(13)圆周阵列泵盖其余螺钉 M6×16。将阵列角度设为 120°,阵列数量为 3,完成泵盖上其余螺钉 M6×16 的装配(图 14-20)。

图 14-18 添加螺钉、泵盖孔的重合关系

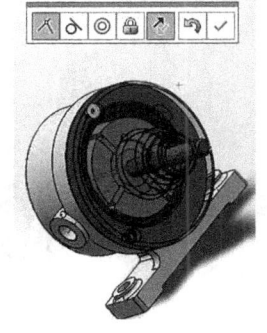

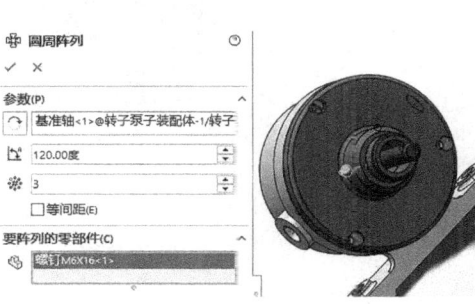

图 14-19 螺钉与泵盖孔配合

图 14-20 阵列 3 个螺钉

(14)插入填料。选择"填料.SLDPRT"文件,完成填料的插入。

(15)添加填料与泵盖的配合关系。选择泵盖孔内表面与填料内孔表面,系统配置同轴心关系;选择填料锥形端面与泵盖内锥形端面,系统配置重合关系(图14-21)。完成填料与泵盖配合关系的添加。

(15)插入填料压盖。选择"填料压盖.SLDPRT"文件,完成填料压盖的插入。

(16)添加填料压盖与泵盖及填料的配合关系。选择泵盖孔内表面与填料压盖内孔表面,系统配置同轴心关系;选择填料压盖锥形端面与填料锥形端面,系统配置重合关系(图14-22)。完成填料压盖与填料及泵盖的配合关系的添加。

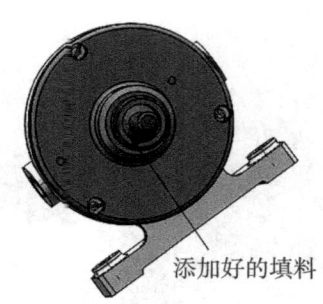

图 14-21　添加填料　　　　图 14-22　添加填料压盖

(17)插入压盖螺母。选择"压盖螺母SLDPRT"文件,完成压盖螺母的插入。

(18)添加压盖螺母与泵盖配合关系。选取压盖螺母孔表面与泵盖外圆柱表面,系统配置同轴心关系。单击图14-23中的"配合对齐"栏中的（同向对齐）按钮,使压盖螺母反转180°,选择压盖螺母孔内端面与填料压盖右端面,系统配置重合关系,完成压盖螺母的约束。

(19)插入键4×10。选择"键4×10.SLDPRT"文件,完成键4×10的插入。

(20)添加键4×10与轴的配合关系。参照前文"转子泵子装配体"的创建过程,键4×32与轴的约束关系与其类似,完成键4×10的约束(图14-24)。

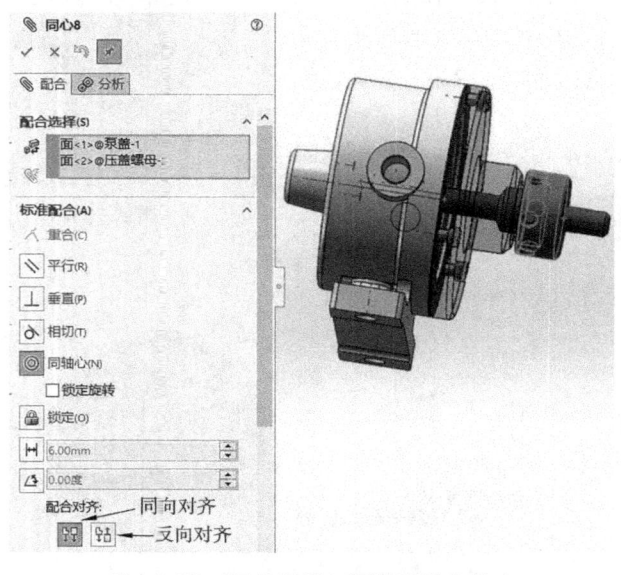

图 14-23　压盖螺母与泵盖同轴心约束　　　　图 14-24　键4×10 约束

(21) 插入带轮。选择"带轮 SLDPRT"文件,完成带轮的插入。

(22) 添加带轮与键 4×10 及轴配合关系。

1) 旋转带轮键槽至水平方向。

2) 添加带轮与键 4×10 及轴的配合关系。选取带轮键槽左表面与键 4×10 左表面,系统配置重合关系;选择带轮孔基准轴与轴基准轴,系统配置重合关系;选择轴螺钉孔基准轴与带轮圆周孔基准轴,系统自动配置重合关系(图 14-25),完成带轮的约束。

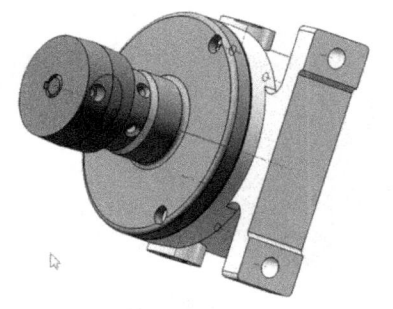
图 14-25 带轮约束

图 14-26 紧固螺钉约束

总装配体创建

填充总装配体与键连接

(23) 插入紧定螺钉 M8。选择"紧定螺钉 M8.SLDPRT"文件,完成紧定螺钉的插入。

(24) 添加紧定螺钉与带轮配合关系。

1) 旋转带轮圆周孔至水平方向。

2) 添加紧定螺钉与带轮配合关系。选取带轮圆周孔基准轴与紧定螺钉基准轴,系统配置重合关系;选择紧定螺钉锥形面与带轮圆周孔阶梯交线,系统配置重合关系。见图 14-26,完成紧定螺钉的约束。

(25) 保存文件,见资源包文件"第 14 章\转子泵装配\转子泵总装配体.SLDASM"。

(26) 创建爆炸图(图 14-27)。

总装配体轴端零件创建与紧固

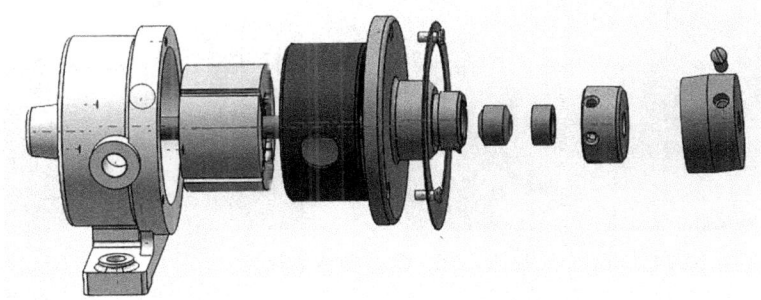
图 14-27 转子泵爆炸图

## 14.2 减速器装配体创建

本节主要练习装配约束的使用,重点在于齿轮啮合,所用文件在资源包"第 14 章\减速器装配"文件夹中。注意:在创建装配体前,一定要弄清楚零件之间的装配关系。装配关系参考减速器爆炸图。

为了方便装配,兂把高速轴、高速轴键、高速齿轮装配为高速子装配体,把低速轴、低速轴键、低速齿轮装配为低速子装配体,然后将它们与减速器下箱体及其他零件装配。

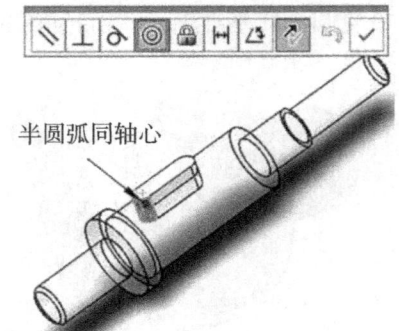

图 14-28 高速轴、轴键的配合

### 14.2.1 创建高速子装配体

(1)新建文件。

(2)插入高速轴。打开资源包"第 14 章\减速器装配"文件夹,选择"高速轴. SLDPRT"文件。

(3)插入高速轴键。选择"高速轴键. SLDPRT"文件,完成高速轴键的插入。

(4)添加高速轴键与轴的配合关系,见图 14-28。

(5)插入高速齿轮。选择"高速齿轮. SLDPRT"文件,完成高速齿轮的插入。

(6)添加高速齿轮与高速轴和高速轴键的配合关系。选取高速齿轮内孔和高速轴上面有键槽的圆柱表面,添加齿轮内孔与高速轴的同轴心约束(图 14-29)。如果高速齿轮键槽位置不合适,请使用"旋转零部件"命令将高速齿轮旋转到合适位置。选取键的一个侧面与轴上的高速键槽一个侧面,完成键槽侧面重合约束(图 14-30)。添加高速齿轮左侧面与轴上台阶 12.5mm 的距离约束关系(图 14-31)。完成齿轮的约束。

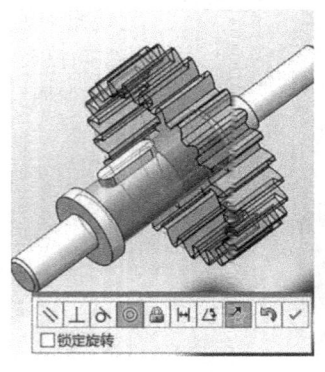

图 14-29 同轴心约束

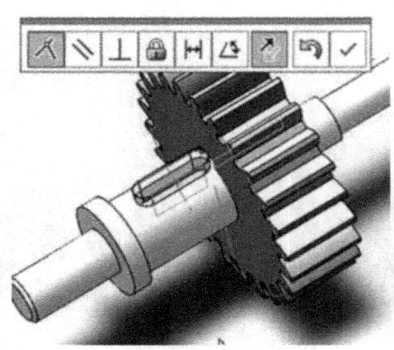

图 14-30 键槽重合约束

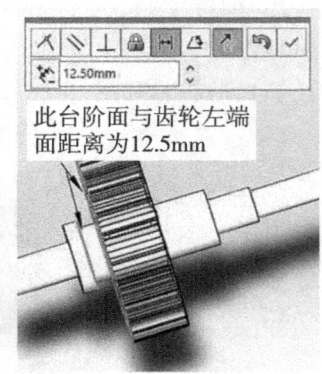

图 14-31 齿轮端面距离约束

(7)保存文件。将文件命名为"高速子装配体. SLDASM",保存在资源包的"第 14 章\减速器装配"文件夹中。

创建高速子装配体

### 14.2.2 创建低速子装配体

(1) 新建文件。

(2) 插入低速轴。选择"低速轴. SLDPRT"文件,完成低速轴的插入。

(3) 插入低速轴键。选择"低速轴键. SLDPRT"文件,在图形区域中任意空白处单击放置,完成低速轴键的插入。

(4) 添加低速轴键与低速轴的配合关系。先让低速键的下底面与低速轴上的低速键槽下表面重合(图14-32),单击"配合"工具栏中的"确定"按钮;再选取低速键的侧面与低速轴上的对应键槽侧面,完成重合约束(图14-33);最后添加键端面半圆表面(圆弧面)与键槽端面半圆表面(圆弧面)的同轴心约束(图14-34)。

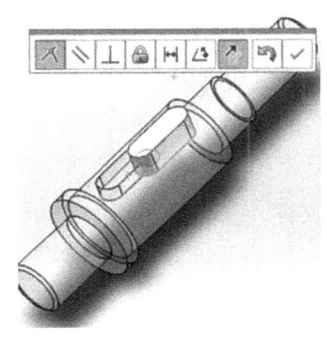

图14-32 低速键与低速轴键槽的底面配合

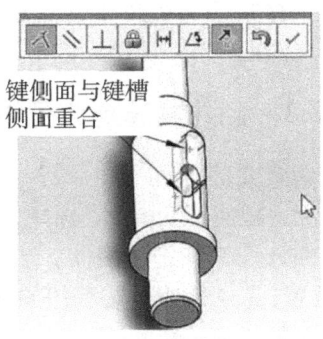

图14-33 低速键与低速轴键槽的侧面配合

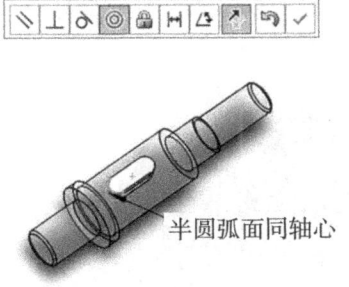

图14-34 低速键与低速轴的同轴心配合

图14-35 同轴心约束

(5) 插入低速齿轮。选择"低速齿轮. SLDPRT"文件,完成低速齿轮的插入。

(6) 添加低速齿轮与低速轴和低速轴键的配合关系。选取低速齿轮内孔和低速轴有键槽的圆柱表面,添加齿轮内孔与低速轴的同轴心约束(图14-35)。如果低速齿轮键槽位置不合适,请使用"旋转零部件"命令将低速齿轮旋转到合适位置。选取键的一个侧面与轴上的低速键槽一个侧面,完成重合约束(图14-36)。添加低速齿轮左侧面与轴上台阶12.5mm的距离约束关系(图14-37)。完成齿轮的约束。

图 14-36　重合约束

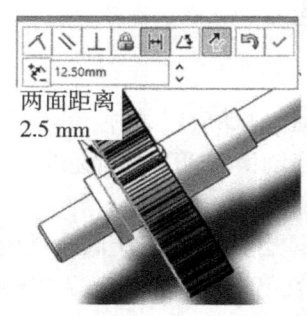
图 14-37　距离约束

创建低速子装配体

(7) 保存文件。将文件命名为"低速子装配体.SLDASM",保存在资源包"第 14 章\减速器装配"文件夹中。

### 14.2.3　创建减速器装配体

(1) 新建文件。

(2) 插入减速器下箱体。选择"减速器下箱体.SLDPRT"文件,完成减速器下箱体的插入。

(3) 插入低速轴子装配体。选择"低速子装配体.SLDASM。"文件,在图形区域中合适位置单击放置,完成低速子装配体的插入。

(4) 添加低速子装配体与减速器下箱体的配合关系。先让减速器下箱体的 $R50$ 半圆弧面与低速轴 $R35$ 圆柱面重合,见图 14-38,单击"配合"工具栏中的"确定"按钮。选取低速键台阶侧面与减速器下箱体的内腔侧面,完成重合约束(图 14-39)。

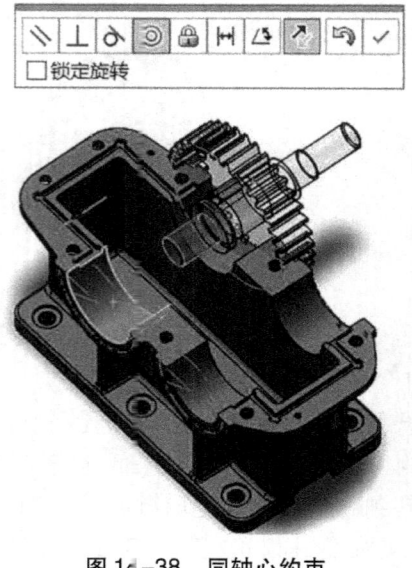
图 14-38　同轴心约束

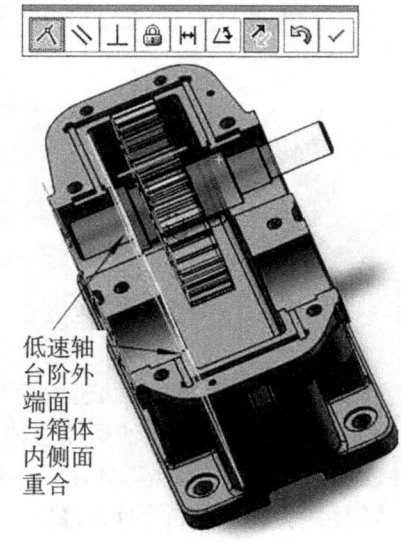
图 14-39　侧面重合约束

(5) 插入低速轴轴承。选择"低速轴轴承.SLDPRT"文件,完成低速轴轴承的插入。

(6) 添加低速轴轴承与低速轴和减速器下箱体的配合关系。选取减速器下箱体 $R50$ 半圆面和低速轴轴承的外圈表面,添加同轴心约束。注意勾选弹出"配合"工具栏中的"锁定旋转"复选框,使轴承外圈不能旋转(图 14-40)。选取低速轴轴承的内圈一个侧面和轴上左端台阶对应侧面,完成重合约束(图 14-41)。完成低速轴轴承的约束。

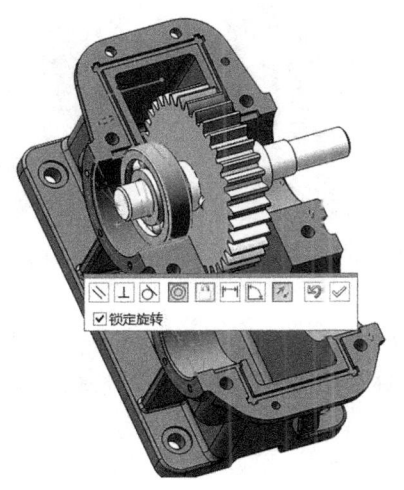 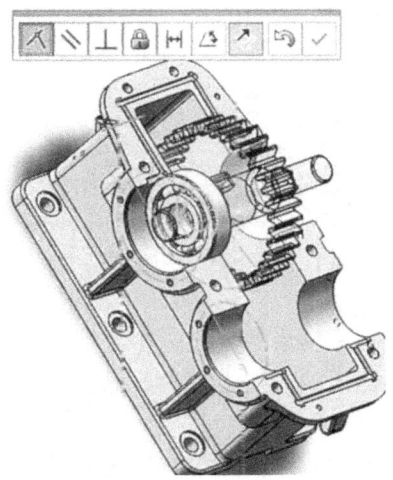

图 14-40　同轴心约束　　　　　　　图 14-41　侧面重合约束

(7)装配另一个低速轴轴承。插入低速轴轴承。选择"低速轴轴承.SLDPRT"文件,完成低速轴轴承的插入。用步骤(6)的方法装配另一个低速轴轴承(图 14-42)。

(8)高速轴子装配体的装配。和低速轴子装配体装配过程类似,完成高速轴子装配体的装配。

(9)齿轮的啮合装配。需要对齿轮啮合做约束。先手动旋转一个齿轮,调整两个齿轮在轴心水平方向的啮合,保证轮齿之间没有干涉;然后选择图 14-43"机械配合"栏中的"齿轮"按钮;接着分别选取两个互相啮合的分度圆(两个齿轮的分度圆需要在零件模式下分别用构造线绘制好),添加齿轮约束。

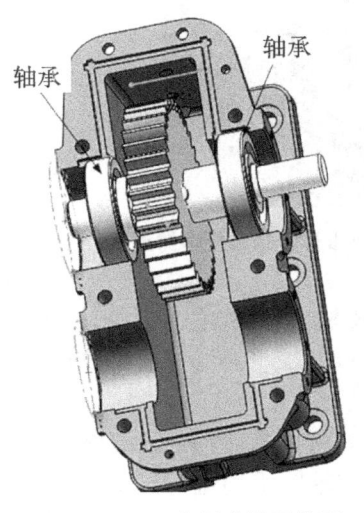 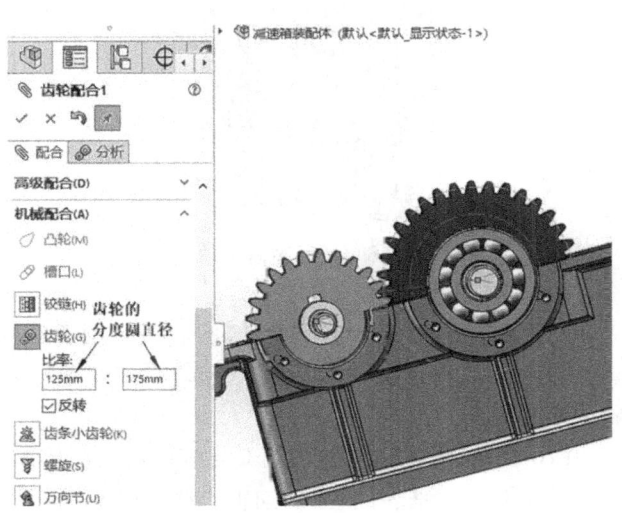

图 14-42　两个低速轴承装配　　　　图 14-43　两啮合齿轮的配合约束

（10）更改减速器下箱体透明度。右击减速器下箱体,在弹出的快捷菜单中选择"更改透明度"按钮(图14-44),约束好的两个齿轮见图14-45。

图14-44　更改透明度

图14-45　约束好的两个齿轮

（11）高速轴承的装配。参考步骤(5)、(6)、(7),完成高速轴轴承的装配,见图14-46。

（12）插入减速器上箱体。选择"减速器上箱体.SLDPRT"文件,完成减速器上箱体的插入。

（13）添加减速器上箱体与减速器下箱体的配合关系。选取减速器下箱体一个锥形孔上表面孔边线和减速器上箱体下表面相应位置的一个锥形孔边线,添加重合约束(图14-47)。用同样方法添加另外一个锥形孔边线的重合约束(图14-48)。

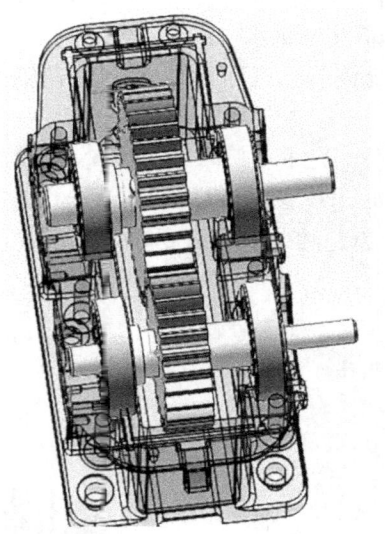

图14-46　装配高速轴轴承

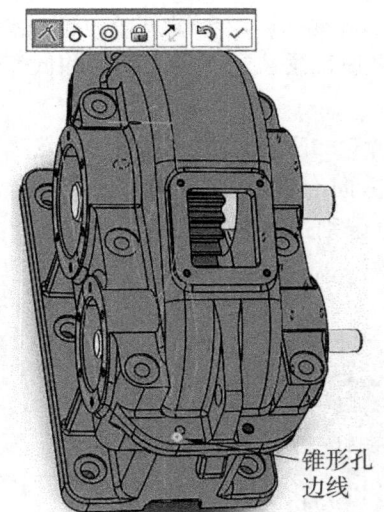

图14-47　锥形孔边线重合约束

（14）插入圆锥销。此操作比较简单,由读者自行设计和装配,不再赘述。

（15）插入高速轴轴承端盖1。选择"高速轴轴承端盖1.SLDPRT"文件,完成高速轴轴承端盖1的插入。

（16）添加高速轴轴承端盖1与减速器下箱体的配合关系。选取高速轴轴承端盖1内表面与减速器高速轴表面,添加同轴心约束(图14-49);添加高速轴轴承端盖1与减速器下箱体外凸台表面的重合关系(图14-50)。完成高速轴轴承端盖1的装配。

(17)装配高速轴轴承端盖2。用步骤(16)的方法完成高速轴轴承端盖2的装配。
(18)装配低速轴轴承端盖1。参考步骤(16)的方法来完成,不再赘述。
(19)装配低速轴轴承端盖2。参考步骤(16)的方法来完成,不再赘述。

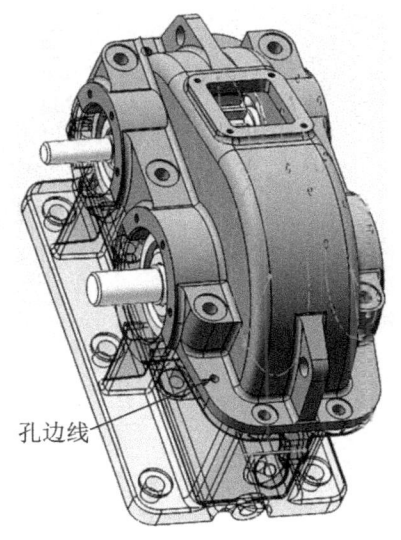

图 14-48　另外一个锥形孔边线重合约束

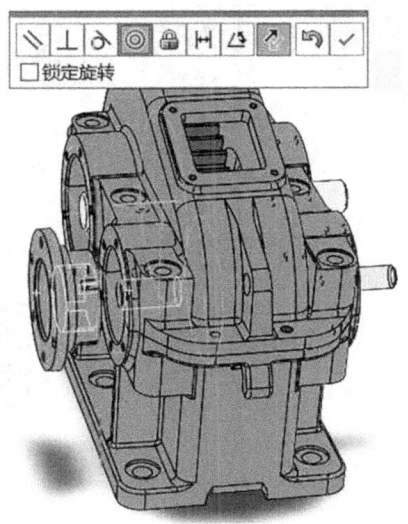

图 14-49　高速轴轴承端盖1与高速轴配合

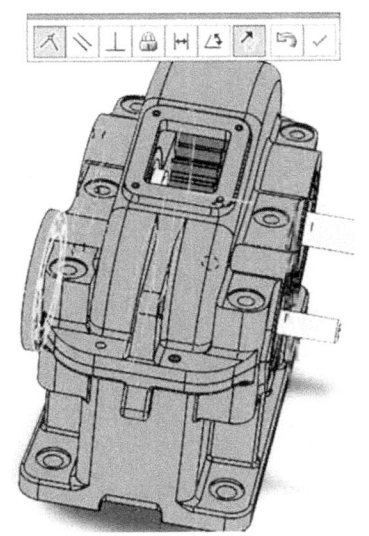

图 14-50　轴承端盖侧面的配合

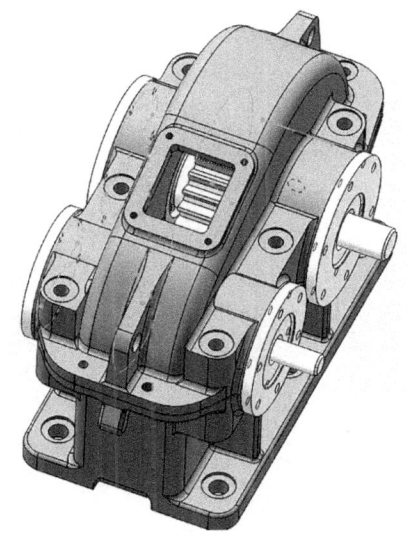

图 14-51　最后的装配效果

(20)装配固定低速轴承端盖和高速轴承端盖的螺钉。由读者自行设计完成装配,不再赘述。

(21)装配减速器上箱体与减速器下箱体的紧固螺栓和螺母。由读者自行设计零件完成装配,不再赘述。

（22）保存文件。将文件命名为"减速器装配体.SLDASM"，保存在资源包"第 14 章\减速器装配"文件夹中。最终效果见图 14-51。

低速轴与下
箱体装配

高速轴与下
箱体装配

齿轮啮合与
轴承装配

上箱体装配

（23）修改零件外观，创建爆炸图（图 14-52）。

图 14-52　减速器爆炸图

总结与回顾 14

思考与练习 14

# 第 15 章  工程图创建实例

第 15 章课件

**学习任务**：通过工程图实例练习巩固第 11 章所学内容。
**知 识 点**：基本工程视图的创建、剖面视图的创建、视图的编辑、注解信息的标注等。

## 15.1 零件工程图简介

零件图主要表达单个零件的形状、尺寸、技术要求等信息，是零件制造和检验的标准，是零件加工前进行生产准备的依据，也是实际加工过程的指导性文件。

### 15.1.1 零件图应包含的内容

完整的零件图应包括一组视图、完整的尺寸标注、技术要求以及标题栏。

为了反映零件结构，往往需要一组视图来表达其内、外部形状，结构和位置。视图包括基本视图和必要的辅助视图。零件尺寸的标注要保证能够清晰、完整、正确地表达出零件在加工检验时所需的全部尺寸，包括尺寸及其公差、形位公差等。技术要求是用规定的符号、文字等补充说明零件在加工、检验、装配时的技术指标。标题栏位于图纸的右下角，包括零件名称、数量、材料、比例、图号、设计、校对等人员的签名和日期，便于图纸管理和生产。

### 15.1.2 视图的选择原则

选择视图的基本原则是：①需要将零件各部分的结构、形状及相互位置表达清楚；②考虑图纸的布置，保证图纸具有良好的可读性和美观性。

主视图是图纸的核心。主视图中零件的放置位置应为零件的加工位置或工作位置。这样既便于了解零件在加工中的工作状况，又利于查看零件在装配图中的位置。其视图方向应为能较好反映零件形状特征的方向。对于主视图不能表达清楚的地方可以采用其他视图，如剖视、断面等辅助视图，并尽量减少图纸中的视图数量。

### 15.1.3 尺寸的标注

尺寸是零件加工和检验的标准。标注尺寸时要正确选择尺寸的标注基准，确定合理的尺寸公差，并尽量按零件的加工工序进行标注，在保证零件能达到设计功能要求的同时，要加工成本低廉，检验测量方便。

## 15.2 零件工程图创建实例

### 15.2.1 壳体类零件工程图的创建

壳体类零件是机械产品中常用的零件类型,包括各种泵体、阀体、箱体、缸体、支座等。壳体类零件主要用于支撑和包容其他零件,其结构和形状较复杂,一般具有和其他零件安装在一起的结合面、接触面、定位销孔、螺纹孔等。此外,为了将其安装在底座上,常包含安装底板、安装孔、凸台、凹坑等结构。有的箱体为薄壁件,还设计有加强筋。

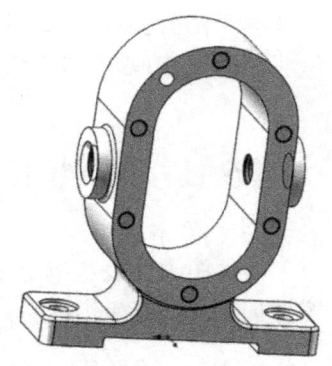

图 15-1 泵体模型

壳体类零件工程图一般需要 3 个或 3 个以上视图(包括基本视图和辅助视图),采用多种表达方法才能将其结构表达清楚。因其具有较复杂内部结构,常需要采用剖视图、局部视图和向视图等视图类型。下面以泵体零件(图 15-1)为例介绍此类零件工程图的创建方法。最终完成的工程图见图 15-2。

(1)新建工程图类型的文件,将"模板"选为"GB A3"。

(2)放置主视图及俯视图。

1)载入模型。载入资源包文件"第 15 章\范例源文件\泵体.SLDPRT"零件模型。

2)创建模型视图和投影视图。在属性管理器选择 ▢(下视)为主视图的视图方向,勾选"选项"栏中的"自动开始投影视图"复选框,在图纸合适位置处放置主视图。移动光标至主视图下方合适位置放置俯视图,见图 15-3。移动光标至主视图左上方合适位置,放置非正交投影视图,按 Esc 键完成视图的创建。移动视图至图纸合适位置处,完成的 3 个视图见图 15-4。

图 15-2 泵体工程图

(3)创建旋转剖视图。激活"视图布局"命令管理器中 (剖面视图)命令,在属性管理器的"剖面视图"选项卡中,选择 按钮("对齐"切割线方式),在主视图中依次选取图 15-5 所示点 1、2、3,确定旋转剖切线的位置。在弹出的工具栏中单击"确定"按钮。在"剖切线"栏单击"反转方向"按钮,将剖视箭头方向调整至向右侧。将光标移至主视图右侧合适位置,单击左键,完成旋转剖视图的创建,见图 15-6。

(4)隐藏切边。

1)隐藏视图中的切边。选取创建的主视图、俯视图和旋转剖视图,在右键快捷菜单中依次选取"切边"→"切边不可见"选项。

2)隐藏其他边线。选取图 15-6 所示的需要隐藏的线条,在关联工具栏中,单击 (隐藏/显示边线)按钮,将线条隐藏。

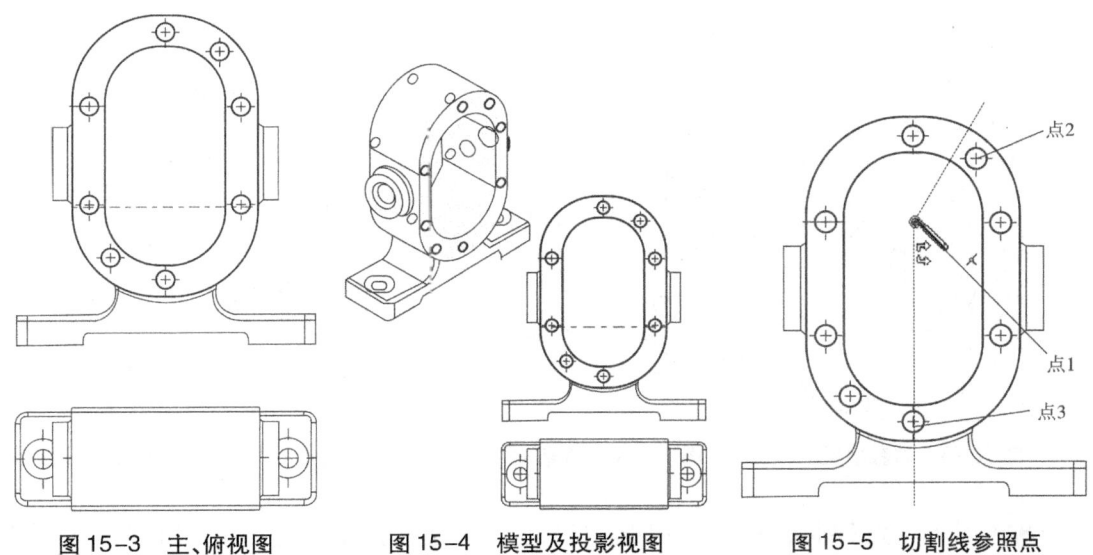

图 15-3 主、俯视图　　图 15-4 模型及投影视图　　图 15-5 切割线参照点

(5) 创建辅助视图。激活"视图布局"命令管理器中的 (辅助视图)命令,在主视图中选取图 15-7 所示边线为参照,在"箭头"栏的 (标号)文本框中输入字母 B。移动光标至左视图右侧合适位置处,单击放置视图。设置创建的辅助视图为切边不可见。

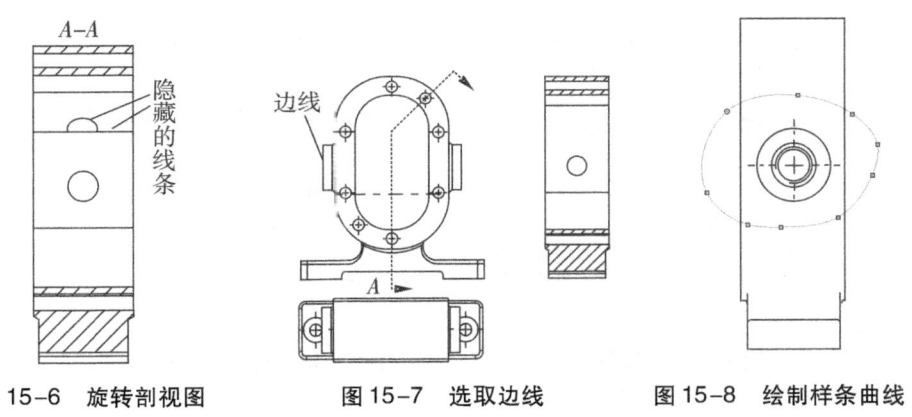

图 15-6 旋转剖视图　　图 15-7 选取边线　　图 15-8 绘制样条曲线

(6) 裁剪视图。

1) 绘制样条曲线。在"草图"命令管理器用"样条曲线"工具在辅助视图中绘制图 15-8 所示封闭样条曲线。

2) 剪裁视图。选取创建的样条曲线,在"视图布局"命令管理器中选择 (剪裁视图)按钮,裁剪后的视图见图 15-9。

(7) 创建底座部分局部剖视图。激活"视图布局"命令管理器中的 (断开的剖视图)命令,在主视图中直接绘制图 15-10 所示封闭样条曲线,在"断开的剖视图"属性管理器中设置剖切深度为"14",完成局部剖视图的创建(图 15-11)。

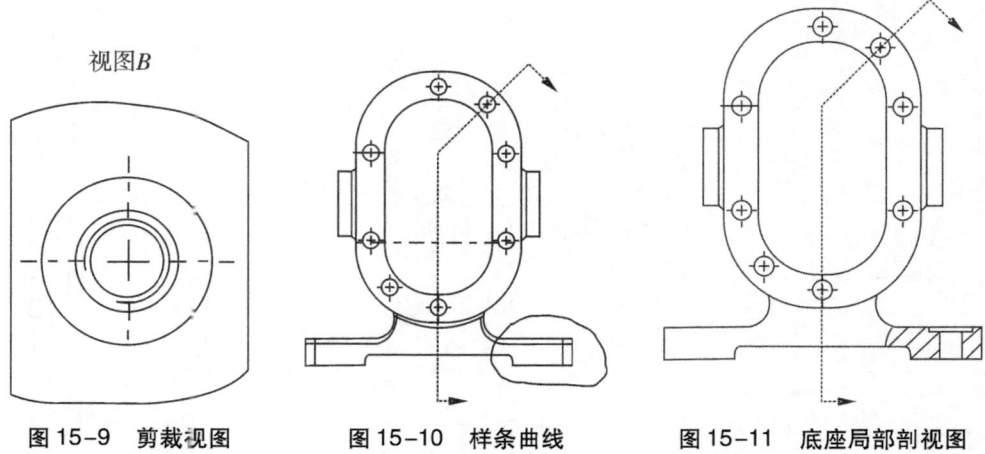

图 15-9　剪裁视图　　　图 15-10　样条曲线　　　图 15-11　底座局部剖视图

(8) 创建凸台处局部剖视图。采用步骤(7)的方法,在主视图中直接绘制图 15-12 所示封闭样条曲线,在"断开的剖视图"属性管理器中设置剖切深度为"14",完成底座局部剖视图的创建(图 15-13)。

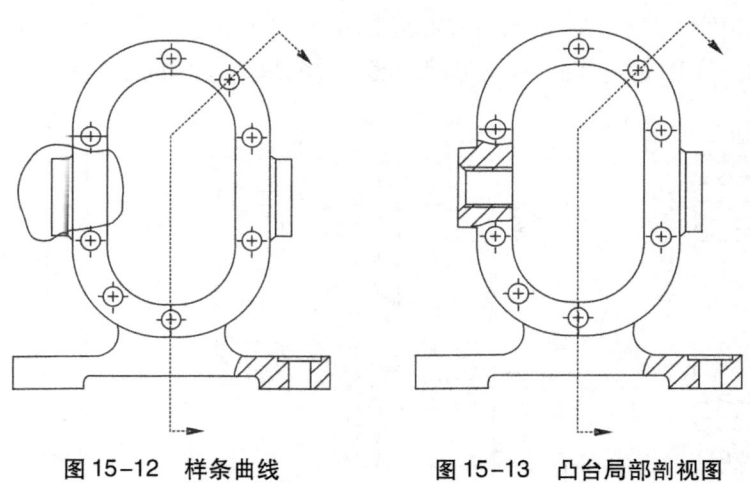

图 15-12　样条曲线　　　图 15-13　凸台局部剖视图

(9) 添加中心符号线。在上述步骤所建的视图中,孔的中心线已经自动添加。因为在创建工程图前,已在"选项"对话框"文档属性"选项卡"出详图"项的"视图生成时自动插入"栏中勾选了"中心符号-孔-零件"复选框(图 15-14)。如果创建视图前未勾选该复选框,则从以下步骤 1) 步开始操作,否则跳过步骤 1)。

1) 添加孔中心符号线。在"注解"命令管理器中选择"中心符号线"命令,在图形区域依次选取所有的孔特征,完成孔中心符号线的添加。

2) 添加槽口中心符号线。在属性管理器"手工插入选项"栏"槽口中心符号"类型栏中选择 ⌧(槽口端点)按钮,在主视图中选取图 15-15 所示圆弧边,完成中心符号线的添加(图 15-16)。

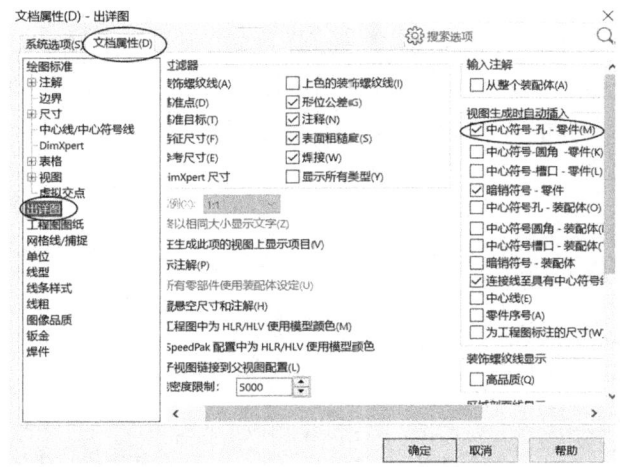

图 15-14 "出详图"项的设置    图 15-15 选取的圆弧

(10) 添加中心线。

1) 调整视图显示状态。选取主视图,在属性管理器"显示样式"栏选择 按钮,调整视图为隐藏性可见。

2) 为主视图添加中心线。在"注解"命令管理器中选择"中心线"命令,在主视图中选取图 15-17 所示右侧圆柱面,添加右侧凸台中心线;选取边线 1、2,添加左侧凸台中心线;选取边线 3、4 添加底部右侧沉孔中心线;选取边线 5、6 添加底部左侧沉孔中心线。此时主视图见图 15-18。

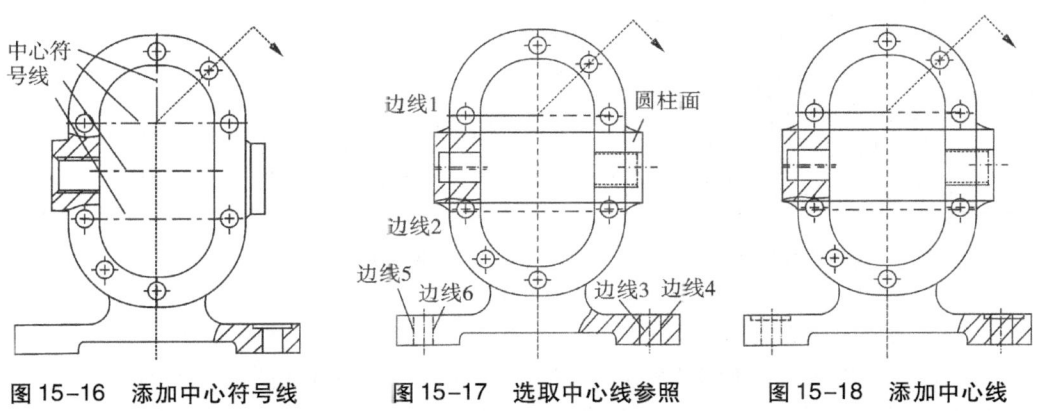

图 15-16 添加中心符号线    图 15-17 选取中心线参照    图 15-18 添加中心线

3) 为俯视图添加中心线。在俯视图中选取图 15-19 所示边线 1、2,边线 3、4 并生成中心线。

4) 为剖视图添加中心线。在旋转剖视图中选取图 15-20 所示边线 1、2,边线 3、4,边线 5、6 并生成中心线。

5) 调整视图显示状态并调整中心线。在主视图属性管理器中将"显示样式"设为"消除隐藏线"。选取长度不合适的中心线,拖动其端点,手动调整中心线长度。调整后的视图见图 15-21。

(11)绘制螺纹孔分布中心线。

1)绘制草图。在主视图中绘制两段半圆弧及两段竖直直线(图15-22)。

2)设置线型及线宽。定制出"线型"工具栏,单击▦(线条样式)按钮,在"线型"面板中选取"点画线"线型。单击≡(线粗)按钮,在"线粗"面板中选取线粗为"0.18"。完成的主视图见图15-23。

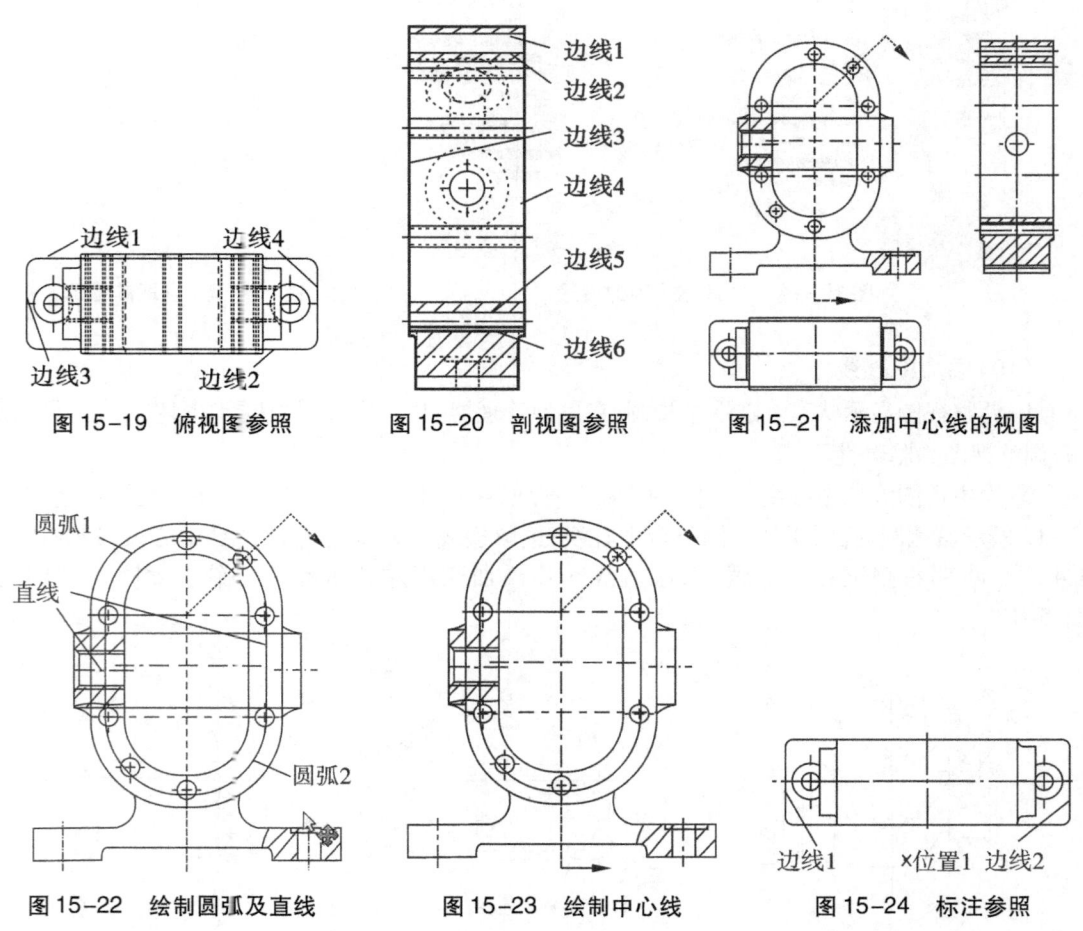

图15-19 俯视图参照　　图15-20 剖视图参照　　图15-21 添加中心线的视图

图15-22 绘制圆弧及直线　　图15-23 绘制中心线　　图15-24 标注参照

(12)手动标注线性尺寸。

1)标注俯视图尺寸。使用"智能尺寸"工具,在俯视图中选取图15-24所示边线1、2,移动光标至视图下方位置1附近单击放置尺寸。用同样方法手动标注阶梯孔中心距(图15-25)。

2)标注主视图尺寸。按上述方法在主视图中标注图15-26所示线性尺寸。

3)标注旋转剖视图尺寸。按上述方法在旋转剖视图中标注图15-27所示线性尺寸。

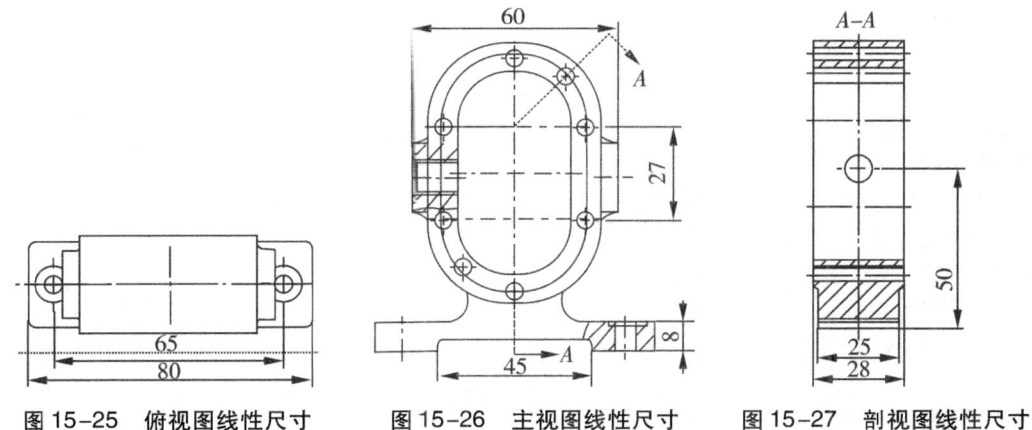

图 15-25 俯视图线性尺寸　　图 15-26 主视图线性尺寸　　图 15-27 剖视图线性尺寸

(13) 手动标注半径尺寸。

1) 标注圆弧 1 和圆弧 2 的半径。使用"智能尺寸"工具,在主视图中标注图 15-28 所示圆弧 1、2 的半径,并将圆弧 2 的半径尺寸设为"从动尺寸"。

2) 标注圆弧 3 的半径。标注圆弧 3 的半径尺寸,在属性管理器"数值"选项卡"公差/精度"栏设置单位精度为"1",并设置"引线"选项卡(图 15-29)。

3) 标注圆弧 4、5 的半径。标注图 15-28 所示圆弧 4、5 的半径,完成半径尺寸的标注(图 15-30)。

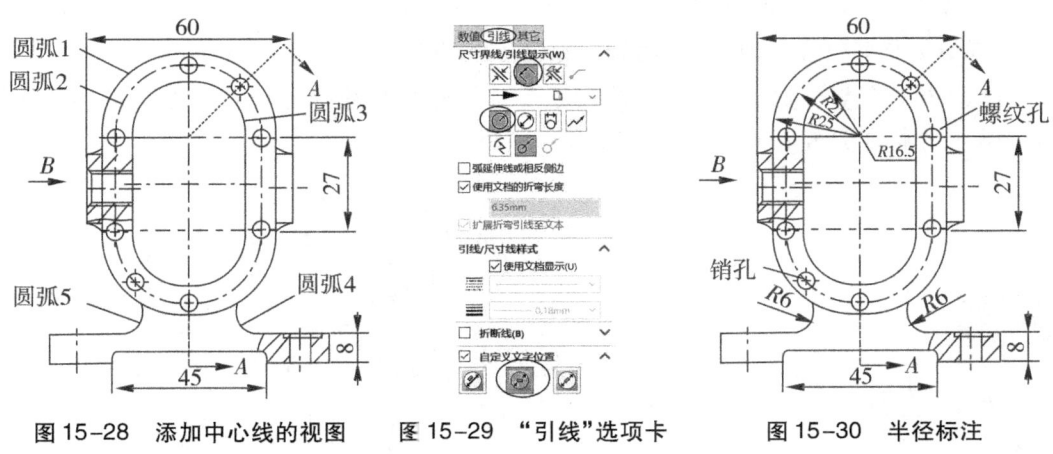

图 15-28 添加中心线的视图　　图 15-29 "引线"选项卡　　图 15-30 半径标注

(14) 标注孔尺寸。

1) 标注主视图中的螺纹孔及销孔。在"注解"命令管理器中选择"孔标注"命令,标注图 15-30 所示螺纹孔的尺寸。选取图 15-30 所示圆柱销孔并标注尺寸,在"尺寸"属性管理器"数值"选项卡中,修改"标注尺寸文字"栏的文本框内容(图 15-31)(在修改过程中会弹出警告对话框,可单击"是"按钮)。完成孔尺寸的标注(图 15-32)。

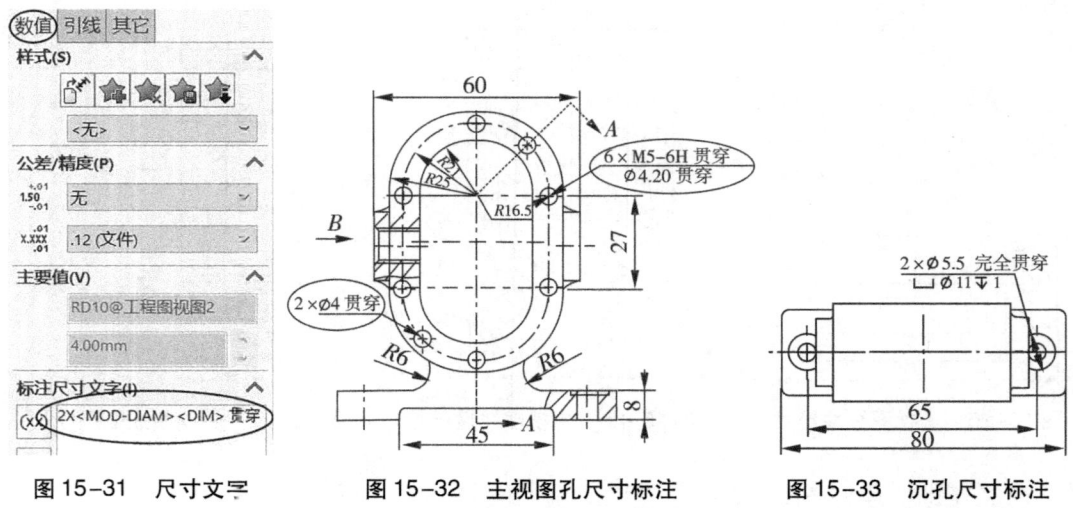

图 15-31　尺寸文字　　　图 15-32　主视图孔尺寸标注　　　图 15-33　沉孔尺寸标注

2）标注俯视图中的沉孔。选取俯视图中的沉孔，完成图 15-33 所示的标注。注意，将精度修改为小数点后一位小数。

3）标注旋转剖视图中的螺纹孔。在旋转剖视图中标注图 15-34 所示螺纹孔。

（15）添加凸台直径及销孔位置标注。

1）标注凸台直径。使用"智能尺寸"工具标注辅助视图中凸台外圆直径，注意在属性管理器"引线"选项卡"尺寸界线/引线显示"栏选择 （里面）按钮，勾选"自定义文字位置"复选框，并选取 （折断引线，水平文字）按钮。完成凸台直径的标注（图 15-35）。

2）标注槽口位置。选取槽口中心线和旋转剖位置线，标注两者的角度尺寸，并将尺寸设为从动尺寸。标注完成的 45°角度尺寸见图 15-36。

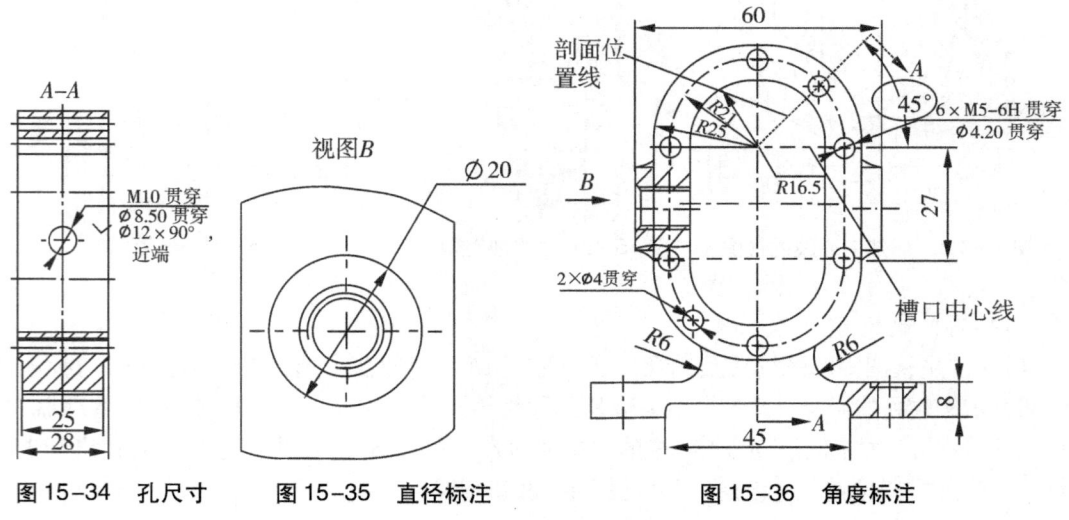

图 15-34　孔尺寸　　　图 15-35　直径标注　　　图 15-36　角度标注

（16）为部分尺寸添加公差。

1）标注销孔公差。在主视图中选取销孔直径尺寸"2×φ4"，见图 15-37，设置公差类型为"双边","最大变量"(上偏差)和"最小变量"(下偏差)分别为"0.018"和"0",将精度选为".123"选项(精度为0.001)。完成的销孔公差标注见图15-38。

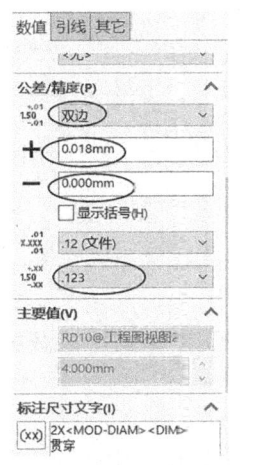

图15-37 属性管理器设置　　图15-38 销孔公差的标注

2)标注螺孔间距公差。在主视图中选取两螺纹孔竖直间距尺寸"27",将光标移至图标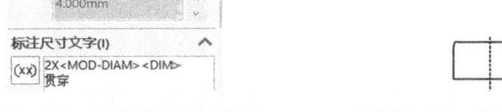,在"尺寸"面板中将"公差类型"设为"对称",将"最大变量"设为"0.15",完成螺孔间距公差标注。

3)标注其他视图尺寸公差。采用同样方法标注主视图、俯视图和旋转剖视图中其他尺寸的公差,见图15-39。

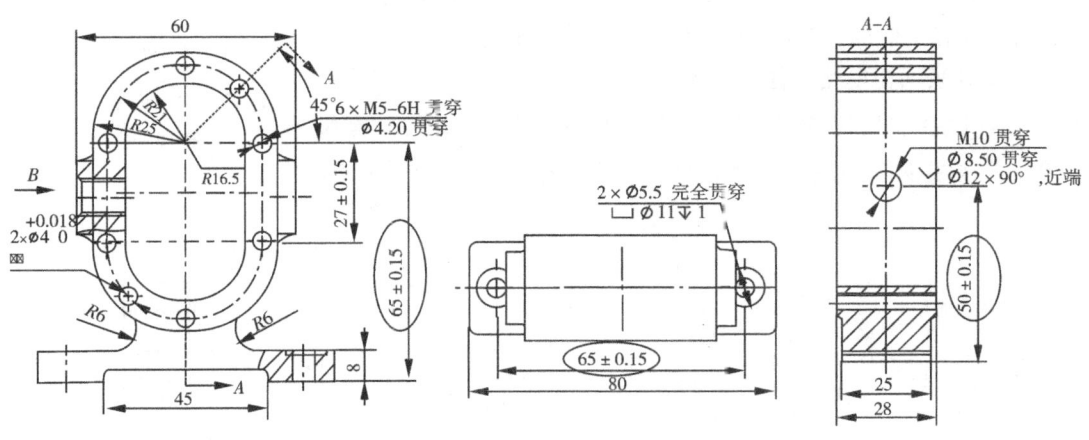

图15-39 标注的尺寸公差

(17)添加形位公差。

1)设置形位公差。激活"注解"命令管理器中的"形位公差"命令,在"属性"对话框"符号"下拉列表框中选择▱(平性)按钮,在"公差1"文本框中输入值"0.1"。在属性管理器"引线"栏单击╱(引线)、✓(垂直引线)、╲(引线靠右)按钮。

2)放置形位公差。在俯视图中依次选取图15-40所示边线1、2,并在合适位置单击,放置 2 个平面度公差(图 15-41)。

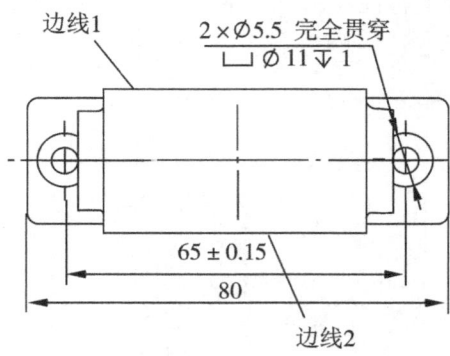
图 15-40 选取的边线

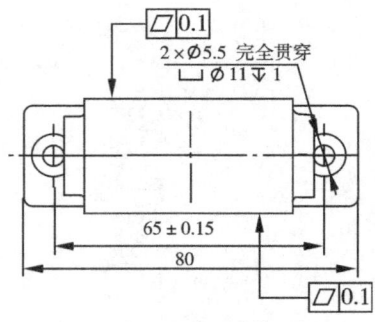
图 15-41 完成的平面度公差

(18)添加表面粗糙度。

1)无引线表面粗糙度符号标注。激活"注解"命令管理器中的"表面粗糙度符号"命令,在属性管理器"符号"栏选择 √ (要求切削加工)按钮,在"符号布局"栏进行图 15-42 所示设置,展开"引线"栏,选择 (无引线)按钮,在图形区域的主视图和俯视图中依次选取需要标注表面粗糙度的上面和左侧面,完成表面粗糙度符号的放置(图 15-43)。

2)折弯引线表面粗糙度符号标注。设置"引线"栏(图 15-44),以"折弯引线"方式主视图和俯视图中选取需要标注表面粗糙度的右侧面和下侧面,完成带引线粗糙度符号的放置(图 15-45)。

3)销孔表面粗糙度标注。将粗糙度值设为"3.2",在"引线"栏选择 (无引线)按钮,在"角度"栏 (旋转角度)文本框中输入"180",并在主视图中选取销孔标注线,完成表面粗糙度标注(图 15-46)。

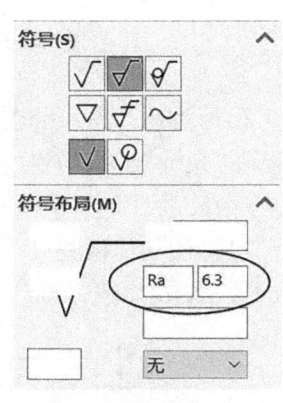
图 15-42 设置"符号布局"栏

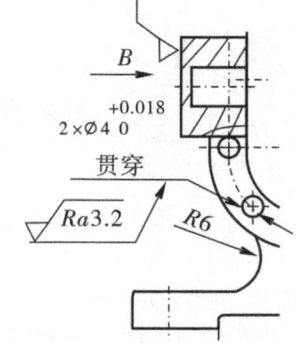
图 15-46 销孔粗糙度标注

图 15-43 添加表面粗糙度

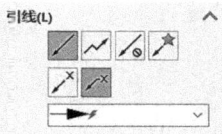
图 15-44 引线设置

图 15-45 带引线表面粗糙度标注

5) 其他表面粗糙度符号标注。将粗糙度值设为"12.5",在标题栏上方放置表面粗糙度符号。在"符号"栏选择√(基本)按钮,不设置粗糙度值,在标题栏上方放置表面粗糙度标注。激活"注解"命令管理器中的"注释"命令,以"无引线"方式在步骤4)创建的表面粗糙度符号处添加文本"(  )"。调整括号至已创建的粗糙度符号两侧,完成表面粗糙度符号的标注。

(19) 添加技术要求。激活"注解"命令管理器中的"注释"命令,以"无引线"方式在标题栏上方添加文本输入框,设置字号为"18",输入注释文字(图15-47)。

(20) 修改图纸格式。在图形区域右击,在弹出的快捷菜单中选择"编辑图纸格式"选项,在标题栏中将"材质<未指定>"文本修改为"HT 150",将"图样名称"文本修改为"泵体"。完成图15-48所示的标题栏。在图形区域右击,在弹出的快捷菜单中选取"编辑图纸"选项,返回图纸模式。

(21) 保存文件,命名为"泵体.SLDDRW"。完成的文件见资源包文件"第15章\范例结果文件\泵体.SLDDRW"。

图15-47　添加的文字注释　　　图15-48　标题栏　　　泵体工程图创建　　泵体尺寸公差等标注

### 15.2.2　轴类零件工程图的创建

轴类零件是机械产品中的常用零件,用于支撑轴上安装的各种零部件,如轴承、齿轮、带轮、链轮、联轴器等。因此,轴类零件常具有键槽、轴肩、退刀槽、中心孔等结构。创建轴类零件工程图时,一般需要一个主视图,辅以键槽部位的剖视或剖面图。对于不易表达结构的部位,可绘制局部放大图。主视图的放置一般按加工时的放置方式采用水平放置。并且为表达轴上的键槽结构,常选取能正面显示键槽的视角来放置主视图。轴的各轴段常和轴上零件具有配合关系,因此零件图中需要标注相应的尺寸和形位公差。对于安装轴承的轴段,表面粗糙度要求较高。

下面以减速器低速轴(图15-49)为例介绍此类零件工程图的创建方法,最终完成的工程图见图15-50。

图15-49　减速器低速轴　　　图15-50　减速器低速轴工程图

(1) 新建工程图类型的文件,选择"GB A3"模板。

(2) 放置主视图。

1) 载入模型。载入资源包文件"第15章\范例源文件\低速轴.SLDPRT"。

2) 放置模型视图。选择"标准视图"中的"前视"视图方位创建主视图。按下 Esc 键,退

出模型视图模式。

3)旋转视图。选取主视图,在右键快捷菜单中选择"缩放/平移/旋转"选项,在下级菜单中选择"旋转视图"选项,在"旋转工程视图"对话框"工程视图角度"文本框中输入"270",单击"关闭"按钮。

4)修改图纸比例。展开图形区域右键快捷菜单,选取"属性"选项,在"图纸属性"对话框中将图纸比例修改为"1∶1",选择"A3(GB)"图纸大小,完成图纸比例的修改。得到的主视图见图 15-51。

5)隐藏切边。选取主视图,在右键快捷菜单中选择"切边"选项,在下级菜单中选择"切边不可见"选项,隐藏切边。

(3)创建等轴测视图。

1)创建等轴测模型视图。激活"视图布局"命令管理器中的 (模型视图)命令,在"模型视图"属性管理器"要插入的零件/装配体"栏列表中,双击 图标,在"方向"栏选择 (等轴测)按钮,使用自定义比例,并将视图比例设为"1∶2"。在图形区域合适位置单击,放置等轴测视图。

2)参照步骤(2)分步骤 2)的方法,将视图旋转 270°,完成等轴测视图的放置(图 15-52)。

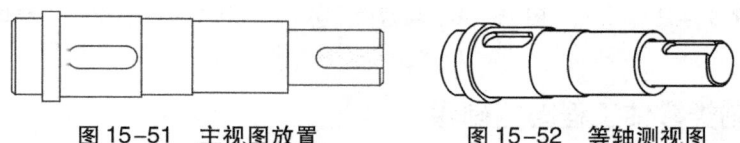

图 15-51　主视图放置　　　图 15-52　等轴测视图

(4)创建剖面视图。

1)创建剖面视图。激活"视图布局"命令管理器中的"剖面视图"命令,在属性管理器"剖面视图"选项卡"切割线"栏中选取 (竖直)切割线方式。在主视图中选取图 15-53 所示剖切位置,在工具栏 中单击"确定"按钮。在"剖切线"栏单击"反转方向"按钮,使方向箭头朝右,在"标号"栏下的文本框中输入字母 A,在"剖面视图"栏勾选"横截剖面"复选框,将光标移至主视图右侧合适位置,单击放置剖视图。

2)重新放置剖面视图。选取新建的剖视图,在右键快捷菜单中依次选取"视图对齐"→"解除对齐关系"选项。选取剖视图,在光标变成 形状时,拖动剖视图至主视图下方剖切位置处。此时的视图见图 15-54。

3)创建端部键槽剖面。采用同样方法,创建并移动轴右侧键槽处剖视图,其剖面标号为"B"。完成的剖视图见图 15-55。

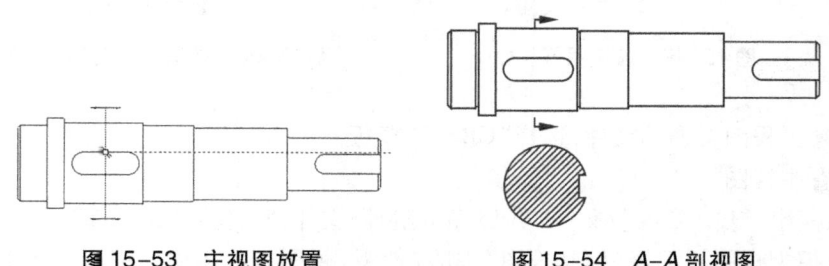

图 15-53　主视图放置　　　图 15-54　A-A 剖视图

(5)创建局部视图。

1)创建局部视图1。激活"视图布局"命令管理器中的"局部视图"命令,在图15-56所示位置绘制圆,指定创建局部视图的区域。光标移至图纸合适位置,单击放置局部视图。

2)采用同样方法在图15-57所示位置绘制一个圆,创建第2个局部视图。得到的局部视图见图15-58。

(6)添加中心线及中心符号线。

1)添加中心符号线。激活"注解"命令管理器中的"中心符号线"命令,在图形区域依次选取A剖面和B剖面边界,完成中心符号线的添加。

2)添加中心线。激活"注解"命令管理器中的"中心线"命令,单击主视图,完成中心线的添加。此时的视图见图15-59。

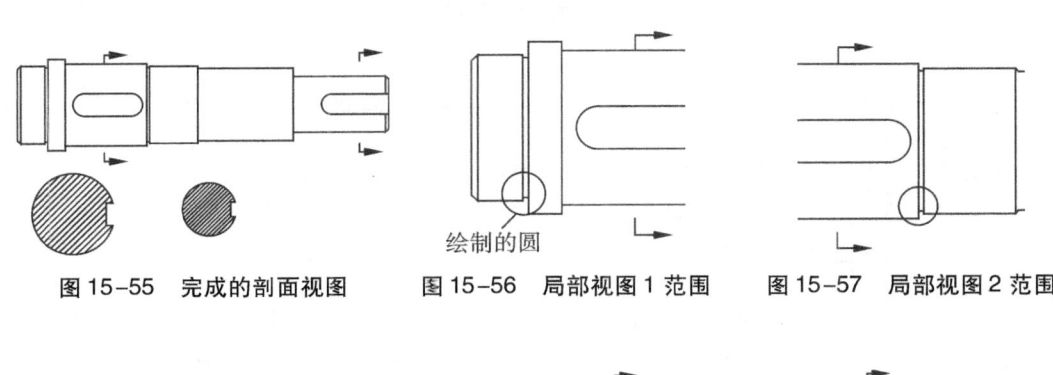

图 15-55　完成的剖面视图　　图 15-56　局部视图 1 范围　　图 15-57　局部视图 2 范围

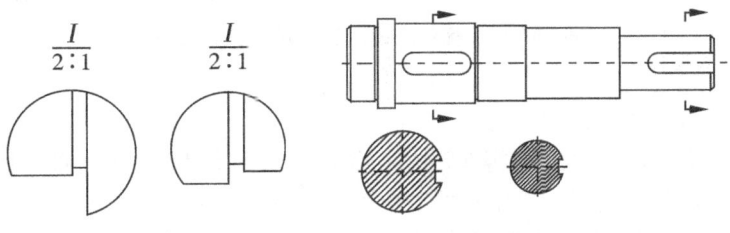

图 15-58　创建的局部视图　　图 15-59　添加的中心线

(7)修改图纸字体字号。

1)修改注解字体和字号。在常用工具栏激活 ✿(选项)命令,在弹出的"选项"对话框"文档属性"选项卡中将注解字体设为"华文仿宋",并将字高设置为"3.50mm"。

2)修改尺寸字体和字号。在上述对话框的列表框中选择"尺寸"选项,将尺寸标注字体也设为"华文仿宋",字高设置为"4.00mm"。

(8)标注主视图尺寸。

1)标注主视图线性尺寸。使用"智能尺寸"工具,在主视图中根据具体标注情况选取相应轴段的母线、轴段两端面或键槽圆弧,完成图15-60所示的线性尺寸标注。

2)标注主视图直径尺寸。在图形区域,选取图15-60所示圆柱面两母线,在合适的位置单击放置直径尺寸。在相应的属性管理器中设置公差、精度。采用同样的方法,按图15-61所示尺寸公差完成主视图中直径及其公差的标注。

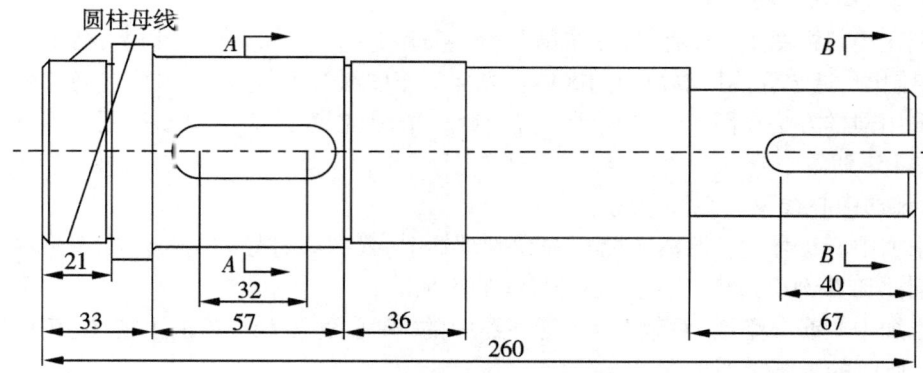

图 15-60　主视图尺寸标注

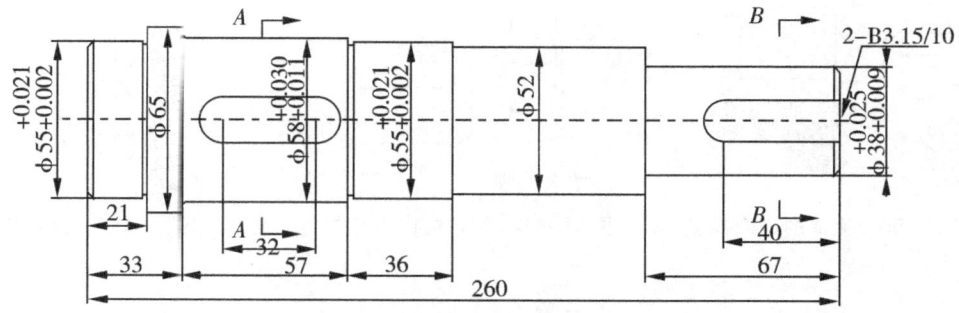

图 15-61　标注主视图直径尺寸及其公差

(9) 标注剖面视图尺寸及其公差。

1) 标注 A-A 剖面尺寸。使用"智能尺寸"工具标注图 15-62 所示键槽深度尺寸(注意,需要在属性管理器"引线"选项卡"圆弧条件"栏中选中"最大"单选按钮)。设置属性管理器"数值"选项卡的"公差/精度"栏(图 15-63)。选取键槽两侧面线,标注键槽宽度尺寸(图 15-64)。

2) 标注 B-B 剖面尺寸。采用同样方法标注 B-B 剖面尺寸及其公差(图 15-65)。

(10) 添加退刀槽标注。使用"智能尺寸"工具标注图 15-66 所示两边线间距,在属性管理器"数值"选项卡"标注尺寸文字"文本框"<DIM>"后输入"×1",完成退刀槽Ⅰ尺寸标注。采用同样方法完成图 15-67 所示退刀槽Ⅱ尺寸的标注。

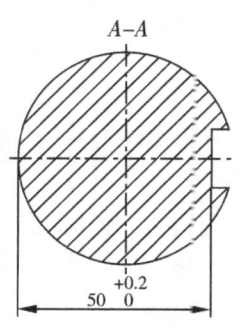

图 15-62　标注参照

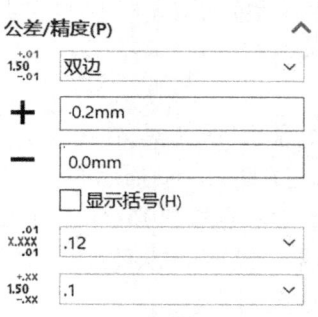

图 15-63　设置"公差/精度"栏

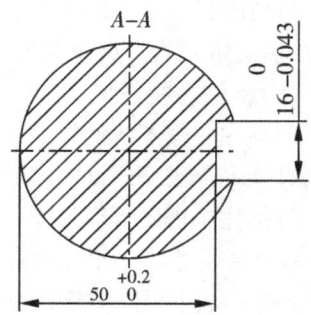

图 15-64　A-A 剖面尺寸标注

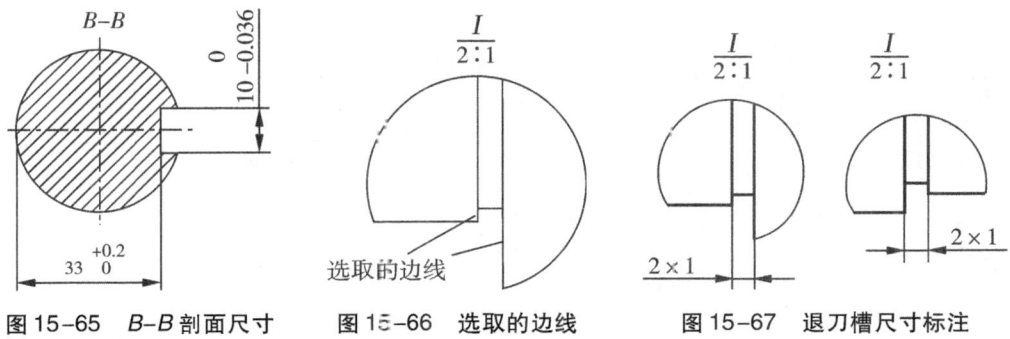

图 15-65　B—B 剖面尺寸　　图 15-66　选取的边线　　图 15-67　退刀槽尺寸标注

（11）添加中心孔标注。激活"注解"命令管理器中的"注释"命令，以 方式，将主视图右端面中心孔处作为引线箭头位置点，创建文字注解"2-B3.15/10"。

（12）添加基准符号。

1）添加基准符号 C。激活"注解"命令管理器 A 基准特征命令，在打开的"基准特征"属性管理器"标号设定"栏 A（标号）文本框中输入字母 C，在图 15-68 所示位置 1 处单击放置基准符号。

2）添加基准 D 和 E。采用同样方法在图 15-68 所示位置 2、3 处创建基准 D、E，见图 15-69。

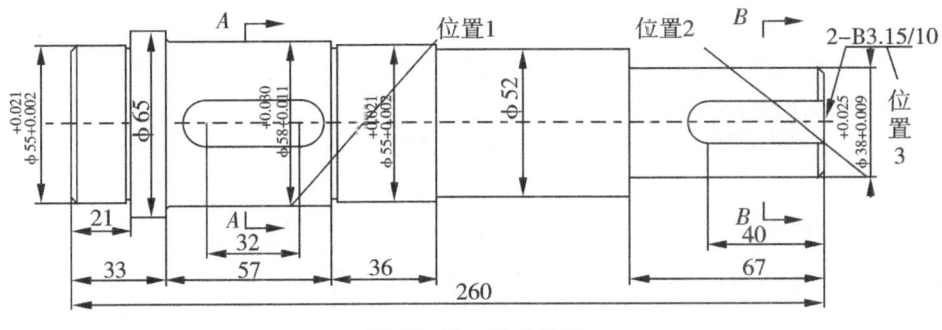

图 15-68　基准参照

（13）标注主视图形位公差。

1）标注"环向跳动"公差。激活"注解"命令管理器中的 ⌀0.3 形位公差命令，创建 ↗（环向跳动）公差，将公差值设为"0.015"，基准符号为"E"（图 15-70）。可将引线设置为"引线""垂直引线""引线靠左"等方式，在主视图选取图 15-71 所示圆柱面 1 母线，在合适位置单击放置形位公差。

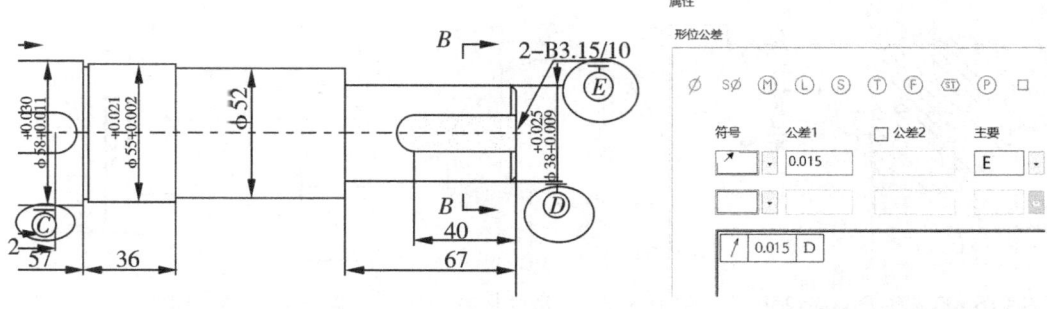

图 15-69　添加基准　　　　图 15-70　"形位公差"选项卡设置

2）标注第 2 项形位公差。设置"属性"对话框（图 15-72），在主视图中选取图 15-71 所示圆柱面 2 母线，在合适位置单击放置第 2 项形位公差。

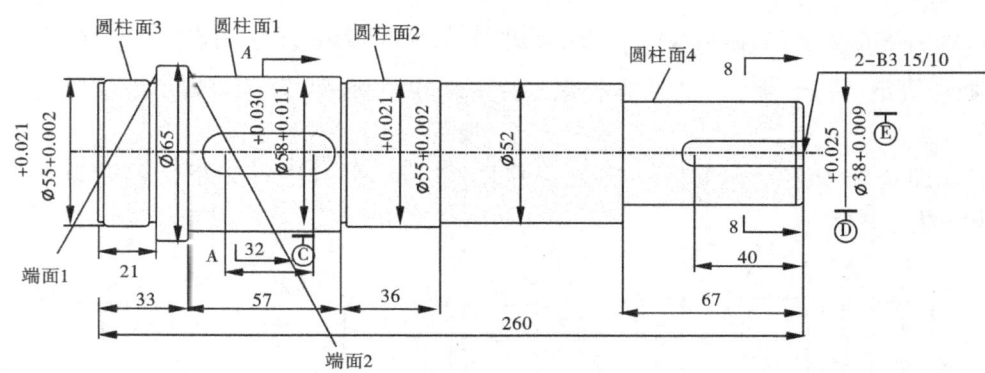

图 15-71　形位公差放置参照

3）标注第 3 项形位公差。采用"引线向右" ↘ 引线方式，在主视图选取图 15-71 所示圆柱面 3 母线，添加第 3 项形位公差。

4）标注第 4 项形位公差。设置"属性"对话框（图 15-70），将引线设置为"多转折线"形式，在主视图中选取图 15-71 所示端面 1，水平移动光标至合适位置单击，再竖直移动光标至合适位置单击，继续水平移动光标至合适位置单击，最后双击，完成形位公差放置。

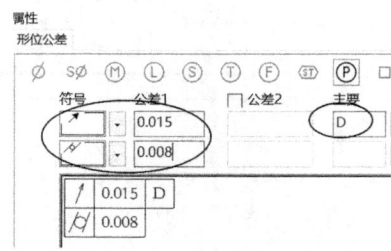

图 15-72　设置"属性"对话框

5）标注第 5 项形位公差。采用分步骤 4）中的方法选取端面 2，添加形位公差。

6）标注第 6 项形位公差。修改公差值为"0.012"，使用"垂直引线""引线靠左"方式，在图 15-71 所示圆柱面 4 母线处创建形位公差。最后完成的形位公差见图 15-73。

（14）标注键槽对称度公差。

1）标注第 1 个键槽对称度。激活"注解"命令管理器中的"形位公差"命令，按图 15-74 所示设置"属性"对话框，使用"垂直引线""引线靠左"方式，在图形区域剖面图 A-A 中单击键槽宽度尺寸线端点标注键槽宽度的对称度公差。

2)标注第 2 个键槽对称度。将对称度公差值设为"0.012",在"主要"文本框中输入字母 D,在剖面图 B-B 中标注键槽的对称度公差。完成的剖面图见图 15-75。

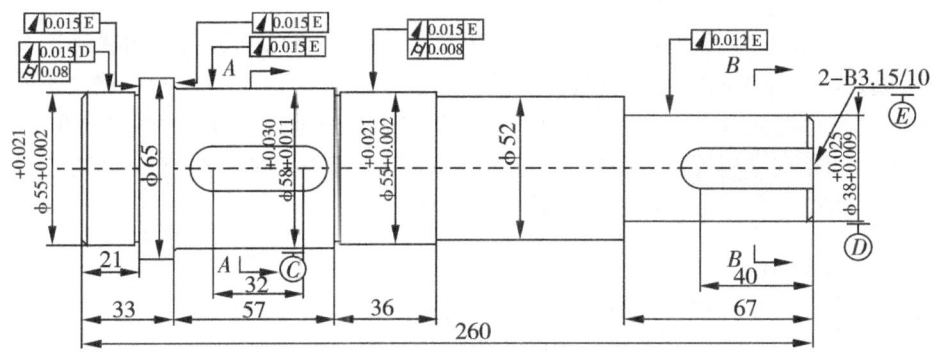

图 15-73 完成的主视图形位公差标注

图 15-74 设置对称度公差

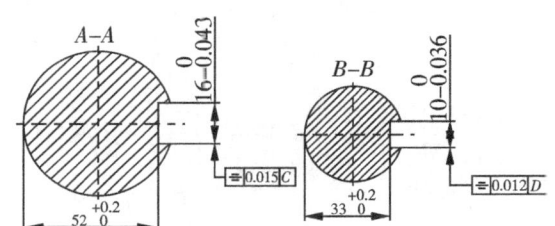

图 15-75 标注剖面图对称度公差

(15)添加表面粗糙度。

1)标注安装齿轮轴段及端面粗糙度。在"注解"命令管理器中选择"表面粗糙度符号"命令,选择√(要求切削加工)符号,将表面粗糙度值设为"3.2",以"无引线"方式在主视图中相应面单击,完成粗糙度符号的放置(图 15-76)。

2)标注安装轴承轴段的表面粗糙度。将表面粗糙度值设为"1.6",在图形区域选取两个直径为 55mm 的圆柱面,完成表面粗糙度符号的放置。

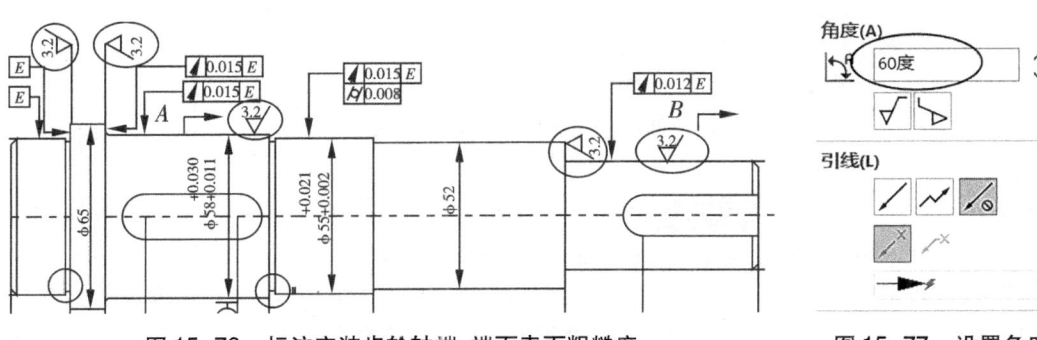

图 15-76 标注安装齿轮轴端、端面表面粗糙度　　图 15-77 设置角度

3)标注中心孔表面粗糙度。将表面粗糙度值设为"3.2",将表面粗糙度符号旋转60°(图15-77),在图形区域选取轴右侧中心孔标注引线的斜线部分,完成表面粗糙度符号的放置(图15-78)。

4)标注键槽底面、侧面粗糙度。将表面粗糙度值设为"6.3",选取剖截面 A 和剖截面 B 中的键槽底部边线,完成表面粗糙粗符号的放置。将表面粗糙度值设为"3.2",将表面粗糙度符号旋转90°,选取剖截面 A、B 中的键槽宽度标注线,完成表面粗糙度符号的放置(图15-79)。

5)其余表面粗糙度标注。修改"粗糙度"属性管理器"符号布局"栏,在图纸右上角放置粗糙度标注。调整粗糙度符号位置后的视图见图15-80。

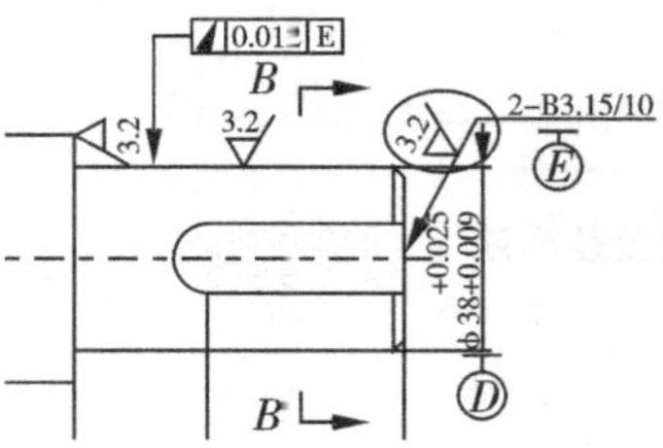

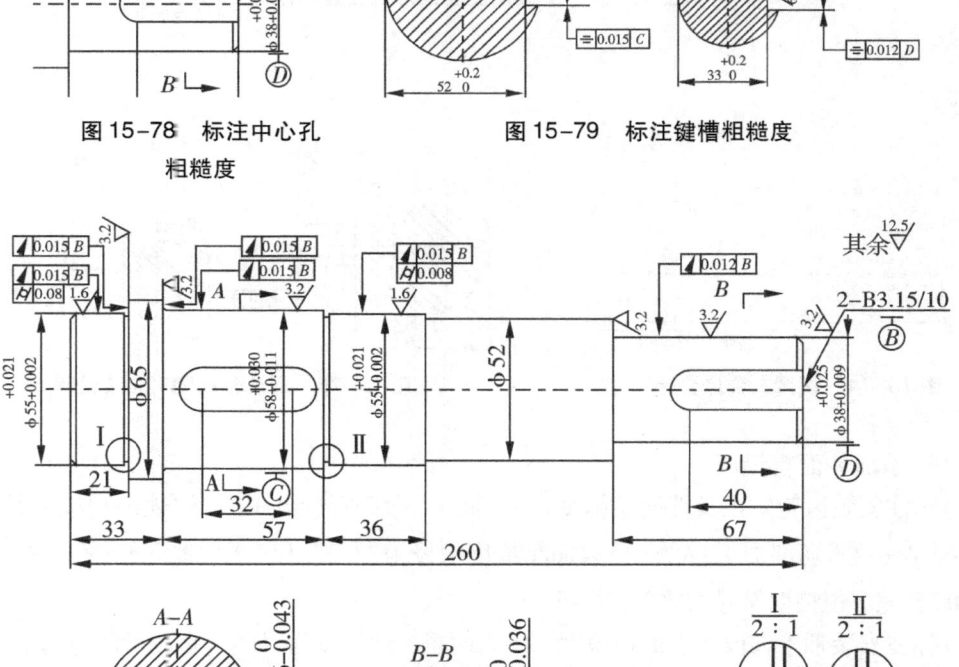

图15-78 标注中心孔粗糙度

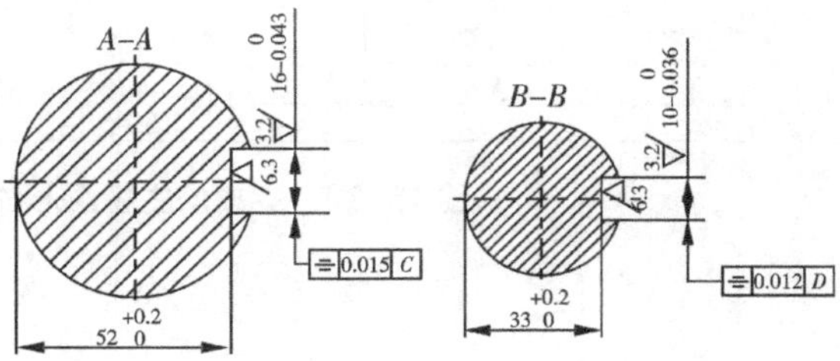

图15-79 标注键槽粗糙度

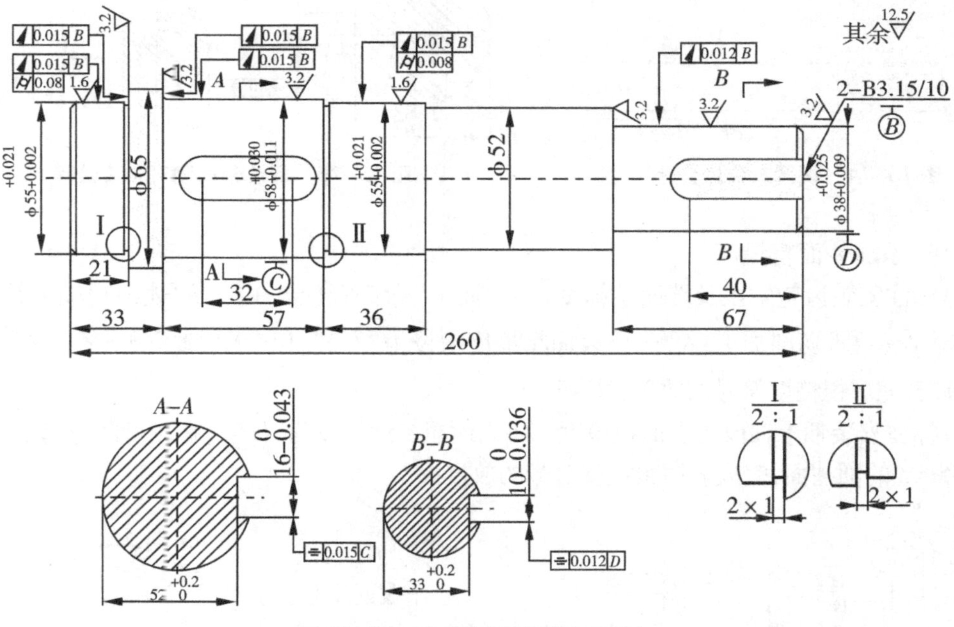

图15-80 完成表面粗糙度的添加

(16)添加技术要求。在"注解"命令管理器中选择"注释"命令,以"无引线"方式在标题栏上方放置文本框,将字号调整为"14",输入注释文字(图15-81)。

(17)修改图纸格式。进入图纸格式模式,在标题栏中将"材质<未指定>"设为"45",将"图样名称"设为"低速轴",将"图样代号"设为"JSX01-001"。完成的标题栏见图15-82。在图形区域,在右键快捷菜单中选取"编辑图纸"选项,返回图纸模式。

第 15 章 工程图创建实例 331

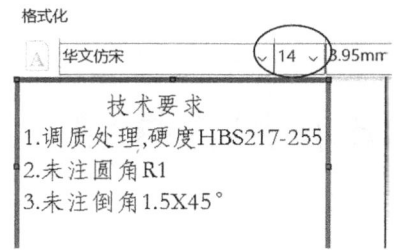

图 15-81 添加文字注释

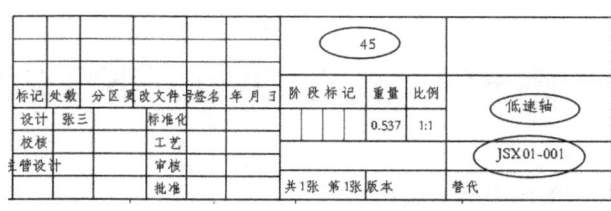

图 15-82 修改后的标题栏

(18) 保存文件，命名为"低速轴.SLDDRW"。完成的文件见资源包文件"第 15 章\范例结果文件\低速轴.SLDDRW"。

低速轴工程图创建　　轴尺寸公差等标注　　轴表面粗糙度技术要求等注释　　总结与回顾 15　　思考与练习 15

# 附录　SOLIDWORKS 2018 常用快捷键

1. 文件管理与编辑

| 功能 | 快捷键 | 功能 | 快捷键 | 功能 | 快捷键 |
| --- | --- | --- | --- | --- | --- |
| 剪切 | Ctrl+X | 复制 | Ctrl+C | 粘贴 | Ctrl+V |
| 删除 | Delete | 新建文件 | Ctrl+N | 打开文件 | Ctrl+O |
| 关闭文件 | Ctrl+W | 保存 | Ctrl+S | 打印 | Ctrl+P |
| 在打开的 SOLIDWORKS 文件间循环 | Ctrl+Tab | 迫使重建模型及重建其所有特征 | Ctrl+Q | 重建模型 | Ctrl+B |
| 重绘屏幕 | Ctrl+R | 撤销 | Ctrl+Z | 重做（反撤销） | Ctrl+Y |

2. 图形视图操作

（1）旋转模型。

| 功能 | 快捷键 | 功能 | 快捷键 |
| --- | --- | --- | --- |
| 任意角度选择 | 小键盘上的方向键 | 水平或竖直90° | Shift+方向键 |
| 顺时针或逆时针 | Alt+左或右方向键 | 平移模型 | Ctrl+方向键 |

（2）缩放。

| 功能 | 快捷键 | 功能 | 快捷键 |
| --- | --- | --- | --- |
| 放大 | Shift+Z | 缩小 | Z |
| 整屏显示全图 | F | | |

（3）视图转换。

| 功能 | 快捷键 | 功能 | 快捷键 | 功能 | 快捷键 |
| --- | --- | --- | --- | --- | --- |
| 前视图 | Ctrl+1 | 上视图 | Ctrl+5 | 上一视图 | Ctrl+Shift+Z |
| 后视图 | Ctrl+2 | 下视图 | Ctrl+6 | 打开视图定向菜单 | 空格键 |
| 左视图 | Ctrl+3 | 等轴测 | Ctrl+7 | | |
| 右视图 | Ctrl+4 | 正视于 | Ctrl+8 | | |

3. 过滤操作

| 功能 | 快捷键 | 功能 | 快捷键 |
|---|---|---|---|
| 过滤边线 | E | 过滤顶点 | V |
| 过滤面 | X | 打开选择过滤器工具栏 | F5 |
| 打开或关闭过滤器选择栏中的选择项 | F6 | | |

4. 草图绘制和重复命令

| 功能 | 快捷键 | 功能 | 快捷键 |
|---|---|---|---|
| 在草图绘制模式下绘制直线后绘制圆弧 | A | 重复上一命令 | Enter |

# 参考文献

[1] 尚跃进. SolidWorks 2018 三维设计及应用实用教程[M]. 北京:机械工业出版社,2019.
[2] 詹迪维. SolidWorks 2018 机械设计教程[M]. 北京:机械工业出版社,2020.
[3] 王喜仓. SolidWorks 2014 实用教程[M]. 北京:中国水利水电出版社,2014.
[4] 魏峥. SolidWorks 机械设计案例教程[M]. 北京:人民邮电出版社,2014.
[5] 郭友寒. SolidWorks 2013 机械设计基础及应用[M]. 北京:人民邮电出版社,2013.
[6] 湛迪强. SolidWorks 2014 快速入门进阶与精通[M]. 北京:电子工业出版社,2014.